ÉLÉMENTS

DE

GÉOMÉTRIE

PARIS. — E. DE SOYE ET FILS, IMPR., 18, R. DES FOSSÉS-S.-JACQUES.

COURS COMPLET DE MATHÉMATIQUES

A L'USAGE DES CLASSES DE MATHÉMATIQUES ÉLÉMENTAIRES,
CONFORME AUX PROGRAMMES DU BACCALAURÉAT ÈS SCIENCES,
DES ÉCOLES DE SAINT-CYR, NAVALE ET FORESTIÈRE

ÉLÉMENTS

DE

GÉOMÉTRIE

PAR

M. FÉLIX-FRAICHE

PROFESSEUR AU COLLÈGE STANISLAS

PARIS

SOCIÉTÉ GÉNÉRALE DE LIBRAIRIE CATHOLIQUE

Victor Palmé, directeur général

76, rue des Saints-Pères, 76

BRUXELLES	GENÈVE
12, rue des Paroissiens, 12	4, rue Corraterie, 4

—

1884

ÉLÉMENTS
DE GÉOMÉTRIE

GÉNÉRALITÉS

1. — Tout corps occupe dans l'espace une certaine place que l'on nomme *volume*.

La limite qui sépare un corps de l'espace environnant se nomme *surface*.

Le volume seul est réel, il s'étend dans trois sens ou dimensions, que l'on nomme vulgairement *longueur, largeur* et *hauteur*. La surface n'a que deux dimensions, la *longueur* et la *largeur*, ce n'est plus qu'une conception de l'esprit.

Si deux surfaces se coupent, le lieu de leur rencontre n'a plus qu'une dimension la *longueur*, on le nomme *ligne*.

Enfin, le lieu d'intersection de deux lignes se nomme *point*, il n'a plus aucune dimension.

2. — La géométrie est la partie des mathématiques qui a pour but la recherche des procédés pour mesurer les surfaces et les volumes.

L'arithmétique est insuffisante pour cela, elle nous fait connaître il est vrai l'unité de surface, le mètre carré, l'unité de volume, le mètre cube, mais elle s'en tient là, et reste muette sur la façon dont il faut s'y prendre pour savoir combien une surface contient de mètres carrés, ou un volume de mètres cubes. La géométrie atteint son but définitif par l'étude des propriétés de certaines combinai-

1

sons de lignes et de surfaces, combinaisons que l'on nomme *figures*.

Chacune de ces propriétés est énoncée sous forme d'une *proposition* qui ne peut être admise sans démonstration.

L'ensemble de l'énoncé et de la démonstration d'une de ces propriétés constitue un *théorème*.

L'ensemble des théorèmes forme une chaîne non interrompue de vérités qui, assez disparates de prime-abord, s'appuient cependant l'une sur l'autre, de telle sorte que le déplacement ou la suppression de l'une d'entre elles entraîne inévitablement l'impossibilité de démontrer les suivantes. L'ordre dans lequel elles se succèdent n'est donc pas arbitraire, il veut être respecté, non seulement dans l'étude de la géométrie mais encore dans ses applications.

Outre les théorèmes, il y a encore quelques autres propositions secondaires, que l'on nomme, *corollaire, scolie, lemme*.

Le *corollaire* est une conséquence d'un théorème précédemment démontré.

Une *scolie* est une remarque sur les propositions précédentes.

Un *lemme* est un théorème servant uniquement à en démontrer un autre.

Un *problème* est, ou une vérité dont il faut trouver la démonstration, ou une application à faire de certains théorèmes connus.

LIVRE I

THÉORIE DES LIGNES QUI SE COUPENT, PERPENDICULAIRES ET OBLIQUES

DÉFINITIONS.

3. — *La ligne droite* (fig. 1) est celle qui, joignant deux points, va de l'un à l'autre par le plus court chemin.

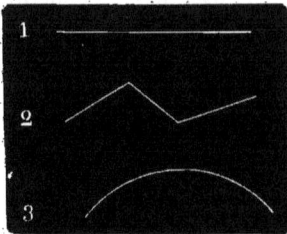

Un fil fin, bien tendu, nous en offre une image suffisamment exacte.

La ligne brisée (fig. 2) est formée de lignes droites mises bout à bout, dans des directions différentes.

La ligne courbe (fig. 3) est celle qui n'est ni droite ni brisée, on peut aussi la comprendre comme une ligne brisée formée d'éléments rectilignes infiniment petits.

4. — De la définition de la ligne droite il résulte :

Qu'entre deux points on ne peut concevoir qu'une seule ligne droite, car il ne saurait y avoir deux plus courts chemins.

Que si l'on applique deux points d'une ligne droite sur une autre ligne droite, ces deux lignes se superposent exactement dans toute leur étendue, car ces deux droites joignant les deux mêmes points n'en forment qu'une seule.

On représente les lignes droites par un trait aussi droit et aussi fin que possible, tracé sur le papier ou sur le tableau noir, et pour les nommer, on lit deux lettres écrites une à chaque extrémité de la droite.

Ainsi la ligne joignant les points A et B, se nommera la ligne AB.

5. — *Un plan* ou *surface plane* est une surface telle que prenant deux de ses points et les joignant par une ligne droite, cette ligne touche la surface sur tout son parcours.

La surface d'un miroir, celle de l'eau tranquille donnent une idée exacte du plan.

Une *figure plane* est une portion de plan limitée en plusieurs sens par des lignes.

Deux lignes limitées, deux figures planes, sont dites égales lorsque placées l'une sur l'autre elles se superposent exactement suivant tous leurs contours, on exprime cette superposition parfaite en disant qu'elles coïncident.

L'étude des propriétés des figures planes constitue la *géométrie plane*. Dans cette partie il faut donc se souvenir que toutes les lignes des figures sont dans le même plan. De plus, quoique dans le dessin des figures on semble limiter les lignes et les surfaces, il faut ne pas perdre de vue que l'on peut toujours les concevoir prolongées à l'infini.

6. — Un angle est une figure plane formée par deux lignes droites qui partant d'un même point se dirigent en des sens différents. Le point d'origine est le *sommet* de l'angle, les deux lignes en forment les côtés.

Un angle se nomme par trois lettres, écrites l'une au sommet, les deux autres aux extrémités des côtés; on les lit l'une après l'autre en plaçant toujours la lettre du sommet au milieu des deux autres. Ainsi l'angle de la figure se nommera ou BAC, ou CAB. Dans le cas où il n'y a aucun autre angle pouvant donner lieu à confusion, on peut aussi désigner un angle en énonçant la lettre du sommet seule.

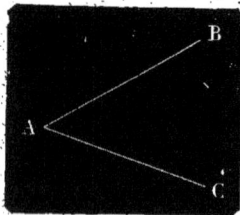

Remarquons, et ceci est très important pour l'élève qui débute, que la *grandeur* d'un angle dépend seulement de l'écartement des deux lignes qui le forment et non de la longueur de celles-ci, car on doit les comprendre comme prolongées à l'infini.

7. — Deux angles sont dits *adjacents* lorsqu'ils ont le même sommet et un côté commun. Tels sont (fig. 1) les deux angles BAC, CAD, qui ont même sommet A, et un côté commun AC.

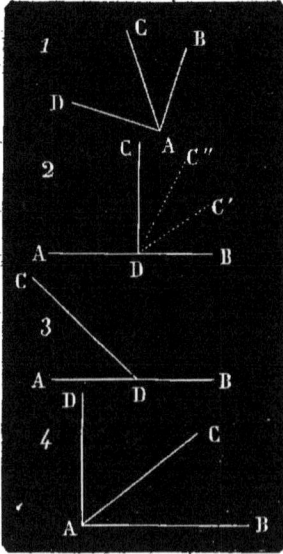

Pour faire la *somme* de deux angles, on les rapproche l'un de l'autre, jusqu'à ce qu'ils deviennent adjacents, l'angle formé par les deux côtés non communs est la somme cherchée.

Un angle est *double*, *triple* d'un autre lorsqu'il est la somme de deux ou de trois angles égaux à celui-ci.

8. — Toutes les fois qu'une ligne droite, telle que CD (fig. 2) en rencontre une autre AB en un point D, elles forment deux angles adjacents CDA, CDB, qui ont ceci de particulier que leurs côtés non communs AD, DB sont une même ligne droite.

Lorsque les deux angles adjacents formés par deux droites qui se rencontrent sont égaux entre eux, ces lignes sont *perpendiculaires* l'une à l'autre.

Ainsi (fig. 2) la ligne CD rencontrant AB au point D, de façon que les deux angles CDA, CDB soient égaux, est perpendiculaire sur AB. Nous verrons que BD est aussi perpendiculaire sur CD.

Les angles adjacents égaux formés par deux lignes perpendiculaires se nomment *angles droits*.

9. — Lorsqu'une ligne CD (fig. 3) en rencontre une autre AB et fait avec elle des angles inégaux, on dit que CD est *oblique* sur AB.

Des deux angles inégaux, l'un CDB, plus grand qu'un

angle droit, est dit *obtus*, l'autre CDA, plus petit qu'un angle droit, est dit *aigu*.

10. — Lorsque la somme de deux angles est égale à la somme de deux angles droits, ces angles sont *supplémentaires*; tels sont les deux angles CDA, CDB.

Deux angles sont dits *complémentaires* lorsque leur somme est égale à un angle droit. Exemple : DAC + CAB (fig. 4).

THÉORÈME I

11. — *Par un point d'une droite on peut toujours élever une perpendiculaire à cette droite, et l'on n'en peut élever qu'une.*

Soit le point D sur la droite AB, je dis d'abord que l'on peut toujours au point D élever une perpendiculaire sur AB.

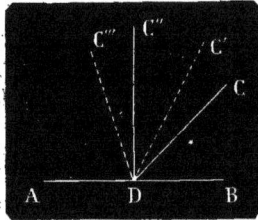

On peut en effet toujours comprendre une droite CD rencontrant AB en D, et formant deux angles adjacents inégaux CDB, CDA.

Si l'on suppose que l'on fasse tourner CD autour du point D comme pivot, et qu'on l'amène dans la position C'D, l'angle le plus petit CDB a grandi, l'angle CDA, le plus grand, a diminué. Faisant tourner CD jusqu'en C'''D, on voit que l'angle le plus petit est devenu le plus grand, et que le plus grand est maintenant le plus petit. Donc la ligne CD a passé par une position où les deux angles étaient égaux et où elle était perpendiculaire sur AB.

Je dis de plus qu'on ne peut élever au point D de AB qu'une seule perpendiculaire.

En effet, supposons que lorsque CD forme deux angles adjacents égaux elle soit dans la position C''D, c'est dire qu'avant qu'elle occupe cette position les angles ne sont pas égaux, que si elle la dépasse, ils cessent d'être égaux. Donc il ne peut y avoir que la perpendiculaire C''D.

THÉORÈME II

12. — *Tous les angles droits sont égaux entre eux.*

Soient deux angles droits; l'un CDB, l'autre GHF, je dis qu'ils sont égaux. En effet, supposons que l'on porte le second angle sur le premier, en plaçant le point H au point D et faisant coïncider les deux lignes HF, DB. Alors la ligne HG devra coïncider avec DC, car si elle prenait une autre direction, DG' par exemple, cela ferait deux perpendiculaires au point D de AB, ce qui est impossible (11).

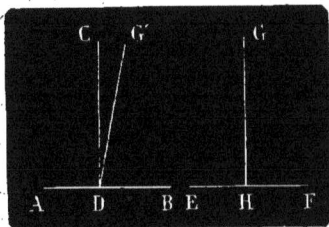

THÉORÈME III

13. — *Toute droite qui en rencontre une autre forme avec celle-ci deux angles adjacents dont la somme vaut deux droits.*

Soit la ligne AB que rencontre la droite CD, je dis que la somme des deux angles adjacents CDB, CDA est égale à deux droits.

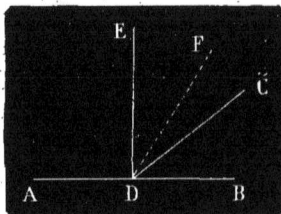

En effet, élevons au point D la perpendiculaire DE, l'inspection de la figure nous permet d'écrire

$$CDA = \text{un droit} + EDC$$
$$CDB = \text{un droit} - EDC$$

Additionnons membre à membre ces deux égalités, EDC disparaît puisqu'il est à la fois ajouté puis soustrait, et il reste

$$CDA + CDB = 2 \text{ droits}$$

14. Corollaire I. — *La somme de tous les angles que l'on peut former ayant leurs sommets au même point et du même côté d'une droite est égale à deux angles droits.*

15. Corollaire II. — *La somme de tous les angles, que l'on peut former autour d'un même point pris sur un plan est égale à quatre angles droits.*

Car, en traçant par ce point une ligne quelconque, la somme de tous les angles placés d'un côté de cette ligne vaudrait deux droits; la somme de tous les angles placés de l'autre côté vaudrait aussi deux droits : total quatre droits.

THÉORÈME IV

16. — *Si la somme de deux angles adjacents vaut deux droits, leurs côtés extérieurs sont en ligne droite.*

Soient les deux angles adjacents CDA, CDB supplémentaires, je dis que les deux côtés AD, DB sont une seule et même ligne droite.

En effet, par un point H d'une droite FG traçons une ligne IH qui fasse un angle IHF = CDA, comme CDA + CDB

= 2 droits et que IHF + IHG = 2 droits, CDB = IHG. Superposons maintenant les deux figures, en plaçant l'angle IHF sur son égal CDA; les deux angles égaux CDB, IHG devront coïncider dans toutes leurs parties, et comme ils coïncident déjà suivant les côtés CD, IH, le côté HG devra recouvrir DB, donc la ligne AB est droite, puisqu'elle coïncide avec la droite FG.

Remarque. — Ce théorème est l'inverse du précédent; c'est-à-dire que l'hypothèse du premier est la conclusion du second, c'est ce que l'on appelle une *réciproque*. Nous rencontrerons fréquemment ce genre de proposition, indispensable pour élucider complètement toutes les faces d'une question.

THÉORÈME V

17. — *Deux lignes droites qui se coupent forment quatre angles dits opposés par le sommet et égaux deux à deux.*

Soient les deux lignes AB, CD, qui se coupent au point O, je dis que les angles opposés par le sommet COA, BOD sont égaux, ainsi que les deux autres angles COB, AOD.

En effet, la ligne BO rencontrant CD, on a

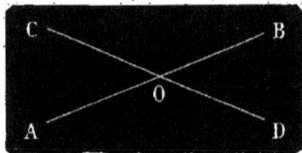

$$BOC + BOD = 2 \text{ droits (13).}$$

La ligne CO rencontrant AB, on a aussi

$$BOC + COA = 2 \text{ droits,}$$

donc $BOC + BOD = BOC + COA$

et par suite $BOD = COA$.

On démontrerait de même l'égalité des angles COB, AOD.

THÉORÈME VI

18. — *Si en un même point et de part et d'autre d'une même ligne droite deux droites forment deux angles égaux opposés par le sommet, ces deux droites sont dans le prolongement l'une de l'autre.*

Soit la ligne AB, au point O de laquelle les deux lignes OD, OC, forment des angles opposés par le sommet, AOC et DOB égaux, je dis que OD est le prolongement de OC.

En effet, traçons une ligne EF, puis une seconde ligne

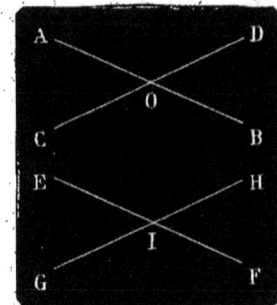

GH, qui, coupant la première au point I, fasse l'angle HIF égal à DOB, et par suite l'angle EIG = AOC. Portons la seconde figure sur la première, en faisant coïncider le point I au point O et la ligne EF avec la droite AB, les angles égaux, coïncidant déjà suivant leurs côtés OA et EI, OB et IF, coïncident aussi suivant les deux autres côtés, donc CD coïncide avec GH et est une ligne droite.

Corollaire I. — *Si une droite est perpendiculaire sur une autre, la seconde est aussi perpendiculaire sur la première.*

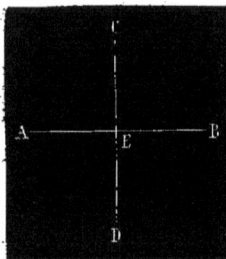

En effet, CE étant perpendiculaire sur AB, les deux angles adjacents de chaque côté de CE sont droits, mais CEB = AED comme opposés par le sommet, donc les deux angles de part et d'autre de AE sont droits, et AE est perpendiculaire sur CD.

DES TRIANGLES ET DE LEURS CAS D'ÉGALITÉ

19. Définitions. — On nomme *polygone* une figure plane formée par des lignes droites qui se coupent deux à deux.

Le *périmètre* du polygone est l'ensemble des lignes droites qui le forment.

Un polygone ou une ligne brisée sont dits convexes, lorsqu'une ligne droite ne peut rencontrer le périmètre ou la ligne brisée en plus de deux points.

Le polygone et la ligne brisée sont dits *concaves* dans le cas contraire.

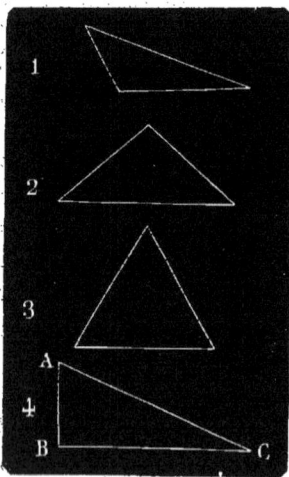

Le plus simple de tous les polygones est le *triangle*, formé par trois lignes droites qui se coupent.

Dans tout triangle, il y a trois côtés et trois angles, suivant les conditions de grandeur desquels on distingue :

1° Le triangle *scalène* (fig. 1) qui a les trois côtés inégaux.

2° Le triangle *isocèle* (fig. 2) qui a deux côtés égaux.

3° Le triangle *équilatéral* (fig. 3) qui a les trois côtés égaux.

4° Le triangle *rectangle* (fig. 4) dont un des angles est droit.

Tel est le triangle ABC (fig. 4), dans lequel le côté AB est perpendiculaire sur BC.

Le côté AC, opposé à l'angle droit, se nomme *hypoténuse*.

Remarque. — On ne spécifie pas le cas particulier d'un triangle ayant deux angles égaux ou les trois angles égaux, parce qu'il sera démontré que le premier est isocèle, et le second équilatéral.

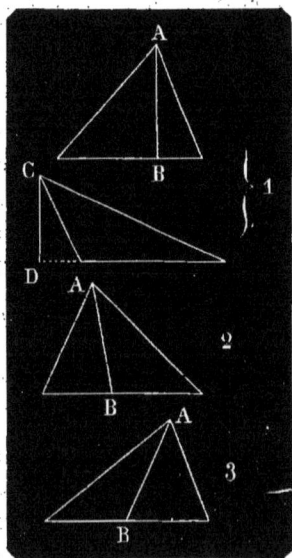

La *hauteur* d'un triangle est la perpendiculaire AB (fig. 1) menée d'un sommet sur le côté opposé, lequel prend alors le nom de base.

Comme dans un triangle il y a trois sommets et trois côtés, il peut y avoir aussi trois hauteurs et trois bases. Quelquefois une des perpendiculaires, telle que CD (fig. 1) ne rencontre pas la base dans l'intérieur du triangle, mais sur son prolongement à l'extérieur, elle n'en est pas moins une des hauteurs.

La bissectrice d'un triangle est la ligne telle que AB (fig. 2) qui partage en deux angles égaux un des angles d'un triangle. Tout triangle a aussi trois bissectrices.

La médiane d'un triangle est la ligne telle que AB (fig. 3) qui joint un sommet au milieu du côté opposé. Dans tout triangle il y a aussi trois médianes.

Lorsque deux triangles sont égaux, ils peuvent se superposer, et alors chaque angle et chaque côté de l'un trouve son égal parmi les angles et les côtés de l'autre, on exprime cette égalité parfaite de tous leurs éléments constitutifs en disant qu'ils ont leurs côtés ou leurs angles égaux *chacun à chacun*.

THÉORÈME VII

20. — *Dans tout triangle, un côté quelconque est plus petit que la somme des deux autres et plus grand que leur différence.*

Soit le triangle ABC, je dis que l'on a $BC < AB + AC$.

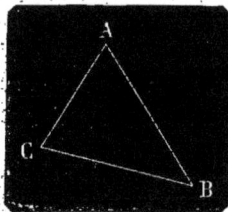

En effet, BC, ligne droite, est le plus court chemin du point B au point C.

Je dis aussi que l'on a

$$BC > AB - AC.$$

En effet, ce qui vient d'être démontré est vrai pour tous les côtés, donc on peut écrire aussi $BC + AC > AB$.

Si aux deux membres de cette inégalité on retranche la même quantité AC, l'inégalité reste vraie et dans le même sens, et l'on a

$$BC > AB - AC$$

THÉORÈME VIII

21. — *Si l'on joint un point pris dans l'intérieur d'un triangle aux deux extrémités d'un côté, la somme de ces deux lignes est moindre que la somme des deux autres côtés.*

Soit le triangle ABC et le point P, je dis que l'on a $PB + PC < AB + AC$.

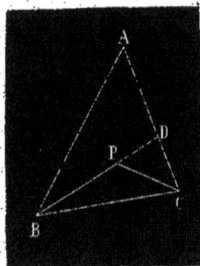

En effet, prolongeons BP jusqu'en D, point de rencontre avec le côté AC; dans le triangle BAD, le côté BD, ou $BP + PD$ est plus petit que la somme des deux autres côtés, ou

$$BP + PD < AB + AD$$

De même le triangle PDC donne

$$PC < PD + DC$$

Additionnant membre à membre ces deux inégalités, on a

$$BP + PD + PC < AB + AD + PD + DC$$

et retranchant de part et d'autre la ligne PD, il vient

$$BP + PC < AB + AD + DC,$$

ou $\qquad BP + PC < AB + AC.$

22. Corollaire. — *Toute ligne brisée, convexe, est plus courte que la ligne brisée qui l'enveloppe.*

En effet, soient deux lignes brisées, ABCDE, FGHIK, dont l'une enveloppe l'autre. En prolongeant dans le même sens tous les côtés de la ligne intérieure, jusqu'à leur rencontre avec les côtés de la ligne extérieure, et se rappelant que la ligne droite est le plus court chemin d'un point à un autre, on peut écrire les inégalités suivantes :

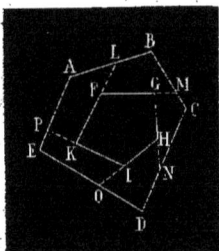

$$FG + GM < FL + LB + BM$$
$$GH + HN < GM + MC + CN$$
$$HI + IO < HN + ND + DO$$
$$IK + KP < IO + OE + EP$$
$$KF + FL < KP + PA + AL$$

Si on les additionne membre à membre, puis si l'on re- tranche de part et d'autre les lignes communes FL, GM, HN, IO, KP, il vient

$$FG + GH + HI + IK + KF < BC + CD + DE + EA + AB$$

ce qui démontre l'énoncé.

THÉORÈME IX

23. — *Deux triangles sont égaux lorsqu'ils ont un angle égal compris entre deux côtés égaux chacun à chacun.*

Soient les deux triangles ABC, DEF, qui ont les côtés AB = DE, AC = DF, et l'angle compris entre ces côtés

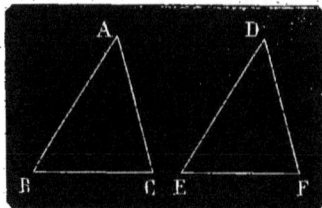

égal de part et d'autre, je dis que ces triangles sont égaux, c'est-à-dire superposables.

En effet, si l'on superpose DEF sur ABC, en plaçant le côté DE sur son égal AB, l'égalité des deux angles obligera le côté DF à prendre la direction de AC; comme ces côtés ont même longueur, le point F tombera au point C, et, la ligne EF coïncidant avec BC, l'égalité des deux triangles est démontrée.

Corollaire. — *Dans tout triangle, l'égalité de deux côtés et de l'angle qu'ils comprennent entraîne l'égalité des deux autres angles et du troisième côté.*

THÉORÈME X

24. — *Deux triangles sont égaux lorsqu'ils ont un côté égal adjacent à deux angles égaux chacun à chacun.*

Soient les deux triangles ABC, DEF, dans lesquels on a :

$$BC = EF, \quad ABC = DEF, \quad ACB = DFE,$$

Je dis qu'ils sont égaux.

En effet, si l'on superpose DEF sur ABC, en faisant coïncider les côtés égaux EF et BC, l'égalité des angles ABC

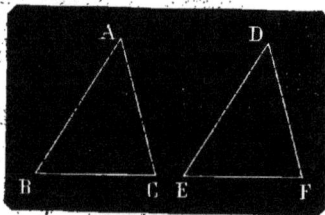

et DEF, oblige le côté ED à prendre la direction de BA, et le point D tombe en quelque point de la ligne BA. De même l'égalité des angles ACB et DFE, oblige le côté FD à prendre la direction de la ligne CA, et le point D tombe en quelque point de la ligne CA ; mais le point D ne peut être à la fois sur BA et sur CA qu'en tombant à leur point de rencontre A, donc les deux triangles coïncident et sont égaux.

Corollaire. — *Dans tout triangle, l'égalité de deux angles et de leur côté adjacent entraîne l'égalité du troisième angle et des deux autres côtés.*

THÉORÈME XI

25. — *Si deux triangles ont un angle inégal compris entre deux côtés égaux chacun à chacun, les troisièmes*

côtés sont inégaux, et le plus grand est celui opposé au plus grand angle.

Soient les deux triangles ABC, DEF dans lesquels on a :

$$DE = AB, \ DF = AC, \ BAC < EDF.$$

Je dis que l'on a aussi BC $<$ EF.

En effet si l'on porte le triangle ABC sur DEF, en faisant coïncider AB avec son égal DE, il prend la position DEG. Traçons alors la ligne DH bissectrice de l'angle GDF, et joignons HG. Les deux triangles HDF, HDG sont égaux, car les deux angles au sommet D sont égaux, puisque DH est bissectrice, et ils sont compris entre des côtés égaux, car DH est commun, et DG $=$ DF par hypothèse (23). Donc HF $=$ HG.

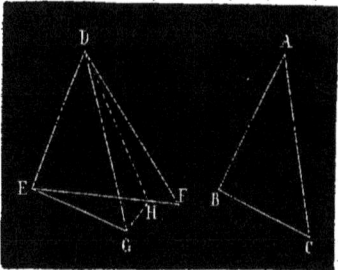

Cela posé, on a, dans le triangle EHG,

$$EG < EH + HG \ \text{ou} \ EG < EH + HF,$$

ou enfin, puisque EG n'est autre que BC,

$$BC > EF,$$

ce qu'il fallait démontrer.

26. — On pourrait aussi faire un théorème particulier de la réciproque, et démontrer que *si deux triangles ont deux côtés égaux chacun à chacun et le troisième inégal, au plus grand de ces deux côtés est opposé le plus grand angle.*

En effet, ces deux angles ne sauraient être égaux, car alors (23) les deux triangles seraient égaux dans toutes leurs parties; de plus l'angle opposé au plus petit côté ne saurait être le plus grand des deux, car alors le côté qui lui serait opposé serait aussi le plus grand des deux; donc la réciproque est vraie.

THÉORÈME XII

27. — *Deux triangles sont égaux lorsqu'ils ont les trois côtés égaux chacun à chacun.*

En effet, les côtés étant égaux il ne reste à démontrer que l'égalité des angles. Or l'on ne saurait supposer que deux des angles compris entre côtés égaux chacun à chacun soient inégaux, car cela entraînerait l'inégalité des côtés opposés, ce qui est contraire à l'hypothèse, donc les angles sont aussi égaux chacun à chacun, et les triangles sont égaux dans toutes leurs parties.

Corollaire. — *Dans deux triangles, l'égalité des trois côtés entraîne l'égalité des trois angles.*

Remarque. — Des théorèmes précédents il résulte (ce qui sera généralisé peu après) que si trois des éléments d'un triangle sont égaux aux trois éléments pareils d'un autre triangle, ces deux triangles sont égaux. Mais il y a à cette règle générale une exception importante à remarquer, savoir que l'égalité des trois angles n'entraîne pas l'égalité des trois côtés. Deux triangles qui ont les trois angles égaux ne sont pas nécessairement égaux, mais ils se ressemblent; l'un est la copie réduite ou agrandie de l'autre. On verra plus tard quel parti on tire, en géométrie, de cette ressemblance.

Remarquons de plus, que dans deux triangles égaux, les angles égaux sont opposés aux côtés égaux, et réciproquement les côtés égaux sont ceux qui sont opposés aux angles égaux.

THÉORÈME XIII

28. — *Dans tout triangle isocèle les angles opposés aux côtés égaux sont égaux.*

Soit le triangle ABC, dans lequel on a AB = AC, je dis que l'on a aussi ABC = ACB.

En effet, joignons le sommet A au milieu D de la base BC, les deux triangles ainsi formés, ABD, ADC, sont égaux, comme

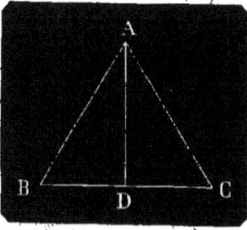

ayant les trois côtés égaux chacun à chacun; savoir AB = AC, c'est l'hypothèse, AD est commun, BD = DC par construction; donc l'angle ABD, opposé au côté AD, est égal à l'angle ACD, opposé à la même ligne AD, ou, suivant l'énoncé, ABC = ACB.

29. Corollaire I. — *Dans un triangle isocèle, la médiane est en même temps hauteur et bissectrice.*

En effet de l'égalité des deux triangles ABD, ADC il résulte que les deux angles adjacents au point D étant égaux, la médiane AD est aussi perpendiculaire sur BC; que les deux angles adjacents en A étant égaux, la médiane AD est aussi bissectrice.

Corollaire II. — *Tout triangle équilatéral est en même temps équiangle.*

Corollaire III. — *La perpendiculaire élevée sur le milieu de la base d'un triangle isocèle passe par le sommet de ce triangle.*

THÉORÈME XIV

30. — *Si dans un triangle deux angles sont égaux, les deux côtés opposés à ces angles le sont aussi, et le triangle est isocèle.*

Soit un triangle ABC dans lequel les angles B et C sont égaux, je dis que l'on a aussi AB = AC.

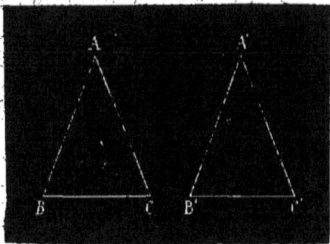

En effet, supposons un second triangle A'B'C' absolument égal au premier, et superposons-les, en plaçant le point C' sur le point B et B' sur C. L'angle C' étant égal à l'angle B' est aussi égal à l'angle B, donc le côté C'A' prendra la direction BA; pour les mêmes raisons, le côté B'A' prendra la

2

direction CA, et le point A′, devant se trouver à la fois sur BA et sur CA, tombera en A, il y aura coïncidence entre les deux triangles, donc C′A′ = BA, mais C′A′ est égal à AC, donc enfin BA = AC.

Corollaire. — *Tout triangle équiangle est en même temps équilatéral.*

THÉORÈME XV

31. — *Dans tout triangle au plus grand angle est opposé le plus grand côté, et réciproquement.*

Soit le triangle ABC, dans lequel l'angle B est plus grand que l'angle C, je dis que l'on a aussi AC > AB.

En effet, construisons au point B, sur BC, un angle DBC = ACB; le triangle DCB ayant deux angles égaux est isocèle (n° 28), donc BD = DC; mais dans le triangle ADB on a AD + DB > AB, ou, remplaçant DB par son égal DC,

$$AD + DC > AB, \text{ ou } AC > AB.$$

La réciproque est vraie; si dans le triangle ABC on a AC > AB, on a aussi ABC > ACB, car l'angle ABC ne saurait être égal à l'angle ACB, puisque l'on aurait alors AC = AB, il ne saurait non plus être plus petit, puisque l'on aurait alors AC < AB, donc il est plus grand.

DES PERPENDICULAIRES ET DES OBLIQUES

THÉORÈME XVI

32. — *D'un point pris hors d'une droite on peut toujours lui abaisser une perpendiculaire, et l'on n'en peut abaisser qu'une.*

Soit la droite AB et le point C ; je dis en premier lieu que du point C on peut toujours abaisser une perpendiculaire sur AB.

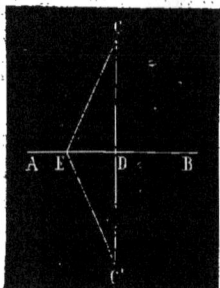

En effet, replions la figure suivant AB ; le point C vient se rabattre en C', déplions la figure et joignons CC', cette ligne est la perpendiculaire demandée, car si l'on pliait encore la figure, DC recouvrirait DC', donc les deux angles adjacents CDA, ADC' sont égaux, donc ils sont droits.

Je dis de plus que CD est la seule perpendiculaire possible, et que toute autre ligne, CE, par exemple, ne saurait être perpendiculaire ; en effet, joignons EC' ; en repliant la figure, les deux lignes CE, C'E coïncideront, donc les deux angles CED, C'ED sont égaux, mais ils ne sauraient être droits, car alors la ligne CEC' serait droite (16), et de C à C' on ne peut mener qu'une droite, qui est CC' ; donc CE n'est pas perpendiculaire, elle est oblique.

Remarque. Le point D' où la perpendiculaire CD, et le point E où l'oblique CE rencontrent AB sont nommés *pieds* de la perpendiculaire et de l'oblique.

THÉORÈME XVII

33. — *Si d'un même point pris hors d'une droite, on abaisse sur cette droite une perpendiculaire et diverses obliques :*

1° La perpendiculaire est plus courte que toute oblique;

2° Deux obliques dont les pieds s'écartent également du pied de la perpendiculaire sont égales;

3° De deux obliques, la plus grande est celle dont le pied s'écarte le plus de celui de la perpendiculaire.

Soit 1° la droite AB, une perpendiculaire CD et une oblique CE, je dis que l'on a CE > CD.

En effet, prolongeons CD d'une quantité DC′ égale à DC, et joignons EC′, les deux triangles CED, C′ED sont égaux, car en pliant la figure suivant AB ils coïncideraient, donc CE = C′E, mais CC′ ligne droite est plus courte que CEC′ ligne brisée, donc la moitié de la ligne brisée, ou CE, est plus longue que la moitié de la ligne droite, ou que CD.

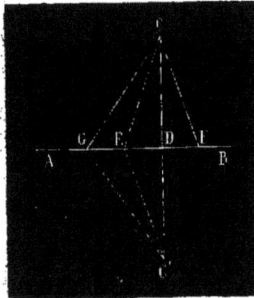

Je dis 2° que les deux obliques CE, CF, dont les pieds s'écartent de celui de la perpendiculaire de quantités égales, ED = DF, sont égales.

En effet les deux triangles CDE, CDF sont égaux, comme ayant CD commun, ED = DF, et les angles CDE, CDF, égaux comme droits, donc CE = CF.

Je dis, 3°, que des deux obliques CE, CG, la plus longue est CG, parce que son pied s'écarte de celui de la perpendiculaire d'une quantité GD qui est plus grande que ED.

En effet, joignons GC′. Les deux triangles CGD, C′GD sont égaux, car si l'on pliait la figure suivant AB, ils coïncideraient; donc CG = GC′, mais dans le triangle CGC′ on a (24) CE + EC′ < CG + GC′, donc CE, moitié de CE + EC′ est plus courte que CG, moitié de CG + GC′.

Corollaire I. — *Les obliques égales forment aussi avec la perpendiculaire des angles égaux, et l'oblique la plus longue est celle qui forme avec la perpendiculaire le plus grand angle.*

Corollaire II. — *Toute oblique est toujours plus longue que la quantité dont elle s'écarte du pied de la perpendiculaire.*

Car si CD est perpendiculaire sur ED, ED est aussi perpendiculaire à CD, et la ligne CE est oblique aux deux, et par suite plus longue que chacune d'elles.

34. Corollaire III. — *D'un point hors d'une droite, on ne peut mener sur cette droite que deux lignes égales.*

Corollaire IV. — *La plus courte distance d'un point à une droite est la perpendiculaire abaissée du point sur la droite.*

THÉORÈME XVIII

35. — *La perpendiculaire élevée sur le milieu d'une droite passe par tous les points de l'espace tels que l'un quelconque d'entre eux est également éloigné des extrémités de la droite.*

Soit la ligne CD perpendiculaire sur le milieu de AB, je dis qu'un point C de cette perpendiculaire est également éloigné de A et de B.

En effet si l'on joint CA et CB, ces deux lignes sont égales, car ce sont des obliques qui s'écartent également du pied de la perpendiculaire.

Je dis de plus que les points pris sur la perpendiculaire CD jouissent seuls de cette propriété.

En effet, soit un point I hors de la perpendiculaire, joignons IA, IB, et abaissons IF perpendiculaire sur AB, le pied F de cette perpendiculaire sera ailleurs qu'au point D, car au point D il ne peut y avoir qu'une perpendiculaire, dont AF n'est pas égale à FB, dont IA et IB sont des obliques inégales.

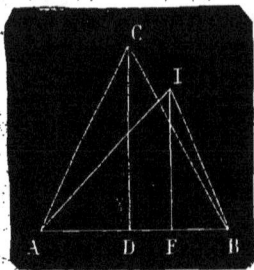

36. Corollaire I. — *Toutes les fois qu'une droite a deux de ses points équidistants des extrémités d'une seconde droite, la première est perpendiculaire sur le milieu de la seconde.*

Car la perpendiculaire élevée sur le milieu de la seconde droite devrait passer par les deux points de la première et se confondre avec elle.

Remarque. — Toutes les fois qu'une ligne, comme la perpendiculaire ci-dessus, passe par tous les points de l'espace jouissant d'une propriété commune, elle prend le nom de *lieu géométrique;* et le théorème précédent s'énoncerait mieux ainsi : *La perpendiculaire sur le milieu d'une droite est le lieu géométrique des points équidistants des extrémités de cette droite.*

A l'avenir nous énoncerons toujours ainsi les théorèmes qui présenteront des lieux géométriques.

THÉORÈME XIX

37. — *La bissectrice d'un angle est le lieu géométrique des points équidistants des côtés de cet angle.*

Soit un angle BAG, sa bissectrice AF, je dis qu'un point quelconque P de cette bissectrice est également distant des deux côtés AB et AG, ou que les perpendiculaires PD, PE, abaissées du point P sur les côtés, sont égales.

En effet, plions la figure suivant AF, AG viendra recouvrir AB, et la perpendiculaire PD devra coïncider avec PE, car

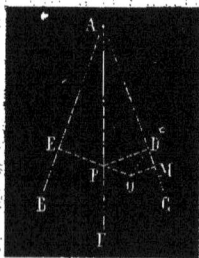

du point P on ne peut abaisser qu'une perpendiculaire sur une ligne.

Je dis, de plus, que cette propriété d'équidistance n'appartient qu'à la bissectrice. Soit, en effet, un point O hors de celle-ci, OM et OE, ses distances aux deux côté AB et AC, joignons OD, on a OM < OD, la perpendiculaire étant plus courte que l'oblique, mais le triangle POD donne OD < OP + PD, ou, comme PD = PE, le point P étant sur la bissectrice, on a aussi $OD < OP + PE$, ou $OD < OE$, donc à plus forte raison, $OM < OE$.

38. Corollaire I. — *Si un point est équidistant des deux côtés d'un angle, il appartient à la bissectrice de cet angle.* Car si l'on construisait celle-ci, elle passerait par ce point.

CAS D'ÉGALITÉ DES TRIANGLES RECTANGLES

THÉORÈME XX

39. — *Deux triangles rectangles sont égaux, lorsqu'ils ont l'hypoténuse égale et un côté de l'angle droit égal.*

Soient les deux triangles ABC, DEF qui ont l'hypoténuse $AC = DF$ et le côté $BC = EF$, je dis qu'ils sont égaux.

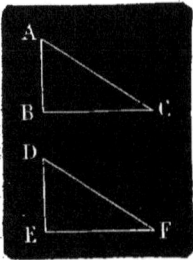

En effet, superposons DEF sur ABC, de façon que les côtés égaux BC et EF coïncident. A cause de l'angle droit, ED prendra la direction de BA, mais alors FD et CA se trouveront dans la position de deux obliques égales par rapport à la même perpendiculaire, elles devront donc s'écarter également du pied B de CB, donc le point D devra tomber au point A, et les deux triangles coïncidant dans toutes leurs parties sont égaux.

THÉORÈME XXI

40. — *Deux triangles rectangles sont égaux, lorsqu'ils ont l'hypoténuse égale et un angle aigu égal.*

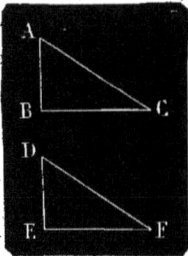

Soient les deux triangles rectangles ABC, DEF, qui ont l'hypoténuse $AC = DF$ et l'angle $A = D$, je dis qu'ils sont égaux.

En effet, superposons DEF sur ABC, en faisant coïncider les hypoténuses DF et AC. L'égalité des angles A et D oblige la ligne DE à prendre la direction de AB; mais alors la ligne FE perpendiculaire à DE doit coïncider avec CB perpendiculaire à AB, car DE et AB ne faisant plus qu'une ligne, du point C on ne peut lui abaisser qu'une perpendiculaire.

Donc les deux triangles coïncident et sont égaux.

Remarque. — Ces deux cas d'égalité des triangles ne font pas exception au cas général d'égalité énoncé (n° 27, remarque); car ici aussi les deux triangles ne sont égaux, que parce qu'il y a égalité entre trois de leurs éléments; leur nom de rectangle révélant l'existence de l'angle droit égal de part et d'autre.

THÉORIE DES PARALLÈLES

41. Définitions. — *On nomme lignes parallèles, deux lignes qui, dans le même plan, ne se rencontrent jamais à quelque distance qu'on les prolonge.*

Lorsqu'une droite coupe deux lignes parallèles, elle prend le nom de *transversale*, et elle donne naissance à huit angles qui, considérés deux à deux, prennent différents noms.

1° *Angles alternes-internes* : 1 et 7; 4 et 6. Ceux que l'on rencontre tous deux en dedans des parallèles, l'un d'un côté de la transversale, l'autre de l'autre.

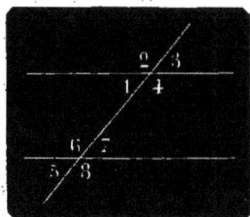

2° *Angles alternes-externes* : 2 et 8; 3 et 5. Ceux que l'on rencontre tous deux en dehors des parallèles, l'un d'un côté, l'autre de l'autre de la transversale.

3° *Angles correspondants* : 1 et 5; 4 et 8; 2 et 6; 3 et 7. Ceux que l'on rencontre tous deux du même côté de la transversale, mais l'un en dedans des parallèles, l'autre en dehors.

THÉORÈME XXII

42. — *Deux lignes perpendiculaires à une même droite sont parallèles.*

En effet, ces deux droites ne sauraient se rencontrer et avoir un point commun, car il n'est aucun point du plan d'où l'on puisse abaisser deux perpendiculaires à une droite.

THÉORÈME XXIII

43. — *D'un point pris hors d'une droite, on peut toujours mener une parallèle à cette droite, et l'on n'en peut mener qu'une.*

Soient la droite AB et le point C; je dis que par le point C, on peut mener une parallèle à AB.

En effet, du point C on peut toujours abaisser une per-
pendiculaire CE sur AB, et par le point C de la droite CE, on peut toujours lui élever une perpendiculaire CD, laquelle sera une parallèle à AB, puisqu'elles sont toutes deux perpendiculaires à une même droite CE.

Ce qui précède démontre bien que l'on peut toujours par un point mener une parallèle à une droite mais cela n'établit pas que l'on n'en peut mener qu'une; c'est-à-dire que toute autre droite passant par C ne serait pas parallèle à AB. C'est là en effet une proposition qui reste à démontrer. On la désigne sous le nom de *Postulatum d'Euclide*, et on l'admet sans démonstration.

44. **Corollaire.** — *Si deux droites sont parallèles à une troisième, elles sont parallèles entre elles.*

En effet, elles ne sauraient avoir un point commun, puisqu'il n'y a aucun point du plan d'où l'on puisse mener deux parallèles à une même droite.

THÉORÈME XXIV

45. — *Si deux lignes sont parallèles, toute perpendiculaire à l'une l'est aussi à l'autre.*

Soient AB et CD deux parallèles, et EF une perpendiculaire à AB, je dis que EF est aussi perpendiculaire à CD.

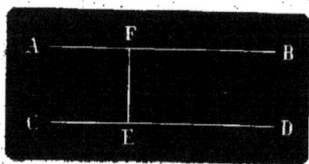

En effet, si d'un point pris sur CD on abaisse une perpendiculaire sur EF, cette ligne sera parallèle à AB (42); or elle se confondra avec CD (43), donc CD est perpendiculaire à EF.

THÉORÈME XXV

46. — *Deux parallèles sont partout également distantes.*

(On nomme distance de deux parallèles, la longueur de la perpendiculaire commune comprise entre elles deux).

Soient les deux parallèles AB, CD, et les deux perpendiculaires communes EF, GH, je dis qu'elles sont égales.

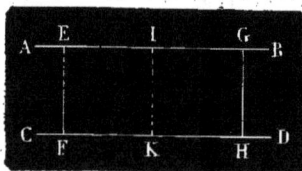

En effet, par le point I, milieu de EG, je mène une troisième perpendiculaire commune IK, puis, pliant la figure suivant IK, je rabats la partie droite sur la partie gauche. A cause des angles droits égaux, IB prendra la direction IA et le point G tombera au point E, puisque IG = IE; de même KD prend la direction KC, et le point H tombe en quelque point de KC. Mais l'égalité des angles droits G et E, oblige la ligne GH à prendre la direction de EF, et le point H tombe en quelque point de EF, donc devant tomber à la fois sur KC et sur EF, il tombe à leur point de rencontre F; donc GH = EF.

THÉORÈME XXVI

47. — *Deux lignes parallèles étant coupées par une transversale, les angles alternes-internes, alternes-externes, correspondants, sont égaux deux à deux.*

Soient les deux parallèles, AB, CD, coupées par la transversale EF, je dis que les angles *alternes-internes* AGH,
DHG sont égaux.

En effet, par le point O, milieu de GH, menons MN,
perpendiculaire commune
aux deux parallèles, les
deux triangles rectangles
MOG, NOH, ainsi formés
sont égaux, car ils ont
l'hypoténuse OG = OH, et
les deux angles au point O
égaux comme opposés par
le sommet, donc les deux autres angles MGO et OHN sont
égaux, comme opposés aux côtés égaux.

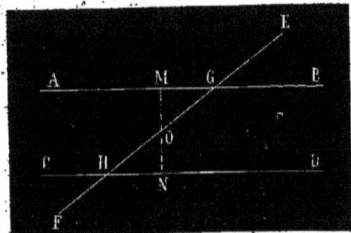

Les deux angles alternes-internes considérés sont donc
égaux entre eux, et il est aisé d'en déduire l'égalité des deux
autres angles alternes-internes HGB, GHC, puisqu'ils sont
supplémentaires des deux premiers.

De même les angles *alternes-externes* EGB, CHF sont
égaux, car ils sont égaux, comme opposés par le sommet,
aux deux premiers considérés. Les deux autres angles alternes-externes EGA, FHD sont aussi égaux, comme supplémentaires des précédents.

Enfin, les angles correspondants sont égaux, car si l'on
prend deux quelconques d'entre eux, par exemple MGH et
CHF, on reconnaît qu'ils sont tous deux égaux à OHN, et
par suite égaux entre eux.

48. Corollaire. — *Les angles formés par deux parallèles et une transversale, d'un même côté de celle-ci, sont
deux à deux supplémentaires.*

En effet BGH + DHG = 2 droits, car BGH = GHC, supplémentaire de DHG. On nomme quelquefois ces deux angles angles *intérieurs*.

De même EGB + FHD = 2 droits, car EGB = GHD, supplémentaire de FHD. On nomme ceux-ci *angles extérieurs*.

THÉORÈME XXVII

49. — *Si deux droites coupées par une transversale forment avec celle-ci des angles, alternes-internes, ou alternes-externes, ou correspondants égaux, ces deux droites sont parallèles.*

Soient les deux lignes AB, CD, coupées par la transversale EF, et telles que les angles AFE, FED, qui ont la position d'alternes-internes, sont égaux, je dis que ces deux lignes sont parallèles.

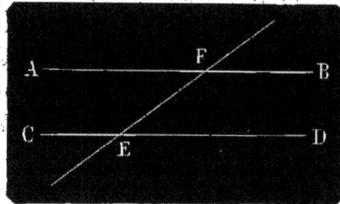

En effet, si par le point F on mène une parallèle à CD, devant faire avec FE un angle alterne-interne égal à FED, cette ligne coïncidera avec FA, donc FA est parallèle à CD.

THÉORÈME XXVIII

50. — *Les parallèles comprises entre parallèles sont égales.*

Soient les deux parallèles AB et CD, comprenant entre elles deux autres parallèles EF, GH, je dis que EF = GH.

En effet, des points E et G, menons les deux perpendiculaires communes et égales EK, GI, les deux triangles rectangles GHI, EFK sont

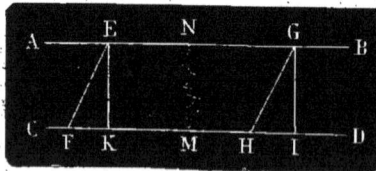

égaux, car ils ont le côté GI = EK, l'angle droit égal, et l'angle HGI = FEK, en effet, HGI = 1 droit — EGH,

et FEK = 1 droit — AEF, or EGH = AEF comme correspondants formés par les deux parallèles GH, EF et la transversale AB. Les deux triangles étant égaux, leurs hypoténuses sont égales, donc EF = GH.

THÉORÈME XXIX

51. — *Deux angles qui ont les côtés parallèles chacun à chacun, sont égaux ou supplémentaires.*

Soit un angle DAM. Si par un point B du plan l'on mène deux parallèles, HE, IL aux deux côtés de cet angle, on forme au point B quatre angles, dont deux, CBE, HBI sont égaux à l'angle DAM, et dont les deux autres, CBH, IBE sont ses supplémentaires.

En effet, l'angle CBE = LCM, comme correspondants, les

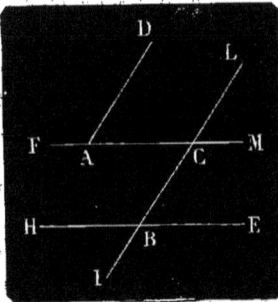

parallèles étant AM et HE, et la transversale IL. Mais LCM = DAM comme correspondants, les parallèles étant AD, IL et la transversale AM, donc

$$CBE = LCM = DAM.$$

L'angle HBI, égal à CBE comme opposé par le sommet, est aussi égal à DAM.

Enfin les deux angles CBH, IBE étant tous deux supplémentaires de CBE sont aussi supplémentaires de DAM.

Remarque. — Si l'on suppose une direction aux côtés d'un angle, en admettant par exemple qu'ils vont en s'éloignant du sommet, on remarquera que les angles égaux CBE, HIB, DAM, ont leurs côtés qui vont ou dans le même sens tous deux, comme CBE et DAM, ou en sens contraire, comme HIB et DAM. Et que dans le cas où les angles sont supplémentaires, leurs côtés vont les uns dans le même sens, les autres en sens contraire. Tels sont CBH et DAM, ou IBE et DAM. Cette remarque permettra de reconnaître à première vue dans lequel des deux cas se trouvent les angles considérés.

THÉORÈME XXX

52. — *Deux angles qui ont les côtés perpendiculaires chacun à chacun sont égaux ou supplémentaires.*

Soit un angle CAB. Si par un point D, pris quelconque sur le plan, on mène deux lignes EH, GF, perpendiculaires à ses côtés, elles forment au point D quatre angles, dont deux, GDH, EDF sont égaux à CAB, et dont les deux autres, HDF, GDE sont supplémentaires de CAB.

En effet, au point A je mène AI, AL, respectivement parallèles à DE et DF, l'angle EDF = IAL, comme ayant les côtés parallèles et de même sens (n° 51). Or, l'angle CAL, droit, est égal à BAI droit aussi, car parallèles à DE et DF, les droites AI, AL, sont perpendiculaires à BA et CA. Si l'on retranche de part et d'autre l'angle commun BAL, les restes sont égaux, donc IAL = CAB, et par suite EDF = IAL = CAB.

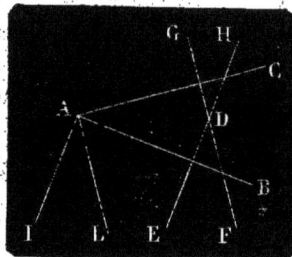

L'angle GDH, égal à l'angle EDF comme opposé par le sommet, est aussi égal à CAB.

Quant aux deux autres angles GDE, HDF, étant chacun supplémentaires de EDF, ils sont aussi supplémentaires de CAB.

Remarque. — La direction des côtés ne peut nous être ici d'aucune utilité pour reconnaître dans lequel des deux cas se trouvent deux angles donnés ; mais s'ils diffèrent sensiblement d'un angle droit, on est assuré qu'ils sont égaux lorsqu'ils sont tous deux à la fois ou aigus ou obtus, et qu'ils sont supplémentaires lorsque l'un est aigu et l'autre obtus.

THÉORÈME XXXI

53. — *La somme des trois angles d'un triangle est égale à deux angles droits.*

Soit le triangle ABC, je dis que ABC + ACB + BAC = 2 droits. En effet, menons par A la parallèle DE à la base BC. La somme des trois angles formés autour du point A est égale à 2 droits. Or ces trois angles sont les trois angles du triangle, car DAB = ABC, comme alternes-internes, EAC = ACB pour la même raison, donc ABC + ACB + BAC = 2 droits.

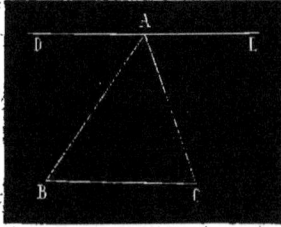

Corollaire I. — *Un triangle ne peut avoir plus d'un angle droit ou obtus.*

54. **Corollaire II.** — *Chaque angle d'un triangle est le supplémentaire de la somme des deux autres.*

55. **Corollaire III.** — *Si l'on prolonge un des côtés d'un triangle, on forme un nouvel angle, dit angle extérieur, qui est égal à la somme des deux angles auxquels il n'est pas adjacent.*

En effet, de même que cette somme, il a pour supplémentaire l'angle auquel il est adjacent.

56. **Corollaire IV.** — *Si deux triangles ont deux angles égaux chacun à chacun, leurs troisièmes angles sont aussi égaux.*

Remarque. — On peut donc, maintenant, modifier ainsi le deuxième cas d'égalité des triangles, et dire : *Deux triangles sont égaux lorsqu'ils ont un côté égal et deux angles quelconques égaux chacun à chacun.*

57. **Corollaire V.** — *Dans un triangle rectangle, chacun des angles aigus est complémentaire de l'autre.*

58. **Corollaire VI.** — *Dans un triangle isocèle, il suffit de connaître, soit l'angle au sommet, soit un des angles à la base, pour connaître tous les angles.*

DES QUADRILATÈRES ET DES POLYGONES

59. Définitions. — On nomme *quadrilatère* une figure formée de quatre lignes droites qui se coupent deux à deux. Parmi les quadrilatères on distingue :

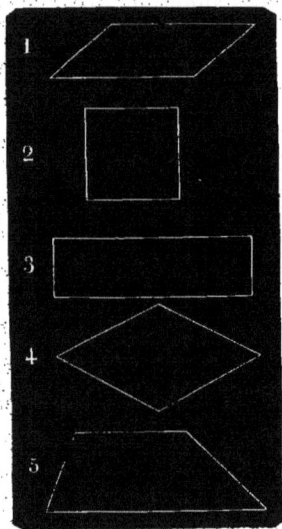

1° Le *parallélogramme* (fig. 1), qui a les côtés opposés parallèles.

2° Le *rectangle* (fig. 3), parallélogramme qui a les quatre angles droits.

3° Le *carré*, rectangle qui a de plus les quatre côtés égaux (fig. 2).

4° Le *lozange*, parallélogramme qui a les quatre côtés égaux (fig. 4).

5° Le *trapèze*, quadrilatère qui a deux côtés parallèles (fig. 5).

Les diagonales d'un quadrilatère sont les lignes, au nombre de deux, qui joignent les sommets opposés.

Les figures planes formées par plus de quatre droites prennent le nom général de *polygones*, cependant on donne les noms particuliers de *pentagone, hexagone, heptagone, octogone, décagone, dodécagone*, etc., aux polygones de 5, 6, 7, 8, 10, 12 côtés.

La diagonale d'un polygone est la droite qui joint deux sommets non consécutifs.

THÉORÈME XXXII

60. — *Dans tout parallélogramme les côtés opposés sont égaux, ainsi que les angles opposés.*

Soit le parallélogramme ABCD, je dis que les côtés opposés sont égaux; en effet, ce sont des parallèles comprises entre parallèles.

Je dis aussi que les angles opposés CAB, CDB, sont égaux.

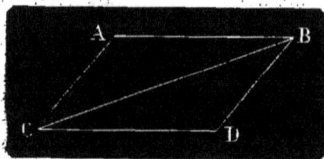

En effet, si l'on mène la diagonale CB, les deux triangles CAB, CDB sont égaux comme ayant les trois côtés égaux chacun à chacun, savoir CB commun; puis AB = CD, et CA = DB, donc les angles CAB, CDB sont égaux.

THÉORÈME XXXIII

61. — *Si dans un quadrilatère les côtés opposés sont égaux, ils sont aussi parallèles et la figure est un parallélogramme.*

Soit le quadrilatère ABDC, dans lequel AB = CD et AC = BD, je dis que la figure est un parallélogramme.

En effet, menons la diagonale CB, les deux triangles ainsi formés sont égaux, comme ayant les trois côtés égaux chacun à chacun; CB commun, AB = CD et AC = BD par hypothèse; donc les angles opposés aux côtés égaux sont égaux, et ACB = CBD, mais ces deux angles ayant la position d'alternes-internes par rapport aux lignes CA, BD et à la transversale CB, les deux lignes CA, BD sont parallèles. On démontrerait de même que les angles BCD, ABC étant égaux, les deux lignes AB, CD sont parallèles. Donc la figure est un parallélogramme.

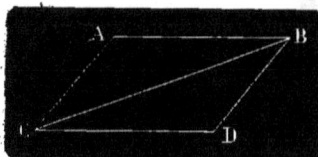

3

THÉORÈME XXXIV

62. — *Si dans un quadrilatère deux côtés sont égaux et parallèles, les deux autres le sont aussi, et la figure est un parallélogramme.*

Soit le quadrilatère ABCD, dans lequel AB est égal et parallèle à DC, je dis que la figure est un parallélogramme.

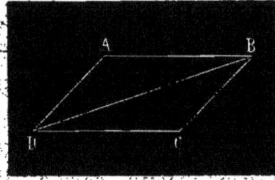

En effet, menons la diagonale DB; les deux triangles ABD, DBC sont égaux, les angles ABD et BDC sont égaux, comme alternes-internes et compris entre les côtés BD commun, et AB = DC. Ces triangles étant égaux, AD = BC, donc la figure est un parallélogramme.

THÉORÈME XXXV

63. — *Les deux diagonales d'un parallélogrammme se coupent en un point qui est le milieu de chacune d'elles.*

Soit le parallélogramme ABCD, je dis que le point O où se coupent ses deux diagonales est le milieu de chacune d'elles.

En effet, les deux triangles BOC, AOD sont égaux comme ayant les côtés égaux BC et AD adjacents aux angles égaux OBC = ODA, et OCB = OAD comme alternes-internes, la figure étant un parallélogramme, donc, les côtés opposés aux angles égaux étant égaux, OB = OD, et OC = OA.

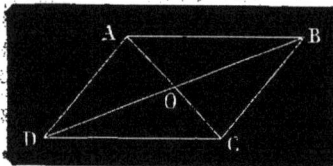

Remarque. — Les théorèmes précédents sur les quadrilatères sont applicables au lozange, au rectangle et au carré, car ces trois figures sont des parallélogrammes.

64. **Corollaire I.** — *Dans le lozange les diagonales se coupent par leur milieu et à angle droit.* Car les deux

extrémités de l'une étant équidistantes des extrémités de l'autre, (35) les deux diagonales sont perpendiculaires l'une à l'autre.

Dans le rectangle les diagonales sont égales entre elles.

Dans le carré les diagonales sont égales entre elles et se coupent à angle droit. Car le carré est à la fois rectangle et lozange.

65. — Corollaire II. — *Si dans un quadrilatère les diagonales se coupent par leur milieu, ce quadrilatère est un parallélogramme.*

Il est, en effet, aisé de voir que l'égalité deux à deux des triangles qui ont leur sommet au point O entraîne l'égalité des côtés opposés du quadrilatère. On peut ajouter aussi que :

Si les diagonales se coupent à leur milieu et à angle droit, le quadrilatère est un lozange; que c'est un rectangle si les diagonales sont égales. Enfin, que c'est un carré si elles sont égales et se coupent à angle droit.

THÉORÈME XXXVI

66. — *Deux parallélogrammes sont égaux lorsqu'ils ont un angle égal compris entre deux côtés égaux chacun à chacun.*

Soient les deux parallélogrammes ABCD, EFGH, qui ont l'angle B = F, et les côtés AB = EF, BC = FH. Je dis qu'ils sont égaux.

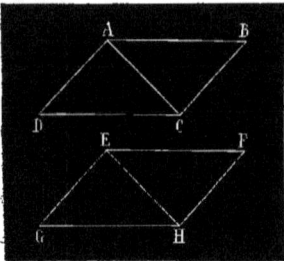

En effet, si l'on mène les deux diagonales AC, EH, les deux triangles ABC, EFH, sont égaux comme ayant un angle égal compris entre côtés égaux. On peut donc les superposer, mais leur superposition entraînera la coïncidence des deux autres triangles ACD, EGF, égaux du reste aux précédents. Donc les deux parallélogrammes sont égaux.

THÉORÈME XXXVII

67. — *La somme des angles intérieurs d'un polygone est égale à autant de fois deux droits que ce polygone a de côtés moins deux.*

Soit le polygone ABCDE de cinq côtés. Si l'on mène du sommet A les deux diagonales AC, AD, on décompose le polygone en trois triangles, c'est-à-dire en autant de triangles qu'il y a de côtés moins deux, $3 = 5 - 2$. Or, la somme des angles de chaque triangle vaut deux droits. Donc, la somme des angles du polygone, laquelle est égale à la somme des angles de tous les triangles, vaut autant de fois deux droits qu'il y a de triangles, ou autant de fois deux droits qu'il y a de côtés moins deux.

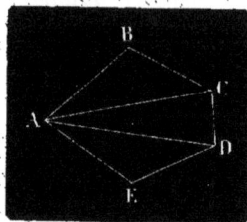

68. — **Remarque.** — Si l'on représente par S la somme des angles intérieurs d'un polygone, par n le nombre de ses côtés, on aura, en appliquant l'énoncé précédent

$$S = (n - 2) \times 2 \text{ droits, ou } S = 2 \times n - 4.$$

d'où l'on peut déduire $n = \dfrac{S + 4}{2}.$

Formule qui donnera le nombre des côtés, connaissant la somme des angles.

THÉORÈME XXXVIII

69. — *La somme des angles extérieurs que l'on forme en prolongeant dans le même sens tous les côtés d'un polygone est égale à 4 droits.*

En effet, à chaque sommet on a ainsi deux angles adjacents valant 2 droits; si donc il y a n sommets, la somme totale des angles, tant extérieurs qu'intérieurs, est égale à

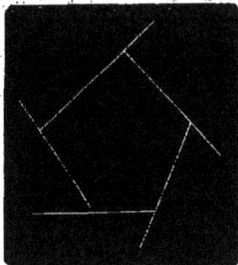

$2 \times n$ angles droits. Or la somme des angles intérieurs est égale à $(n-2) \times 2$ droits, ou a

$$2n-4 \text{ angles droits,}$$

donc la somme des angles extérieurs sera égale à :

$2 \times n - (2 \times n - 4)$ angles droits, ou à $2 \times n - 2 \times n + 4$, ou enfin à 4 angles droits.

APPENDICE AU LIVRE I (1)

THÉORÈME XXXIX

70. — *Les trois perpendiculaires élevées sur les milieux des côtés d'un triangle se coupent en un même point.*

Soit un triangle ABC, et deux perpendiculaires FD, DE, élevées sur les milieux des côtés BC et AC. Elles se coupent au point D. Or, ce point appartenant à la perpendiculaire DE (35) est équidistant de A et de C ; appartenant à la perpendiculaire FD il est aussi équidistant de C et de B, donc il est équidistant de B et de A, et appartient par suite à la perpendiculaire élevée sur le milieu de BA. Donc les trois perpendiculaires se coupent en un même point.

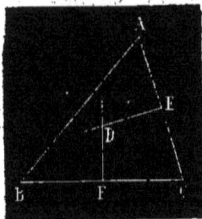

---

(1) Les quelques théorèmes constituant cet appendice sont des exercices, mais des exercices dont tous les élèves doivent connaître la démonstration. Ils peuvent, en même temps, servir de modèle pour la résolution des exercices réels qui suivent. Il est donc indispensable d'étudier cet appendice tout comme l'ensemble des théorèmes du livre I.

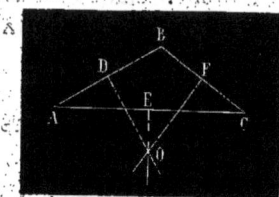

Remarque. — Ce point commun aux trois perpendiculaires n'est pas toujours à l'intérieur du triangle. Si celui-ci a un angle obtus, comme le triangle ABC, les trois perpendiculaires DO, EO, FO concourent en un point O situé hors du triangle.

THÉORÈME XL

71. — *Si par les sommets d'un triangle on mène des parallèles à ses trois côtés, on forme un nouveau triangle, dont les côtés sont doubles du premier et la surface quatre fois plus grande.*

Soit le triangle ABC, et le triangle DEF, formé en menant par chaque sommet une parallèle au côté opposé. La figure DACB est un parallélogramme, car les côtés sont parallèles deux à deux, donc $AC = DB$; mais ABFC est aussi un parallélogramme, donc $AC = BF$, et, par suite $DF = 2AC$. On démontrerait de même que $DE = 2BC$ et que $EF = 2AB$.

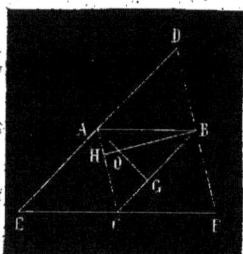

Les quatre triangles qui constituent la figure totale sont égaux entre eux, car ils ont tous les trois côtés égaux chacun à chacun, donc la figure totale à une surface quadruple de celle du triangle primitif ABC.

72. — **Corollaire I.** — *Dans le triangle DEF, et dans un triangle quelconque, la parallèle à la base, menée par le milieu d'un côté, passe par le milieu de l'autre côté et est égale à la moitié de la base.* De même pour la ligne BC, menée parallèle à DE par le milieu de DF, et pour AC, parallèle à DF, par le milieu de DE.

73. — **Corollaire II.** — *Les trois hauteurs d'un triangle se coupent en un même point.* En effet, les deux hauteurs

AG, BH, du triangle ABC, ne sont autre chose que les deux perpendiculaires menées sur les milieux des côtés du triangle DEF, donc elles se coupent en un point O où passerait la troisième hauteur (70).

THÉORÈME XLI

74. — *Les trois bissectrices d'un triangle se coupent en un même point.*

Soit un triangle ABC et deux de ses bissectrices, celles des angles A et B, elles se coupent en D. Le point D appartenant à la bissectrice de l'angle A est équidistant de AB et de AC (37); appartenant à la bissectrice de l'angle B, il est aussi équidistant de AB et de BC, donc il est équidistant de AC et de BC, et appartient à la bissectrice de l'angle C, donc les trois bissectrices se coupent en un même point.

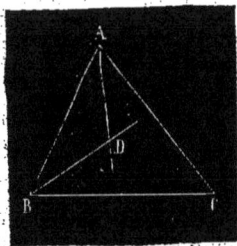

THÉORÈME XLII

75. — *Les trois médianes d'un triangle se coupent en un même point, situé au tiers inférieur de chacune d'elles.*

Soit un triangle ABC et deux médianes AD, BF qui se coupent en O. Par le point C, menons CE parallèle à BF jusqu'à la rencontre de AD prolongée. Dans le triangle AEC, la ligne OF parallèle à EC et passant par le milieu de AC est moitié de EC. Or EC = BO, car les deux triangles BOD et DCE ont le côté BD = DC, l'angle ODB = CDE comme opposés par le sommet, et l'angle OBD = DCE comme alternes-internes, donc OF moitié de EC, est aussi moitié de BO. Le point O est donc au

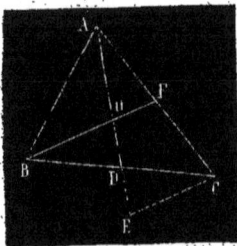

tiers inférieur de la médiane BF, et puisqu'une médiane quelconque coupe l'autre à son tiers, elles se coupent toutes trois au même point, qui est au tiers inférieur de chacune.

THÉORÈME XLIII

76. — *Dans tout triangle rectangle, la médiane de l'hypoténuse est égale à la moitié de celle-ci.*

Soit un triangle rectangle ABC, et la médiane BO. Si nous menons par A une parallèle AD à BC, et par C une parallèle CD à BA, nous construirons un parallélogramme ABCD qui est en même temps un rectangle, dont l'hypoténuse AC est la diagonale, donc la médiane BO prolongée doit constituer l'autre diagonale (63), et passer au point D. Mais comme dans le rectangle les diagonales sont égales, BD = AC, donc BO est la moitié de AC.

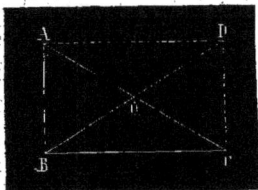

THÉORÈME XLIV

77. — *Toute droite passant par le point de rencontre des diagonales d'un parallélogramme et terminée aux côtés du quadrilatère, est coupée par ce point en deux parties égales.*

Soit un parallélogramme ABCD, et une droite EF passant par le point O de rencontre des diagonales; les deux triangles EOB, DOF sont égaux, car ils ont OB = OD, l'angle DOF = EOB comme opposés par le sommet, et l'angle EBO = ODF comme alternes-internes, donc OE = OF. Le point O est, à cause de cela, nommé le milieu du parallélogramme.

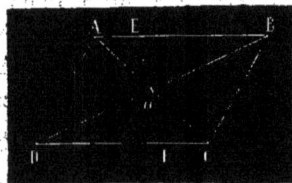

THÉORÈME XLV

78. — *La droite qui joint les milieux des côtés non parallèles d'un trapèze est égale à la demi-somme des côtés parallèles.*

Soit le trapèze ABCD, prolongeons DC d'une quantité CG égale à AB et joignons AG; les deux triangles ABF, FCG sont égaux, car ils ont CG = AB, l'angle BAF = FGC et ABF = FCG comme alternes-internes, donc BF = FC. Si donc on joint le milieu F de BC, au milieu E de AD, la droite EF est la moitié de la base DG du triangle ADG. Mais

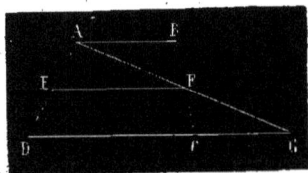

$$DG = DC + AB, \text{ donc } EF = \frac{DC + AB}{2}$$

THÉORÈME XLVI

79. — *Dans un trapèze isocèle les angles opposés sont supplémentaires.*

On dit qu'un trapèze est isocèle lorsque les deux côtés non parallèles sont égaux.

Soit le trapèze isocèle ABCD, menons par le point B une parallèle BE à la ligne AD; BE = AD, comme côtés opposés d'un parallélogramme, menons aussi par le point A, AF parallèle est égale à BC, les deux triangles ADF, EBC, sont égaux, car ils sont tous deux isocèles, et ont l'angle au sommet DAF = EBC, comme angles ayant les côtés parallèles et de même sens, donc l'angle BCE = ADF, mais BCE est supplémentaire de ABC, comme angles intérieurs (48), donc ADF est aussi supplémentaire de ABC.

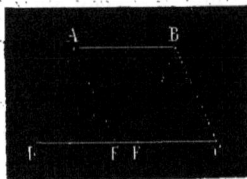

Corollaire. — *Dans le trapèze isocèle les angles adjacents à la grande base sont égaux entre eux, ainsi que ceux adjacents à la petite base.*

EXERCICES

1. Démontrer que les bissectrices de deux angles opposés par le sommet sont en ligne droite.

2. Démontrer que la somme des diagonales d'un quadrilatère convexe est plus petite que la somme et plus grande que la demi-somme de ses côtés.

3. Démontrer que la somme des droites qui joignent un point intérieur d'un triangle aux trois sommets est plus petite que la somme et plus grande que la demi-somme des trois côtés.

4. Trouver la formule qui donne le nombre des diagonales d'un polygone de n côtés.

5. La médiane d'un triangle est plus petite que la demi-somme des côtés qui la comprennent.

6. La somme des médianes d'un triangle est plus petite que la somme et plus grande que la demi-somme des trois côtés.

7. Deux villes sont à des distances différentes d'un chemin de fer, trouver à quel point doit être construite la gare, pour qu'elle soit équidistante des deux villes.

8. Deux villes A et B sont inégalement distantes d'un chemin de fer. Trouver à quel point de la voie on doit déposer le sac des dépêches, pour que le facteur, partant de A pour aller à B, en ramassant le sac, ait à faire le plus court chemin possible.

9. Par un point donné, mener une droite qui passe à égale distance de deux points donnés.

10. Des deux extrémités de la base d'un triangle isocèle on mène des perpendiculaires sur les deux côtés, démontrer qu'elles sont égales.

11. Tracer la bissectrice de l'angle de deux droites qu'on ne peut prolonger jusqu'à leur point de rencontre.

12. Démontrer que, dans tout triangle, l'angle formé par la rencontre de deux bissectrices est égal à un droit plus la moitié du troisième angle du triangle.

13. Démontrer que dans tout triangle rectangle l'angle formé par la hauteur et la médiane venant de l'angle droit est égal à la différence des deux angles aigus.

14. Démontrer qu'en joignant deux à deux les milieux des côtés consécutifs d'un quadrilatère irrégulier, la figure que l'on forme est un parallélogramme.

15. Démontrer que les quatre bissectrices d'un quadrilatère forment par leur rencontre un nouveau quadrilatère dont les angles opposés sont supplémentaires.

16. Démontrer que la somme des distances d'un point de la base d'un triangle isocèle aux deux côtés est constante.

17. Démontrer que si d'un point intérieur on abaisse des perpendiculaires sur les trois côtés d'un triangle équilatéral, leur somme est égale à la hauteur du triangle.

18. Démontrer que les bissectrices des angles d'un parallélogramme forment par leur rencontre un rectangle, dont les sommets sont situés sur les lignes qui joignent les milieux des côtés.

19. Démontrer que dans tout triangle au plus grand côté correspond la plus courte médiane.

20. Construire un triangle connaissant ses trois médianes.

21. Par un point donné dans l'intérieur d'un angle mener une ligne terminée aux deux côtés de l'angle et dont ce point soit le milieu.

22. Démontrer que si l'on joint un sommet d'un triangle au milieu de la médiane opposée, cette ligne prolongée va couper en son tiers le côté opposé.

23. Trouver le lieu géométrique des milieux des droites que l'on peut mener d'un même point sur une ligne donnée.

24. Démontrer que dans tout triangle les trois points de concours des perpendiculaires sur les milieux des côtés, des trois médianes et des trois hauteurs sont sur une même ligne droite, et que les distances qui les séparent sont l'une double de l'autre.

25. Calculer l'angle d'un polygone équiangle de 96 côtés.

26. Combien a de côtés un polygone qui possède 54 diagonales.

27. Étant donnés un point A et une droite MN. On joint le point A à un point quelconque B de MN, puis sur AB on construit un triangle équilatéral ABC, trouver le lieu géométrique du sommet C.

28. Trouver le moyen de construire une perpendiculaire sur l'un des côtés d'un triangle rectangle, de telle sorte que sa longueur entre ce côté et l'hypoténuse soit égale à l'un des segments de l'hypoténuse.

29. On prolonge dans les deux sens tous les côtés d'un polygone convexe : trouver la somme des angles au sommet de tous les triangles ainsi formés.

30. Démontrer que quand dans un triangle rectangle un des

angles aigus est la moitié de l'autre, l'un des côtés de l'angle droit est moitié de l'hypoténuse.

31. Démontrer que le point équidistant des trois sommets d'un triangle rectangle est le milieu de l'hypoténuse.

32. Construire un carré connaissant la somme ou la différence de la diagonale et du côté du carré.

33. Démontrer que si un rayon lumineux fixe tombant sur un miroir plan, on incline celui-ci d'un certain angle, la déviation du rayon réfléchi sera double de la déviation du miroir.

34. Démontrer que si un rayon lumineux subit une double réflexion sur deux miroirs angulaires, l'angle formé par le rayon incident et le second rayon réfléchi est double de l'angle des deux miroirs.

35. Un point lumineux étant placé entre trois miroirs également inclinés entre eux, tracer le rayon lumineux qui, par réflexion triple, revient passer par le point lumineux lui-même.

LIVRE II

80. — La *circonférence* est une ligne courbe dont tous les points sont également distants d'un point intérieur que l'on nomme centre.

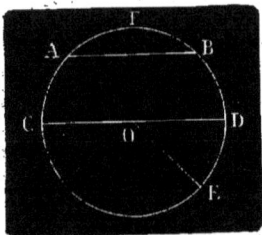

Le *cercle* est la portion de plan limitée par la circonférence.

Un *arc* est une portion de la circonférence, AFB par exemple.

La ligne droite qui joint les deux extrémités d'un arc est une *corde*. Par exemple AB.

Un *rayon* est une ligne allant du centre à la circonférence, exemple OE. Il suit de la définition que tous les rayons sont égaux entre eux.

On nomme *diamètre* toute corde qui passe par le centre. Exemple CD. Tout diamètre est donc égal à deux rayons, et tous les diamètres sont égaux entre eux.

CORDES ET DIAMÈTRES

THÉORÈME XLVII

81. — *Une ligne droite ne peut couper une circonférence en plus de deux points.*

En effet, supposons qu'une ligne, de nature inconnue, coupe la circonférence en trois points, en joignant ces trois points au centre on aurait trois droites égales. Or d'un point on ne peut mener sur une droite que deux lignes droites égales (34), donc la ligne en question n'est pas droite.

THÉORÈME XLVIII

82. — *Le diamètre est la plus grande de toutes les cordes.*

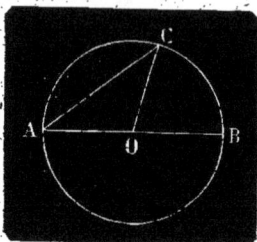

Soient la corde AC et le diamètre AB, je dis que $AB > AC$.

En effet, joignons OC, dans le triangle AOC on a

$$AC < AO + OC$$

mais OC = OB comme rayon, donc

$$AC < AO + OB \text{ ou } AC < AB$$

THÉORÈME XLIX

83. — *Tout diamètre partage la circonférence et le cercle chacun en deux parties égales.*

Soit une circonférence et son diamètre AB. Plions la figure suivant ce diamètre, la partie supérieure de la circonférence devra recouvrir la partie inférieure et coïncider avec elle sur tout son parcours, sans quoi il y aurait des points inégalement distants du centre.

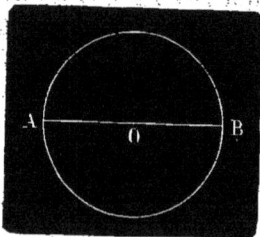

Les deux surfaces déterminées dans le cercle par le diamètre sont aussi égales, puisqu'elles coïncident dans toute leur étendue.

Remarque. — On donne le nom de demi-circonférence et de demi-cercle aux deux arcs et aux deux surfaces déterminées par le diamètre.

Toute corde autre que le diamètre partage la circonférence en deux arcs inégaux, mais elle est la corde aussi bien de l'un que de l'autre. Aussi lorsque, sans autre désignation, on dit la corde d'un arc, on entend parler de l'arc moindre qu'une demi-circonférence.

THÉORÈME L

84. — *Dans le même cercle ou dans des cercles égaux, les arcs égaux sont sous-tendus par des cordes égales; et réciproquement, les cordes égales sous-tendent des arcs égaux.*

Si les cordes considérées sont situées dans deux cercles égaux, il suffit de les superposer pour ramener la question à un cercle unique, c'est dans ce cas que nous la démontrerons.

Soient les deux arcs égaux AMP = CND, je dis que leurs cordes AP et CD sont égales.

Prenant le milieu F de l'arc AC, menons par ce point le diamètre FE, et plions la figure suivant ce diamètre; comme l'arc FC = FA, le point C tombera en A, et les arcs CND, AMP étant égaux par hypothèse se superposeront, de façon que le point D tombe en P, alors les deux cordes AP, CD, commençant et finissant aux mêmes points sont égales.

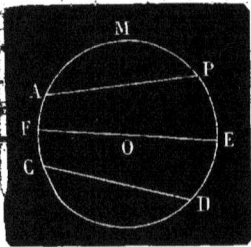

Réciproquement, je dis que si les cordes AP, CD sont égales, les arcs AMP, CND sont égaux.

Joignons aux centres les extrémités des cordes, nous formons ainsi deux triangles AOP, COD égaux comme ayant les trois côtés égaux chacun à chacun. Replions maintenant, comme ci-dessus, la figure suivant le diamètre EF, OC tombe sur OA, dès lors les deux triangles étant égaux coïncident dans toutes leurs parties, CD coïncide avec AP et l'arc CNP avec l'arc AMP, donc ces deux arcs sont égaux.

THÉORÈME LI

85. — *Dans le même cercle ou dans des cercles égaux un plus grand arc est sous-tendu par une plus grande corde, et réciproquement; si toutefois les arcs considérés sont moindres qu'une demi-circonférence.*

Soient deux arcs inégaux AB, CD. Je dis que la corde CD est plus grande que la corde AB.

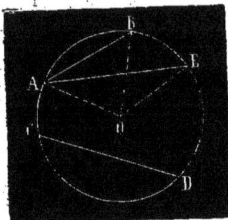

En effet, prenons l'arc AE = CD, d'après le théorème précédent les deux cordes AE et CD sont égales; menons les rayons OA, OB, OE. Les deux triangles AOB, AOE, ont un angle inégal, AOE > AOB compris entre côtés égaux comme rayons d'une même circonférence, donc les troisièmes côtés sont inégaux (25), et AE > AB, et comme AE = CD, on a enfin CD > AB.

La réciproque est vraie, car si la corde AE est plus grande que la corde AB, les arcs sous-tendus ne sauraient être égaux, puisque dans ce cas les cordes devraient être égales, et l'arc AE ne saurait non plus être plus petit que l'arc AB, car dans ce second cas c'est la corde AE qui serait plus petite que AB, donc l'arc AE, ou CD, sous-tendu par la plus grande corde, est aussi le plus grand arc.

THÉORÈME LII

86. — *Tout rayon perpendiculaire à une corde partage la corde et les deux arcs qu'elle sous-tend, chacun en deux parties égales.*

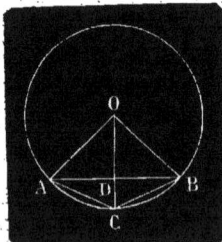

Soit la corde AB et le rayon CO qui lui est perpendiculaire, je dis que le point D est le milieu de AB.

En effet, si nous joignons OA, OB, ces deux lignes, égales comme rayons, ont par rapport à CO la position d'obliques égales, donc elles s'écartent également du pied de la perpendiculaire, donc DA = DB.

Joignons maintenant AC et CB, ces deux cordes sont égales comme obliques s'écartant également du pied D de la perpendiculaire CD, donc les arcs AC, CB qu'elles sous-tendent sont égaux. On démontrerait de même l'égalité des deux autres arcs AF, FB, en prolongeant CO de manière à ce qu'il devienne diamètre.

87. **Corollaire I.** — *Toute perpendiculaire élevée sur le milieu d'une corde passe par le centre de la circonférence, et aussi par le milieu des arcs sous-tendus.*

Corollaire II. — *Le lieu géométrique des milieux des cordes parallèles est le diamètre qui leur est perpendiculaire.*

THÉORÈME LIII

88. — *Deux cordes égales sont également éloignées du centre, et de deux cordes inégales la plus petite est la plus éloignée du centre.*

Soient les deux cordes égales AB, CD, je dis que leurs distances au centre OM, ON sont égales.

En effet, joignons OB et OC, les deux triangles rectangles OMB, ONC, sont égaux, car l'hypoténuse OB = OC, et MB, moitié de AB, est égale à NC, moitié de la corde égale DC, donc

ON = OM.

Soient maintenant les deux cordes inégales, AB plus petite et EF plus grande, je dis que la distance au centre OM de la première est plus grande que OR distance au centre de la seconde.

En effet, faisons une corde BG = EF, et passant par le point B, menons la distance au centre OP, comme OP = OR, il suffira de démontrer que OM est plus grande que OP. Or, on a OM > OQ et OQ > OP, car OQ est oblique et OP perpendiculaire, donc enfin OM > OP.

4

Corollaire. — *Si deux cordes sont également éloignées du centre dans un même cercle ou dans des cercles égaux, ces deux cordes sont égales. Si elles sont inégalement éloignées, la plus éloignée du centre est la plus courte.*

THÉORÈME LIV

89. — *Par trois points non en ligne droite on peut toujours faire passer une circonférence, et on n'en peut faire passer qu'une.*

Soit trois points A, B, C, non en ligne droite. Je dis que par ces trois points on peut faire passer une circonférence.

En effet, joignons AB et BC, sur les milieux D et E de ces lignes on peut toujours élever deux perpendiculaires, DO et EO, lesquelles doivent se rencontrer en un certain point, sans quoi elles seraient parallèles, et par suite perpendiculaires à une même droite ou à deux droites parallèles, ce qui n'est pas l'hypothèse. Or, le point O de leur rencontre est équidistant à la fois de A et de B (35), et de B et de C, il est donc équidistant de A, de B et de C; ces trois points appartiennent donc à une circonférence qui aurait pour centre O et pour rayon OB.

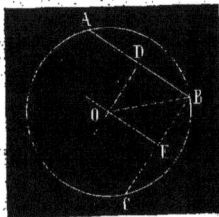

Je dis de plus que l'on ne peut faire passer qu'une circonférence par les trois points A, B, C. En effet, toute circonférence passant par A, B et C aura son centre équidistant de ces trois points, donc il sera sur la perpendiculaire élevée au milieu de AB et sur la perpendiculaire élevée au milieu de BC; donc il sera au point O de rencontre de ces deux lignes; c'est-à-dire que cette circonférence sera celle déjà trouvée.

Remarque. — On aurait pu joindre aussi AC, et la perpendiculaire sur le milieu de AC aurait également passé par le point O, celui-ci est donc le centre d'une circonférence passant par les trois sommets du triangle ABC, on la nomme *circonférence circonscrite* au triangle, lequel est dit triangle *inscrit*.

Il est bon de remarquer aussi que par deux points donnés on peut toujours faire passer une circonférence, mais qu'on peut en faire passer une infinité, en prenant pour centre un point quelconque de la perpendiculaire élevée sur le milieu de la droite qui joint ces deux points. Que par quatre points donnés on ne peut faire passer une circonférence que dans certains cas particuliers que nous aurons à étudier, car il n'est pas certain que les trois perpendiculaires élevées sur les milieux des droites qui joignent ces points deux à deux se coupent en un même point.

Corollaire. — *Deux circonférences sont égales lorsque trois points de l'une peuvent se superposer sur trois points de l'autre.*

TANGENTES ET SÉCANTES,
CIRCONFÉRENCES TANGENTES ET QUI SE COUPENT

90. **Définitions.** — On nomme *tangente* à une circonférence une ligne infinie qui n'a qu'un point de commun avec la courbe. Exemple AB.

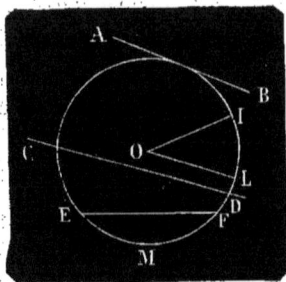

On nomme *sécante* une ligne indéfinie qui coupe la circonférence en deux points. Exemple CD.

Deux circonférences sont *tangentes* lorsqu'elles n'ont qu'un point commun ; elles sont *sécantes* lorsqu'elles en ont deux.

Un *segment* est la portion du cercle comprise entre l'arc et sa corde. Exemple la surface FME.

Un *secteur* est la portion du cercle comprise entre un arc et les deux rayons menés à ses extrémités. Exemple surface IOL.

THÉORÈME LV

91. — *Toute perpendiculaire à l'extrémité d'un rayon est tangente à la circonférence, et, réciproquement, tout rayon mené au point de tangence est perpendiculaire à la tangente.*

Soit la perpendiculaire AB à l'extrémité du rayon OA, je dis qu'elle est tangente à la circonférence, c'est-à-dire qu'elle n'a avec elle qu'un point commun, le point A.

En effet, tout point de AB autre que A ne saurait appartenir à la circonférence, car si on le joint au centre O, on aura une oblique par rapport à OA, elle sera donc plus longue que OA, et son extrémité sera hors de la circonférence.

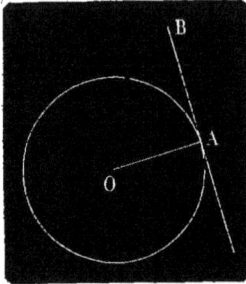

Réciproquement, soit une tangente AB, je dis que si l'on mène le rayon OA, cette ligne sera perpendiculaire à AB.

En effet, si OA n'est pas perpendiculaire à AB, on peut mener cette perpendiculaire, laquelle sera plus courte que OA, et alors son pied, qui est un point de AB, serait intérieur à la circonférence, ce qui ne peut être, puisque OA est tangente.

Corollaire. — *Par un point pris sur une circonférence on peut toujours lui mener une tangente et une seule.*

En effet, on peut toujours mener un rayon au point donné, et à l'extrémité de ce rayon lui mener une perpendiculaire et une seule.

THÉORÈME LVI

92. — *Les sécantes et tangentes parallèles interceptent sur la circonférence des arcs égaux.*

1er cas. — Deux sécantes parallèles AB et CD coupent la circonférence, je dis que les arcs AC, BD compris entre elles sont égaux.

Menons par le centre O la perpendiculaire OG, commune aux deux sécantes. Elle partage en deux parties égales les

arcs que les deux cordes AB et CD sous-tendent, donc arc
CG = arc GD, et arc AG = arc GB. Retranchons l'une de
l'autre, membre à membre, ces deux égalités, il vient :
arc CG — arc AG = arc GD — arc GB, ou, arc AC = arc BD.

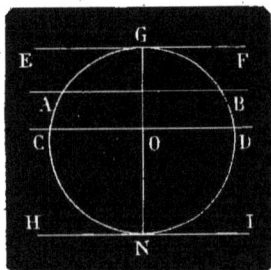

2° cas. — Une des parallèles
CD est sécante, l'autre EF est tangente. Le rayon OG mené au point
de tangence est alors perpendiculaire à EF (45), et aussi à sa parallèle CD, donc arc GC = arc GD.

3° cas. — Les deux parallèles
sont tangentes, telles que EF et
HI, en ce cas les rayons OG, ON,
menés aux points de tangence, étant perpendiculaires à deux
parallèles, sont en ligne droite, NG est un diamètre, et les arcs
compris entre les parallèles sont deux demi-circonférences,
ils sont donc égaux.

THÉORÈME LVII

93. — *Si deux circonférences ont un point commun d'un
côté de la ligne qui joint leurs centres, elles en ont aussi
un autre de l'autre côté de cette ligne, elles se coupent en
ces deux points.*

Soient OO' la ligne qui joint les centres de deux circonférences, B un de leurs points communs. Je dis qu'elles
ont un autre point commun de l'autre côté de OO'.

En effet, menons BC perpendiculaire sur OO', prolongeons-
la d'une longueur CB' égale à BC,
puis joignons OB, OB', O'B, O'B'.
Les deux lignes OB, OB' étant des
obliques égales, le point B' appartient à la circonférence dont le
centre est O. De même, les deux
lignes O'B, O'B', étant des obliques
égales, le point B' appartient aussi
à la circonférence ayant O' pour centre, donc B' est un
second point commun aux deux circonférences, et la ligne

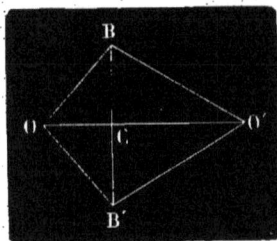

BB' serait à la fois une corde de chacune d'elles, on la nomme la corde commune.

94. Corollaire I. — *Quand deux circonférences se coupent, la ligne des centres est perpendiculaire sur le milieu de la corde commune.*

95. Corollaire II. — *Si deux circonférences sont tangentes, le point de tangence se trouve sur la ligne des centres.*

Car, s'il était d'un côté de cette ligne, elles auraient un second point commun de l'autre côté, et ne seraient pas tangentes.

THÉORÈME LVIII

96. — *Deux circonférences peuvent occuper cinq positions l'une par rapport à l'autre. Elles peuvent être :*

1° Extérieures l'une à l'autre ; dans ce cas la distance de leurs centres est plus grande que la somme de leurs rayons.

Soient les deux circonférences O et O', extérieures, on voit que la distance des centres
$$OO' = OB + BA + AO', \text{ donc}$$
$$OO' > OB + AO'.$$

2° Tangentes extérieurement, alors la distance des centres est égale à la somme des rayons.

Soient les deux circonférences O et O' tangentes, on voit que, en effet, $OO' = OA + AO'$.

3° Sécantes ; en ce cas la distance des centres est plus petite que la somme des rayons, et plus grande que leur différence.

Soient les deux circonférences O et O' qui se coupent, joignons OA et O'A, dans le triangle OAO', on voit que
$$OO' < OA + O'A \text{ et } OO' > O'A - OA.$$

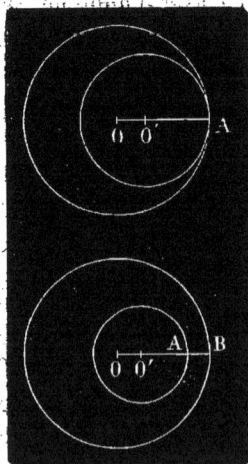

4° *Tangentes intérieurement;* en ce cas la distance des centres est égale à la différence des rayons.

Soient les deux circonférences O et O′, tangentes intérieurement, on voit que OO′ = OA — O′A.

5° *Intérieures l'une à l'autre;* dans ce cas la distance des centres est plus petite que la différence des rayons.

Soient les deux circonférences O et O′, la différence des rayons, ou OB — O′A = OO′ + AB, donc

$$OO' < OB - O'A.$$

MESURE DES ANGLES

97. — Mesurer une quantité, c'est chercher son rapport avec son unité. Rien de plus simple lorsque l'unité est contenue un nombre exact de fois dans la quantité considérée; le rapport cherché est alors le nombre lui-même.

Si la quantité ne contient pas un nombre exact de fois son unité, sa mesure est alors le rapport des deux nombres qui expriment combien de fois la quantité considérée et son unité contiennent chacune exactement une troisième quantité dite *commune mesure*. Ainsi une certaine longueur ne peut s'exprimer exactement en mètres, mais on sait que le mètre contient 21 fois une certaine ligne et que la longueur en question la contient 37 fois, le rapport ou la mesure cherchée sera $\frac{37}{21}$.

Toutes les quantités qui ont une commune mesure donnent donc lieu à des rapports parfaitement exacts, on les nomme *quantités commensurables*.

Mais l'on rencontre aussi des quantités qui n'ont avec leur unité aucune commune mesure, on les nomme *quantités incommensurables*. Leur rapport exact avec l'unité ne peut s'écrire. On est convenu d'employer en place un rapport approximatif, mais tel qu'il ne diffère du rapport vrai que d'une quantité que l'on peut rendre plus petite que toute quantité imaginable. On peut donc faire que ce rapport se rapproche du rapport vrai aussi près qu'on le veut, sans que pourtant il puisse jamais l'atteindre, et l'on dit alors que le rapport approché a pour *limite* le rapport vrai.

98. — Démontrons en premier lieu *que l'on peut toujours rendre la différence entre le rapport approché et le rapport vrai plus petite que toute quantité donnée.*

Soit une quantité A, *incommensurable*, et son unité B, elles n'ont pas de commune mesure, mais on sait qu'une certaine quantité *a* contenue *m* fois dans B, est contenue *n* fois dans A avec un reste *r* plus petit que *a*, on peut donc écrire :

$$B = m \times a \text{ et } A = n \times a + r$$

Alors au lieu du rapport vrai $\frac{A}{B}$, impossible à écrire, on peut prendre, soit le rapport $\frac{na}{ma}$, soit $\frac{(n+1)a}{ma}$ ou, en simplifiant, $\frac{n}{m}$, ou $\frac{n+1}{m}$; de sorte que l'on a :

$$\frac{n}{m} < \frac{A}{B} < \frac{n+1}{m}$$

Ces deux rapports ont entre eux une différence $\frac{1}{m}$, et $\frac{n}{m}$ est en dessous de $\frac{A}{B}$ de moins de $\frac{1}{m}$, tandis que $\frac{n+1}{m}$ est en dessus de $\frac{A}{B}$ de moins de $\frac{1}{m}$. Or cette différence devient d'autant plus petite que *m* est plus grand, et pour que *m* devienne plus grand, il suffit de prendre *a* plus petit ; si au lieu de *a* on prend $\frac{a}{100}$, quantité encore exactement contenue dans B, *m* devient 100 *m*, et $\frac{1}{m}$, $\frac{1}{100m}$. On voit donc qu'il est possible de rendre m assez grand pour que $\dfrac{1}{m}$ soit plus petit que toute quantité donnée. Lorsque la différence $\dfrac{1}{m}$ sera devenue ainsi plus petite qu'une certaine approximation choisie à volonté, à plus forte raison la différence entre $\dfrac{n}{m}$ ou $\dfrac{n+1}{m}$ et $\dfrac{A}{B}$ sera-t-elle plus petite que cette même quantité.

99. — On nomme *variables* des quantités qui, comme les rapports précédents, peuvent prendre des grandeurs croissantes ou décroissantes, et tendent vers une certaine limite.

Démontrons maintenant *que le rapport de deux variables a pour limite le rapport des limites de ces variables.*

Soient deux variables A et B, l et l' leurs limites, dont elles diffèrent de deux quantités inconnues α et ε, de sorte que l'on a $A = l + \alpha$ et $B = l' + \varepsilon$, on peut écrire :

$$\frac{A}{B} = \frac{l+\alpha}{l'+\varepsilon}$$

Calculons la différence entre $\dfrac{l+\alpha}{l'+\varepsilon}$ et $\dfrac{l}{l'}$, faisant la soustraction, on trouve pour valeur de cette différence $\dfrac{l'\alpha - l\varepsilon}{l'(l'+\varepsilon)}$. Or nous savons (98) que l'on peut rendre α et ε plus petits que toute quantité donnée, à plus forte raison la différence $l'\alpha - l\varepsilon$ pourra-t-elle être rendue plus petite que toute quantité imaginable; de plus le dénominateur $l'(l'+\varepsilon)$ est plus grand que l'^2, donc $\dfrac{l'\alpha - l\varepsilon}{l'(l'+\varepsilon)} < \dfrac{l'\alpha - l\varepsilon}{l'^2}$, et l'on peut faire que $l'\alpha - l\varepsilon$ soit plus petit que $l'^2\gamma$, γ étant une quantité aussi petite que l'on veut, on aura alors $\dfrac{l'\alpha - l\varepsilon}{l'(l'+\varepsilon)} < \gamma$ donc la différence entre $\dfrac{A}{B}$ et $\dfrac{l}{l'}$ peut être rendue aussi petite que l'on veut, donc la limite de $\dfrac{A}{B}$ est bien $\dfrac{l}{l'}$.

100. — Démontrons encore *que quand deux variables sont constamment égales, leurs limites le sont aussi.*

Soit encore, comme ci-dessus

$$A = l + \alpha \text{ et } B = l' + \mathcal{B}, \text{ et } A = B.$$

Retranchons l'une de l'autre ces deux égalités, il vient $A - B = l - l' + \alpha - \mathcal{B}$, or (98) $\alpha - \mathcal{B}$ peut être rendu plus petit que toute quantité donnée, donc $A - B$ a pour limite $l - l'$, et comme $A = B$, $A - B = 0$, donc $l - l' = 0$ ou $l = l'$.

Ceci posé, dans tous les théorèmes suivants relatifs, soit à la mesure des angles, soit à la recherche des rapports entre quantités incommensurables, nous ferons appel aux principes ci-dessus démontrés, il nous suffira de les rappeler sans avoir à les démontrer de nouveau.

101. — Pour mesurer les angles, il a fallu faire choix d'un angle unité. L'angle droit se trouvait tout naturellement indiqué, comme remplissant les conditions nécessaires pour constituer un bonne unité. Tout le monde le connaît, mille objets usuels le mettent constamment sous nos yeux. On peut le réaliser aisément; une feuille de papier soigneusement pliée en quatre donne un angle droit. Mais il est trop grand, la mesure des angles eût sans cesse entraîné à sa suite le calcul des fractions, puis et surtout il eut été incommode et peu exact de procéder pratiquement à cette mesure. De là l'idée très heureuse de substituer à la comparaison difficile et inexacte des angles, la comparaison de certains arcs de circonférence, après avoir toutefois rigoureusement démontré que la comparaison des uns donnera toujours le même résultat que celle des autres. Tel est le but des théorèmes suivants.

102. **Définitions**. — On nomme *angle au centre* un angle dont le sommet est au centre de la circonférence, ses côtés formant deux rayons. On nomme *angle inscrit* un angle dont le sommet est un point de la circonférence, ses côtés formant deux cordes.

THÉORÈME LIX

103. — *Si dans un même cercle, ou dans deux cercles égaux, deux angles au centre sont égaux, ils interceptent entre leurs côtés des arcs égaux, et réciproquement.*

Soient les deux angles au centre égaux AOB et DOC, je dis que les arcs interceptés AB et CD sont égaux.

En effet, joignant AB et DC, les deux triangles AOB, DOC, sont égaux, car ils ont un angle égal par hypothèse compris entre côtés égaux entre eux comme rayons d'une même circonférence; donc les cordes AB et CD sont égales, et aussi les arcs AB, CD, qu'elles sous-tendent.

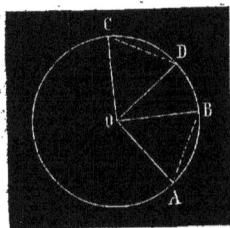

Réciproquement, si les arcs AB et CD sont égaux, je dis que les angles au centre sont aussi égaux.

En effet, menons encore les cordes AB et CD, elles seront égales et les triangles AOB, DOC, seront égaux comme ayant les trois côtés égaux chacun à chacun, donc les deux angles au centre sont égaux.

THÉORÈME LX

104. — *Si dans un même cercle, ou dans deux cercles égaux, deux angles au centre sont inégaux, les arcs qu'ils interceptent sont inégaux; au plus grand angle correspond le plus grand arc et réciproquement.*

Soient les deux angles au centre inégaux COD > AOB, je dis que l'on a aussi arc CD > arc AB.

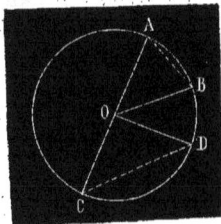

En effet, joignons les cordes AB et CD, les deux triangles COD, AOB ayant un angle inégal compris entre côtés égaux comme rayons d'une même circonférence, on aura

$$CD > AB,$$

donc aussi arc CD > arc AB.

Réciproquement, si ce sont les

arcs CD et AB que l'on sait plus grands l'un que l'autre, on en conclura que la corde CD est plus grande que AB, et que l'angle COD, opposé à la corde CD, est plus grand que l'angle AOB, opposé à la corde AB.

THÉORÈME LXI

105. — *Dans le même cercle, ou dans deux cercles égaux, le rapport entre deux angles au centre est le même que le rapport entre les deux arcs compris entre leurs côtés.*

Soient les deux angles au centre AOB, COD, lesquels interceptent entre leurs côtés les arcs AB, CD, je dis que l'on aura l'égalité

$$\frac{AOB}{COD} = \frac{\text{arc AB}}{\text{arc CD}}$$

En effet, supposons entre les deux arcs une commune mesure Am, contenue 5 fois dans l'arc AB et 3 fois dans l'arc CD, on aura

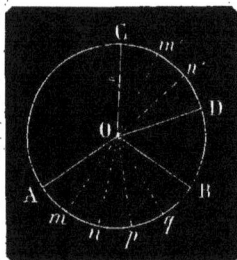

$$\text{arc AB} = 5A m, \quad \text{arc CD} = 3A m$$

et

$$\frac{\text{arc AB}}{\text{arc CD}} = \frac{5A m}{3A m} = \frac{5}{3}$$

Menons maintenant par les points de division des arcs les rayons Om, On, etc... Om', On'. Nous formons ainsi des angles au centre égaux, puisque les arcs sous-tendus sont égaux, or l'angle AOB contient 5 angles, tous égaux à AOm, et l'angle COD en contient 3, donc

$$AOB = 5AO m \quad \text{et} \quad COD = 3AO m$$

donc

$$\frac{AOB}{COD} = \frac{5AO m}{3AO m} = \frac{5}{3}$$

Le rapport des angles étant $\frac{5}{3}$ comme le rapport des arcs, on peut donc écrire

$$\frac{AOB}{COD} = \frac{\text{arc } AB}{\text{arc } CD}$$

Supposons maintenant qu'entre les deux arcs il n'y ait pas de commune mesure. Partageons l'un d'eux en m parties égales, une de ces parties sera contenue dans l'autre arc n fois avec un reste r. Et, comme nous l'avons dit (98), on pourra prendre au lieu du rapport $\frac{\text{arc } AB}{\text{arc } CD}$ l'un des rapports $\frac{n}{m}$ ou $\frac{n+1}{m}$, tels que $\frac{n}{m} < \frac{\text{arc } AB}{\text{arc } CD} < \frac{n+1}{m}$.

Si l'on joint au centre les points de division, on formera de même dans COD m angles au centre égaux, et n de ces angles dans AOB, avec un reste, et au lieu du rapport $\frac{AOB}{COD}$ on pourra prendre $\frac{n}{m}$ ou $\frac{n+1}{m}$, donnant aussi

$$\frac{n}{m} < \frac{AOB}{COD} < \frac{n+1}{m}$$

Dans les deux cas $\frac{n}{m}$ représente deux variables égales, ayant pour limites l'une $\frac{\text{arc } AB}{\text{arc } CD}$, l'autre $\frac{AOB}{COD}$, mais il a été démontré (100) que deux variables égales ont leurs limites égales. Donc, les arcs étant incommensurables, on n'en a pas moins

$$\frac{AOB}{COD} = \frac{\text{arc } AB}{\text{arc } CD}$$

THÉORÈME LXII

106. — *L'angle au centre a pour mesure l'arc compris entre ses côtés.*

Cet énoncé serait un non sens si l'on ne comprenait pas l'idée vraie cachée sous sa forme elliptique.

Supposons la circonférence partagée en 360 parties égales que l'on nomme degrés, supposons que l'on joigne au centre les deux extrémités d'un degré, et que l'on adopte cet angle comme angle unité; il résulte de la proposition précédente que si un angle au centre contient n fois l'angle unité, l'arc compris entre ses côtés contiendra n degrés; que, par suite, pour savoir combien de fois un angle au centre contient l'unité d'angle, il suffira de voir combien de fois son arc contient de degrés; de là l'énoncé ci-dessus, facile à retenir sous sa forme concise, et que l'on pourrait compléter en disant : *La mesure d'un angle au centre donne pour résultat un nombre qui est précisément le nombre de degrés contenus dans l'arc compris entre ses côtés.* La démonstration est implicitement comprise dans celle du *théorème LXI* précédent.

Remarque. — Nous renvoyons au Traité d'Arithmétique pour le calcul des nombres complexes : *Mesures de la circonférence, etc.*

107. — Faisons remarquer aussi que lorsque l'on mesure un angle, ce n'est pas la surface (infinie du reste) comprise entre ses côtés que l'on entend mesurer, mais plutôt l'écartement de ses côtés; donc il importe peu que les degrés soient grands ou petits, c'est seulement le *nombre* de ces degrés qu'il faut considérer. Que la circonférence soit petite ou grande, elle n'en contient pas moins 360 degrés, et le même angle au centre en interceptera toujours un même nombre.

108. **Corollaire.** — *Un angle droit vaut 90 degrés.*

En effet, si au centre d'une circonférence on trace deux diamètres perpendiculaires l'un à l'autre, ils forment quatre angles droits égaux, interceptant chacun des arcs égaux entre eux, et égaux chacun au quart d'une circonférence, ou à $\frac{360°}{4}$, ou à 90°.

Sachant le nombre de degrés qui représente la mesure d'un angle, il est donc facile de trouver son rapport à l'angle droit, si l'on veut prendre celui-ci pour unité.

THÉORÈME LXIII

109. — *L'angle inscrit a la même mesure que la moitié de l'arc compris entre ses côtés.*

Soit l'angle inscrit BAC, je dis que sa mesure est le nombre des degrés contenus dans la moitié de l'arc BC.

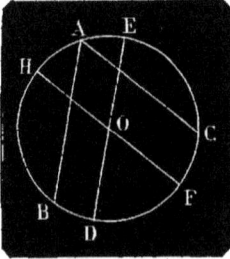

En effet, par le centre O, menons deux diamètres DE, HF, respectivement parallèles aux deux côtés de l'angle. L'angle inscrit BAC est égal à l'angle au centre DOF, comme ayant les côtés parallèles et de même sens, et comme la mesure de l'angle au centre DOF est l'arc DF, on peut dire que l'angle BAC a pour mesure l'arc DF. Mais on a

$$\text{arc BC} = \text{arc BD} + \text{arc DF} + \text{arc FC}$$

or arc BD = arc AE, et arc FC = arc AH comme arcs compris entre parallèles, donc

$$\text{arc BC} = \text{arc AE} + \text{arc DF} + \text{arc AH}$$

De plus, arc AE + arc AH = arc HE, = arc DF, car, les deux angles au centre étant égaux comme opposés par le sommet, les arcs qu'ils interceptent sont égaux, donc enfin

$$\text{arc BC} = 2 \text{ arc DF} \quad \text{ou arc DF} = \frac{\text{arc BC}}{2}.$$

Remarque. — Cette démonstration est appliquable à toutes les positions que peut prendre l'angle inscrit par rapport au centre de la circonférence. C'est la raison qui m'a fait lui donner la préférence sur la démonstration habituelle, laquelle considère trois cas.

110. **Corollaire I.** — *Tous les angles inscrits dans un même segment, c'est-à-dire dont les côtés passent par les deux mêmes points de la circonférence, sont égaux.*

En effet, ils ont tous pour mesure la moitié de l'arc commun compris entre leurs côtés.

Dans le même segment d'une circonférence on ne peut donc inscrire qu'une même grandeur d'angle. Il y a une liaison intime entre un segment et l'angle que l'on y peut inscrire, et lorsqu'un segment est tel que l'on y peut inscrire un angle donné, on dit que ce segment est *capable* de cet angle.

111. Corollaire II. — *L'angle inscrit dans une demi-circonférence, c'est-à-dire dont les côtés passent par les extrémités d'un diamètre, est droit.*

En effet, cet angle étant inscrit a pour mesure la moitié de la demi-circonférence, ou le quart de la circonférence entière, ou 90°; donc il est droit.

On peut exprimer aussi cette vérité en disant : *La demi-circonférence est le segment capable d'un angle droit.*

THÉORÈME LXIV

112. — *L'angle qui a son sommet entre le centre et la circonférence a la même mesure que la demi-somme des deux arcs compris entre ses côtés et entre leurs prolongements au delà du sommet.*

Soit l'angle BAC dont les côtés suffisamment prolongés comprennent les arcs BC et FD, je dis que sa mesure sera exprimée par $\dfrac{\text{arc BC} + \text{arc FD}}{2}$.

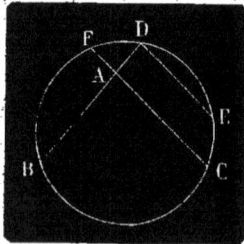

En effet, menons par le point D la ligne DE parallèle à FC. L'angle BAC, égal à BDE comme correspondant, doit avoir comme lui pour mesure la moitié de l'arc BE, mais arc BE = arc BC + arc CE, et arc CE = arc FD (92), donc

arc BE = arc BC + arc FD,

et la mesure de l'angle BAC est bien $\dfrac{\text{arc BC} + \text{arc FD}}{2}$.

THÉORÈME LXV

113. — *L'angle qui a son sommet hors de la circonférence a la même mesure que la demi-différence des arcs compris entre ses côtés.*

Soit l'angle BAC qui comprend entre ses côtés les arcs BC et DF, je dis qu'il a pour mesure le nombre de degrés contenus dans

$$\frac{\text{arc BC} - \text{arc DF}}{2}$$

En effet, menons par le point D la ligne DE parallèle à AC. L'angle BAC étant égal à l'angle BDE comme correspondants, a comme lui pour mesure la moitié de l'arc BE, or

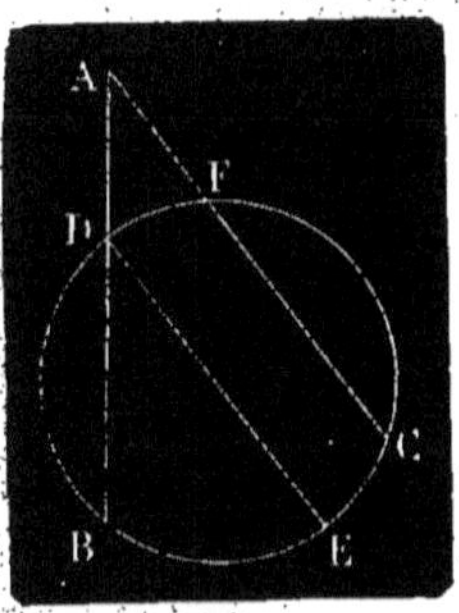

$$\text{arc BE} = \text{arc BC} - \text{arc EC}$$

et

$$\text{arc EC} = \text{arc DF},$$

donc

$$\text{arc BE} = \text{arc BC} - \text{arc DF}$$

et la mesure de l'angle BAC est bien

$$\frac{\text{arc BC} - \text{arc DF}}{2}$$

Corollaire I. — *L'angle formé par deux tangentes a même mesure que la moitié de la différence des deux arcs de la circonférence que déterminent les points de tangence.*

Corollaire II. — *L'angle formé par une tangente et une sécante a la même mesure que la demi-différence des arcs commençant à la sécante et finissant au point de tangence.*

5

THÉORÈME LXVI

114. — *L'angle formé par une tangente et une corde menée par le point de tangence a la même mesure que la moitié de l'arc sous-tendu par la corde.*

Soit l'angle BAC formé par la tengente BA et la corde AC, je dis qu'il a pour mesure la moitié de l'arc CA.

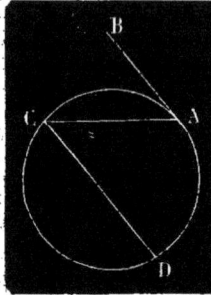

En effet, par le point C menons CD parallèle à BA, les angles BAC, ACD, égaux comme alternes internes, ont même mesure; or la mesure de ACD est la moitié de l'arc AD, mais

arc AD = arc CA,

donc la mesure de BAC est bien la moitié de l'arc CA.

PROBLÈMES ET CONSTRUCTIONS GRAPHIQUES

115. — Pour construire les figures géométriques, on fait usage de divers instruments destinés à guider la main et à abréger certaines constructions. Parmi ces instruments les principaux sont :

1° *La règle.* C'est une barre de bois, de métal ou d'ivoire, etc., dont les faces sont planes et les arêtes aussi exactement droites que l'on peut l'exiger d'une œuvre faite par la main de l'homme.

On trace une ligne droite en faisant glisser une plume ou un crayon le long d'une de ces arêtes. Il importe, avant d'adopter une règle, de vérifier la rectitude de son arête. Pour cela on trace une ligne, puis faisant tourner la règle sur cette ligne comme charnière, on la retourne sur la face opposée. Si la règle est bien droite, elle doit dans cette nouvelle position coïncider encore dans toute sa longueur avec la ligne déjà tracée. Si la coïncidence n'est pas complète, la règle doit être rejetée.

116. — 2° *Le compas*. Il sert à tracer les circonférences, à marquer des longueurs égales, etc.

Il consiste en deux branches métalliques réunies à un bout par une charnière, et terminées à l'autre bout en pointe aiguë. A l'une des branches on peut, en place de la pointe, adapter, soit un crayon, soit un tire-ligne.

Un compas est toujours utilisable, il suffit que ses branches soient rigides et la charnière suffisamment serrée pour conserver avec certitude l'écartement donné aux branches.

117. — 3° *L'équerre*. C'est une planchette taillée en forme de triangle rectangle scalène, et percée d'un trou circulaire qui aide à la manœuvrer, elle sert à tracer les perpendiculaires et les parallèles.

Pour qu'une équerre soit acceptable, il faut que ses arêtes soient bien droites, ce que l'on vérifie comme pour la règle, puis que le triangle qu'elle constitue soit parfaite-ment rectangle. Pour le vérifier, on trace une demi-circonférence d'un diamètre un peu plus petit que le plus grand côté de l'é-querre, on en trace le diamètre AB, puis plaçant le sommet de l'angle droit de l'équerre sur la circonférence, on fait passer un des côtés par une des extrémités du diamètre ; si l'équerre est juste, l'autre côté doit alors de lui-même passer par l'autre extrémité. Car l'on sait qu'un angle droit est inscrip-tible dans une demi-circonférence.

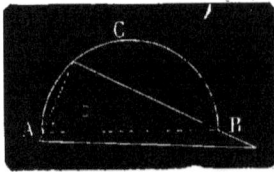

118. — 4° *Le rapporteur*. C'est un demi-cercle en corne transparente ou en cuivre ; s'il est en cuivre il est alors évidé sur une grande partie de la surface du demi-cercle. Le bord circulaire ou *limbe* est partagé en 180 parties égales ou degrés, avec les sous-multiples possibles. Le centre du demi-cercle est marqué, soit par un point dans le rappor-teur en corne, soit par une petite entaille angulaire dans le rapporteur en cuivre.

Cet instrument sert à mesurer les angles, à construire des angles d'une mesure donnée ; il peut aussi servir à mener des perpendiculaires et des parallèles, mais sans grande précision, vu la difficulté d'apprécier exactement à l'œil les fractions de degré.

Pour mesurer avec un rapporteur un angle CAB, on place le diamètre de l'instrument sur l'un des côtés AB de cet angle, le centre coïncidant avec le sommet A, puis on lit sur le limbe le nombre correspondant à la division sous laquelle passe l'autre côté AC. Ce nombre est la mesure de l'angle, c'est-à-dire le nombre des degrés compris dans l'arc. Si le côté AC tombe entre deux divisions, on estime à la vue la fraction de degré qu'il faut ajouter pour avoir une exactitude suffisante.

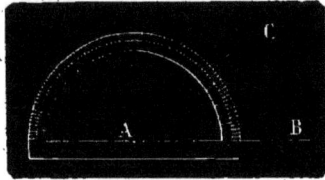

PROBLÈME I

119. — *Par un point donné, mener une perpendiculaire à une droite donnée.*

Il y a trois cas.

1er cas. — Le point est sur la droite donnée. Soit AB la ligne donnée, et C le point qui doit être le pied de la perpendiculaire.

On prend de chaque côté du point C deux longueurs égales quelconques CB et CE, des points B et E comme centres, avec un même rayon, plus grand que BC, on décrit deux arcs de cercle qui se coupent en D, il suffit ensuite de joindre D et C pour avoir la perpendiculaire demandée.

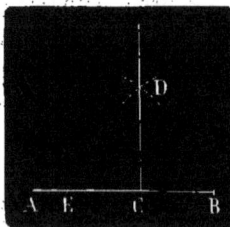

En effet, cette ligne DC ayant deux de ses points, D et C, équidistants de E et de B est perpendiculaire sur le milieu C de BE.

2ᵉ cas. — Le point donné C est hors de la droite AB.

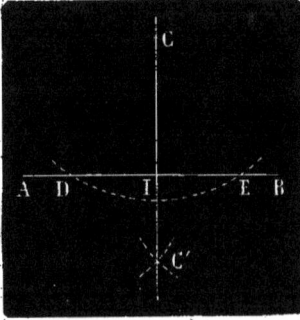

Du point C, avec un rayon suffisamment grand, on décrit un arc de cercle DE; puis des points D et E comme centres, avec un même rayon, plus grand que la moitié de DE, on décrit deux arcs de cercle qui se coupent en C', il suffira de joindre CC', cette ligne sera la perpendiculaire demandée, car elle a deux de ses points équidistants de D et de E.

3ᵉ cas. — Le point donné est sur la droite, mais à son extrémité, et on ne peut pas la prolonger. Soit par exemple la ligne AB, son extrémité B devant être le pied de la perpendiculaire. D'un point quelconque O pris hors de la ligne, et avec un rayon égal à OB, on décrit une circonférence, qui coupe en C et en B la ligne donnée; puis joignant CO, on prolonge cette ligne jusqu'à sa rencontre en D avec la circonférence; on joint DB, ce sera la perpendiculaire demandée, car l'angle DBC est droit comme inscrit dans une demi-circonférence.

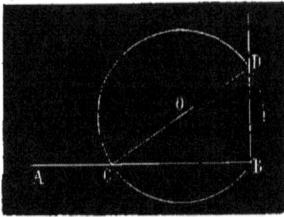

Il peut aussi arriver, le point donné D étant hors de la ligne AB, qu'il soit presque au-dessus de B, ce qui rend impraticable la construction déjà vue, si l'on ne peut prolonger AB. Alors on construit une droite quelconque dont on connaisse le milieu, ce qui s'obtient avec le compas en portant l'une après l'autre deux longueurs égales. Avec un rayon égal à la ligne

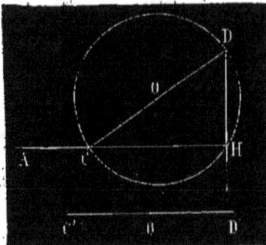

totale, du point D comme centre, on décrit un arc de cercle qui coupe AH en C, on joint CD, et de son milieu O comme centre on décrit une circonférence qui passe en C, en D et coupe AB en un point H, qui sera le pied de la perpendiculaire, car joignant DH, l'angle DHC sera droit comme inscrit dans une demi-circonférence.

Remarque. — On peut aussi tracer les perpendiculaires avec la règle et l'équerre, en appliquant la règle sur la ligne, et faisant glisser sur la règle un des côtés de l'angle droit de l'équerre, jusqu'à ce que l'autre côté passe par le point donné. Avec une équerre bien exacte et une certaine adresse ce procédé pratique est le meilleur.

A défaut d'autre instrument, le rapporteur lui-même peut être utilisé, puisqu'il donne la grandeur d'un angle droit ou 90°, mais il est peu commode et surtout peu exact.

PROBLÈME II

120. — *Partager une droite en 2, 4, 8, etc., parties égales.*
Soit AB la ligne donnée, des points A et B comme centres, avec un même rayon plus grand que la moitié de AB, on décrit, au-dessus et au-dessous de AB, deux couples d'arcs de cercle qui se coupent en C et D. Joignant ensuite ces points ensemble, la ligne CD coupe AB en un point E qui est son milieu. Car C et D étant équidistants de A et de B, CD est perpendiculaire sur le milieu de AB.

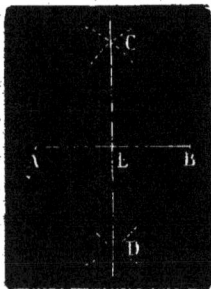

En répétant la même construction sur les deux parties AE, EB de AB, on couperait la ligne en quatre parties égales; la répétition de la même construction sur chacune des parties nouvelles amènerait le partage en huit, et ainsi de suite.

PROBLÈME III

121. — *Partager un angle donné en deux parties égales, c'est-à-dire construire la bissectrice d'un angle.*

Soit donné l'angle ABC. Du sommet B, avec un rayon quelconque, mais le plus grand possible, on décrit un arc de cercle qui coupe en A et C les deux côtés de l'angle. De ces points comme centres, avec un même rayon, on décrit deux arcs de cercle qui se coupent en D; on joint BD, cette ligne est la bissectrice cherchée. En effet si l'on joint AC, on voit que, le triangle ABC étant isocèle, la perpendiculaire sur sa base AC est bissectrice de l'angle au sommet. Mais de plus BD est un rayon perpendiculaire sur le milieu d'une corde AC, donc BD passe aussi par le milieu de l'arc AC; et la même construction peut servir pour couper un arc en deux parties égales.

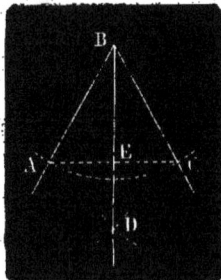

PROBLÈME IV

122. — *Faire sur une ligne donnée un angle égal à un angle donné.*

Soient un angle donné BAC et une ligne A'D, sur laquelle on demande de faire en A' un angle égal à BAC.

Du point A comme centre, avec un rayon quelconque, on décrit l'arc BC. Du point A' comme centre avec le même rayon, on décrit un second arc de cercle indéfini C'E, puis prenant avec le compas la distance rectiligne BC, on la porte sur l'arc C'E à partir de C', ce qui détermine le point B'; joignant A'B' l'angle C'A'B' est l'angle demandé. En effet les deux angles BAC, B'A'C', sont

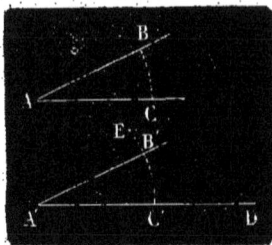

bien égaux, car dans des cercles de même rayon, par conséquent égaux, ils sont au centre, et interceptent des arcs égaux.

PROBLÈME V

123. — *Par un point donné, mener une parallèle à une ligne donnée.*

Soit proposé de mener par le point C une parallèle à la ligne AB.

On mène par le point C une ligne quelconque CD qui coupe la ligne AB, puis au point C sur CD, on fait un angle ECD égal à l'angle CDB. La ligne CE sera la parallèle demandée, puisqu'elle fait avec la transversale CD et la seconde ligne AB des angles alternes internes égaux.

On peut aussi exécuter ce problème avec une grande exactitude à l'aide de l'équerre.

On fait coïncider l'hypoténuse de l'équerre avec la ligne donnée AB, puis, appliquant la règle, comme l'indique la figure, sur le petit côté de l'équerre, on fait glisser celle-ci sur le bord de la règle jusqu'à ce que son hypoténuse passe par le point donné. On trace alors suivant cette hypoténuse une ligne qui est la parallèle demandée. En effet, le bord de la règle joue le rôle de transversale pour la ligne AB et pour celle tracée par le point C, or les angles de l'équerre étant les mêmes, donnent naissance à des angles égaux et disposés comme angles correspondants. Donc les deux lignes sont parallèles.

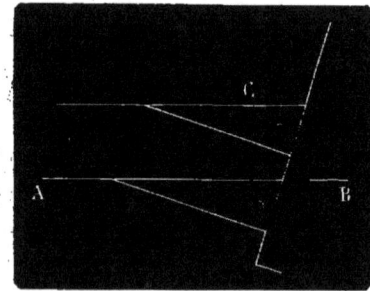

PROBLÈME VI

124. — *Construire un triangle connaissant deux de ses côtés et l'angle qu'ils comprennent.*

Soit proposé de construire un triangle, étant donnés les deux côtés M et N et l'angle A compris entre eux.

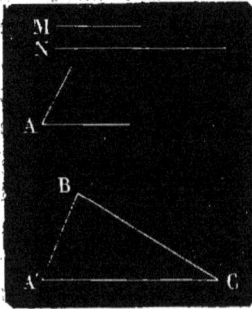

Sur une ligne A'C égale à N on fait au point A' (122) un angle égal à l'angle donné A, puis prenant A'B égale à M, on joint CB.

Le triangle CBA' est le triangle demandé. En effet il lui est égal comme ayant un angle égal compris entre deux côtés égaux chacun à chacun.

Remarque. — Ce problème est toujours possible, quelles que soient les valeurs des côtés et des angles donnés.

PROBLÈME VII

125. — *Construire un triangle connaissant un côté et les deux angles qui lui sont adjacents.*

Soit proposé de construire un triangle étant donné le côté M et les deux angles adjacents A et B.

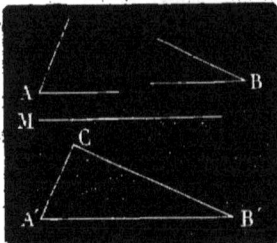

Sur une ligne A'B', égale à M, on fait au point A' un angle égal à l'angle A, et au point B' un angle égal à l'angle B, les deux lignes qui forment ces deux angles se coupent au point C, et le triangle A'CB' ainsi construit est le triangle demandé. En effet, il lui est égal, car ils ont un côté égal adjacent à deux angles égaux chacun à chacun.

Remarque. — Le problème sera toujours possible, tant que la somme des deux angles donnés sera inférieure à deux angles droits. Car la somme totale de ces deux angles et du troisième angle qui naîtra de la construction doit égaler deux droits.

PROBLÈME VIII

126. — *Construire un triangle connaissant ses trois côtés.*
Soient M, N, P, les trois côtés donnés. On trace une ligne
AB égale à M; puis, du point B
comme centre, avec un rayon
égal à N, on décrit un arc de
cercle, du point A comme centre,
avec un rayon égal à P, on décrit
un second arc de cercle qui coupe
le premier en C, puis on joint CB
et CA. Le triangle ACB est égal
au triangle demandé, car ils ont les trois côtés égaux chacun
à chacun.

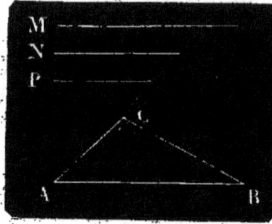

Remarque. — Le problème n'est possible que si des
trois lignes données chacune est plus petite que la somme
des deux autres et plus grande que leur différence.

PROBLÈME IX

127. — *Construire un triangle connaissant deux côtés et
l'angle opposé à l'un d'eux.*
Soit proposé de construire un triangle connaissant deux
de ses côtés M et N et l'angle A opposé au côté N.

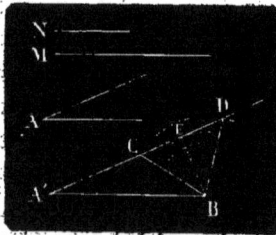

On construit (122) un angle A'
égal à A; sur un de ses côtés
on prend une longueur A'B égale
à M, puis du point B comme
centre, avec un rayon égal à N,
on décrit un arc de cercle qui
coupe le côté A'D au point C, et
le triangle A'CB est le triangle
demandé; il a bien deux côtés égaux à M et à N, et
l'angle A' opposé au côté BC est égal à A.

Mais il peut arriver, ou que la construction soit impossible,
ou qu'elle donne naissance à plusieurs solutions. Il reste à
étudier ces divers cas, c'est-à-dire à *discuter* le problème.
L'angle donné A peut être aigu, droit ou obtus.

1er cas. — A est aigu; alors le côté N peut être plus petit, ou égal, ou plus grand que le côté M.

S'il est plus petit, l'arc de cercle tracé du point B avec un rayon égal à N, coupera le côté A'D en deux points C et D qui, joints au point B, donneront deux triangles A'CB, A'DB, satisfaisant tous deux à la question.

Mais la grandeur de N pourra être telle que l'arc de cercle ne coupe pas A'D, et le touche seulement en E, ne donnant lieu qu'à un seul triangle A'EB, lequel est rectangle, car la tangente A'E est perpendiculaire au rayon BE.

Enfin il peut se faire que N soit trop courte pour que l'arc de cercle puisse atteindre la ligne A'D, alors le problème est impossible.

Donc, en résumé, *pour l'angle* A *aigu et* N < M. *On peut avoir ou deux solutions, ou un triangle rectangle, ou une impossibilité.*

Supposons maintenant que, l'angle A étant aigu, on ait N = M, alors l'arc de cercle mené du point B passera par le point A, et ne coupera AD qu'en un seul point D; il n'y aura qu'une solution, et le triangle demandé est isocèle. Pas de cas d'impossibilité.

Si N > M, l'arc de cercle décrit du point B coupera AD en un point E' au-delà de A, et la ligne AD en un certain point E, qui donnera une solution unique. Si l'on joignait BE', le triangle BAE' ne serait pas le triangle demandé, mais un triangle ayant les côtés donnés, et pour angle le supplémentaire de l'angle donné.

2e cas. — L'angle donné A est droit. Alors le côté qui lui est opposé est l'hypoténuse d'un triangle rectangle, et par conséquent le plus grand des trois côtés. Le problème n'a donc de solution que si N > M, alors l'arc de cercle décrit du point B comme centre coupera la ligne A'D en D et en D', deux triangles A'DB et A'D'B

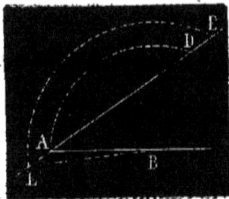

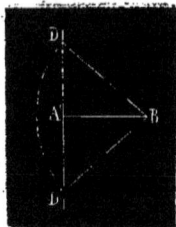

répondent à la question, mais la solution est unique, car les deux triangles sont égaux.

3° cas. —L'angle A est obtus. A plus forte raison faut-il en ce cas que l'on ait N > M; l'arc de cercle coupera AD en un point D et son prolongement D', mais il n'y a qu'un triangle répondant à la question, et une seule solution. On peut résumer ainsi la discussion précédente :

A aigu	N < M	Deux solutions. Triangle rectangle. Impossibilité.
	N = M	Triangle isocèle.
	N > M	Une seule solution.
A droit	N < M	Impossibilité.
	N = M	Triangle nul.
	N > M	Solution unique.
A obtus	N < M	Impossibilité.
	N = M	Triangle nul.
	N > M	Solution unique.

PROBLÈME X

128. — *Par trois points donnés non en ligne droite faire passer une circonférence.*

Soient donnés les trois points A, B, C.

On joint AB et BC; sur le milieu de chacune de ces lignes

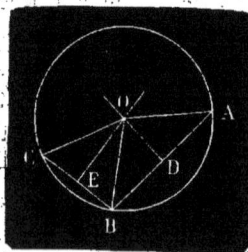

on élève une perpendiculaire; ces deux perpendiculaires doivent passer par le centre de la circonférence cherchée. Si donc du point O comme centre, avec OA pour rayon, on décrit une circonférence, elle passera par les trois points donnés, car les trois obliques OA, OB, OC sont égales entre elles.

Le problème n'a point de cas d'impossibilité, car les trois points n'étant pas en ligne droite, les deux perpendiculaires doivent toujours se rencontrer.

PROBLÈME XI

129. — *Sur une ligne donnée décrire un segment capable d'un angle donné* C.

Soit la ligne AB, sur laquelle on se propose de décrire un segment capable d'un angle donné.

Ayant tracé la ligne AB, en un point quelconque E du plan, on fait un angle égal à C, et par les points A et B on mène deux parallèles BD, AD, aux deux côtés de cet angle. Ces parallèles se coupent en D donnant un angle ADB égal à l'angle donné C; il ne reste plus qu'à faire passer une circonférence par les trois points ABD pour avoir le segment ADB demandé.

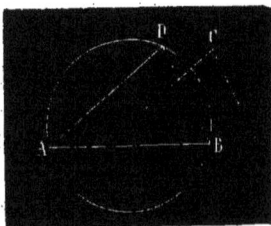

En effet tous les angles que l'on y peut inscrire seront tous égaux à ADB, et, par conséquent, à l'angle C.

PROBLÈME XII

130. — *Par un point donné mener une tangente à une circonférence donnée.*

Il y a deux cas à considérer :

1er cas. — Le point donné est sur la circonférence. En ce cas il suffit de mener le rayon du point de tangence donné, puis, à son extrémité, d'élever une perpendiculaire qui sera la tangente demandée.

2e cas. — Le point donné est hors de la circonférence.

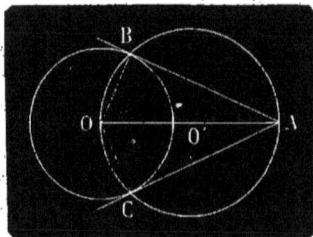

Soit A le point donné et O la circonférence. Dans ce cas il y a évidemment deux tangentes possibles qui, si le problème était résolu, se présenteraient comme AB et AC. Si l'on joint OA, puis si l'on mène les rayons OB et OC aux points de tangence, les angles OBA, OCA sont droits et,

comme tels, inscriptibles dans une demi-circonférence
ayant OA pour diamètre. Si donc sur OA comme diamètre
on décrit une circonférence, elle passera par les sommets B
et C de ces angles, et déterminera ces deux points, lesquels
sont les points de tangence. Il ne restera plus qu'à les
joindre au point A, et l'on aura les deux tangentes demandées.

PROBLÈME XIII

181. — *Mener les tangentes communes à deux circonférences.*

Quatre tangentes communes répondent à la question.
Deux se présentent suivant AB et FE. Si l'on mène aux
points de tangence les rayons OE, OB, O'F, O'A, et si du
point O' on trace les lignes O'D, O'C parallèles aux deux tangentes, on remarque que, OE étant parallèle à O'F, et OB à
O'A comme perpendiculaires à la même tangente, on a
DE = O'F et CB = O'A, donc OD et OC sont égales chacune
à la différence des rayons des deux circonférences.

Dès lors la construction du problème est trouvée.

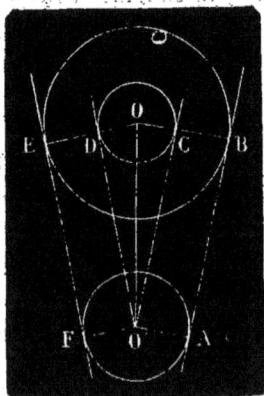

On décrit du point O une circonférence, avec un rayon OD égal
à OE — O'F; du point O' on mène
deux tangentes à cette circonférence (130), puis, menant les
rayons OB, OE, qui passent par
les points C et D de tangence, on
détermine les points B et E. Menant au point O' deux perpendiculaires O'A, O'F aux deux tangentes
O'D, O'C, on détermine les deux
autres points F et A, il ne reste
plus qu'à joindre AB et FE pour
avoir les deux premières tangentes.

Deux autres tangentes se présenteraient suivant DG et BA. Si, comme ci-dessus, on mène les rayons O'B, OA, puis O'C, OD, aux points de tangence, puis les parallèles O'E, O'F aux deux tangentes, on voit que ces deux parallèles sont tangentes à une circonférence ayant pour rayon OF égal à

$$OD + O'C$$

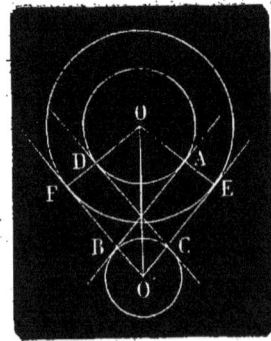

donc, décrivant du point O comme centre une circonférence avec un rayon égal à la somme des rayons des deux circonférences données, on lui mène du point O' deux tangentes O'F et O'E; puis traçant les rayons OF et OE, on joint les points A et D, ainsi déterminés, aux points B et C, les lignes BA, DC sont les tangentes demandées.

Ce problème peut présenter plusieurs cas, il est donc utile de le discuter.

1ᵉʳ cas. — *Les deux circonférences sont égales.*

Dans ce cas la construction précédente n'est plus possible, le premier cercle auxiliaire se réduisant à un point. Mais il est certain que les deux tangentes extérieures devant être perpendiculaires à deux rayons égaux, constituent avec la ligne des centres chacune un rectangle, donc elles sont chacune parallèles et égales à celle-ci, considération d'où découle sans peine leur construction. Quant aux deux tangentes intérieures, elles se construisent par la méthode connue.

2ᵉ cas. — *Les deux circonférences sont tangentes.*

Les deux tangentes extérieures se construisent comme précédemment. Les deux tangentes intérieures se confondent en une perpendiculaire menée à la ligne des centres par le point de contact.

3ᵉ cas. — *Les deux circonférences se coupent.*

Les deux tangentes intérieures se trouvent comme précédemment. Les deux intérieures n'existent plus.

4ᵉ cas. — *Les deux conférences sont tangentes intérieurement.*

En ce cas les deux tangentes extérieures et intérieures se confondent en une tangente unique, qui est la perpendiculaire au rayon du point de contact.

5ᵉ cas. — *Les deux circonférences sont intérieures l'une à l'autre.*

Il n'y a plus alors aucune tangente commune possible.

SUPPLÉMENT AU LIVRE II (1)

PROBLÈME XIV

132. — *Trouver une commune mesure entre deux lignes droites, ou entre deux arcs d'un même cercle.*

Soient données les deux lignes M et N.

Portons N sur M autant de fois que possible; supposons que M contienne N deux fois avec un reste AB, que nous représenterons par R. Puis portons R sur N, où il sera par exemple contenu une fois, avec un reste R'. Portons R' sur R, lequel contient R' trois fois avec un reste R'', et continuons ainsi, jusqu'à ce que nous arrivions à un reste qui soit contenu un nombre exact de fois dans le précédent; supposons que le reste R'' soit contenu exactement quatre fois dans R', toutes les opérations précédentes ont permis d'écrire

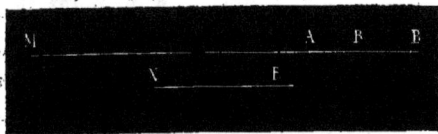

$$(1) \quad M = 2N + R$$
$$(2) \quad N = R + R'$$
$$(3) \quad R = 3R' + R''$$
$$(4) \quad R' = 4R''$$

(1) Ces propositions sont à la fois des exercices propres à montrer à l'élève comment il doit s'y prendre à son tour pour démontrer un théorème ou trouver un problème, et aussi des propositions qu'il doit connaître tout comme les théorèmes du livre II.

Remplaçant successivement dans (3) R′ par sa valeur 4R″, puis dans (2) R par sa valeur, etc., on aura successivement :

$$R = 12R'' + R'' = 13R'', \quad N = 13R'' + 4R'' = 17R'',$$
$$M = 34R'' + 13R'' = 47R''$$

donc N = 17R″, M = 47R″, R″ est la commune mesure cherchée, et le rapport de M à N est le même que celui de 47 à 17. Si l'on avait à chercher la commune mesure de deux arcs, on opérerait de même.

Nous avons supposé ici que notre opération amenait à trouver un reste R″ contenu un nombre exact de fois dans le reste précédent; c'est ce qui arrivera toutes les fois que les deux lignes ou les deux arcs seront commensurables. Mais si les lignes considérées sont incommensurables, on n'arrivera jamais théoriquement à un résultat exact. Nous disons théoriquement, car pratiquement les restes successifs devenant de plus en plus petits, il arrivera un moment où le dernier reste, eu égard à l'imperfection de nos instruments et de nos sens, sera insaisissable, et où l'on pourra considérer le reste précédent comme la commune mesure cherchée.

PROBLÈME XV

133. — *Construire un triangle connaissant un côté et deux angles quelconques.*

Nous avons vu comment on construit un triangle connaissant un côté et les deux angles adjacents (n° 125). Si

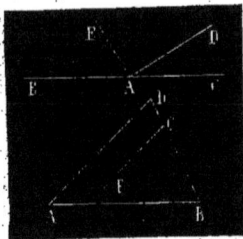

dans le cas actuel les deux angles donnés sont, l'un adjacent l'autre opposé au côté donné, on peut ramener aisément ce cas à celui déjà cité, car il suffit, en un point A d'une droite quelconque, de construire deux angles DAC, DAE, égaux aux angles donnés; le troisième angle EAB est le troisième angle du triangle, par conséquent le second angle adjacent au côté donné.

On peut aussi, faisant AB égal au côté donné, construire

6

en B un angle ABD, égal à l'angle donné adjacent, en un
point C de BD faire un angle BCE égal au second angle
donné, et par le point A mener une parallèle AD, le triangle
ADB est le triangle demandé, car ADB = ECB comme
correspondant.

PROBLÈME XVI

134. — *Trouver le lieu géométrique des points d'où une
ligne donnée est vue sous un angle donné.*

Soit une ligne AB, et C un angle donné; il faut que si
l'on joint divers points P, P', P''
du lieu demandé aux extrémités A
et B de la ligne, les angles formés
en ces points par les lignes PA,
PB; P'A, P'B, figurant les rayons
visuels, fassent entre elles un
angle constant égal à C. Le lieu
géométrique cherché est donc un
segment capable de l'angle C, décrit sur la corde AB.

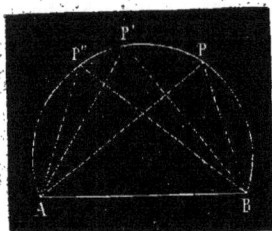

PROBLÈME XVII

135. — *Trouver le lieu géométrique des milieux des
cordes passant par un même point.*

Supposons en premier lieu que le point P par lequel
passent toutes les cordes soit exté-
rieur à la circonférence. Soient AB,
EF deux de ces cordes; menons PC
la corde passant par le centre; puis
du centre O, abaissons des perpendiculaires OG, OH sur les deux cordes,
les points G et H, milieux de chaque
corde, seront des points du lieu. Or
les triangles OHP, OGP sont rectangles et ont l'hypoténuse commune OP,
donc ils sont inscriptibles dans une
même circonférence ayant OP pour
diamètre, et la partie de cette cir-

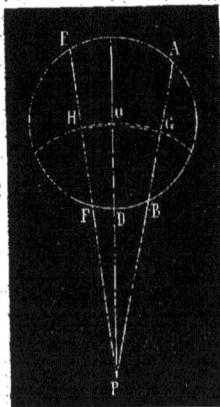

conférence comprise dans la circonférence donnée sera le lieu demandé.

Supposons maintenant le point P sur la circonférence; on trouvera de même que le lieu demandé est la circonférence ayant pour diamètre le rayon passant par P.

Supposons enfin le point P à l'intérieur du cercle, le lieu géométrique sera la circonférence ayant pour diamètre la distance du point P au centre O.

PROBLÈME XVIII

136. — *Trouver la plus longue et la plus petite distance d'un point à une circonférence.*

La plus longue et la plus courte distance d'un point à une circonférence se trouvent sur la ligne passant par ce point et le centre de la circonférence.

Soit un point P d'abord extérieur et une circonférence O, je dis que la plus longue distance est PB et la plus courte

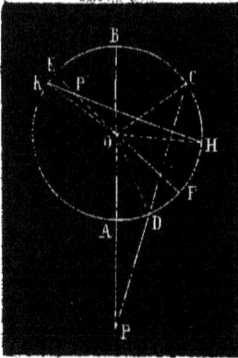

PA. Pour cela démontrons que PB est plus longue que toute autre ligne PC, et que PA est plus courte que toute autre ligne PD. Joignons OC, on a $PO + OC > PC$, ou, comme $OC = OB$,

$$PO + OB \text{ ou } PB > PC.$$

Joignons OD, on a $PD > PO - OD$ mais $OD = OA$, donc $PD > PA$.

Soit maintenant le point P intérieur. Je dis de même que la plus longue distance est P'F, et la plus courte P'E; démontrons que P'F est plus longue que toute autre ligne P'H, et que PE est plus courte que toute autre ligne P'K. En effet, joignons OH, [on a $P'O + OH > P'H$ ou, comme $OH = OF$, $P'F > P'H$. Joignons OK, nous aurons OK ou $OP' + P'E < OP' + P'K$, et retranchant de part et d'autre OP',

$$P'E < P'K.$$

THÉORÈME

137. — *Dans tout quadrilatère inscrit, les angles opposés sont supplémentaires; et réciproquement, si les angles opposés d'un quadrilatère sont supplémentaires, il peut être inscrit dans une circonférence.*

Soit le quadrilatère inscrit ABCD, je dis que les deux angles B et D sont supplémentaires.

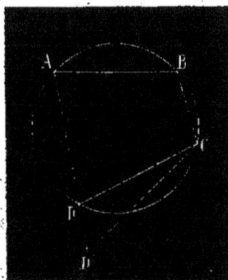

En effet B, comme angle inscrit, a pour mesure la moitié de l'arc CDA; D, pour la même raison, a pour mesure la moitié de l'arc ABC. A eux deux ils ont donc pour mesure la moitié de la circonférence ou 180°, donc ils sont supplémentaires, et il en est de même des angles opposés A et C.

Je dis réciproquement, que si dans le quadrilatère ABCD les angles opposés B et D sont supplémentaires, il peut être inscrit dans une circonférence. En effet, supposons que la circonférence que l'on peut toujours faire passer par trois sommets A, B, et C, ne passe pas par le quatrième sommet D, lequel, comme D', resterait en dehors, alors joignant DC, on aurait un quadrilatère inscrit, dans lequel l'angle B a pour supplémentaire ADC, mais par hypothèse B a déjà pour supplémentaire AD'C, donc AD'C = ADC, ce qui ne peut être que si CD' se confond avec CD, et le point D' avec le point D.

Corollaire I. — *On ne peut faire passer une circonférence par quatre points que lorsque, joignant ces points deux à deux, les angles opposés ainsi formés sont supplémentaires.*

Corollaire II. — *Le trapèze isocèle est le seul de tous les trapèzes qui soit inscriptible dans une circonférence,* car lui seul a les angles opposés supplémentaires.

Corollaire III. — *Le rectangle et le carré sont les seuls parallélogrammes inscriptibles,* eux seuls ayant les angles opposés supplémentaires.

THÉORÈME

138. — *Les deux tangentes à une circonférence issues d'un même point sont égales.*

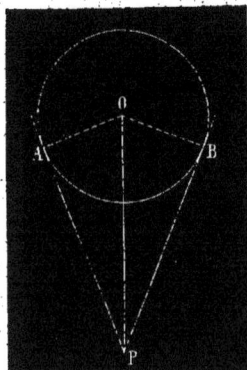

Soient les deux tangentes PA, PB, issues du point P, je dis qu'elles sont égales.

En effet joignons OP, et menons les rayons OA, OB, les deux triangles rectangles OAP, OBP, sont rectangles et égaux, comme ayant même hypoténuse OP et deux côtés égaux comme rayon, donc $PA = PB$.

Corollaire. — *La ligne* OP *est bissectrice de l'angle des deux tangentes,* cela résulte de l'égalité des deux triangles.

THÉORÈME

139. — *Dans tout quadrilatère circonscrit la somme de deux côtés opposés est égale à celle des deux autres.*

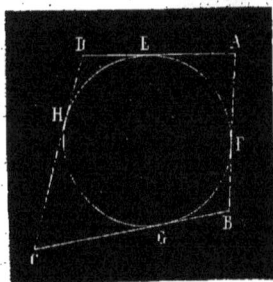

Soit un quadrilatère ABCD circonscrit à une circonférence, je dis que $DA + CB = DC + AB$.

En effet, d'après le théorème précédent, $DE = DH$, car ce sont deux tangentes issues du même point D, de même, $AE = AF$, $GB = FB$, $GC = CH$, additionnons membre à membre ces quatre égalités, on a

$$DE + EA + BG + GC = DH + AF + FB + CH$$

ou

$$DA + CB = DC + AB$$

Corollaire. — *Le losange et le carré sont les seuls parallélogrammes que l'on puisse circonscrire à une circonférence,* car eux seuls ayant les quatre côtés égaux peuvent répondre à la condition ci-dessus.

PROBLÈME XIX

140. — *Construire un cercle tangent à trois droites données.*

Soient les trois droites AB, AC, BC qui se coupent deux à deux. Plusieurs cercles répondent à la question, suivant que l'on considère seulement les trois côtés du triangle ABC, ou leurs prolongements.

Si l'on mène la bissectrice AO de l'angle A, et la bissec-

trice BO de l'angle B, ces deux lignes se coupent en O, point équidistant à la fois de AB, de AC, et de AD, donc le cercle décrit de O comme centre avec une de ces distances, OF, par exemple, comme rayon, sera tangent aux trois côtés du triangle. Ce cercle prend le nom de cercle *inscrit*.

Mais si, de même, on mène les bissectrices CO′ de l'angle extérieur BCD et celle BO′ de l'angle CBE, en se rencontrant en O′ ces deux lignes déterminent aussi le centre O′ d'un second cercle qui, décrit avec le rayon O′D sera également tangent aux trois droites données. Les bissectrices des deux angles extérieurs au côté AC en détermineraient un troisième, et les bissectrices des angles extérieurs au côté AB un quatrième. Il y aura donc quatre cercles répondant à la question. Les trois derniers se nomment cercles *exinscrits*. Ils jouissent de plusieurs propriétés que l'on retrouvera dans les exercices suivants.

EXERCICES

MESURE DES ANGLES

1. Combien peut-on mener de cercles tangents deux à deux et égaux entre eux pour entourer complètement un cercle de même rayon?

2. Si l'on divise la corde d'un arc en trois parties égales, démontrer que les rayons qui passent par les points de division ne partagent pas l'arc en trois arcs égaux.

3. Par le point de contact de deux cercles tangents on mène deux sécantes communes, puis on joint les deux points où chacune d'elles rencontre la même circonférence, démontrer que les cordes ainsi menées sont parallèles.

4. Démontrer que dans un triangle rectangle la médiane de l'hypoténuse est la moitié de celle-ci.

5. Deux circonférences se coupent, par un des points d'intersection on mène une sécante commune dont on joint les extrémités au second point d'intersection. Démontrer que l'angle ainsi formé est constant.

6. Étant donné un quadrilatère inscriptible, on décrit quatre circonférences ayant chacune pour corde un de ses côtés, démontrer que si l'on joint deux à deux les points d'intersection de ces circonférences, on obtient un second quadrilatère inscriptible.

7. Démontrer que le triangle formé en joignant deux à deux les pieds de hauteurs d'un triangle a ces hauteurs pour bissectrices.

8. On prolonge d'une quantité quelconque FA le rayon OF d'une circonférence, du point A on lui mène une sécante, et par les deux points C et B, où cette sécante coupe la circonférence, on lui mène deux tangentes prolongées jusqu'à une perpendiculaire DE menée au point A de la ligne OA, démontrer que les deux parties AE, AD, de cette perpendiculaire sont égales.

9. On élève un rayon OA perpendiculaire au diamètre DE d'une circonférence, par le point A on mène une corde quelconque AB qui coupe le diamètre en B, par le point B on mène une tangente, prolongée jusqu'à la rencontre en C du diamètre DE, démontrer que CB = CP.

10. Démontrer que si par le milieu d'un arc on mène deux cordes qui coupent celle de cet arc et qu'on joigne leurs extrémités, le quadrilatère ainsi formé est inscriptible.

11. Démontrer que les bissectrices des angles formés par les côtés opposés d'un quadrilatère inscriptible sont perpendiculaires entre elles.

12. Démontrer que si dans un triangle inscrit, on prolonge chaque hauteur jusqu'à la rencontre de la circonférence, la portion de chaque hauteur comprise entre la corde et l'arc est égale à la portion de hauteur comprise entre cette corde et le point de rencontre des trois hauteurs.

13. Dans deux circonférences tangentes intérieurement, une corde de la plus grande est tangente à la plus petite, soit BC cette corde, D le point de tangence, et BA le diamètre commun, on joint CA et AD, démontrer que AD est bissectrice de l'angle CAB.

14. Trouver dans le plan d'un triangle un point d'où l'on voie ses trois côtés sous des angles égaux.

15. Si un polygone convexe inscrit dans un cercle a un nombre pair de côtés, la somme de ses angles de rang pair est égale à la somme de ses angles de rang impair. (La réciproque est-elle vraie?)

16. Si d'un point d'une circonférence circonscrite à un triangle on abaisse des perpendiculaires sur ses côtés, les pieds de ces perpendiculaires sont en ligne droite.

17. Lorsque les côtés d'un angle coupent deux circonférences, les cordes des arcs qu'ils interceptent sur l'une forment un quadrilatère inscriptible avec les cordes des arcs interceptés sur l'autre.

18. Si par un des points d'intersection de deux circonférences on mène une sécante, elle coupe les deux courbes en deux points dont les tangentes font un angle constant.

19. Si trois points A, B, C divisent une circonférence en trois parties égales, la distance d'un point quelconque M de l'arc AB au point C est égale à la somme des distances du même point M aux deux points A et B.

20. Le rayon d'une circonférence est le diamètre d'une seconde. On prend sur chacune deux arcs égaux en longueur, partant d'un même point, démontrer que les extrémités de ces arcs et le centre de la grande circonférence sont en ligne droite.

21. Construire un triangle équilatéral ayant ses sommets sur trois parallèles données.

22. Dans un quadrilatère inscrit, le produit des perpendiculaires abaissées d'un point de la circonférence sur deux côtés opposés, est égal au produit des perpendiculaires abaissées du même point sur les deux autres côtés.

CONSTRUCTION DE TRIANGLES ET DE POLYGONES

Construire un triangle connaissant :

23. Les trois angles et une hauteur.

24. Un angle, le côté opposé et la somme ou la différence des deux autres côtés.

25. Un angle, la hauteur et la bissectrice issues de son sommet.

26. Un angle, la hauteur et la médiane issues de son sommet.

27. Un angle, et deux hauteurs, dont l'une issue du sommet de l'angle.

28. Un angle, le côté opposé et la médiane d'un des deux autres côtés.

29. Un côté, sa médiane et une des deux autres.

30. Les trois médianes.

31. La différence de deux angles, et les côtés qui leur sont opposés.

32. La différence de deux angles, la différence de leurs côtés opposés et le troisième côté.

33. Les trois angles et le rayon du cercle circonscrit.

34. Les trois angles et le rayon du cercle inscrit.

35. Les trois angles et le rayon de l'un des cercles exinscrits.

36. Un angle, le côté opposé et le rayon du cercle inscrit.

37. Un angle, un côté adjacent, et le rayon du cercle inscrit.

38. Un angle, le côté opposé et le rayon d'un des cercles exinscrits.

39. Un angle, le côté adjacent, et le rayon d'un des cercles exinscrits.

40. Un côté, la somme ou la différence des deux autres et le rayon du cercle inscrit.

41. Un côté, la somme ou la différence des deux autres et le rayon d'un des cercles exinscrits.

42. Un angle, la hauteur correspondante, et le rayon du cercle inscrit.

43. Un angle, une des hauteurs correspondant à un autre angle, et le rayon du cercle inscrit, ou d'un des cercles exinscrits.

44. Un côté la somme ou la différence des deux autres et le rayon du cercle circonscrit.

45. Un angle, le périmètre et le rayon du cercle circonscrit.

46. Un angle, le périmètre et le rayon du cercle inscrit.

47. Un angle, la différence entre le demi-périmètre et le côté opposé à cet angle, et le rayon d'un des cercles exinscrits.

48. Un côté et les rayons des cercles circonscrit et inscrit.

49. Un côté, les rayons du cercle circonscrit et d'un des cercles exinscrits.

50. Un angle et les rayons des cercles circonscrits et inscrits.

51. Les milieux des trois côtés, ou les pieds des trois hauteurs.

52. Connaissant les trois angles, et sachant que leurs sommets sont situés sur trois parallèles données.

53. Connaissant les trois angles et sachant que deux sommets sont sur une circonférence donnée, et le troisième sur une circonférence concentrique à la première.

54. Construire un quadrilatère, connaissant les quatre côtés, et la droite qui joint les milieux de deux côtés opposés.

55. Construire un trapèze connaissant les quatre côtés.

56. Construire un trapèze connaissant les deux bases et les diagonales.

57. Construire un losange connaissant un côté et la somme ou la différence de ses diagonales.

58. Construire un carré connaissant quatre points en ligne droite par lesquels passent les côtés du carré prolongé.

59. Construire un carré avec vingt triangles rectangles égaux, dont l'un des côtés de l'angle droit est double de l'autre.

LIEUX GÉOMÉTRIQUES

60. Étant donnés un cercle et un point extérieur, on mène de ce point diverses lignes venant toucher la circonférence, on demande le lieu géométrique des milieux de ces lignes.

61. Trouver le lieu géométrique des milieux des cordes égales tracées dans un cercle donné.

62. Trouver le lieu géométrique des circonférences tangentes à deux droites qui se coupent.

63. Sur deux droites rectangulaires on fait glisser les deux extrémités d'une droite fixe, trouver le lieu géométrique de son milieu.

64. Ayant tracé dans un cercle un diamètre AB, on mène un rayon quelconque OC, du point C on abaisse CD perpendiculaire sur AB, puis sur OC on prend OE = CD, trouver le lieu du point E.

65. On mène à une même circonférence plusieurs tangentes égales ; quel est le lieu géométrique de leurs extrémités ?

66. Dans une même circonférence on inscrit plusieurs triangles ayant même base ; quel est le lieu géométrique des centres des cercles inscrits dans ces triangles.

67. Trouver le lieu géométrique des centres des cercles qui coupent deux cercles donnés en deux parties égales.

68. Trouver le lieu géométrique des centres des cercles décrits avec un rayon donné et partageant un cercle donné en deux parties égales.

69. Dans un cercle on inscrit des triangles ayant tous deux côtés parallèles chacun à chacun, on mène les bissectrices des angles adjacents au troisième côté, trouver le lieu géométrique des points de rencontre de ces bissectrices.

70. Trouver le lieu géométrique des centres des circonférences qui, décrites avec le même rayon, coupent sous un angle donné une

circonférence donnée. (L'angle de deux lignes courbes est l'angle que forment les deux tangentes menées au point commun.)

PROBLÈMES DIVERS

71. Étant données une circonférence O et une corde CD, on prolonge, à l'extérieur, cette corde d'une longueur CA égale au rayon ; par le point A on mène un diamètre AB, et l'on joint CO, DO, démontrer que l'angle COA est le tiers de l'angle DOB. Faire voir que l'on pourrait appliquer ce théorème à la trisection d'un angle.

72. Étant donnés une circonférence, deux points hors du cercle et une droite quelconque XY, faire passer par les deux points une circonférence qui coupe la première, de façon que la corde commune soit parallèle à XY.

73. Décrire avec un rayon donné une circonférence qui passe à égale distance de trois points donnés non en ligne droite.

74. Deux droites étant données, décrire une circonférence de rayon donné, laquelle coupe les deux droites de façon que les deux cordes ainsi formées aient des longueurs données.

75. Décrire une circonférence qui coupe trois droites données, de façon que les trois cordes aient même longueur.

76. Décrire une circonférence d'un rayon donné tangente à deux droites qui se coupent.

77. Décrire une circonférence tangente en un point d'une droite donnée, et passant par un point donné.

78. Mener, par un point donné, une sécante à une circonférence de façon que la corde ait une longueur donnée.

79. Mener à une circonférence une tangente faisant avec une ligne donnée un angle donné.

80. Décrire avec un rayon donné une circonférence tangente à une ligne donnée, et passant par un point donné.

81. Des sommets d'un triangle comme centre, décrire trois circonférences tangentes entre elles deux à deux.

82. Décrire une circonférence de rayon donné tangente à une droite et à une circonférence données.

83. Deux circonférences données se coupent ; mener par un des points d'intersection une sécante commune dont ce point soit le milieu.

84. Le diamètre de la circonférence inscrite dans un triangle rectangle est égal à l'excès de la somme des deux côtés de l'angle droit sur l'hypoténuse.

85. Les segments déterminés sur les côtés d'un triangle par les points de contact du cercle inscrit et d'un des cercles exinscrits

sont égaux chacun au demi-périmètre moins un côté. De plus, la somme de ces segments est égale au demi-périmètre.

86. Une circonférence est tangente aux deux côtés d'un angle, on mène une troisième tangente à l'arc compris entre les deux premières, démontrer que le périmètre du triangle ainsi formé est constant.

87. Démontrer que de tous les triangles inscrits dans un même segment, le triangle isocèle est celui qui a le plus grand périmètre.

88. Démontrer que les circonférences qui passent par deux sommets d'un triangle et par le point de concours de ses hauteurs sont égales à la circonférence circonscrite au triangle.

89. Étant donné un triangle, mener une parallèle à un côté qui intercepte sur les deux autres côtés deux segments dont la somme soit égale à la longueur de la parallèle.

90. Diviser un angle droit en trois parties égales.

91. Étant donnés deux points et deux parallèles, mener par ces points deux parallèles qui, coupant les premières, forment un losange avec elles.

92. Circonscrire à un cercle donné un trapèze dont on connait deux côtés consécutifs, ou les deux côtés non parallèles.

93. Étant donnés un angle et un point, mener par ce point une droite qui, coupant les deux côtés de l'angle, détermine un triangle de périmètre donné.

94. Trois points étant donnés, mener par l'un d'eux une droite telle que la somme ou la différence des perpendiculaires abaissées des deux autres points sur cette droite, soit égale à une longueur donnée.

95. Décrire un cercle passant par deux points donnés, et tel que les tangentes menées de deux autres points donnés aient des longueurs égales.

96. Quatre points, dont trois ne sont pas en ligne droite, étant donnés sur une carte, tracer une route circulaire qui passe à égale distance des quatre points donnés.

97. Étant donnés une droite AB et deux points C et D d'un même côté de la droite, trouver sur AB un point F tel que l'angle CFA soit double de l'angle DFB.

98. Par deux points donnés sur un cercle, mener deux cordes parallèles dont la somme ou la différence soit égale à une longueur donnée.

99. Trouver un point tel que si de ce point on mène des tangentes à deux cercles donnés, ces tangentes soient égales et fassent entre elles un angle connu.

LIVRE III

DE LA SIMILITUDE

LIGNES PROPORTIONNELLES ET FIGURES SEMBLABLES

141. Définitions. — On entend par *rapport* de deux lignes le rapport des deux nombres qui expriment combien de fois chacune d'elles contient leur commune mesure. Nous avons fait connaître (n° 132) comment on la trouve, en laissant de côté le cas où elle n'existe pas, c'est-à-dire le cas où les deux lignes sont incommensurables; nous y reviendrons dans les propositions suivantes.

142. — On dit que *quatre* lignes sont *proportionnelles* lorsque le rapport de deux d'entre elles est égal au rapport des deux autres, de sorte que l'égalité de ces rapports étant écrite constitue une proportion.

Dans les propositions suivantes, les rapports des lignes et les proportions qu'elles forment seront écrits à l'aide des lettres représentant ces lignes sur la figure; mais il sera bien entendu qu'au lieu et place de ces lignes, on devra toujours comprendre les nombres qui exprimeraient leurs longueurs à l'aide d'une commune mesure préalablement cherchée entre chaque deux lignes d'un même rapport.

Il en sera de même quand on parlera du produit ou du quotient de deux lignes, cela signifiera toujours le produit ou le quotient des nombres exprimant les longueurs de ces lignes.

143. — Dans les théorèmes suivants, il sera fréquemment parlé de segments de lignes et de distances dans un certain

rapport ou formant une certaine proportion. Il est important d'établir avant tout d'une façon précise le sens que l'on doit attacher à ces expressions.

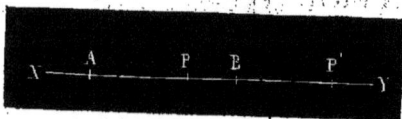

Soit une ligne indéfinie XY, deux points déterminés A et B sur cette ligne, et un certain rapport numérique quelconque $\frac{m}{n}$.

Supposons un point mobile P qui, partant de A, parcourre toute la ligne XY, d'abord dans le sens de AB, et étudions les variations du rapport $\frac{AP}{PB}$ entre les deux parties ou segments entre lesquels il partage la ligne AB. Lorsqu'au début P est en A, $AP = 0$ et $\frac{AP}{PB} = 0$. A mesure que P s'éloigne de A, AP va en croissant, PB va en décroissant; AP est d'abord plus petit que PB, donc $\frac{AP}{PB} < 1$, puis il s'accroît jusqu'à ce que P, atteignant le milieu de AB, on ait $AP = PB$ et $\frac{AP}{PB} = 1$. Donc si le rapport donné $\frac{m}{n}$ est plus petit que 1, le point P a dû passer par une position pour laquelle $\frac{AP}{PB} = \frac{m}{n}$ en partageant la ligne AB en deux segments proportionnels à m et n, et déterminant un point dont les distances à A et à B sont dans le rapport de $\frac{m}{n}$.

Le point P, continuant sa marche, dépasse le milieu de AB, dès lors $AP > PB$, et le rapport $\frac{AP}{PB}$ plus grand que 1, continue à croître d'une façon continue jusqu'à ce qu'enfin P arrivant en B, on ait $PB = 0$ et $\frac{AP}{PB} = \infty$. Donc si m étant plus grand que n, le rapport $\frac{m}{n}$ est plus grand que 1, le point P aura encore dû passer par une position pour laquelle

$\frac{AP}{PB} = \frac{m}{n}$, déterminant ainsi, soit le partage de AB en deux segments dans le rapport $\frac{m}{n}$, soit la position d'un point dont les distances à A et à B sont dans le rapport $\frac{m}{n}$.

Continuons à faire progresser le point P au delà de B, la distance AP continue à croître, et la distance PB croît aussi, tout en restant moindre que PA, mais le nouveau rapport va en diminuant, car $\frac{AP'}{P'B}$ peut s'écrire $\frac{P'B+AB}{P'B}$ ou $1 + \frac{AB}{P'B}$, et, AB étant constant, le rapport $\frac{AB}{P'B}$ diminue à mesure que P'B augmente et a pour limite 0; donc le rapport $\frac{AP'}{P'B}$, dans cette troisième période de la marche du point P, varie de l'infini à 1, et de nouveau P doit passer par une position où le rapport $\frac{AP'}{P'B} = \frac{m}{n}$. Ici il n'y aura plus partage de AB, puisque le point P est hors de la ligne; mais il y aura détermination d'un point dont les distances aux points A et B sont dans le rapport donné $\frac{m}{n}$.

Donc si $\frac{m}{n} > 1$, il existe deux points, l'un entre A et B, l'autre en dehors de AB, dans le sens de la marche du point P, tels que leurs distances à A et à B sont dans le rapport $\frac{m}{n}$.

Et si $\frac{m}{n} < 1$ il existe un premier point déjà trouvé, et un second avant le point A, que l'on trouverait par un même raisonnement, en faisant progresser le point P depuis l'infini jusqu'en A, pour lequel le rapport de ses distances à A et à B est encore $\frac{m}{n}$.

Chacun de ces couples de points sont dits *points conjugués* par rapport à A et à B.

Entre les quatre points P, P', A et B, il y a la relation

$$\frac{AP}{PB} = \frac{AP'}{P'B}$$

Cette proportion, en changeant les moyens de place, donne

$$\frac{AP}{AP'} = \frac{PB}{P'B}$$

laquelle montre que les deux points A et B sont aussi conjugués par rapport à P et à P'.

En résumé, on peut donc toujours comprendre une ligne partagée en deux segments dans un rapport donné, commensurable ou non; et, deux points étant donnés, on peut toujours sur la ligne qui les joint, trouver deux points tels que leurs distances aux points donnés soient dans un rapport donné.

Si le rapport $\frac{m}{n}$ donné est commensurable, rien de plus simple que de déterminer le point de partage ou les deux points conjugués.

En effet, soient donnés les points A et B et le rapport

$$\frac{m}{n} = \frac{5}{3}$$

partageant AB en 5 + 3 ou 8 parties, le point P correspondant à la cinquième division à partir de A sera le point de partage et l'un des points conjugués. Pour déterminer le second, partageant AB en 5 — 3 ou 2 parties égales et portant 3 de ces divisions au delà de B, on aura le second point P'.

En formule algébrique les distances PA, P'A seraient

$$\frac{m \times AB}{m + n} \quad \text{et} \quad \frac{m \times AB}{m - n}$$

144. — On dit que deux polygones sont semblables, lors-

qu'ils ont tous leurs angles égaux chacun à chacun et leurs côtés homologues proportionnels.

On entend par côtés *homologues* ceux qui, pareillement placés dans les deux figures, ou sont adjacents aux angles égaux, ou, dans les triangles, sont opposés aux angles égaux. On les dit *homologues*, ce qui par étymologie signifie *pareillement nommés*, parce que d'habitude, pour faciliter la reconnaissance des deux lignes qui doivent former chaque rapport, on désigne par les mêmes lettres, différenciées seulement par une accentuation à volonté, les sommets des angles égaux de part et d'autre. Alors les lignes homologues sont désignées par les mêmes lettres. Mais il faut bien se garder de donner au qualificatif homologue aucune valeur géométrique, c'est une expression abréviative, remplaçant la phrase : côtés pareillement placés, ou opposés aux angles égaux, et pas autre chose.

L'idée de la similitude des figures n'est trop souvent que péniblement comprise. Rien n'est pourtant plus simple. Deux figures semblables sont deux figures qui se ressemblent; l'une étant, en plus grand ou en plus petit, la copie exacte de l'autre. Or, l'on sait fort bien que pour qu'une copie soit ressemblante, il faut que les angles aient même ouverture dans la copie et dans le modèle, et que toutes les lignes soient réduites dans la même proportion. Or la définition des figures semblables ne dit pas autre chose.

THÉORÈME LXVII

145. — *Toute parallèle à l'un des côtés d'un triangle partage les deux côtés qu'elle rencontre en segments proportionnels.*

2° Elle partage en segments dans le même rapport que les côtés toutes les lignes issues du sommet qui lui est opposé.

3° Toutes les lignes de la figure peuvent se grouper quatre par quatre en proportions exactes.

7

4° Elle donne naissance à un triangle intérieur, lequel est semblable au triangle total.

Soit un triangle ABC et une parallèle DE au côté BC, je dis qu'elle coupe en D et en E les côtés AB et AC, en segments tels que l'on a la proportion

$$\frac{AD}{DB} = \frac{AE}{EC}$$

En effet, supposons qu'une commune mesure soit contenue deux fois dans DB et trois fois dans AD, de sorte que

$$\frac{AD}{DB} = \frac{3}{2}.$$

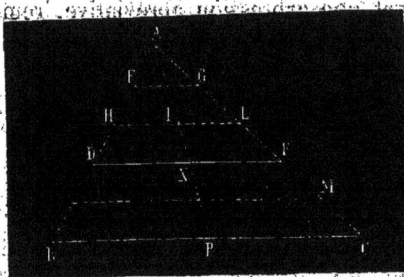

Menons par chaque point de division des parallèles au côté BC. Elles coupent le segment AE en trois parties et le segment EC en deux. Or ces parties sont égales entre elles. En effet, menons par les points G, L, M, des parallèles au côté AB; les deux triangles AFG, GIL sont égaux, car ils ont GI = FH = AF, l'angle AFG = GIL, comme ayant les côtés parallèles et de même sens, et l'angle FAG = IGL, comme correspondants; donc le côté AG = GL; et l'on démontrerait de même GL = LE, etc. La longueur AG est donc une commune mesure, contenue trois fois dans AE et deux fois dans EC, donc $\frac{AE}{EC} = \frac{3}{2}$; et comme on a vu ci-dessus que

$\frac{AD}{DB} = \frac{2}{3}$, on a

$$\frac{AD}{DB} = \frac{AE}{EC}$$

Cette démonstration suppose qu'entre AD et DB il y a une commune mesure; s'il n'y en avait pas, on démontrerait, comme on l'a fait au n° (105) que la proportion précédente n'en persiste pas moins.

146. — 2° Je dis qu'une ligne quelconque AP, issue du sommet A, jusqu'à la rencontre de la ligne BC, et tombant en dedans ou en dehors du triangle, est coupée par la parallèle DE en deux segments AN et NP dans le même rapport que AD et DB. En effet, en reprenant la démonstration précédente et l'appliquant au triangle ABP, on retrouverait la proportion

$$\frac{AD}{DB} = \frac{AN}{NP}$$

147. — 3° Je dis qu'en outre des segments de AB et de AC les autres lignes de la figure peuvent aussi se grouper en proportions exactes.

En effet, les parallèles menées au côté AB ont partagé DE en trois et BC en cinq parties égales entre elles et égales de part et d'autre. Donc en représentant chaque ligne par le nombre qui exprime combien de fois elle contient la mesure qui lui est commune avec une autre, on peut former les quatre groupes suivants

AB = 5	AC = 5	AP = 5	BC = 5
AD = 3	AE = 3	AN = 3	DE = 3
DB = 2	EC = 2	NP = 2	

et combinant ces lignes d'après l'égalité des rapports numériques, on aura les proportions vraies suivantes :

$$\frac{AB}{AD} = \frac{AC}{AE} = \frac{AP}{AN} = \frac{BC}{DE}, \quad \frac{AB}{DB} = \frac{AE}{EC} = \frac{AN}{NP}, \text{ etc., etc.}$$

148. — 4° Je dis enfin que la parallèle DE forme un triangle ADE qui est semblable au triangle total ABC. En effet, ces *deux* triangles ont les angles égaux chacun à chacun. Savoir l'angle A, commun; l'angle ADE = ABC comme correspondants, et l'angle AED = ACB pour la même raison. De plus, les côtés homologues sont proportionnels; car on vient de démontrer que

$$\frac{AB}{AD} = \frac{AC}{AE} = \frac{BC}{DE}$$

149. Corollaire. — Toutes les propriétés précédentes sont encore vraies lorsque la parallèle à l'un des côtés d'un triangle coupe les prolongements des deux autres.

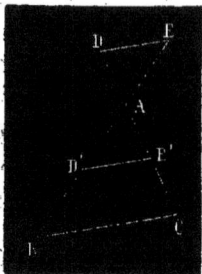

En effet, soit la parallèle DE coupant les prolongements des côtés BA, CA; si l'on prend sur BA une longueur AD′ = AE, en menant D′E′ parallèle à BC, on retombe dans les cas précédemment démontrés; or, les deux triangles DAE, D′AE′ sont égaux; on peut donc dans toutes les relations substituer aux côtés de DAE ceux de D′AE′.

THÉORÈME LXVIII

150. — *Réciproquement, toute ligne qui partage les côtés d'un triangle en segments proportionnels est parallèle au troisième côté.*

Soit un triangle ABC et une ligne DE qui coupe les côtés AB et AC en segments, tels que l'on a

$$\frac{AD}{BD} = \frac{AE}{EC}$$

Je dis que DE est parallèle à BC. En effet, si par le point D on mène une parallèle à BC, elle coupera le côté AC en deux segments dans le rapport de $\frac{AD}{BD}$, donc elle devra passer au point E, car nous avons vu (n° 143) qu'il y a un point, mais un seul, partageant une ligne dans un rapport donné, donc DE est parallèle à BC.

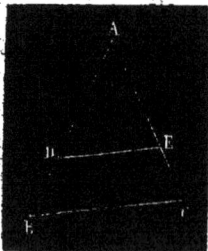

Chacune des quatre parties de l'énoncé du théorème précédent peuvent également donner naissance à une réciproque qui serait aussi vraie.

THÉORÈME LXIX

151. — *La bissectrice d'un angle d'un triangle partage le côté qu'elle rencontre en deux segments proportionnels aux deux autres côtés.*

Soit le triangle ABC, la bissectrice AD de l'angle A, je dis que l'on a la proportion

$$\frac{CD}{DB} = \frac{CA}{AB}.$$

Par le point B menons une parallèle à DA et prolongeons-là jusqu'à sa rencontre en E avec CA prolongé. Dans le triangle CEB la parallèle AD au côté BE donne la proportion $\frac{CD}{DB} = \frac{CA}{EA}$, proportion pareille à celle que l'on veut démontrer, si l'on fait voir que AB = AE, ou que le triangle ABE est isocèle. Or l'angle AEB = CAD comme correspondants, ABE = BAD comme alternes-internes, et CAD = BAD puisque AD est bissectrice, donc AEB = ABE; le triangle ABE est isocèle, AE = AB, ce qui démontre le théorème.

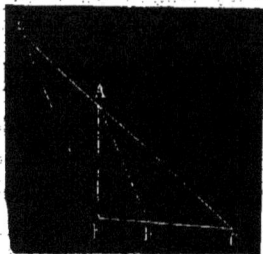

La réciproque est vraie.

152. **Remarque I.** — La bissectrice de l'angle extérieur d'un triangle jouit d'une propriété analogue, que l'on peut énoncer ainsi.

La bissectrice de l'angle extérieur d'un triangle détermine sur le prolongement du côté qu'elle rencontre un point dont les distances aux deux extrémités de ce côté sont proportionnelles aux deux autres côtés du triangle.

Soit un triangle ABC, la bissectrice AD de son angle extérieur ; elle rencontre en D le prolongement de BC, et je dis que l'on a la proportion

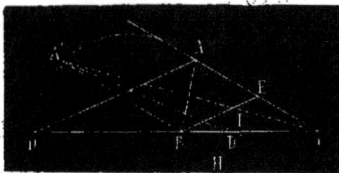

$$\frac{DC}{DB} = \frac{AC}{AB}.$$

En effet, si par B on mène BE parallèle à DA, on a la proportion

$$\frac{DC}{DB} = \frac{AC}{AE}$$

laquelle sera identique à la première et en démontrera l'exactitude, si l'on fait voir que $AE = AB$, ou que le triangle ABE est isocèle, ce qui se démontre absolument comme dans le cas précédent.

153. Remarque II. — Il résulte des deux propriétés précédentes que les deux bissectrices de l'angle d'un triangle et de son supplémentaire extérieur déterminent sur le côté qu'elles rencontrent deux points conjugués par rapport aux extrémités de ce côté, et que le rapport des distances de ces points conjugués aux extrémités de ce côté sont dans le rapport des deux autres côtés du triangle. Le sommet du triangle est donc un troisième point jouissant de la même propriété que les deux points conjugués déterminés par les bissectrices. Mais le triangle DAD' formé par les deux bissectrices est rectangle en A, et inscriptible dans une demi-circonférence dont le diamètre est DD'; je dis que tout autre point A' pris sur cette demi-circonférence jouira de la même propriété que A, et donnera aussi la relation

$$\frac{CD'}{BD'} = \frac{A'C}{A'B}$$

Pour cela, il suffira de faire voir que A'D' est bissextrice de l'angle au sommet A' du triangle BA'C. Au point D', menons IH perpendiculaire à A'D' et par suite parallèle à A'D. Dans le triangle CA'D la parallèle D'I au côté A'D, donne la proportion :

$$(\alpha) \quad \frac{D'I}{A'D} = \frac{CD'}{CD}$$

Les deux triangles BD'H, A'BD, donnent aussi la proportion (n° 149).

$$(\delta) \quad \frac{D'H}{A'D} = \frac{BD'}{BD}$$

Mais la proportion déjà connue

$$\frac{BD'}{D'C} = \frac{DB}{DC}$$

devient, en transposant les moyens

$$\frac{BD'}{BD} = \frac{D'C}{DC}$$

donc, dans les deux proportions (α) et (δ) les seconds rapports étant égaux, les premiers le sont aussi, et l'on a

$$\frac{D'I}{A'D} = \frac{D'H}{A'D}$$

d'où D'I = D'H, dès lors, les deux triangles D'A'H, D'A'I, tous deux rectangles en D' sont égaux, et la ligne A'D' est bissectrice de l'angle CA'B ; dès lors on a

$$\frac{CD'}{BD'} = \frac{A'C}{A'B}$$

Donc tous les points de la circonférence qui a pour diamètre DD' ont cette même propriété que leurs distances aux points B et C sont dans un rapport constant. *Cette circonférence est donc le lieu géométrique des points tels que leurs distances à deux points donnés soient dans un rapport constant.*

154. — Si la valeur de ce rapport est donnée, ainsi que la position des points B et C, on peut se proposer de construire la circonférence, lieu géométrique cherché.

Soient donnés les deux points C et B et le rapport $\frac{m}{n}$.

Des points C puis B comme centres avec des rayons égaux ou proportionnels l'un à m, l'autre à n, on décrit deux arcs de cercle qui se coupent en A. Ce point est un point du lieu, on mène la bissectrice de l'angle BAC, ce qui donne un autre point du lieu, le point D′; à AD′ on mène la perpendiculaire AD, ce qui détermine le troisième point D, et par D′, A et D on fait passer une circonférence, qui sera le lieu cherché.

CAS DE SIMILITUDE

155. Remarque. — Par définition, pour que deux triangles soient semblables, il faut six conditions, égalité des angles chacun à chacun, puis proportionnalité des côtés homologues; les théorèmes suivants ont pour but d'établir que trois de ces six conditions sont suffisantes pour qu'il y ait similitude. De plus, on remarquera que les énoncés des cas de similitude des triangles sont les mêmes que ceux des cas d'égalité, en remplaçant les mots côtés égaux par les mots côtés proportionnels.

THÉORÈME LXX

156. — *Deux triangles sont semblables lorsqu'ils ont les trois côtés proportionnels.*

Soient les deux triangles ABC, *abc*, dans lesquels on connaît la suite de rapports égaux

$$(\alpha) \qquad \frac{AB}{ab} = \frac{AC}{ac} = \frac{BC}{bc}$$

Je dis qu'ils sont semblables.

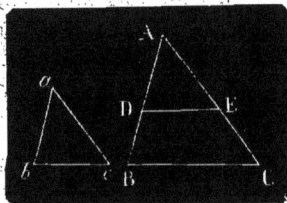

Prenant sur AB une longueur AD égale à ab, on mène par le point D une parallèle DE à la base BC, ce qui détermine (n° 148) un triangle partiel ADE semblable à ABC, et permet d'écrire la suite de rapports égaux :

$$(6) \qquad \frac{AB}{AD} = \frac{AC}{AE} = \frac{BC}{DE}$$

Si l'on compare les séries de rapports (α) et (6), on reconnaît que les premiers rapports de chaque série sont identiques, car, par construction, $AD = ab$, donc les rapports suivants sont égaux deux à deux.

Et l'on a :

$$\frac{AC}{ac} = \frac{AC}{AE} \quad \text{et} \quad \frac{BC}{bc} = \frac{BC}{DE}$$

ce qui ne peut être que si $AE = ac$ et si $DE = bc$, en d'autres termes le triangle abc est égal à ADE, et comme lui semblable à ABC.

THÉORÈME LXXI

157. — *Deux triangles sont semblables lorsqu'ils ont un angle égal chacun à chacun compris entre deux côtés proportionnels.*

Soient les deux triangles ABC, abc, dans lesquels on sait que les angles A et a sont égaux et que l'on a la proportion

$$(\alpha) \qquad \frac{AB}{ab} = \frac{AC}{ac}$$

Je dis qu'ils sont semblables.

Prenant sur AB une longueur $AD = ab$, on mène DE parallèle à AC, ce qui détermine le triangle partiel ADE semblable à ABC et permet d'écrire

$$(6) \qquad \frac{AB}{AD} = \frac{AC}{AE}$$

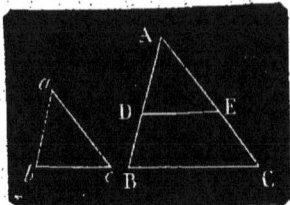

Comparant les proportions (α) et (δ), on voit que leurs deux premiers rapports sont identiques, car DE $= ab$, on peut donc écrire :

$$\frac{AC}{ac} = \frac{AC}{AE}$$

ce qui suppose $ac = AE$, donc le triangle abc est égal au triangle ADE, commé ayant un angle égal compris entre côtés égaux chacun à chacun, et abc est, comme ADE, semblable à ABC.

THÉORÈME LXXII

158. — *Deux triangles sont semblables lorsqu'ils ont les trois angles égaux chacun à chacun.*

Soient les deux triangles ABC et abc, dans lesquels on a l'angle $A = a$, $B = b$, $C = c$. Je dis qu'ils sont semblables.

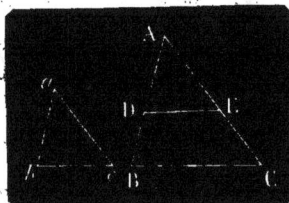

En effet, si l'on répète identiquement la même construction que dans les deux théorèmes précédents, le triangle ADE semblable à ABC est égal au triangle abc, car ils ont AD $= ab$, par construction, $A = a$ par hypothèse, et ADE, qui est égal à B comme correspondant, est aussi égal à a, donc abc est aussi semblable à ABC.

THÉORÈME LXXIII

159. — *Deux triangles sont semblables lorsqu'ils ont les trois côtés parallèles ou perpendiculaires chacun à chacun.*

Soient les deux triangles ABC, abc, dont les côtés sont perpendiculaires chacun à chacun. Je dis qu'ils sont semblables.

En effet, leurs angles homologues ayant leurs côtés respectivement perpendiculaires ne peuvent être que égaux ou supplémentaires (n° 52). On peut donc faire d'abord les deux suppositions suivantes :

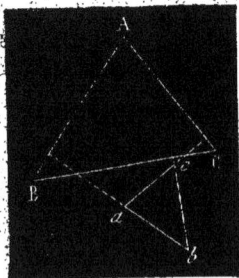

$$A + a = 2 \text{ droits} \qquad A = a$$
$$B + b = 2 \text{ droits} \quad B + b = 2 \text{ droits}$$
$$C + c = 2 \text{ droits} \quad C + c = 2 \text{ droits}$$

inacceptables toutes deux, puisque pour la somme totale des six angles de deux triangles elles donneraient plus de 4 droits.

Une troisième supposition consisterait à écrire $A = a$ et $B = b$, mais alors $C = c$ (n° 56), et les deux triangles sont semblables comme équiangles chacun à chacun.

160. Remarque. — Dans le cas de la similitude des triangles par l'égalité des angles, il suffit de constater l'égalité mutuelle de deux angles, l'égalité des troisièmes en découle nécessairement.

Si les deux triangles sont rectangles, il suffit aussi de vérifier l'égalité d'un des angles aigus.

Et si les triangles sont isocèles, il suffit de vérifier l'égalité de l'angle au sommet ou d'un des angles à la base.

POLYGONES SEMBLABLES

THÉORÈME LXXIV

161. — *Deux polygones semblables sont décomposables en un même nombre de triangles semblables chacun à chacun et semblablement placés.*

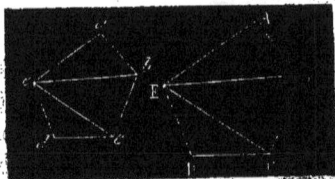

Soient les deux polygones semblables ABCDE et abcde. Je dis qu'ils sont décomposables chacun en un même nombre de triangles semblables chacun à chacun et semblablement placés.

En effet, si des sommets homologues E et e on mène dans chaque polygone toutes les diagonales possibles, elles sont en même nombre puisque les polygones ont le même nombre de côtés, et elles les décomposent en un même nombre de triangles. Si maintenant on compare les triangles EAB, *eab*, on voit qu'ils sont semblables comme ayant l'angle A = *a*, compris entre côtés proportionnels, car les polygones étant semblables on peut écrire :

$$\frac{AE}{ae} = \frac{AB}{ab}$$

Par suite les côtés EB et *eb* sont dans le rapport commun des côtés des polygones, de sorte que l'on peut aussi écrire :

$$\frac{EB}{eb} = \frac{BC}{bc}$$

Dès lors les deux autres triangles EBC, *ebc* sont aussi semblables, car les angles EBC, *ebc*, compris entre les côtés proportionnels ci-dessus, sont égaux, l'un étant égal à ABC — ABE l'autre à *abc* — *abe*; or ABC = *abc* et ABE = *abe*.

En procédant de même on arriverait à démontrer la similitude des triangles suivants, et ainsi de suite, quel qu'en soit le nombre.

De plus tous ces triangles, semblables chacun à chacun, sont semblablement placés dans les deux figures, puisque l'on rencontre chacun d'eux en suivant une marche pareille.

THÉORÈME LXXV

162. — *Réciproquement, si deux polygones sont formés d'un même nombre de triangles semblables chacun à chacun et semblablement placés, ces polygones sont semblables.*

Soient deux polygones ABCDE, *abcde* formés chacun de trois triangles semblables chacun à chacun et semblablement placés, je dis qu'ils sont semblables.

Pour le démontrer, il suffit de démontrer l'égalité des angles et la proportionnalité des côtés. Or les angles sont égaux, car l'angle ABC, par exemple, est formé des deux angles ABE et EBC, égaux, par suite de la similitude des triangles, aux angles abc et ebc, donc ABC $= abc$, et ainsi des autres. Quant aux côtés, les triangles étant semblables on peut écrire :

$$\frac{EA}{ea} = \frac{AB}{ab} = \frac{EB}{eb}$$

$$\frac{EB}{eb} = \frac{BC}{bc} = \frac{EC}{ec} \quad \text{et} \quad \frac{EC}{ec} = \frac{CD}{cd} = \frac{DE}{de}$$

dans chaque série le rapport final de l'une étant le rapport initial de l'autre, tous ces rapports sont égaux et l'on a

$$\frac{EA}{ea} = \frac{AB}{ab} = \frac{BC}{bc} = \frac{CD}{cd} = \frac{DE}{de}$$

Donc les deux polygones sont semblables.

163. Remarque I. — Dans les deux théorèmes précédents nous avons supposé les polygones partagés en triangles par des diagonales. Mais on aurait pu également effectuer ce partage à l'aide de lignes issues de deux points quelconques homologues pris dans l'intérieur des deux figures; la démonstration eut été la même.

164. Remarque II. — Deux lignes homologues quelconques menées dans deux polygones semblables sont entre elles dans le rapport constant des côtés homologues de ces polygones, car ces deux lignes pourraient être chacune un côté d'un des triangles semblables en lesquels les deux polygones peuvent être décomposés.

Les périmètres des deux polygones sont aussi dans le rapport des côtés ou de deux lignes homologues quelconques. Car en représentant par A, B, C, D,... a, b, c, d,... les côtés homologues des deux polygones, et par H et h deux lignes homologues quelconques, on aurait

$$\frac{A}{a} = \frac{B}{b} = \frac{C}{c} = \frac{D}{d} \cdots = \frac{H}{h}$$

ou (voir *Arithmétique*, n° 338)

$$\frac{A+B+C+D\ldots}{a+b+c+d\ldots} = \frac{A}{a} = \frac{H}{h}$$

RELATIONS NUMÉRIQUES ENTRE LES ÉLÉMENTS LINÉAIRES DES TRIANGLES ET DES QUADRILATÈRES

165. Définitions. — On nomme projection d'un point sur une ligne le pied de la perpendiculaire abaissée du point sur la ligne.

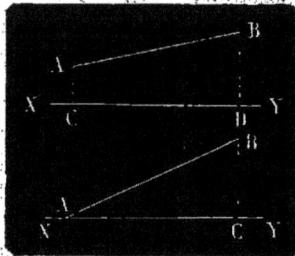

On nomme projection d'une ligne droite sur une autre, la portion de la seconde ligne comprise entre les projections des deux extrémités de la première.

Ainsi la projection de AB sur XY est le segment CD compris entre les pieds des perpendiculaires AC et BD.

Si les lignes se coupent, la projection sera le segment compris entre le point d'intersection et le pied de la perpendiculaire abaissée de l'extrémité de la première ligne sur la seconde.

Ainsi la projection de AB sur XY, ces lignes se coupant en A, est AC, segment compris entre A et la perpendiculaire BC.

THÉORÈME LXXVI

166. — *Si du sommet de l'angle droit d'un triangle rectangle, on abaisse une perpendiculaire sur l'hypoténuse :*

1° Les deux triangles partiels ainsi formés sont semblables au triangle total et semblables entre eux.

2° Chaque côté de l'angle droit est une moyenne proportionnelle entre l'hypoténuse et sa projection sur l'hypoténuse.

3° La perpendiculaire est moyenne proportionnelle entre les deux segments qu'elle détermine sur l'hypoténuse.

4° Le carré de la longueur de l'hypoténuse est égal à la

somme des carrés des longueurs des deux côtés de l'angle droit.

Soit le triangle rectangle ABC et la perpendiculaire BD abaissée sur l'hypoténuse du sommet B de l'angle droit, je dis :

1° Que les deux triangles partiels ABD, BDC, sont semblables à ABC et semblables entre eux.

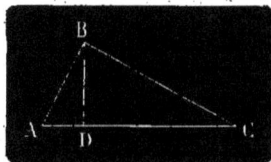

En effet ABC et BDC ont chacun un angle droit et l'angle C est commun, donc ces deux triangles ont leurs angles égaux chacun à chacun et sont semblables.

De même ABC et ABD ont chacun un angle droit et l'angle A commun, donc ils sont semblables. Les deux triangles ABD, BDC étant tous deux semblables à ABC sont semblables entre eux.

167. — 2° Je dis que AB et BC, côtés de l'angle droit, sont chacun moyen proportionnel entre l'hypoténuse AC et leurs projections AD et DC.

En effet les deux triangles semblables ABD, ABC permettent d'écrire la proportion :

$$\frac{AC}{AB} = \frac{AB}{AD}$$

d'où $\quad(\alpha)\quad AB^2 = AC \times AD$

De même les deux triangles semblables BDC, ABC donnent

$$\frac{AC}{BC} = \frac{BC}{DC}$$

d'où $\quad(b)\quad BC^2 = AC \times DC$

168. — 3° Je dis que la perpendiculaire BD est moyenne proportionnelle entre les deux segments de l'hypoténuse AD et DC.

En effet les deux triangles semblables ABD, BDC donnent la proportion

$$\frac{AD}{BD} = \frac{BD}{DC}$$

d'où

$$BD^2 = AD \times DC$$

169. — 4° Je dis enfin que le carré du nombre représentant la longueur de l'hypoténuse AC est égal à la somme des carrés des longueurs de AB et de BC.

En effet, reprenons les relations (α) et (β) ci-dessus, les additionnant membre à membre, il vient

$$AB^2 + BC^2 = AC \times AD + AC \times DC$$

ou

$$AB^2 + BC^2 = AC(AD + DC)$$

mais comme AD + DC = AC l'égalité précédente devient

$$AB^2 + BC^2 = AC^2$$

Cette dernière relation, excessivement importante, et qui sera démontrée de nouveau plus tard à un autre point de vue que celui purement numérique, est la proposition du carré de l'hypoténuse due à Archimède.

170. Corollaire I. — Si l'on divise l'une par l'autre, membre à membre, les deux relations (α) et (β) il vient

$$\frac{AB^2}{BC^2} = \frac{AC \times AD}{AC \times DC}$$

qui, en supprimant AC facteur commun au second membre, donne la relation nouvelle

$$\frac{AB^2}{BC^2} = \frac{AD}{DC}$$

Donc les carrés des côtés de l'angle droit d'un triangle rectangle sont entre eux comme leurs projections sur l'hypoténuse.

171. Corollaire II. — Un triangle rectangle étant toujours inscriptible dans une demi-circonférence, l'hypoténuse devient le diamètre, chaque côté de l'angle droit devient une corde, et la perpendiculaire BD devient une demi-corde perpendiculaire au diamètre. Dès lors les propriétés précédentes du triangle rectangle peuvent se traduire ainsi :

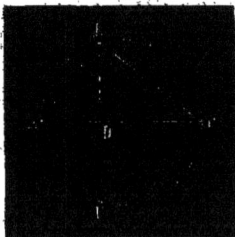

1° *Toute corde passant par l'extrémité d'un diamètre est moyenne proportionnelle entre ce diamètre et sa projection sur ce diamètre.*

En effet $BC^2 = AC \times DC$.

2° *Si une corde est perpendiculaire au diamètre, le produit des deux segments du diamètre est égal au quart du carré de la corde.*

En effet $BD^2 = AD \times DC$, mais $BD = \dfrac{BE}{2}$, donc $BD^2 = \dfrac{BE^2}{4}$ et l'on a

$$AD \times DC = \frac{1}{4} BE^2$$

3° *Les carrés de deux cordes menées d'un même point aux extrémités d'un diamètre sont entre eux comme leurs projections sur le diamètre,* car l'on a $\dfrac{AB^2}{BC^2} = \dfrac{AD}{DC}$.

172. Corollaire III. — *La diagonale d'un rectangle est égale à la racine carrée de la somme des carrés des deux côtés.*

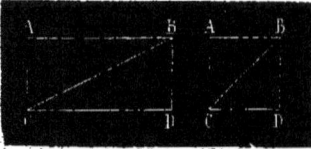

En effet on a

$$BC^2 = AC^2 + AB^2$$

donc

$$BC = \sqrt{AC^2 + AB^2}$$

La diagonale du carré est égale au produit du côté par le nombre fixe $\sqrt{2}$. En effet, on a $BC^2 = AC^2 + AB^2$, mais $AC = AB$, donc

$$BC^2 = 2AC^2 \quad \text{et} \quad BC = AC\sqrt{2}$$

173. — On fait un fréquent usage en algèbre des relations établies ci-dessus entre les éléments rectilignes du triangle rectangle, et l'on donne à ces relations la forme des formules algébriques suivantes.

Soient b et c les côtés de l'angle droit, a l'hypoténuse, h la perpendiculaire abaissée de l'angle droit sur l'hypoté-

8

nuse, et soient p et p', les projections de b et de c sur l'hypoténuse, on a :

$$b^2 = a \times p$$
$$c^2 = a \times p'$$
$$h^2 = p \times p'$$
$$a^2 = b^2 + c^2$$
$$a = p + p'$$

A l'aide de ces formules, deux quelconques des six lignes a, b, c, h, p, p' étant données, on peut toujours calculer les quatre autres (Voir aux exercices).

THÉORÈME LXXVII

174. — *Dans tout triangle le carré de la longueur du côté opposé à un angle aigu est égal à la somme des carrés des longueurs des deux autres côtés, moins le double produit de la longueur d'un de ces deux côtés par la projection de l'autre côté sur le premier.*

Soit le triangle ABC, et le côté BC opposé à l'angle aigu A. Soit AD la projection du côté AB sur AC, je dis que l'on a

$$BC^2 = AB^2 + AC^2 - 2 \times AC \times AD$$

En effet, on voit sur la figure que DC = AC — AD, élevant au carré les deux membres de cette égalité, en se souvenant que le carré de la différence de deux nombres se compose de la somme des carrés de ces deux nombres, moins le double de leur produit, on a

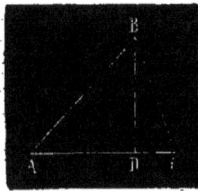

$$DC^2 = AC^2 + AD^2 - 2 \times AC \times AD$$

mais dans le triangle rectangle DBC, on a $DC^2 = BC^2 - BD^2$, et dans le triangle rectangle ABD, on a $AD^2 = AB^2 - BD^2$, remplaçant dans l'égalité précédente DC^2 et AD^2 par ces valeurs, on a

$$BC^2 - BD^2 = AC^2 + AB^2 - BD^2 - 2 \times AC \times AD$$

On peut aux deux membres effacer le terme commun BD², et il vient l'égalité à démontrer :

$$BC^2 = AB^2 + AC^2 - 2 \times AC \times AD$$

THÉORÈME LXXVIII

175. — *Dans tout triangle qui a un angle obtus, le carré de la longueur du côté opposé à cet angle est égal à la somme des carrés des deux autres côtés, plus le double du produit de l'un de ces deux côtés par la projection de l'autre côté sur le premier.*

Soit le triangle ABC, dont l'angle C est obtus, soit DC la projection de AC sur CB, je dis que l'on a

$$AB^2 = AC^2 + BC^2 + 2 \times BC \times DC$$

En effet, on voit sur la figure que $BD = BC + DC$, d'où, en élevant au carré les deux membres de cette égalité, on déduit

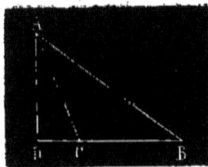

$$BD^2 = BC^2 + DC^2 + 2 \times BC \times DC$$

Si l'on y remplace DB² par sa valeur AB² — AD², tirée du triangle rectangle ADB, et DC² par sa valeur AC² — AD² tirée du triangle rectangle ADC, cette égalité devient

$$AB^2 - AD^2 = BC^2 + AC^2 - AD^2 + 2 \times BC \times DC$$

et, effaçant de part et d'autre le terme commun AD², on a l'égalité à démontrer

$$AB^2 = AC^2 + BC^2 + 2 \times BC \times DC$$

Remarque. — On peut déduire des trois théorèmes précédents que l'angle d'un triangle dont on connaît les côtés est droit, aigu ou obtus, si le carré du côté qui lui est opposé est égal, inférieur ou supérieur à la somme des carrés des deux autres côtés.

THÉORÈME LXXIX

176. — *La somme des carrés de deux côtés d'un triangle est égale au double du carré de la médiane qu'ils comprennent plus le double du carré de la moitié du troisième côté.*

Soit le triangle ABC, la médiane AM, et la perpendiculaire AD, MD est la projection de la médiane sur BC, je dis que l'on a

$$AB^2 + AC^2 = 2AM^2 + 2MB^2$$

Le triangle AMC donne, l'angle AMC étant obtus,

$$AC^2 = AM^2 + MC^2 + 2MC \times MD$$

De même le triangle AMB, l'angle AMB étant aigu, donne

$$AB^2 = AM^2 + BM^2 - 2BM \times MD$$

Additionnant membre à membre ces deux égalités, et remarquant que MB = MC, il vient

$$AC^2 + AB^2 = 2AM^2 + 2MB^2$$

177. Remarque. — Si, au lieu d'additionner ces deux égalités, on les retranchait l'une de l'autre, on aurait

$$AC^2 - AB^2 = 2BC \times MD$$

D'où cette autre propriété : *la différence des carrés de deux côtés d'un triangle est égale au double du produit du troisième côté par la projection de la médiane qui tombe sur ce côté.*

THÉORÈME LXXX

178. — *La somme des carrés des longueurs des quatre côtés d'un quadrilatère est égale à la somme des carrés des deux diagonales, plus quatre fois le carré de la droite qui joint leurs milieux.*

Soit un quadrilatère ABCD, ses deux diagonales AC, BD et la droite FH qui joint leurs milieux, je dis que l'on a

$$AB^2 + BC^2 + DC^2 + AD^2 = BD^2 + AC^2 + 4FH^2$$

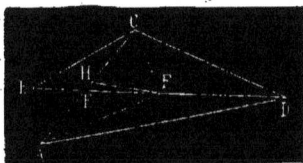

En effet, si l'on joint CF et AF, ces deux droites étant médianes des triangles DBC te ADB, on a

$$DC^2 + BC^2 = 2CF^2 + 2BF^2$$

et

$$AD^2 + AB^2 = 2AF^2 + 2BF^2$$

ce qui donne, en additionnant membre à membre,

(α) $AB^2 + BC^2 + AD^2 + DC^2 = 2CF^2 + 2AF^2 + 4BF^2$

Mais dans le triangle AFC, HF est médiane, ce qui donne

$$CF^2 + AF^2 = 2FH^2 + 2AH^2$$

ou, en multipliant tout par 2,

(6) $2CF^2 + 2AF^2 = 4FH^2 + 4AH^2$

remplaçant dans (α) les termes $2CF^2 + 2AF^2$, par leur valeur (6), et remarquant que $4AH^2 = (2AH)^2 = AC^2$, et que $4BF^2 = (2BF)^2 = BD^2$, il vient enfin la formule à démontrer :

$$AB^2 + BC^2 + AD^2 + DC^2 = BD^2 + AC^2 + 4FH^2$$

179. **Corollaire.** — *La somme des carrés des quatre côtés d'un parallélogramme est égale à la somme des carrés de ses diagonales.*

En effet le parallélogramme est un quadrilatère dans lequel, les diagonales se coupant en leurs milieux, la ligne FH = 0.

THÉORÈME LXXXI

180. — *Si d'un point on mène des lignes coupant une même circonférence, le produit des deux distances du point à la circonférence, prises sur chaque ligne, est constant.*

1ᵉʳ cas. — Le point est à l'intérieur de la circonférence. Soit le point A et les deux cordes BC et DF passant par A, je dis que

$$AD \times AF = AB \times AC$$

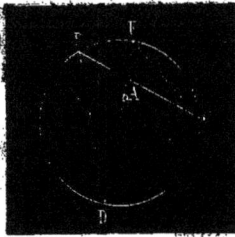

En effet, joignant BD et FC, on forme deux triangles BAD, FAC semblables comme ayant leurs angles égaux chacun à chacun, car les angles F et B ont chacun pour mesure la moitié de l'arc DC, et les deux angles au point A sont égaux comme opposés par le sommet; on a donc la proportion

$$\frac{AD}{AB} = \frac{AC}{AF} \quad (\alpha)$$

qui, en égalant les produits des extrêmes et des moyens, donne

$$AD \times AF = AB \times AC$$

Remarque. — Ce cas est souvent énoncé ainsi sous forme de théorème.

Deux cordes qui se coupent dans un cercle ont leurs quatre segments inversement proportionnels, ce que démontre la proportion (α).

181. **2ᵉ cas.** — Le point est extérieur au cercle. Soit le

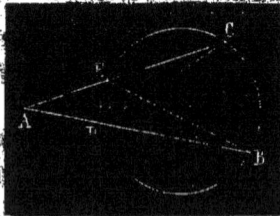

point A et les deux sécantes AB, AC, je dis que l'on a

$$AB \times AD = AC \times AE.$$

En effet, si l'on joint DC et BE, on forme deux triangles BAE, CAD, semblables comme ayant leurs angles égaux chacun à chacun, savoir A commun, et B = C comme ayant chacun pour mesure la moitié de l'arc DE, on a donc la proportion

$$\frac{AB}{AC} = \frac{AE}{AD} \quad (6)$$

qui, en égalant les produits des extrêmes et des moyens, donne

$$AB \times AD = AC \times AE$$

Remarque. — Ce cas s'énonce aussi ainsi : *Si deux sécantes sont issues d'un même point, les sécantes entières et leurs parties extérieures sont inversement proportionnelles*, ce que démontre la proportion (6).

182. **3ᵉ cas.** — Une des deux sécantes précédentes est tangente à la circonférence, en ce cas les deux distances se réduisent à une seule, mais le théorème n'en persiste pas moins, car alors le carré de la tangente est égal au produit des deux distances prises sur une autre sécante.

Soit le point A, la sécante AB et la tangente AC, je dis que l'on a

$$AC^2 = AB \times AD$$

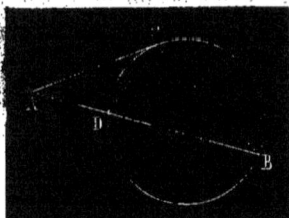

En effet, joignant CD et BC, on forme deux triangles BAC, DAC semblables, car ils ont l'angle A commun, et les deux angles DBC, DCA sont égaux comme ayant chacun pour mesure la moitié de l'arc DC, on a donc la proportion

$$\frac{AB}{AC} = \frac{AC}{AD} \quad (\gamma)$$

qui, égalant les produits des extrêmes et des moyens, donne

$$AC^2 = AB \times AD$$

Remarque. — Ce cas s'énonce encore ainsi : *Une sécante et une tangente étant issues d'un même point, la tangente est moyenne proportionnelle entre la sécante* *entière et sa partie extérieure*, ce que démontre la proportion (γ).

Les trois réciproques de ces trois cas sont vraies, et peuvent servir à établir que quatre points pris sur deux droites qui se coupent appartiennent à une même circonférence, ou que connaissant trois points pris sur deux droites qui se coupent, l'une d'elles est tangente à la circonférence passant par ces trois points.

THÉORÈME LXXXII

183. — *Dans tout triangle le produit des longueurs de deux côtés est égal au carré de la bissectrice qu'ils comprennent, augmenté du produit des deux segments qu'elle détermine sur le troisième côté.*

Soit le triangle ABC, la bissectrice AE, je dis que l'on a

$$AB \times AC = AE^2 + BE \times EC$$

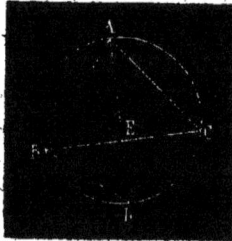

Circonscrivons une circonférence au triangle ABC, prolongeons AE en D et joignons BD; les deux triangles AEC, ABD sont semblables, car ils ont l'angle BAD = DAC par hypothèse, et l'angle ACE = ADB comme ayant chacun pour mesure la moitié de l'arc AB, donc on a

$$\frac{AC}{AD} = \frac{AE}{AB}$$

d'où, égalant les produits des extrêmes et des moyens, on tire :

$$AC \times AB = AE \times AD$$

ou, comme AD = AE + ED

$$AC \times AB = AE(AE + ED) = AE^2 + AE \times ED$$

mais, d'après le théorème précédent, AE × ED = BE × EC, donc

$$AC \times AB = AE^2 + BE \times EC$$

THÉORÈME LXXXIII

184. — *Dans tout triangle le produit des longueurs de deux côtés est égal au produit du diamètre de la circonférence circonscrite par la hauteur menée sur le troisième côté.*

Soit le triangle ABC, le diamètre DC de la circonférence circonscrite et la hauteur AE, je dis que l'on a :

$$AB \times AC = DC \times AE$$

En effet, joignant AD on a deux triangles semblables ABE et ADC, car ils sont rectangles, et les deux angles D et B sont inscrits dans un même segment; on a donc la proportion :

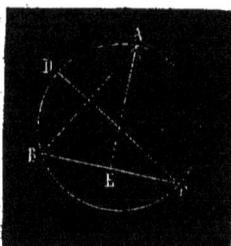

$$\frac{AB}{DC} = \frac{AE}{AC}$$

qui, en égalant les produits des extrêmes et des moyens, donne :

$$AB \times AC = DC \times AE$$

THÉORÈME LXXXIV

185. — *Dans un quadrilatère inscrit, le produit des diagonales est égal à la somme des produits des côtés opposés.*

Soit le quadrilatère inscrit ABCD, et les diagonales AC, DB, je dis que l'on a :

$$AC \times DB = AB \times DC + AD \times BC$$

Faisant au point A un angle BAE = DAC, on forme deux triangles semblables, AEB, DAC, car ils ont un angle égal par la construction précédente, et l'angle ABE = ACD comme ayant même mesure, on a donc la proportion :

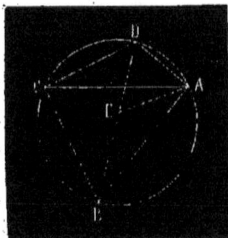

$$\frac{AC}{AB} = \frac{DC}{EB}$$

d'où l'on tire, en égalant le produit des moyens à celui des extrèmes :

$$AB \times DC = AC \times EB \quad (\alpha)$$

Les deux triangles DAE, ABC sont aussi semblables, car ils ont l'angle CAB = DAE, comme formés de parties égales par suite de la construction faite au début, et les angles ADE, ACB égaux comme inscrits dans un même segment, on a donc la proportion :

$$\frac{AC}{AD} = \frac{BC}{DE}$$

ce qui donne, en égalant les produits des extrèmes et des moyens

$$AD \times BC = AC \times DE \quad (\beta)$$

Additionnant membre à membre (α) et (β), il vient :

$$AB \times DC + AD \times BC = AC \times EB + AC \times DE$$

mais $AC \times DE + AC \times EB$ peut s'écrire $AC(EB + DE)$, et comme $EB + DE = DB$, on a enfin :

$$AB \times DC + AD \times BC = AC \times DB$$

THÉORÈME LXXXV

186. — *Dans tout quadrilatère inscrit, le rapport des diagonales est égal au rapport des sommes des deux produits des côtés qui aboutissent à leurs extrémités.*

Soit le quadrilatère ABCD et ses deux diagonales AD, BC, je dis que l'on a :

$$\frac{BC}{AD} = \frac{AB \times BD + AC \times CD}{AB \times AC + CD \times BD}$$

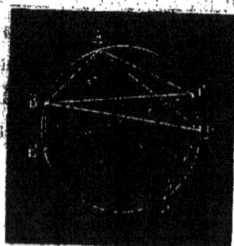

Prenons des arcs BE = CD et DF = AB, joignons AF, EC, nous formons deux quadrilatères inscrits ABEC, AFDC, pour lesquels si l'on trace leurs diagonales AE et CF, on a, d'après le théorème précédent :

$$AE \times BC = BA \times EC + BE \times AC$$
$$FC \times AD = CD \times AF + AC \times DF$$

Divisant membre à membre ces deux égalités, et remarquant que par construction $BE = CD$, $AB = DF$, $AE = CF$, $BD = AF = EC$, il vient :

$$\frac{BC}{AD} = \frac{AB \times BD + CD \times AC}{CD \times BD + AC \times AB}$$

ce qui démontre l'énoncé.

Remarque. — Les théorèmes précédents sont employés pour le calcul des médianes, des bissectrices, des hauteurs des triangles, connaissant leurs côtés et réciproquement. Ils servent ainsi à déterminer le rayon du cercle circonscrit, et les diagonales des quadrilatères inscriptibles, etc. (Voir à la fin du livre III les applications.)

PROBLÈMES SUR LES LIGNES PROPORTIONNELLES

PROBLÈME I

187. — *Partager une ligne donnée en un nombre quelconque de parties égales.*

Soit proposé de partager AB en cinq parties égales.

On mène par le point B une ligne indéfinie quelconque BC, sur laquelle on porte, à partir de B, cinq fois une longueur quelconque Ba, on joint AD, puis par chacun des points de division d, c, b, a, on mène une parallèle à AD ; ces parallèles déterminent sur AB cinq segments égaux entre eux, car ils sont proportionnels aux segments de BD, égaux par construction.

Autre solution. — Soit encore la ligne AB à partager
en cinq parties égales. On
lui mène une parallèle MN,
sur laquelle on porte cinq
longueurs égales à une ligne
prise à volonté Mo, on joint
MA et NB ; ces lignes prolongées viennent se rencontrer en un point P. On joint ce
point aux points o, p, q, r, ce qui détermine le partage de
AB en cinq segments égaux, on a, en effet :

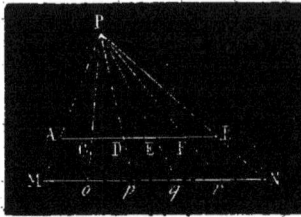

$$\frac{Mo}{AC} = \frac{Po}{PC} \quad \text{et} \quad \frac{op}{CD} = \frac{Po}{PC}.$$

donc

$$\frac{Mo}{AC} = \frac{op}{CD}$$

et comme M$o = po$, AC $=$ CD. On démontrerait de même
l'égalité des segments suivants.

Remarque. — Pratiquement ce procédé donne plus
d'exactitude que le précédent, et d'autant plus d'exactitude
que le point P est plus éloigné.

PROBLÈME II

188. — *Partager une ligne donnée en segments proportionnels à des lignes données.*

Soit proposé de partager AB en segments proportionnels
aux lignes m, n et o.

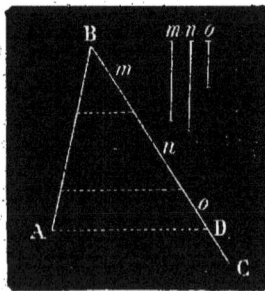

Par le point B on mène une
droite indéfinie BC, sur laquelle,
à partir de B, on prend trois longueurs successives égales aux
trois lignes m, n et o; on joint
AD, puis par chacun des points
de division on mène des parallèles
à AD, elles déterminent sur AB
des segments proportionnels à m,
n et o, comme compris entre les
mêmes parallèles.

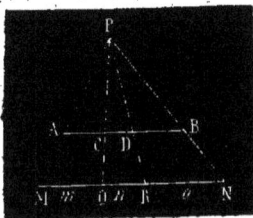

Seconde solution. — Sur une parallèle MN à AB on porte les trois longueurs données *m*, *n* et *o*, on joint MA, NB ; ces lignes prolongées se rencontrent en P, on joint ensuite PQ, PR, et la ligne AB est coupée en trois parties AC, CD, DB proportionnelles

à *m*, *n* et *o*. Car les divers triangles semblables donnent

$$\frac{MQ}{AC} = \frac{PQ}{PC} = \frac{QR}{CD} = \frac{PR}{PD} = \frac{RN}{DB}$$

d'où

$$\frac{MQ}{AC} = \frac{QR}{CD} = \frac{RN}{DB}$$

ou

$$\frac{m}{AC} = \frac{n}{CD} = \frac{o}{DB}$$

PROBLÈME III

189. — *Trouver une quatrième proportionnelle à trois lignes données.*

Soit proposé de trouver une quatrième proportionnelle aux trois lignes données *n*, *m*, *o*; c'est-à-dire soit proposé de trouver une quatrième ligne X qui complète la proportion

$$\frac{n}{m} = \frac{o}{X}$$

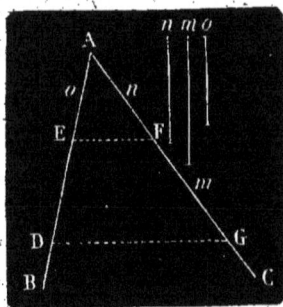

On fait un angle indéfini quelconque BAC, sur les côtés duquel on prend des longueurs AF = *n*, FG = *m*, AE = *o*. On joint FE, et par le point G on mène GD parallèle à EF ; ED sera la ligne X cherchée, car dans le triangle ADG, la parallèle EF au côté DG donne la proportion :

$$\frac{AF}{FG} = \frac{AE}{ED} \quad \text{ou} \quad \frac{n}{m} = \frac{o}{ED}$$

Remarque I. — Il peut arriver que dans la proportion donnée la quatrième proportionnelle cherchée n'occupe pas la place du second extrême, que cette proportion soit par exemple $\frac{m}{n} = \frac{x}{o}$, ou $\frac{x}{n} = \frac{m}{o}$, ce qui pourrait présenter quelque difficulté pour la place à donner sur les côtés de l'angle auxiliaire aux lignes m, n et o; mais on peut toujours dans une proportion mettre les moyens en place des extrêmes, ce qui ramène la première proportion à la forme $\frac{n}{m} = \frac{o}{x}$, puis dans la seconde, changer les moyens de place, ce qui donne

$$\frac{o}{n} = \frac{m}{x}$$

Il ne reste plus qu'à construire dans l'ordre donné par chaque proportion.

PROBLÈME IV

190. — *Trouver une moyenne ou troisième proportionnelle entre deux lignes données.*

Soit proposé de trouver une moyenne proportionnelle aux deux lignes données m et n; c'est-à-dire soit proposé de trouver une ligne X qui puisse tenir la place des deux moyens dans la proportion

$$\frac{m}{X} = \frac{X}{n}$$

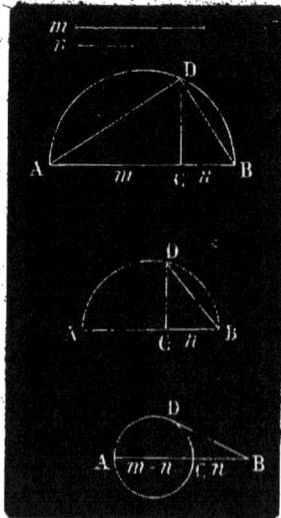

dans laquelle les deux lignes données font l'office des extrêmes.

1re solution. — Sur une ligne AB, prise égale à $m+n$, on décrit une demi-circonférence. Au point C on élève une perpendiculaire CD, elle est la ligne X cherchée. Car joignant DA et DB, le triangle ADB est rectangle, et la perpendiculaire CD moyenne proportionnelle entre AC et CB, ou entre m et n.

2ᵉ solution. — Sur AB, prise égale à m, on décrit une demi-circonférence, puis prenant BC $= n$ au point C, on élève la perpendiculaire CD, et l'on joint DB, qui sera la ligne X cherchée. En effet en joignant AD on aurait encore un triangle rectangle ADB, dans lequel le côté DB de l'angle droit est moyen proportionnel entre l'hypoténuse AB, ou m, et le segment adjacent CB, ou n.

3ᵉ solution. — Sur AC, prise égale $m - n$, on décrit une circonférence, puis de l'extrémité B de AB, ligne que l'on a faite égale à m, on mène BD tangente à la circonférence, ce sera la ligne X cherchée, car BD, tangente, est moyenne proportionnelle entre la sécante AB, ou m, et sa partie extérieure BC, ou n.

PROBLÈME V

191. — *Partager une ligne donnée en moyenne et extrême raison.*

Ce mode particulier de partage signifie : que la ligne tout entière et ses deux parties doivent former une proportion exacte, dans laquelle la plus grande des deux parties forme les deux moyens, la ligne entière et la plus petite partie formant les deux extrêmes. Ainsi :

$$\frac{\text{ligne entière}}{\text{plus grande partie}} = \frac{\text{plus grande partie}}{\text{plus petite partie}}$$

Soit la ligne AB à partager ainsi. Elevant au point B une perpendiculaire BO égale à la moitié de AB, du point O comme centre, avec OB pour rayon, on décrit une circonférence tangente à AB, puis on joint AD. Je dis d'abord que la ligne AD est partagée au point C en moyenne et extrême raison.

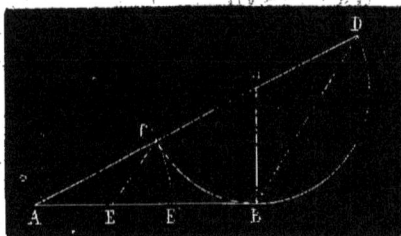

En effet, entre la tangente AB et la sécante AD, on a la relation

$$\frac{AD}{AB} = \frac{AB}{AC}$$

mais, par construction, $AB = 2BO = CD$, donc on peut écrire

$$\frac{AD}{CD} = \frac{CD}{AC}$$

ce qui démontre le fait énoncé. Ayant ainsi une ligne partagée au point C en moyenne et extrême raison, pour partager de même la ligne donnée AB, il suffit de joindre DB, de mener par le point C une parallèle CE à DB, le point E est le point de partage demandé, la parallèle CE au côté DB du triangle ADB coupant les deux côtés AD et AB en segments dans le même rapport.

192. Remarque I. — La proportion $\frac{AD}{AB} = \frac{AB}{AC}$ peut s'écrire, comme $CD = AB$,

$$\frac{AC + AB}{AB} = \frac{AB}{AC}$$

de même la proportion

$$\frac{AD}{AB} = \frac{AC}{AE}$$

peut s'écrire

$$\frac{AC + AB}{AB} = \frac{AC}{AE}$$

ces deux proportions ayant un rapport commun, ont leur deux autres rapports égaux; mais on sait qu'un rapport ne change pas de valeur si on soustrait de ses termes les termes d'un rapport égal, donc

$$\frac{AB}{AC} = \frac{AC + AB - AC}{AB - AE} = \frac{AB}{EB}$$

d'où il suit que $AC = EB$.

On aurait donc pu déterminer aussi le partage de AB en moyenne et extrême raison en reportant par un arc de cercle décrit du point A, la longueur AC sur AB.

193. Remarque II. — On aurait pu aussi énoncer ainsi ce problème : *déterminer sur la droite passant par deux points A et B un point E tel que sa distance au point A soit moyenne proportionnelle entre la ligne AB et la distance de ce point au point B.*

La construction précédente a déterminé la position du point E entre A et B; mais on peut se demander si, comme cela est probable (n° 143), il n'y a pas quelqu'autre point sur le prolongement de AB remplissant les mêmes conditions.

Soit D′ ce point; on doit avoir d'après l'énoncé la proportion

$$\frac{D'B}{D'A} = \frac{D'A}{AB}.$$

Or on a la proportion

$$\frac{AD}{AB} = \frac{AB}{AC},$$

qui, en renversant les rapports et remplaçant AC par son égal BE, donne

$$\frac{AB}{AD} = \frac{BE}{AB},$$

et qui, la composant par addition du dénominateur au numérateur devient

$$\frac{AB + AD}{AD} = \frac{BE + AB}{AB} \quad \text{ou} \quad \frac{AB + AD}{AD} = \frac{AD}{AB},$$

car BE = AC et AB = CD, d'où BE + AB = AC + CD = AD; l'on voit donc que la longueur AD est moyenne proportionnelle entre AB + AD et AB, et qu'en prenant la distance cherchée D′A = DA, on aura le point D′. Pour trouver celui-ci, il suffira donc de prendre au-delà de A un point D′, à une distance égale à DA.

9

PROBLÈME VI

194. — *Trouver une ligne dont le carré soit égal à la somme ou à la différence des carrés de deux lignes données.*

Soient données les deux lignes m et n. Si l'on veut trouver la ligne dont le carré soit égal à $m^2 + n^2$, sur les côtés de l'angle droit A, on prend deux longueurs, l'une AB égale à m, l'autre AC égale à n, on joint BC, qui est la ligne demandée, car dans le triangle rectangle BAC, on a $BC^2 = AB^2 + AC^2 = m^2 + n^2$.

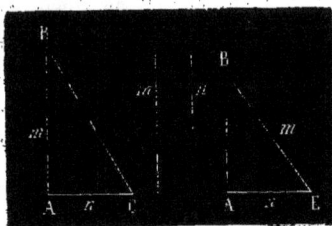

Si l'on veut au contraire avoir une ligne dont le carré soit égal à la différence $m^2 - n^2$, on prend sur un côté d'un angle droit A, une longueur AE égale à n, la plus petite des deux lignes données, puis du point E comme centre, avec un rayon égal à m, on décrit un arc de cercle qui coupe en B l'autre côté de l'angle droit, et AB est la ligne demandée, car si l'on joint BE, on a dans le triangle rectangle BAE, $BE^2 = AB^2 + AE^2$, et par suite $AB^2 = BE^2 - AE^2 = m^2 - n^2$.

195. Remarque. — Le même problème répété plusieurs fois de suite permet de trouver une ligne dont le carré soit égal à la somme des carrés de plusieurs lignes données ou à la différence de ces carrés.

Soient en effet les lignes données m, n, p, q. On veut trouver une ligne x telle que $x^2 = m^2 \pm n^2 \pm p^2 \pm q^2$.

La construction précédente faite sur m et n donne une ligne x' telle que $x'^2 = m^2 \pm n^2$; la même construction répétée entre x' et p, donnera une autre ligne x'', telle que,

$$x''^2 = x'^2 \pm p^2 = m^2 \pm n^2 \pm p^2$$

et en continuant de même on aura la valeur x cherchée.

PROBLÈME VII

196. — *Étant donnée une ligne, en trouver une seconde telle que leurs carrés soient dans un rapport donné.*

Soit donnée la ligne *a* et deux autres lignes *m* et *n* dont le

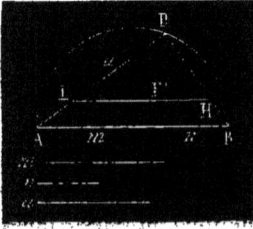

rapport soit égal au rapport donné. (Lignes que l'on pourrait toujours construire si le rapport donné était numérique.)

Sur une ligne **AB**, égale à *m* + *n* on décrit une demi-circonférence, au point de division **C**, on élève la perpendiculaire **CD**,

on joint **DA**, **DB**; puis, prenant sur **DA** une longueur **DE** égale à *a*, par le point **E** on mène **EH** parallèle à **AB**; je dis que **DH** est la ligne demandée.

En effet dans le triangle rectangle **EDH**, on a (n° 170)

$$\frac{DE^2}{DH^2} = \frac{EF}{FH}$$

mais on a aussi

$$\frac{EF}{FH} = \frac{AC}{CB} = \frac{m}{n}$$

donc

$$\frac{DE^2}{DH^2} = \frac{m}{n} \quad \text{ou} \quad \frac{a^2}{DH^2} = \frac{m}{n}$$

PROBLÈME VIII

197. — *Construire deux lignes connaissant leur somme et leur moyenne proportionnelle.*

Soit donnée la somme de deux lignes *m* et *n* et leur

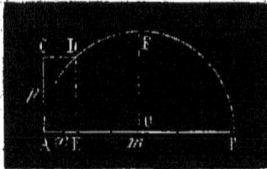

moyenne proportionnelle *p*. Sur une ligne **AB**, égale à la somme *m* + *n*, on décrit une demi-circonférence; au point **A** on élève une perpendiculaire **AC** égale à *p*, par le point **C** on mène **CD**

parallèle à **AB**, et l'on abaisse **DE** perpendiculaire sur **AB**, les

deux lignes sont AE et EB. En effet la somme de ces lignes
est AB, et leur moyenne proportionnelle est DE $= p$.

Remarque I. — La moyenne proportionnelle p est
égale à $\sqrt{mn}$. Ce problème donne donc aussi la solution de
celui-ci : *Trouver deux lignes dont on connaît la somme
et le produit.* Mais alors il faut prendre pour longueur de
AC une ligne égale à la racine carrée du produit donné.
Comme nous le verrons plus tard, le produit mn n'est pas
une ligne, mais une surface, et la longueur de AC serait le
côté du carré équivalent à cette surface.

Remarque II. — Il est évident que pour que la
construction soit possible, il faut que la parallèle CD coupe
la circonférence. La valeur maximum que l'on puisse donner
pour longueur de p est donc FO, ou $\dfrac{m+n}{2}$, et dans ce cas
les lignes m et n sont égales, donc la moyenne proportionnelle entre deux lignes est maximum lorsque ces deux lignes
sont égales, et dans ce cas la moyenne proportionnelle est
égale à la moyenne arithmétique; dans tous les autres cas la
première moyenne est moindre que la seconde.

PROBLÈME IX

198. — *Trouver deux lignes connaissant leur différence
et leur moyenne proportionnelle.*

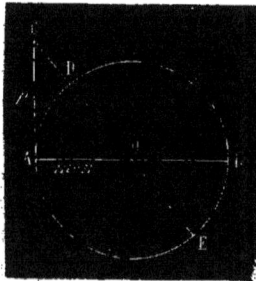

Soit donnée la différence de deux
lignes m et n, et leur moyenne
proportionnelle p. Sur une ligne
AB, égale à la différence $m - n$
donnée, on décrit une circonférence. En A on lui mène une tangente AC égale à p, puis on joint
CO, CD est une des lignes, l'autre
est CE. En effet

$$CE - CD = DE = AB = m - n \quad \text{et} \quad CA^2 = CD \times CE$$
$$\text{ou} \quad p = \sqrt{mn}$$

Le problème est toujours possible et n'a qu'une solution.

PROBLÈME X

199. — *Sur une droite donnée construire un polygone semblable à un polygone donné.*

Soit la ligne AB sur laquelle on se propose de construire un polygone semblable au polygone CDEFG.

Menant les diagonales GE et GD, aux points A et B on fait des angles égaux aux angles EGF, EFG, par leur ren-

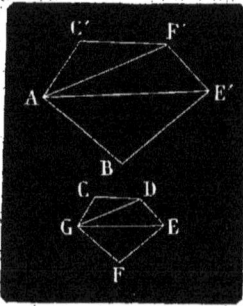

contre les côtés de ces angles forment le triangle ABE′ semblable au triangle GFE, comme ayant les angles égaux chacun à chacun ; de même sur AE′ on fait, aux points A et E′ deux angles égaux aux angles DGE, DEG, ce qui forme le triangle AE′F′ semblable au triangle GED ; on continue de même pour former le triangle suivant AC′F′, et la figure

totale est semblable au polygone donné, car elle est formée d'un même nombre de triangles semblables chacun à chacun et semblablement placés.

PROBLÈME XI

200. — *Trouver le lieu géométrique des points tels que la différence des carrés de leurs distances à deux points donnés soit égale au carré d'une ligne donnée.*

Soient A et B les deux points et l la ligne donnée. Soit M un point ayant la propriété voulue, savoir que

$$AM^2 - MB^2 = l^2$$

Si l'on mène la médiane AO et la hauteur MP on a (n° 170) :

$$AM^2 - MB^2 = 2AB \times OP$$

donc

$$l^2 = 2AB \times OP$$

Or l^2 est donnée et invariable, AB l'est aussi, il faut donc que OP soit constant, et si l'on connaissait sa valeur

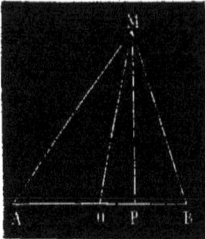

la question serait résolue, mais l'égalité précédente peut s'écrire ainsi

$$\frac{2AB}{l} = \frac{l}{OP}$$

donc OP est une quatrième proportionnelle entre 2AB, quantité donnée, et l, également donnée. On sait (n° 189) à l'aide de quelle construction on trouverait OP; alors le point P connu, la perpendiculaire PM sera le lieu demandé, car, pour tout point pris sur cette perpendiculaire on aura la même relation que pour le point M.

PROBLÈME XII

201. — *Trouver le lieu géométrique des points tels que la somme des carrés de leurs distances à deux points donnés soit égale au carré d'une ligne donnée.*

Soient A et B les points donnés; soit l une ligne donnée, et M un point ayant la propriété voulue, de sorte que l'on a

$$AM^2 + MB^2 = l^2$$

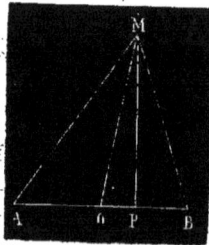

Menons comme précédemment la médiane AO et la hauteur MP, on a (n° 169) :

$$AM^2 + MB^2 = 2AO^2 + 2MO^2$$

donc

$$l^2 = 2AO^2 + 2MO^2$$

et comme l^2 est constant ainsi que AO, il faut que MO soit aussi constant; donc le point M est sur une circonférence ayant O pour centre et un rayon qu'il reste à déterminer. La dernière égalité donne

$$MO^2 = \frac{l^2}{2} - AO^2$$

Si donc l'on connaissait une ligne dont le carré soit $\frac{l^2}{2}$, on voit que MO serait un côté de l'angle droit d'un triangle ayant cette ligne pour hypoténuse et AO pour second côté de l'angle droit. Représentons un instant par x cette ligne cherchée, on aurait

$$x^2 = \frac{l^2}{2} \quad \text{ou} \quad x^2 = l \times \frac{l}{2}$$

x est donc une moyenne proportionnelle entre l et $\frac{l}{2}$, quantités connues. On sait par quelles constructions on peut trouver la ligne x (n° 190), et par quelle construction x connue on peut trouver la longueur MO, le problème est donc résolu en totalité.

PROBLÈME XIII

202. — *Décrire une circonférence passant par deux points donnés et tangente à une droite donnée.*

Soient A et B les deux points donnés et CD la ligne donnée. Si l'on connaissait le point de tangence F, le problème serait résolu, car le centre de la circonférence serait à la fois sur la perpendiculaire menée au point F sur CD, et

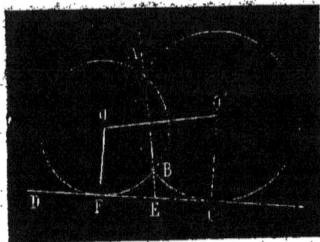

sur la perpendiculaire menée sur le milieu de la corde AB qui joint les deux points donnés. Il faut donc trouver F. Or, si l'on prolonge AB jusqu'en E, l'on voit que si la circonférence cherchée était construite, EF serait une tangente, EA une sécante et EB sa partie extérieure, et que EF est, par suite, une moyenne proportionnelle entre AE et BE. Une construction connue, et que l'on peut faire sur place en utilisant les lignes AE et BE déjà disposées comme il faut pour cela, donnera la longueur de EF, et, le point F connu, les deux perpendiculaires précitées donnent le centre D.

Remarque. — Il est visible qu'il y a deux solutions,

car on peut porter la longueur EF soit d'un côté, soit de l'autre du point E.

Le problème n'a qu'une solution si la droite AB est parallèle à CD, le point F est alors à la rencontre de CD et de la perpendiculaire élevée sur le milieu de AB.

Enfin le problème est impossible si les points A et B sont chacun d'un côté différent de CD.

PROBLÈME XIV

203. — *Décrire une circonférence passant par deux points donnés et tangente à une circonférence donnée.*

Soient les deux points A et B donnés, et la circonférence O la circonférence donnée.

Si le point de tangence des deux circonférences était

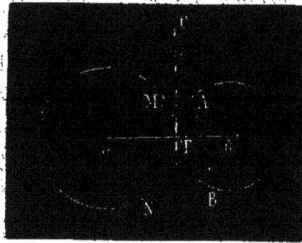

connu, le problème serait résolu, car le centre cherché serait à la fois sur la ligne qui joindrait O et le point de contact, et sur la perpendiculaire élevée sur le milieu de la corde AB. Or, supposons un instant que, la circonférence cherchée étant construite, on mène la tangente commune, laquelle rencontre en C la corde AB prolongée, on aurait

$$TC^2 = CB \times CA$$

Si maintenant par le point C on menait au cercle donné une sécante CN, on aurait aussi

$$TC^2 = CN \times CM$$

donc

$$CB \times CA = CN \times CM$$

Donc les quatre points M, N, A et B sont sur une même circonférence, puisqu'entre les lignes CN, CB, CM, CA, il y a la relation connue entre les sécantes du cercle et leurs parties extérieures. Dès lors, pour trouver le point de tan-

gence, on prendra sur la circonférence donnée un point
quelconque M; par A, B et M, on fera passer une circonférence qui déterminera le point N. Joignant NM et BA, et
les prolongeant jusqu'à leur rencontre en C, de ce point on
mènera la tangente CT, laquelle donnera le point T, et le
problème sera résolu.

DES SURFACES ÉQUIVALENTES

204. — Deux figures sont *équivalentes* lorsqu'elles ont
même surface, c'est-à-dire lorsque sous deux formes qui peuvent être très différentes, elles renferment le même nombre
d'unités de superficie.

La mesure des surfaces, comme nous le verrons plus loin,
dépend uniquement de certaines lignes que l'on nomme *dimensions* des figures.

205. — Pour le triangle, les dimensions sont la *base* et la
hauteur. La base est un des trois côtés pris à volonté, la
hauteur est la perpendiculaire abaissée sur ce côté du sommet
opposé. Il arrive souvent que la hauteur ne rencontre pas le
côté lui-même mais bien son prolongement, elle n'en est
pas moins la hauteur du triangle.

206. — Les dimensions d'un rectangle ou d'un parallélogramme sont la base et la hauteur. La base est un côté
choisi à volonté, la hauteur est la perpendiculaire commune
entre ce côté et le côté qui lui est parallèle et opposé.

207. — Dans le trapèze on considère deux bases, qui
sont les deux côtés parallèles, et une hauteur, qui est la
perpendiculaire commune aux deux bases.

Nota. — Dans les théorèmes suivants, jusqu'à ce que
nous ayons vu les mesures des surfaces et leur expression
algébrique, nous désignerons un carré par le mot *car.* suivi
du nom du côté, et un rectangle par le mot *rect.* suivi des
noms de la base et de la hauteur. Car. AB signifiera le carré
dont AB est le côté, et rect. AB, CD, voudra dire le rectangle
qui a pour base AB et CD pour hauteur.

THÉORÈME LXXXVI

208. — *Deux parallélogrammes ayant même base et même hauteur sont deux figures équivalentes.*

Soient les deux parallélogrammes ABCD et ABEF, supposés superposés en faisant coïncider leur base commune AB, et dont les bases supérieures sont situées sur une même ligne BC, les hauteurs étant les mêmes. Je dis que leurs surfaces sont équivalentes.

En effet, les deux triangles CAE, DBF, sont égaux, car les angles CAE, DBF, égaux comme ayant les côtés parallèles,

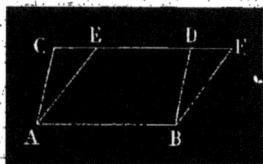

sont compris entre côtés égaux chacun à chacun comme côtés opposés d'un même parallélogramme : AC = BD et AE = BF. Si maintenant, à la partie commune EABD, on ajoute le triangle CAE, on a le parallélogramme CABD ; et si à la même partie commune on ajoute l'autre triangle DBF, on a l'autre parallélogramme EABF ; donc les deux parallélogrammes sont équivalents.

Remarque. — Le rectangle n'étant qu'un parallélogramme, on peut dire aussi que tout parallélogramme est équivalent au rectangle ayant même base et même hauteur.

THÉORÈME LXXXVII

209. — *Tout triangle est équivalent à la moitié du parallélogramme de même base et de même hauteur.*

Soit le triangle ABC. Si par le sommet A on mène AD parallèle à BC, et par le sommet C on mène CD parallèle à BA, ces deux lignes se coupant en D donnent naissance à

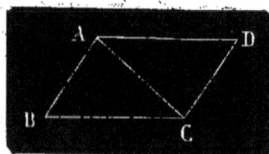

un parallélogramme ABCD dont le triangle ABC est la moitié.

En effet les deux triangles ABC, ACD sont égaux comme ayant les trois côtés égaux chacun à chacun, donc chacun d'eux est la moitié de la figure totale, et aussi la moitié de tout autre parallélogramme ou **rectangle** équivalent au précédent, c'est-à-dire ayant même base et même hauteur que le triangle.

210. **Corollaire.** — *Deux triangles ayant même base et même hauteur sont équivalents*, car ils sont chacun moitié d'un même parallélogramme.

THÉORÈME LXXXVIII

211. — *Le carré construit sur la somme de deux lignes est équivalent à la somme des carrés construits sur chacune de ces lignes, augmentée de deux fois le rectangle qui aurait ces lignes pour dimensions.*

Soient deux lignes AB et BC; construisons le carré AEDC sur la ligne AC égale à leur somme, je dis que l'on a

$$\text{Car. } (AB + BC) = \text{car. } AB + \text{car. } BC + 2 \text{ rect. } AB, BC$$

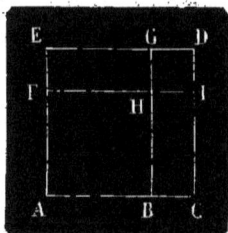

En effet, si par le point B on mène BG perpendiculaire à AC, puis si, prenant DI = BC, on mène IF parallèle à AC, le carré total est décomposé en quatre parties, l'une AFHB est le carré construit sur BC, car

$$BH = BG - GH = AC - BC = AB$$

l'autre GHDI est le carré construit sur BC, puisque

$$DI = HI = BC$$

les deux autres EFHG et HBCI sont deux rectangles qui ont pour base et hauteur l'un FH = AB et GH = DI = BC, l'autre BC et HB = AB, dont il est vrai de dire que

$$\text{Car. } (AB + BC) = \text{car. } AB + \text{car. } BC + 2 \text{ rect. } AB, BC$$

THÉORÈME LXXXIX

212. — *Le carré construit sur la différence de deux lignes est équivalent à la somme des carrés de ces lignes, diminuée de deux rectangles ayant ces lignes pour dimensions.*

Soient les deux lignes AB, BC dont la différence est AC, je dis que :

Car. $(AB - BC) = $ car. $AB + $ car. $BC - 2$ rect. AB, BC

En effet, construisons le carré AEDB de AB, ajoutons-y, en le construisant extérieurement, le carré CBGF de BC. La figure totale nous représente

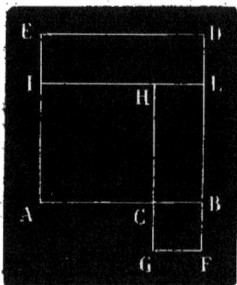

Car. $AB + $ car. BC

Prenons maintenant $DL = BC$, menons LI parallèle à AB, et prolongeons GC jusqu'en H, nous formons ainsi deux rectangles, l'un EIDL qui a pour base $IL = AB$ et pour hauteur $DL = BC$; l'autre HLGF, qui a pour base $GF = BC$ et pour hauteur $LF = LB + BF = DB = AB$. Si de la figure totale nous retranchons ces deux rectangles, il nous reste IACH, qui est le carré construit sur AC, donc on peut écrire :

Car. AC, ou car. $(AB - BC) = $ car. $AB + $ car. BC
$- 2$ rect. AB, BC

THÉORÈME LXL

213. — *Le rectangle ayant pour dimensions la somme et la différence de deux lignes, est équivalent à la différence des carrés construits sur ces lignes.*

Soient les deux lignes AB, BC. Construisons le carré AFEB de AB, puis prenant EM égale à BC faisons le carré

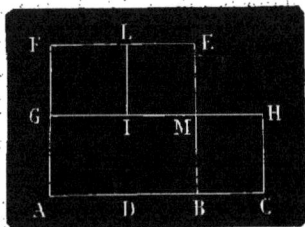

LIME de BC, la figure irrégulière FLIMBA, est équivalente à la différence des carrés de AB et de BC, ou à

$$\text{car. AB} - \text{car. BC}$$

Si maintenant, prolongeant MI jusqu'en G, nous supposons qu'on détache le rectangle FLIG, nous voyons qu'on peut le placer en MHCB, car GI = AB — IM = EB — ME = BM et GF = EM = BC. La figure irrégulière précédente est alors remplacée par le rectangle GHCA, lequel a pour base AC = AB + BC, et pour hauteur HC = AB — BC, donc enfin

$$\text{Car. AB} - \text{car. BC} = \text{rect. (AB} + \text{BC), (AB} - \text{BC)}$$

THÉORÈME LXLI

214. — *Dans tout triangle rectangle le carré construit sur l'hypoténuse est équivalent à la somme des carrés construits sur les deux autres côtés.*

Soit le triangle rectangle ABC; je dis que le carré ACED construit sur l'hypoténuse est équivalent à la somme des carrés CBFG et ABPO construits sur les deux autres côtés.

En effet, menons BH perpendiculaire à AC et DE, puis GM parallèle à AG, et EI parallèle à BC. Le rectangle CLHE est équivalent au parallélogramme CBIE car ils ont même base CE et même hauteur, leurs bases supérieures étant sur une même ligne. Par la même raison, le parallélogramme CAMG est équivalent au carré CBFG.

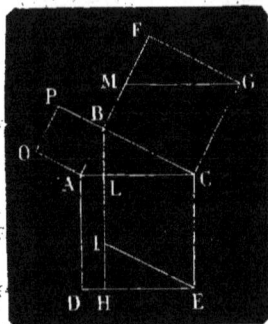

Or les deux parallélogrammes CBIE et CAMG sont égaux, car ils ont GC = CB, CA = CE comme côtés des mêmes carrés, et l'angle MAC égal à l'angle CBI comme ayant les côtés perpendiculaires chacun à chacun ; donc le rectangle CLEH est équivalent au carré GFBC. On démontrerait de même que le rectangle ALHD est équivalent au carré BPOA, donc la somme des deux rectangles, ou le carré construit sur l'hypoténuse du triangle, est équivalent à la somme des carrés construits sur les deux autres côtés.

215. Corollaire. — *Le carré construit sur un des côtés de l'angle droit d'un triangle rectangle est équivalent à la différence des carrés construits sur les deux autres côtés.*

THÉORÈME LXLII

216. — *Dans tout triangle le carré fait sur un côté opposé à un angle aigu est équivalent à la somme des carrés faits sur les deux autres côtés, diminuée de deux fois un rectangle qui aurait pour dimensions le troisième côté et la projection du second côté sur le troisième.*

Soit le triangle ABC et les carrés faits sur les trois côtés. Je dis que le carré fait sur BC opposé à l'angle aigu BAC, est équivalent à la somme des deux carrés faits sur les deux autres côtés, diminuée de deux fois le rectangle qui a pour dimensions AC et AD projection de BA sur AC.

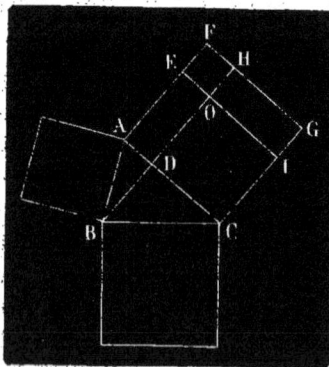

En effet, menons BH perpendiculaire à AC et FG, puis prenant FE = AD, menons EI parallèle à AC, les deux rectangles AFHD et FEGI ont les dimensions ci-dessus, et EFHO est le carré de AD. Or dans le triangle rectangle ADB on a :

Car. BD = car. AB — car. AD

Dans le triangle rectangle BDC on a :

Car. BD = car. BC — car. CD

donc

Car. AB — car. AD = car. BC — car. CD

et par suite

$$\text{Car. BC} = \text{car. AB} + \text{car. CD} - \text{car. AD}$$

Mais car. CD — car. AD n'est autre chose que le carré de AC duquel on retrancherait les deux rectangles ADFH et EFGI; car si du carré AFGC on retranche un des rectangles ADHF, par exemple, il reste DHGC, et si de cette figure on veut retrancher le second rectangle IGFE, la partie extérieure de celui-ci, laquelle est le carré de AD, devra être retranchée du carré DOIC de DC, donc

$$\text{Car. CD} - \text{car. AD} = \text{car. AC} - 2\,\text{rect. AC, AD}$$

et enfin

$$\text{Car. BC} = \text{car. AB} + \text{car. AC} - 2\,\text{rect. AC, AD}$$

THÉORÈME LXLIII

217. — *Dans tout triangle obtusangle, le carré fait sur le côté opposé à l'angle obtus est équivalent à la somme des carrés construits sur les deux autres côtés, augmentée de deux fois le rectangle qui aurait pour dimensions le troisième côté et la projection du second sur le troisième.*

Soit le triangle ABC, les carrés faits sur les trois côtés, et la projection DA du côté BA sur AC prolongé, je dis que l'on aura, l'angle BAC étant obtus,

$$\text{Car. BC} = \text{car. AB} + \text{car. AC} + 2\,\text{rect. AC, AD}$$

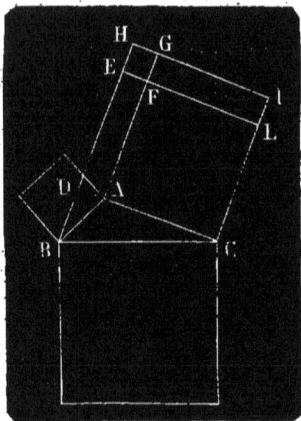

En effet, menons BH perpendiculaire à CD et à IH, puis prenant DH = DC, achevons le carré DHIC de DC, et le carré EFGH de AD.

Les deux rectangles GFLI, DEFA sont égaux, car leurs bases sont égales à AC, et leurs hauteurs à AD, ce sont les deux rectangles de l'énoncé. Or l'on a, dans le triangle rectangle ABD,

$$\text{Car. BD} = \text{car. BA} - \text{car. AD}$$

et dans le triangle rectangle BDC, on a pareillement

$$\text{Car. BD} = \text{car. BC} - \text{car. DC}$$

donc

$$\text{Car. BC} - \text{car. DC} = \text{car. BA} - \text{car. AD}$$

ou

$$\text{Car. BC} = \text{car. BA} + \text{car. DC} - \text{car. AD}$$

Or car. DC — car. AD, n'est autre chose que la figure formée par le carré AFLC, de AC, plus les deux rectangles DAFE et GFIL, donc enfin

$$\text{Car. BC} = \text{car. BA} + \text{car. AC} + 2 \text{ rect. AC, AD.}$$

DE LA PROPORTIONNALITÉ DES SURFACES

218. Définitions. — On entend par *rapport de deux surfaces*, le rapport des nombres d'unités de superficie que chacune d'elles contient, ou encore le nombre qui exprimerait la grandeur de l'une des deux surfaces, si l'autre était prise pour unité.

La mesure d'une aire ou d'une surface est le rapport qu'il y a entre cette surface et celle prise pour unité de superficie.

L'on sait que la surface adoptée comme unité est celle d'un carré ayant pour côté l'unité de longueur.

THÉORÈME LXLIV.

219. — *Deux rectangles qui ont une dimension commune ont leurs surfaces dans le même rapport que les dimensions non communes.*

Soient les deux rectangles ABCD, EFGH qui ont même hauteur AC = EG, je dis, en représentant pour abréger leur surfaces par R et r, que l'on a la relation

$$\frac{R}{r} = \frac{CD}{GH}$$

En effet, soit une commune mesure, contenue 4 fois dans CD et 3 fois dans GH, de façon que l'on a la relation

$$\frac{CD}{GH} = \frac{4}{3}$$

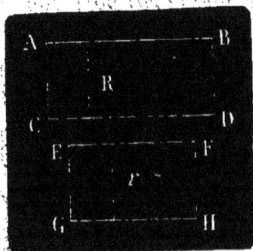

Par les points de division menons dans les deux rectangles des perpendiculaires aux bases; tous les rectangles partiels ainsi formés sont égaux entre eux, car ils ont même base et même hauteur, or le rectangle R en contient 4, et le rectangle r, 3, donc

$$\frac{R}{r} = \frac{4}{3}$$

et, par suite du rapport commun $\frac{4}{3}$, on a

$$\frac{R}{r} = \frac{CD}{GH}$$

Dans les cas où les bases n'auraient pas de commune mesure, le raisonnement déjà employé (n° 105) compléterait la démonstration.

220. **Corollaire.** — Les parallélogrammes étant équivalents aux rectangles de même base et de même hauteur, et les triangles étant équivalents chacun à la moitié d'un parallélogramme, on peut ajouter à l'énoncé du théorème précédent ce complément indispensable.

Deux parallélogrammes ou deux triangles qui ont même base ont leurs surfaces proportionnelles à leurs hauteurs, et s'ils ont même hauteur, leurs surfaces sont proportionnelles à leurs bases.

10

THÉORÈME LXLV

221. — *Deux rectangles qui n'ont aucune dimension commune ont leurs surfaces dans le même rapport que les produits de leurs deux dimensions.*

Soient les deux rectangles R et *r* dont les deux dimensions sont : pour le premier, b et h, et pour le second, b' et h' ; je dis que l'on aura

$$\frac{R}{r} = \frac{b \times h}{b' \times h'}$$

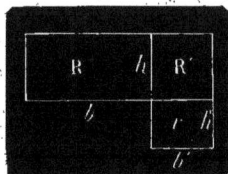

En effet, disposant R et *r* comme la figure le montre et prolongeant leurs côtés, on forme un troisième rectangle R' qui a pour dimensions b' et h. Les rectangles R et R' ayant mêmes hauteurs, donnent la relation

$$\frac{R}{R'} = \frac{b}{b'}$$

Les rectangles R' et *r* ayant même base, donnent la relation

$$\frac{R'}{r} = \frac{h}{h'}$$

Multipliant membre à membre ces deux proportions, et simplifiant, on a

$$\frac{R \times R'}{R' \times r} = \frac{b \times h}{b' \times h'}, \quad \text{ou} \quad \frac{R}{r} = \frac{b \times h}{b' \times h'}$$

222. Corollaire. — *Deux parallélogrammes ou deux triangles quelconques ont leurs surfaces dans le rapport des produits de leurs deux dimensions.*

THÉORÈME LXLVI

223. — *Les surfaces de deux figures semblables, polygones ou triangles, sont entre elles dans le rapport des carrés de deux lignes homologues.*

Deux figures semblables peuvent toujours (n° 161) se décomposer en un même nombre de triangles semblables, semblablement placés. Prenons dans deux polygones semblables P et p, deux triangles homologues T et t; soient A et H les dimensions de T, a et h celles de t; on a, par le théorème précédent,

$$\frac{T}{t} = \frac{A \times H}{a \times h}$$

Mais, les triangles étant semblables, leurs lignes homologues sont proportionnelles, et

$$\frac{A}{a} = \frac{H}{h}, \quad \text{donc} \quad \frac{T}{t} = \frac{A^2}{a^2}$$

Si maintenant nous représentons par T, T′, T″... etc, les triangles résultant de la décomposition de P, et par t, $t′$, $t″$... etc., ceux que fournit le polygone p, si A, A′, A″...; a, $a′$, $a″$... sont les côtés homologues de ces triangles, on a la suite de proportions

$$\frac{T}{t} = \frac{A^2}{a^2} \quad \frac{T'}{t'} = \frac{A'^2}{a'^2} \quad \frac{T''}{t''} = \frac{A''^2}{a''^2}$$

Mais la similitude des polygones donne

$$\frac{A}{a} = \frac{A'}{a'} = \frac{A''}{a''}$$

donc

$$\frac{T}{t} = \frac{T'}{t'} = \frac{T''}{t''}... = \frac{A^2}{a^2}$$

d'où

$$\frac{T + T' + T''...}{t + t' + t''...} = \frac{A^2}{a^2}$$

ou enfin

$$\frac{P}{p} = \frac{A^2}{a^2}$$

THÉORÈME LXLVII

224. — *Deux triangles qui ont un angle égal ou supplémentaire ont leurs surfaces dans le même rapport que les produits des côtés qui comprennent ces angles.*

Soient les deux triangles ABC, ADE qui ont l'angle commun A, je dis que l'on a la relation

$$\frac{\text{Surf. ADE}}{\text{Surf. ABC}} = \frac{AD \times AE}{AB \times AC}$$

En effet, joignons BE, les deux triangles ADE, ABE, ayant même hauteur, ont leurs surfaces dans le rapport de leurs bases, donc

$$\frac{\text{Surf. ADE}}{\text{Surf. ABE}} = \frac{AD}{AB}$$

De même les deux triangles ABE, ABC, ayant même hauteur, donnent la proportion

$$\frac{\text{Surf. ABE}}{\text{Surf. ABC}} = \frac{AE}{AC}$$

Multipliant membre à membre ces deux égalités, et supprimant le facteur commun surf. ABE, il vient

$$\frac{\text{Surf. ADE}}{\text{Surf. ABC}} = \frac{AD \times AE}{AB \times AC}$$

De même, si les deux triangles sont tels que ABC et ADE, dans lesquels les angles en A sont supplémentaires, en joignant EC et comparant ADE et AEC, qui ont même hauteur, on aura

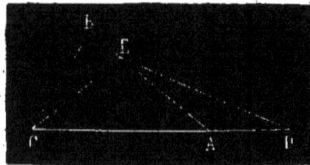

$$\frac{\text{Surf. ADE}}{\text{Surf. AEC}} = \frac{AD}{AC}$$

Puis comparant AEC et ABC, qui ont aussi même hauteur, l'on aura

$$\frac{\text{Surf. AEC}}{\text{Surf. ABC}} = \frac{AE}{AB}$$

Multipliant et simplifiant, on aura encore

$$\frac{\text{Surf. ADE}}{\text{Surf. ABC}} = \frac{AD \times AE}{AC \times AB}.$$

DE LA MESURE DES AIRES

THÉORÈME LXLVIII

225. — *La surface du rectangle a pour mesure le produit de sa base par sa hauteur.*

Chercher la mesure d'un rectangle c'est chercher le rapport de sa surface à la surface du rectangle unité. Or si R et r sont deux rectangles, B et H les dimensions de l'un, b et h celles de l'autre, on a la relation (n° 221)

$$\frac{R}{r} = \frac{B \times H}{b \times h}$$

Si r devient le rectangle unité, c'est-à-dire le carré dont le côté est l'unité de longueur, on aura

$$\frac{R}{r} = \frac{B \times H}{1} = B \times H$$

Donc le nombre qui exprime le rapport de la surface R à la surface unité, c'est-à-dire la mesure de cette surface, s'obtient en multipliant la longueur de la base B par celle de la hauteur H.

Remarque. — L'expression habituelle : *le rectangle est égal au produit de sa base par sa hauteur,* prise dans son sens absolu, peut à bon droit paraître absurde. Elle ne l'est plus si l'on rétablit la phrase en la complétant ainsi : *Le nombre abstrait qui exprime le rapport de la surface d'un rectangle au rectangle unité, peut s'obtenir directement en faisant le produit des longueurs de la base et de la hauteur exprimées avec la même unité.* D'où il résulte que la manœuvre du mètre, unité de longueur, suffira pour mesurer un rectangle. C'est pourquoi on n'a jamais songé à construire les unités de surface.

226. Corollaire I. — *Le carré,* dans lequel la base et la hauteur sont égales, *a pour mesure la deuxième puissance de son côté.*

227. Corollaire II. — Le parallélogramme étant équivalent à un rectangle de même base et de même hauteur, on peut pour mesurer la surface d'un parallélogramme mesurer celle du rectangle équivalent, et dès lors on peut dire que *la surface d'un parallélogramme a pour mesure le produit de sa base par sa hauteur.*

Remarque. — Il résulte des propositions précédentes, qu'actuellement le produit de deux lignes représente à la fois le produit numérique des longueurs de ces lignes, et aussi la surface du rectangle ayant ces lignes pour dimensions; et que le carré d'une ligne exprime aussi à la fois la deuxième puissance du nombre représentant sa longueur, et la surface du carré qui aurait cette ligne pour côté. De là l'identité entre les propositions n° 174-175, et n° 216-217, lesquelles ne sont que les deux expressions d'une même vérité géométrique.

THÉORÈME LXLIX.

228. — *La surface du triangle a pour mesure la moitié du produit de sa base par sa hauteur.*

En effet le triangle étant équivalent à la moitié d'un parallélogramme de même base et de même hauteur, pour avoir la surface du triangle, il suffit de calculer celle du parallélogramme équivalent, et d'en prendre la moitié.

229. Corollaire. — *Le triangle rectangle a pour mesure la moitié du produit des deux côtés de l'angle droit.*

En effet, si l'on prend l'un de ces côtés pour base, l'autre est la hauteur.

Remarque. — Il résulte de là que la surface d'un triangle étant constante quelles que soient la base et la hauteur adoptées, dans tout triangle le produit de chaque côté par la hauteur correspondante est constant. (Voir à la fin du livre les autres expressions de la surface du triangle).

THÉORÈME C

230. — *La surface du trapèze a pour mesure la moitié du produit de la somme des bases multipliée par la hauteur.*

Soit le trapèze ABCD, je dis que sa surface est exprimée par

$$\frac{(AB + DC)\,AH}{2}$$

Prolongeons DC d'une quantité CE égale à AB et joignons AE. Les deux triangles ABF, FCE sont égaux, car ils ont un côté égal, CE = AB, adjacent à deux angles égaux,

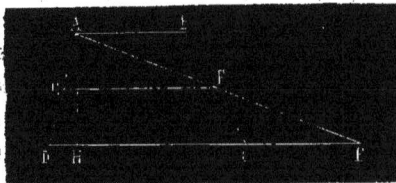

CEF = FAB, comme alternes internes, et ABF = FCE pour la même raison; donc la surface du trapèze ABCD est équivalente à celle du triangle ADE, puisque chacun d'eux est formé de la partie commune AFCD, et de l'un des deux triangles ABF et FCE. Or le triangle ADE a pour surface

$$\frac{DE \times AH}{2} \quad \text{ou} \quad \frac{(DC + CE)\,AH}{2}$$

et comme CE = AB, on peut dire que la surface du trapèze, équivalente à celle du triangle, est

$$\frac{(DC + AB)\,AH}{2}$$

231. **Corollaire.** — *La surface du trapèze a aussi pour mesure le produit de la ligne qui joint les milieux des côtés non parallèles, multipliée par la hauteur.*

En effet dans le triangle ADE, le point F étant le milieu de BC la ligne FG, parallèle à la base, est égale à $\frac{DE}{2}$ ou à

$\dfrac{DC + AB}{2}$, donc la surface du trapèze est encore égale à $FG \times AH$.

PROBLÈME

232. — *Mesurer la surface d'un polygone quelconque.*

Les polygones ayant des formes qui varient à l'infini, on ne peut donner une formule générale pour le calcul de leur surface, et pour faire cette mesure on peut procéder, suivant les cas, de diverses manières.

1° Soit le polygone ABCDE, on trace les deux diagonales BE, BD, qui le décomposent en trois triangles T, T', T'', on trace les hauteurs h, h', h'' de chacun, en prenant pour base les diagonales, car, sur le terrain, on est sûr de la rectitude de ces lignes que l'on a tracées soi-même et mesurées en les traçant; cela fait, on a

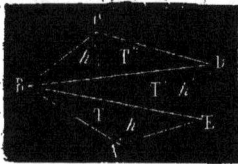

$$T = \frac{EB \times h}{2} \quad T' = \frac{BD \times h'}{2} \quad T'' = \frac{BD \times h''}{2}$$

donc

$$ABCDE = \frac{EB \times h + BD\,(h' + h'')}{2}$$

2° Soit le polygone ABCDEF; ayant tracé une diagonale FG, de chacun des sommets on abaisse sur elle les perpendiculaires h, h', h'', h''', puis on mesure les longueurs Fm, mn, no, op, pc comprises entre leurs pieds. Cela fait on a tous les éléments nécessaires pour calculer les surfaces des triangles et des trapèzes dont l'ensemble constitue la surface totale; et l'on a, en représentant ces surfaces par T, T_1, T_2, etc.

$$T = \frac{h\,(Fm + mn)}{2} \quad T_1 = \frac{(h + h')\,(no + op)}{2}$$

$$T_2 = \frac{pC \times h'}{2} \quad T_3 = \frac{(op + pC)\,h'''}{2}, \text{ etc., etc.}$$

la somme de ces surfaces donnera la surface cherchée.

3° Enfin, si, ce qui arrive quelquefois dans l'arpentage,

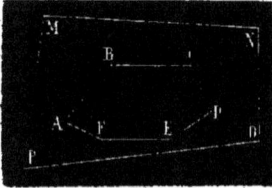

la surface à mesurer ABCDEF est une forêt, ou une pièce d'eau ne permettant aucune construction à l'intérieur, on trace tout autour un polygone quelconque MNOP, dont on mesure la surface, puis par un des procédés précédents on mesure la surface comprise entre les deux polygones, et la différence entre ces deux surfaces donne celle que l'on cherche.

PROBLÈMES SUR LES AIRES

PROBLÈME I

233. — *Construire un triangle équivalent à un polygone donné.*

Soit le polygone ABCD, joignant BD, par le point C on mène CE parallèle à BD, jusqu'à la rencontre de AD prolongé, et l'on joint BE ; le triangle ABE ainsi construit est

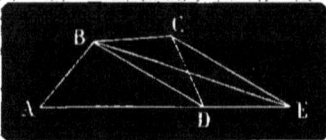

équivalent au quadrilatère donné. En effet, les deux triangles BCD, BDE sont équivalents comme ayant même base BD et leurs sommets sur une même parallèle à la base, donc le triangle ABE et le quadrilatère ABCD étant formés chacun d'une partie commune BAD et de l'un des triangles BCD, BDE, sont équivalents.

Si le polygone avait plus de quatre côtés, on répéterait la même construction dans le polygone donné par la première, et comme chaque fois on diminue d'un le nombre des côtés, on arrivera toujours à un triangle équivalent au polygone donné.

Remarque. — Ce problème peut être utilisé pour trouver la surface d'un polygone. On le transforme en triangle équivalent et l'on calcule la surface de celui-ci.

PROBLÈME II

234. — *Construire sur une ligne donnée un rectangle ou un triangle équivalent à un rectangle ou à un triangle donné.*

Si nous appelons a la ligne donnée, b et h la base et la hauteur du rectangle donné, et x la hauteur du rectangle cherché, dont a serait la base, d'après la condition d'équivalence des deux surfaces, on doit avoir

$$a \times x = b \times h$$

ou

$$\frac{a}{b} = \frac{h}{x}$$

donc x est une quatrième proportionnelle aux trois lignes données a, b, h. On sait (n° 189) comment la trouver. Même solution pour le triangle.

PROBLÈME III

235. — *Etant donnés deux polygones équivalents, chacun d'un nombre quelconque de côtés, les décomposer en un même nombre de triangles équivalents chacun à chacun.*

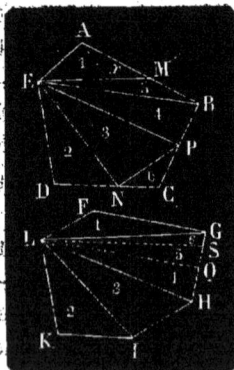

Soient les deux polygones ABCDE, FGHIKL, l'un pentagonal, l'autre hexagonal, équivalents.

Menant les diagonales LG, LH, LI, sur un côté du premier polygone, sur AE par exemple, on construit suivant le problème précédent un triangle équivalent à FLG. Pour cela, ayant trouvé la hauteur x de ce triangle, on élève sur AE au point A une perpendiculaire égale à x; par son extrémité on mène une parallèle à AE, et l'on joint EM, on a ainsi le triangle AEM équivalent à LFG.

Sur ED comme base, on construit de même un triangle EDN équivalent à LKI; sur EN on en construit un autre ENP équivalent à LIH. Puis, les deux polygones étant équivalents, le triangle HLG, restant de l'un, est équivalent à la somme du triangle NPC et du quadrilatère PBME restant de l'autre. Cela posé, je mène la diagonale EB, puis sur LH je fais comme précédemment un triangle LQH équivalent à EPB, sur LQ un triangle LSQ équivalent à EMB, et le petit triangle LGS restant, étant nécessairement équivalent à NPC, les deux polygones sont ainsi partagés chacun en un même nombre de triangles équivalents chacun à chacun.

PROBLÈME IV

236. — *Construire un carré équivalent à un parallélogramme ou à un rectangle, ou à un triangle donné.*

Appelons x le côté du carré cherché, h et b, les dimensions du parallélogramme ou du rectangle donné.

Les surfaces étant équivalentes, on pourra écrire, dans le cas du rectangle et du parallélogramme

$$x^2 = b \times h$$

et dans le cas du triangle

$$x^2 = b \times \frac{h}{2}$$

donc le côté x du carré cherché est une moyenne proportionnelle entre b et h dans le premier cas, et entre b et $\frac{h}{2}$ dans le second. On sait (n° 190) comment la trouver.

PROBLÈME V

237. — *Trouver deux lignes qui soient dans le même rapport que deux rectangles.*

Soient b et h, b' et h' les dimensions des deux rectangles, prenons h par exemple pour l'une des lignes cherchées, et représentons l'autre par x, on aura la proportion

$$\frac{b \times h}{b' \times h'} = \frac{h}{x} \quad \text{d'où} \quad x = \frac{b' \times h' \times h}{b \times h} = \frac{b' \times h'}{b}$$

donc x est une quatrième proportionnelle entre b', h' et b.

PROBLÈME VI

238. — *Construire un carré équivalent à un polygone donné.*

Il suffit de construire (n° 233) le triangle équivalent au polygone, puis (n° 236) de chercher le côté du carré équivalent à ce triangle.

PROBLÈME VII

239. — *Construire un polygone semblable à un polygone donné et équivalent à un second polygone donné.*

Soient a le côté du second polygone et x le côté du polygone cherché qui doit lui être semblable; leurs surfaces seront alors dans le rapport $\dfrac{a^2}{x^2}$; soient maintenant p et q les côtés des carrés équivalents aux polygones donnés; carrés que l'on sait trouver (n° 238); les surfaces des deux polygones seront équivalentes à p^2 et q^2, et le polygone cherché ayant aussi pour surface q^2, on aura

$$\frac{p^2}{q^2} = \frac{a^2}{x^2} \quad \text{ou} \quad \frac{p}{q} = \frac{a}{x}$$

donc x est une quatrième proportionnelle entre p, q et a; a étant connu, il suffira de construire sur cette ligne un polygone semblable au second polygone donné.

PROBLÈME VIII

240. — *Plusieurs polygones semblables étant donnés,
construire un polygone semblable équivalent à leur
somme.*

Soient P, P′, P″, etc., les polygones donnés, a, b, c, etc.,
leurs côtés homologues, soit X le polygone cherché, x son
côté homologue aux précédents, on aura la suite de rapports
égaux.

$$\frac{P}{a^2} = \frac{P'}{b^2} = \frac{P''}{c^2} \cdots = \frac{X}{x^2}$$

d'où l'on déduit

$$\frac{P + P' + P'' \cdots}{a^2 + b^2 + c^2 \cdots} = \frac{X}{x^2}$$

mais

$$X = P + P' + P'' \ldots$$

donc

$$x^2 = a^2 + b^2 + c^2 \ldots$$

La valeur de x sera facile à construire ; prenant sur
chacun des côtés d'un angle droit A
des longueurs AB, AC, égales à a et b,
puis joignant BC, on aura

$$BC^2 = a^2 + b^2$$

et

$$x^2 = BC^2 + c^2$$

Alors élevant au point C une perpendiculaire CD égale à c,
puis joignant BD, on aura

$$BD^2 = BC^2 + c^2 = a^2 + b^2 + c^2$$

donc

$$x^2 = BD^2 \text{ et } x = BD$$

Il ne restera plus qu'à construire sur x un polygone semblable aux polygones donnés.

PROBLÈME IX

241. — *Construire un polygone semblable à un polygone donné et tel que leurs surfaces soient dans le rapport de deux lignes données m et n.*

En représentant par a un côté du polygone donné, par x le côté homologue du polygone cherché, le rapport de leurs surfaces serait $\dfrac{a^2}{x^2}$, mais il doit être aussi égal à $\dfrac{m}{n}$, donc

$$\frac{a^2}{x^2} = \frac{m}{n}$$

proportion qui nous ramène au problème déjà vu (n° 196) : construire un carré x^2 qui soit à un carré donné a^2 dans le rapport $\dfrac{m}{n}$.

APPENDICE AU LIVRE III

THÉORIE DES TRANSVERSALES

THÉORÈME CI

242. — *Toute ligne qui coupe les trois côtés d'un triangle, prolongés si c'est nécessaire, détermine sur eux six segments tels que le produit de trois segments non consécutifs est égal au produit des trois autres.*

Soit le triangle ABC; deux cas peuvent se présenter :

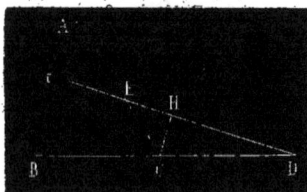

1er CAS. — La transversale coupe les deux côtés AB et AC en F et E, et le troisième côté BC sur son prolongement en D.

Menons CH parallèle à AB.

Les deux triangles FBD, CHD sont semblables, ainsi que les deux triangles AFE, EHC, on a donc les deux proportions

$$\frac{CH}{BF} = \frac{CD}{BD} \quad \text{et} \quad \frac{CH}{AF} = \frac{EC}{AE}$$

Divisons-les l'une par l'autre membre à membre, il vient :

$$\frac{CH \times AF}{BF \times CH} = \frac{CD \times AE}{BD \times EC}$$

ce qui donne, en effaçant CH facteur commun aux deux termes du premier rapport, et égalant les produits des moyens et des extrêmes :

$$AF \times EC \times BD = BF \times AE \times CD$$

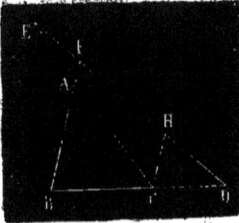

2° cas. — La transversale coupe seulement les prolongements des trois côtés aux points D, F, E. Il suffira de comparer de même les deux triangles semblables CHD, DBF, puis ECH, EAF, et d'opérer de même sur les proportions trouvées pour obtenir encore la relation :

$$AF \times EC \times BD = BF \times AE \times DC$$

THÉORÈME CII

243. — *Trois points sont en ligne droite lorsque, situés un sur chaque côté d'un triangle, savoir un sur le prolongement d'un côté, et les deux autres sur les côtés eux-mêmes, ou tous les trois sur les prolongements des côtés, ils donnent naissance à des segments tels que le produit de trois segments non consécutifs est égal au produit des trois autres.*

Soient le triangle ABC et les trois points D, E, F, tels que l'on a

$$AF \times EC \times DB = BF \times AE \times DC$$

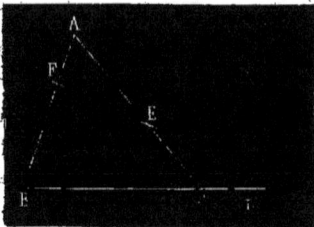

Je dis que ces trois points sont en ligne droite. En effet, supposons que la ligne qui joint F et E vienne rencontrer BC en un point D' autre que D, on aurait

$$AF \times EC \times D'B = BF \times AE \times D'C$$

qui, divisée membre à membre par la première, donne en simplifiant

$$\frac{D'B}{DB} = \frac{D'C}{DC}$$

Ce qui, les deux points D et D' étant sur la même droite, ne peut être que si $DB = D'B$ et $DC = D'C$, ou si les points D et D' coïncident.

THÉORÈME CIII

244. — *Trois droites qui partant des trois sommets d'un triangle concourent en un même point, déterminent sur les côtés du triangle ou sur leurs prolongements six segments tels que le produit de trois segments non consécutifs est égal au produit des trois autres.*

Il y a deux cas à considérer.

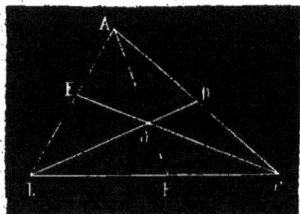

1er cas. — Le point de concours des trois droites est dans l'intérieur du triangle.

Soit le triangle ABC et les trois droites AF, BD, EC qui se coupent au point O. En considérant le triangle ABF, coupé par la transversale EC,

on a $\qquad EA \times OF \times CB = BE \times AO \times FC$

Le triangle AFC, coupé par la transversale DB donne également

$$DC \times AO \times BF = AD \times OF \times BC$$

Multipliant membre à membre ces deux égalités, et effaçant les facteurs communs aux deux membres, il vient enfin

$$EA \times DC \times BF = BE \times AD \times FC$$

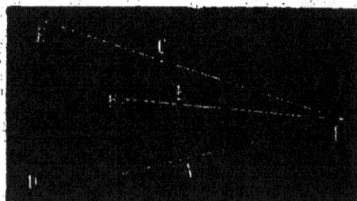

2e cas. — Le point de concours des trois lignes est hors du triangle. Soit le triangle ABC, et les trois droites PC, PB, PA, qui coupent les côtés ou leurs prolongements en F, D, E. La démonstration sera la même que dans le premier cas, en considérant successivement le triangle BFC, coupé par la transversale PD, et le triangle BAF, coupé par la transversale PE.

La réciproque de ce théorème est vraie, et se démontre comme la précédente.

245. — A l'aide de ces théorèmes on peut démontrer que trois points sont en ligne droite, ou que trois droites se coupent en un même point. Exemple:

Hexagone de Pascal. — *Un hexagone étant inscrit dans un cercle, si l'on prolonge les côtés opposés jusqu'à leur rencontre, les trois points d'intersection sont en ligne droite,*

Soit l'hexagone inscrit ABCDEF; G, H, I les points d'intersection des côtés opposés prolongés. Ces trois points sont en ligne droite. Prolongeons EF et BA jusqu'à leur rencontre

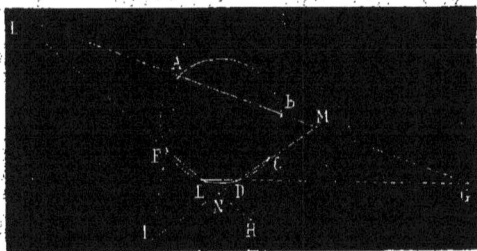

en L, et DC jusqu'à M le triangle LMN est coupé, successivement par BH, par AI et par EG, et donne les trois relations

$$BL \times MC \times HN = BM \times CN \times HL$$
$$NF \times AL \times IM = FL \times IN \times AM$$
$$DM \times EN \times GL = GM \times EL \times DN$$

Multipliant membre à membre, et remarquant que le produit $BL \times AL = EL \times FL$, car les produits des sécantes entières par leurs parties extérieures sont égaux, et que, de même, $AM \times BM = CM \times DM$, et $CN \times DN = EN \times FN$, ce qui permet d'effacer ces produits aux deux membres de l'égalité; on arrive au résultat suivant

$$GL \times HN \times IM = HL \times GM \times IN$$

donc, les trois points G, I, H, étant sur les prolongements

11

des côtés du triangle, et donnant la relation précédente, ces trois points sont en ligne droite.

246. — *Les trois hauteurs d'un triangle se coupent en un même point.*

Soit le triangle ABC et ses trois hauteurs AD, BE, FG, je dis qu'elles se coupent en un même point.

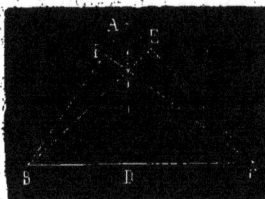

En effet, les deux triangles AEB, AFC, tous deux rectangles, et ayant l'angle A commun sont équiangles et semblables; il en est de même des triangles BEC, ADC, et des triangles ADB, BFC on a donc les trois proportions :

$$\frac{AF}{EA} = \frac{AC}{AB}; \quad \frac{BD}{FB} = \frac{AB}{BC}; \quad \frac{CE}{DC} = \frac{BC}{AC}$$

Les multipliant membre à membre, simplifiant et égalant les produits des moyens et des extrêmes, il vient :

$$AF \times BD \times CE = FB \times DC \times EA$$

Les trois hauteurs donnant naissance à six segments tels que les produits des trois segments non consécutifs sont égaux, se coupent en un même point.

La même démonstration peut s'appliquer au cas des trois médianes, des trois bissectrices, des trois lignes qui joignent les sommets aux points de contact du cercle inscrit.

DIVISION HARMONIQUE D'UNE DROITE
FAISCEAUX HARMONIQUES

247. **Définition.** — Soit une droite AB, et deux points qui déterminent des segments dans un même rapport, l'un C sur la droite elle-même, l'autre D sur son prolongement, (n° 143), on aura la proportion

$$\frac{AC}{CB} = \frac{AD}{BD}$$

ou, comme $CB = AB - AC$ et
$BD = AD - AB$, on a aussi,

$$\frac{AC}{AB - AC} = \frac{AD}{AD - AB}$$

que l'on peut encore écrire ainsi, en transposant les extrèmes,

$$\frac{AD - AB}{AB - AC} = \frac{AD}{AC}$$

Les trois droites AD, AB, AC qui forment cette nouvelle proportion donnent ce que l'on nomme une *proportion harmonique*.

Et trois nombres a, b, c, rangés par ordre de grandeur décroissante, constituent une proportion harmonique, lorsque l'on peut écrire

$$\frac{a - b}{b - c} = \frac{a}{c}$$

Le nombre b dans cette proportion, la ligne AB, dans la précédente, sont la moyenne harmonique, l'un entre a et c, l'autre entre AD et AC.

On dit qu'une droite AB est divisée harmoniquement par deux points C et D, lorsqu'elle est coupée par ces points en segments proportionnels; alors aussi les points C et D sont dits *conjugués harmoniques* des points A et B.

Or la proportion $\frac{AC}{CB} = \frac{AD}{BD}$ donne aussi, comme

$$AC = AD - CD \quad \text{et} \quad CB = CD - BD$$

$$\frac{AD - CD}{CD - BD} = \frac{AD}{BD}$$

d'où il résulte que CD est également moyenne harmonique entre AD et BD, et que les points A et B partagent harmoniquement la ligne CD, et sont les conjugués harmoniques des points C et D.

On dit que les quatre points A, B, C, D forment un *système harmonique*, et que les deux segments AB et CD sont *conjugués harmoniques*.

248. — On nomme *faisceau harmonique* l'ensemble de quatre droites issues d'un même point et passant chacune par un des points d'un système harmonique. Les deux droites passant chacune par l'un des deux points conjugués sont les *conjuguées harmoniques*.

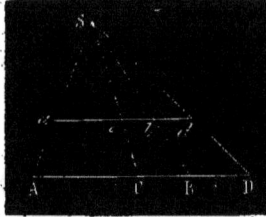

Ainsi les quatre points A, C, B, D, constituant un système harmonique, les droites SA, SC, SB, SD forment un faisceau harmonique; SA et SB sont deux conjuguées harmoniques, SC et SD sont les deux autres.

On remarquera, sans qu'il soit besoin de le démontrer, que toute parallèle *ad* à AD sera coupée harmoniquement par les droites du faisceau harmonique.

THÉORÈME CIV

249. — *Une droite étant divisée harmoniquement, sa moitié est moyenne proportionnelle entre les distances du milieu aux deux points conjugués.*

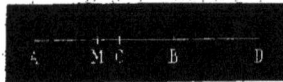

Soit la droite AB divisée harmoniquement par les points C et D, je dis que sa moitié AM est moyenne proportionnelle entre les distances MC et MD, ou que $AM^2 = MC \times MD$.

En effet la proportion fondamentale

$$\frac{AC}{CB} = \frac{AD}{BD}$$

donne, comme

$$AC = AM + MC, \quad CB = AM - MC, \quad AD = AM + MD,$$
$$BD = MD - AM$$

$$\frac{AM + MC}{AM - MC} = \frac{MD + AM}{MD - AM}$$

proportion qui, en la composant par addition et soustraction, devient :

$$\frac{AM + MC + AM - MC}{AM + MC - AM + MC} = \frac{MD + AM + MD - AM}{MD + AM - MD + AM}$$

ou

$$\frac{2AM}{2MC} = \frac{2MD}{2AM} \quad ou \quad \frac{AM}{MC} = \frac{MD}{AM}$$

ou enfin

$$AM^2 = MC \times MD.$$

250. — *Réciproquement, si la moitié d'une droite est moyenne proportionnelle entre les distances du milieu à deux points pris du même côté du milieu, ces deux points divisent la droite harmoniquement.*

En effet, si l'on a $AM^2 = MC \times MD$, on peut écrire successivement

$$\frac{AM}{MC} = \frac{MD}{AM}, \quad \frac{AM + MC}{AM - MC} = \frac{MD + AM}{MD - AM}, \quad \frac{AC}{CB} = \frac{AD}{BD}$$

donc les points C et D partagent AB en segments proportionnels, donc ils sont les conjugués harmoniques de A et de B.

251. **Corollaire.** — *Les quatre distances du point D aux points A, M, C, B, forment une proportion.*

En effet, comme

$$DA = DM + AM, \text{ et } DB = DM - AM$$

on a

$$DA \times DB = (DM + AM)(DM - AM) = DM^2 - AM^2,$$

mais

$$AM^2 = MC \times MD$$

donc

$$DA \times DB = DM^2 - MC \times DM = DM(DM - MC) = DM \times DC$$

donc par suite

$$\frac{DA}{DM} = \frac{DC}{DB}$$

THÉORÈME CV

252. — *Si l'on coupe les quatre rayons d'un faisceau harmonique par une droite quelconque, les quatre points d'intersection sont harmoniques.*

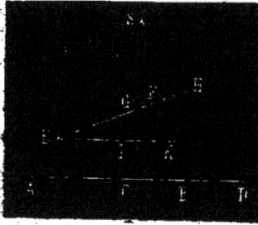

Soit un faisceau harmonique S; une ligne EH qui coupe les quatre rayons, je dis qu'elle est partagée par eux harmoniquement.

En effet, si l'on mène EL parallèle à AD, le triangle EFK, coupé par les transversales SI puis SL, donne les deux égalités

$$IE \times GF \times SK = IK \times EG \times SF$$
$$LE \times HF \times SK = LK \times HE \times SF$$

Divisant membre à membre et supprimant les facteurs communs SK et SF, on a

$$\frac{EI}{LE} \times \frac{GF}{HF} = \frac{IK}{LK} \times \frac{EG}{HE}$$

Mais la parallèle EL étant partagée harmoniquement aux points E, I, K, L, donne la proportion

$$\frac{EI}{IK} = \frac{LE}{LK} \quad ou \quad \frac{EI}{LE} = \frac{IK}{LK}$$

donc

$$\frac{GF}{HF} = \frac{EG}{HE} \quad ou \quad \frac{GF}{EG} = \frac{HF}{HE}$$

THÉORÈME CVI

253. — *Si l'on coupe un faisceau harmonique par une droite parallèle à l'un des rayons, la partie de cette droite comprise entre les trois autres rayons est coupée par eux en deux parties égales.*

Soit un faisceau harmonique S, que coupe une transversale EF parallèle au rayon SA, je dis que EB = BF.

En effet, si l'on mène par le
point B une ligne AD qui coupe
les quatre rayons et est partagée
harmoniquement par eux, les
triangles ASC et CBE étant semblables, ainsi que les triangles
SAD et BFD, on a les proportions

$$\frac{SA}{EB} = \frac{AC}{CB} \qquad \frac{SA}{BF} = \frac{AD}{BD}$$

Mais les points A, C, B, D étant harmoniques, on a aussi

$$\frac{AC}{CB} = \frac{AD}{BD}$$

Donc dans les deux proportions précédentes les deux
seconds rapports sont égaux, et l'on a

$$\frac{SA}{EB} = \frac{SA}{BF}$$

d'où

$$EB = BF$$

254. — *Réciproquement, si un faisceau de quatre droites
est tel qu'une parallèle à l'une d'entre elles est coupée par
les trois autres en deux parties égales, le faisceau des
quatre droites est harmonique.*

En effet, menant encore une transversale quelconque AD,
les triangles précédemment considérés donneraient encore

$$\frac{SA}{EB} = \frac{AC}{CB} \quad \text{et} \quad \frac{SA}{BF} = \frac{AD}{BD}$$

mais, puisque EB = BF, les deux premiers rapports sont les
mêmes, donc

$$\frac{AC}{CB} = \frac{AD}{BD}$$

et la ligne AD étant coupée harmoniquement, le faisceau est
lui-même harmonique.

255. — Ce théorème donne le moyen de partager harmoniquement une droite donnée, c'est-à-dire de déterminer

sur sa longueur la position des deux points qui, avec les deux points extrêmes, forment les quatre points harmoniques, le rapport étant donné.

Soit AD la ligne donnée, $\dfrac{m}{n}$ le rapport donné. On mène par D une ligne DS = M, on joint AS, puis par un point F tel que FD = n, on mène FE parallèle à SA, et l'on fait BE = BF, joignant SB et SE on a les points demandés C et B.

Car

$$\frac{AC}{CB} = \frac{SA}{EB} = \frac{SA}{BF} = \frac{SD}{FD} = \frac{m}{n}$$

THÉORÈME CVII

256. — *Si deux rayons conjugués d'un faisceau harmonique sont rectangulaires, ces rayons sont les bissectrices des angles supplémentaires formés par les deux autres rayons.*

Soit un faisceau harmonique S, dont les deux rayons conjugués SC et SD sont perpendiculaires l'un à l'autre, je dis que ce sont les bissectrices, l'un SC de l'angle ASB, l'autre SD de l'angle supplémentaire BSE.

En effet, si par B on mène une transversale perpendiculaire à SC, et par suite parallèle à SD, on a FG = GB, dès lors les deux triangles rectangles FGS, SGB sont égaux, et SC est bissectrice de ASB; si on mène la transversale BE perpendiculaire à SD, on a BH = HE, le triangle BSH égal au triangle SHE, et SD est bissectrice de BSE.

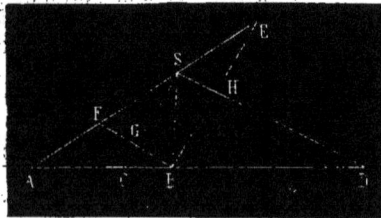

Nous retrouvons ici, mais à l'inverse, la proposition déjà étudiée (n° 151) sur les propriétés de la bissectrice de l'angle d'un triangle.

257. — *Réciproquement les bissectrices de deux angles supplémentaires forment un faisceau harmonique avec les deux droites qui forment ces angles.*

THÉORÈME CVIII

258. — *Si quatre lignes se coupent deux à deux, en les prolongeant jusqu'à leur intersection, et joignant deux à deux les six points de contact, les trois lignes de jonction se coupent mutuellement en segments harmoniques.*

Soient quatre lignes AE, AF, CE, BF, soient AG, BD, ED

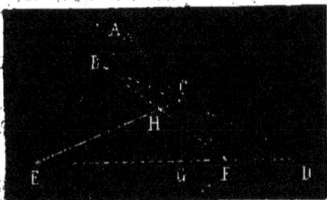

les lignes joignant les points d'intersection, je dis que l'une quelconque d'entre elles, ED par exemple, est coupée par les deux autres, aux points G et D, en segments harmoniques.

En effet, dans le triangle EAF, les trois lignes EC, BF, AG se coupant au même point H, on a

$$EB \times AC \times FG = AB \times CF \times GE$$

de plus ce même triangle étant coupé par la transversale BD, on a

$$EB \times AC \times DF = AB \times CF \times DE$$

divisant l'une par l'autre ces deux égalités, et simplifiant, il vient

$$\frac{GF}{DF} = \frac{GE}{DE} \quad \text{ou} \quad \frac{GE}{GF} = \frac{DE}{DF}$$

La démonstration serait la même pour les deux autres lignes BD et AG.

DU POLE ET DE LA POLAIRE PAR RAPPORT A DEUX DROITES
DU POLE ET DE LA POLAIRE DANS LE CERCLE

THÉORÈME CIX

259. — *Si d'un point donné on mène une transversale coupant un angle donné, puis que, déterminant le point conjugué harmonique du point donné par rapport au segment intercepté par l'angle, on joigne ce point au sommet de l'angle, cette droite est le lieu géométrique du point conjugué au point donné, lorsque la transversale tourne autour de ce point.*

Soit l'angle donné ASB, la transversale AD menée par le point D, C le conjugué harmonique de D; joignant SC, je dis que si la transversale DA tourne autour de D, SC sera le lieu géométrique de C.

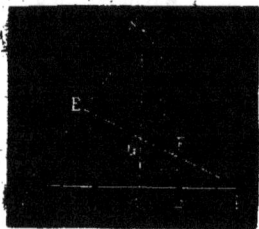

En effet, les droites SA, SC, SB, SD forment un faisceau harmonique, si donc la transversale tournant autour de D prend la position DE, le point G sera encore le conjugué harmonique de D par rapport à F et à E (n° 252).

260. **Définition.** — Le point D est nommé le *pôle* de la droite SC, et la droite SC est dite la polaire du point D.

Le point D n'a qu'une polaire, SC, mais SC peut avoir pour pôle un point quelconque de SD.

De même les **points** A et B étant conjugués harmoniques par rapport à C et D, A est le pôle de SB et SB la polaire de A.

THÉORÈME CX

261. — *Si d'un point donné on mène deux transversales coupant un même angle donné, les diagonales du quadrilatère formé par les côtés de l'angle et les deux transver-*

sales se coupent en un point dont le lieu est la polaire du point donné.

Soit l'angle ASB, les deux transversales DA, DE issues du point D, les diagonales du quadrilatère AEFB se coupent en M, je dis que le lieu du point M est la polaire du point D.

En effet, joignant SM et prolongeant en C, cette ligne (n° 258) joignant deux des points d'intersection des quatre droites SA, SF, AF, ED, détermine en C le conjugué harmonique de D, donc le point M en question est sur le rayon conjugué harmonique de SD, donc le lieu de ce point est la polaire de D, ou de tout autre point pris sur SD. Même démonstration si D était à l'intérieur, en M, par exemple.

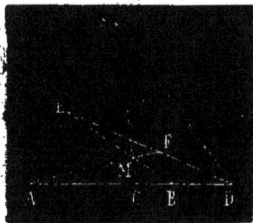

262. Remarque. — A l'aide de ce théorème on peut, en se servant de la règle seule, résoudre ce problème.

Étant donnée une droite quelconque et un point sur sa direction, déterminer le conjugué harmonique de ce point par rapport à la droite donnée.

Joignant AB, la droite donnée, à un point S quelconque, on mène de D, point donné, une transversale DE, on trace AF, ED, puis traçant SC, passant par le point M, on trouve le point C cherché.

THÉORÈME CXI

263. — *Si par un point on mène une sécante à une circonférence, puis si l'on détermine le conjugué harmonique du point donné par rapport à la corde, le lieu géométrique de ce point sera la corde passant par ce point et perpendiculaire au diamètre passant par le point donné.*

Soit un cercle O et un point D d'où l'on mène la sécante DA. Soit C le conjugué harmonique de D par rapport à AB, je dis que le lieu géométrique de C est la perpendiculaire IH au diamètre DF.

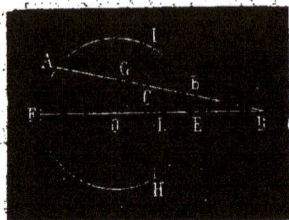

En effet, menant du centre O la perpendiculaire OG sur AB, et G étant le milieu de AB, on a (n° 251)

$$\frac{DA}{DG} = \frac{DC}{DB}$$

ou

$$DA \times DB = DG \times DG$$

Si nous supposons un instant que la droite IH ait été menée joignant les points C et L conjugués harmoniques de D, O étant le milieu de FE, on aurait aussi

$$DF \times DE = DO \times DL$$

mais

$$DF \times DE = DA \times DB$$

donc aussi

$$DG \times DC = DO \times DL$$

donc le quadrilatère CGOL est inscriptible, ses angles opposés sont supplémentaires, et G étant droit, L l'est aussi, donc IH est perpendiculaire sur FD.

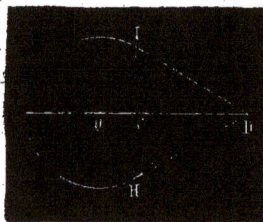

264. Définition. — Le point D est dit *le pôle* de la droite IH par rapport au cercle O, et la droite IH est *la polaire* de D par rapport au même cercle.

265. Remarque. — Si les sécantes tournent autour du point D, leur position limite sera atteinte lorsqu'elles seront tangentes, et à ce moment elles devront passer l'une par I l'autre par H, donc :

1° *La polaire d'un point par rapport à un cercle est la corde qui joint les points de contact des deux tangentes menées de ce point; et le pôle d'une corde d'un cercle est à la rencontre des deux tangentes menées par les extrémités de la corde.*

2° On a aussi alors dans le triangle rectangle OID,

$$OI^2 = OD \times OC$$

Donc le rayon est moyen proportionnel entre les distances du centre à la polaire, et du centre au pôle.

Si le point D se meut sur le diamètre et se rapproche du cercle, le point C s'en rapproche aussi, et, le point D touchant le cercle, la polaire IH devient une tangente, donc :

3° *La polaire d'un point du cercle est la tangente en ce point.*

Le point D se rapprochant encore de O et entrant dans le cercle, le point C en sort, et si D vient en C, C va en D, donc :

4° *La polaire de D passe en C, et la polaire de C passe en D.*

Le point D arrivant au centre O, le point C est à l'infini, car alors les deux tangentes, qui n'ont pas cessé jusqu'ici de concourir au point D, sont parallèles, donc :

5° *La polaire du centre est à l'infini, et, réciproquement, la polaire d'un point situé à l'infini est le diamètre perpendiculaire à la ligne passant par le point et le centre du cercle.*

Remarque. — La discussion algébrique de la formule $R^2 = OD \times OC$, donnerait des conclusions identiques.

THÉORÈME CXII

266. — *Les polaires de tous les points d'une même droite par rapport à un cercle passent par le pôle de cette droite.*

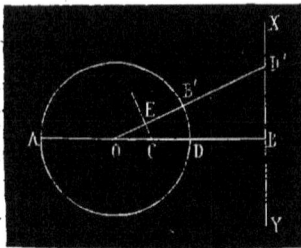

Soit une droite XY, C son pôle par rapport au cercle O, je dis que la polaire du point D' passe par le point C.

En effet, si l'on joint OD' et si du point C on mène CE perpendiculaire sur OD', les triangles OEC, OD'B étant semblables, on a

$$\frac{OC}{OD'} = \frac{OE}{OB}, \quad \text{d'où} \quad OC \times OB = OD' \times OE$$

Mais C étant le pôle de XY, on a $OC \times OB = AO^2$, et par suite $OE \times OD' = AO^2$, donc EC est la polaire de D'.

Réciproquement, si du point C on mène une perpendiculaire sur une sécante OD' passant par le centre, cette perpendiculaire sera la polaire du point D', et toutes les droites passant par C auront pour pôle un des points de la polaire de C; car pour une sécante quelconque telle que OD' on aurait encore

$$OE \times OD' = R^2$$

267. **Remarque.** — Les conséquences de ce théorème sont nombreuses et importantes :

1° *Si des divers points d'une droite extérieure à un cercle on mène des couples de tangentes, les cordes joignant les points de contact de chaque couple se couperont toutes en un même point qui est le pôle de la droite.*

Car chaque corde étant la polaire du point d'où les deux tangentes sont issues, doit passer par le pôle de la droite.

2° *Si par un même point on mène à une circonférence des sécantes en grand nombre, puis deux tangentes à chaque point d'intersection, le lieu des points de rencontre de ces tangentes sera la polaire du point considéré.*

Car le point de rencontre de chaque couple de tangentes est le pôle de la sécante correspondante.

3° *Si une droite joint les pôles de deux droites par rapport à un cercle, elle est la polaire de leur point d'intersection.*

En effet, le pôle de la ligne de jonction doit se trouver à la fois sur les deux autres droites.

268. **Définition.** — 4° *Un polygone quelconque étant placé dans le plan d'un cercle, si l'on cherche le pôle de chacun de ses côtés, en joignant ces pôles deux à deux on obtient un second polygone, d'un même nombre de côtés, dont tous les sommets sont les pôles des côtés du premier, et réciproquement dont tous les côtés auront pour pôles les sommets du premier.*

Ces deux polygones sont dits *polaires réciproques.*

5° *Un polygone étant circonscrit à un cercle, en joignant*

deux à deux les points de tangence des côtés, on obtient un polygone inscrit d'un même nombre de côtés, et les deux polygones sont polaires réciproques.

THÉORÈME CXIII.

269. — *Si d'un point donné on mène deux sécantes à un cercle, les lignes qui joignent chaque point d'intersection au point le plus voisin, et celles qui joignent les points d'intersection opposés, se coupent en deux points dont le lieu est la polaire du point donné.*

Soient les deux sécantes DA, DF, menées du point D, je dis que le point S, où se coupent les lignes AS, BS, et le point N, où se coupent les lignes AE, BF, sont sur une ligne SC qui est la polaire de D.

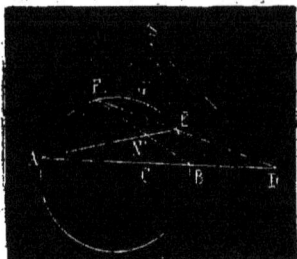

En effet, si l'on considère les quatre lignes SA, SB, EF, FB, on sait que les lignes qui joignent leurs points d'intersection (n° 258) se partagent l'une l'autre harmoniquement, donc la ligne SC est la polaire de D.

Si le point donné était intérieur au cercle, tel que le point N, par exemple, les points d'intersection des lignes de l'énoncé seraient S et D, et SD serait encore la polaire de N.

270. **Remarque.** — Ce théorème donne le moyen de construire la polaire d'un point par rapport à un cercle.

On mène de ce point deux sécantes au cercle, on joint les points d'intersection, et la ligne qui passe par les points de rencontre des deux couples de lignes de jonction est la polaire demandée.

271. — Comme exemple de l'emploi de la théorie précédente pour la démonstration de certaines propriétés des figures, nous reproduisons ici un théorème connu sous le nom de théorème de Brianchon.

THÉORÈME CXIV

272. — *Dans tout hexagone circonscrit à une circonfé-rence, les trois diagonales qui joignent les sommets opposés se coupent en un même point.*

Soit l'hexagone circonscrit ABCDEF, je dis que les trois diagonales AD, BE, FC, des sommets opposés se coupent en un même point.

En effet, joignant deux à deux les points de tangence, on forme un autre hexagone, dont les côtés sont les polaires des sommets du premier, donc les sommets A et D étant les pôles des côtés MG et KI, la ligne AD est la polaire du point de rencontre de ces deux côtés prolongés (n° 267, 3°); de même BE est la polaire du point de concours de GH et de LK, et enfin FC est la polaire du point de concours de ML et de HI, mais ces trois points de concours sont en ligne droite (n° 245), donc leurs trois polaires doivent passer par un même point.

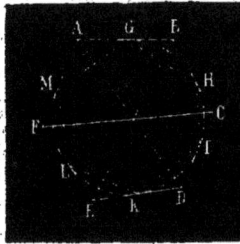

THÉORIE DES FIGURES INVERSES ET RÉCIPROQUES

273. **Définitions.** — Soient trois points en ligne droite A, B, C, le produit des distances de l'un de ces points aux deux autres est ce que l'on nomme la *puissance* de ce point. Ainsi la puissance de C est $CB \times CA$.

La puissance est positive si les deux distances se comptent dans le même sens, elle est négative dans le cas contraire; ainsi la puissance de C est $+CB \times CA$, celle de B est $-BC \times BA$, celle de A est $+AC \times AB$.

274. — Supposons maintenant que joignant les divers sommets A, B, C, D d'une figure à un même point S, on

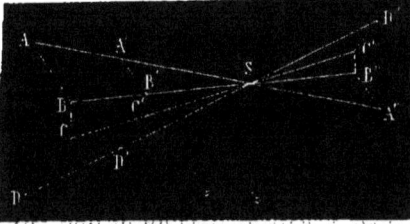

prenne sur les lignes SA, SB, etc., des points A', B', C', D', tels que les puissances de S,

$$SA \times SA',$$
$$SB \times SB', \text{ etc.,}$$

soient égales entre elles et à une constante p, positive ou négative; en joignant deux à deux les points A', B', C', D', on forme une nouvelle figure, qui est dite *inverse* ou *réciproque* de la première.

275. — Le point S est *l'origine*, la constante p est la *puissance*. Il résulte de cette définition, 1° que la figure A'B'C'D' est déterminée par la connaissance de l'origine S et de la puissance p. 2° Que la figure ABCD est aussi l'inverse de A'B'C'D', que si p est négatif, les points donnant pour S la puissance $-p$ sont de l'autre côté du point S, en A", B", C", D", et que la nouvelle figure A"B"C"D" est égale à A'B'C'D'.

THÉORÈME CXV

276. — *L'inverse d'une ligne droite par rapport à un point pris pour origine et suivant une puissance donnée p, est une circonférence.*

Soit S l'origine et AB la droite donnée. Abaissons de S

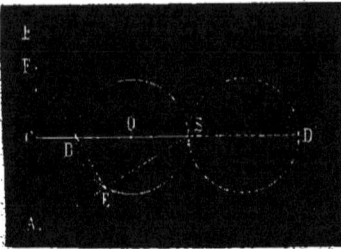

la perpendiculaire SC sur AB, et déterminons le point D, tel que $SC \times SD = p$. Puis sur SD comme diamètre décrivons une circonférence; je dis que cette circonférence sera la figure inverse de AB. En effet menons une autre ligne quelconque SA; joignons ED, le quadrilatère AEDC est

12

inscriptible, car les angles opposés AED, ACD sont droits,
donc SA et SC sont deux sécantes menées du point S à une
même circonférence, donc

$$SA \times SE = SC \times SD$$

et comme $SC \times SD = p$, on a aussi $SA \times SE = p$. Le point
E appartient donc à la figure inverse de AB; il en serait
de même pour tout autre point de la circonférence O, donc
cette circonférence est la figure inverse de la droite AB.

Si la puissance p était négative, il faudrait que SD fut
porté sur le prolongement de GS au delà de S, et la figure
inverse de AB serait alors la circonférence SD'.

277. — Pour déterminer D, connaissant S et p, on cher-
cherait d'abord le côté m du carré $m^2 = p$; de façon que l'on
aurait $GS \times SD = m^2$ et SD serait la quatrième proportionnelle entre SC, m et m.

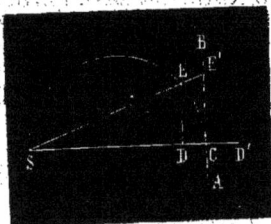

Pour la construire sur la figure
elle-même, sur SC comme diamètre, on décrit une demi-circonférence; du point S avec un rayon
égal à m, on mène un arc de
cercle qui coupe cette demi-circonférence en E; de E on abaisse
sur SG la perpendiculaire ED,

qui détermine le point D cherché, car si l'on joint SE on a

$$SC \times SD = SE^2 = m^2.$$

Il peut arriver que l'on ait $m > SG$, en ce cas le point D
serait de l'autre côté de AB; pour le trouver, avec un rayon
$SE' = m$, on tracerait un arc de cercle coupant AB en E',
on élèverait E'D' perpendiculaire à SE', laquelle déterminerait le point D', car on aurait encore

$$SG \times SD' = SE'^2 = m^2.$$

278. — La réciproque de ce théorème est vraie. *La figure
inverse d'une circonférence, en prenant pour origine un
point de celle-ci, est une ligne droite perpendiculaire au
diamètre passant par l'origine.*

La distance de cette droite à l'origine est égale au quotient de la puissance par le diamètre; car de $SD \times SC = p$

on tire $SC = \dfrac{p}{SD}$.

279. — Enfin *une circonférence et une droite quelconques pouvent être considérées comme deux figures inverses l'une de l'autre, en prenant pour origine une des extrémités du diamètre perpendiculaire à la droite.*

On le démontrerait comme l'on a démontré le théorème lui-même.

THÉORÈME CXVI

280. — *La figure inverse d'une circonférence par rapport à un point quelconque de son plan, et suivant une puissance donnée, est une autre circonférence.*

Soit une circonférence O; S, l'origine; p, la puissance donnée. Joignons SA et déterminons sur SA deux points A′ et B′ tels que $SA \times SB' = SB \times SA' = p$, je dis que la circonférence décrite sur A′B′ comme diamètre est la figure inverse cherchée.

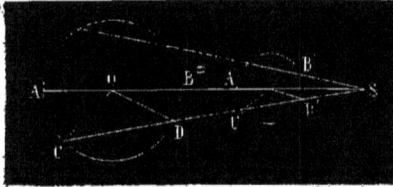

En effet menons une sécante commune quelconque SC. On a dans chaque circonférence

$$SA \times SB = SC \times SD$$
$$SA' \times SB' = SC' \times SD'$$

Multipliant membre à membre il vient

$$SA \times SB \times SA' \times SB' = SC \times SD \times SC' \times SD'$$

mais comme

$$SA \times SB' = p \quad \text{et} \quad SB \times SA' = p$$

le premier membre vaut p^2 donc

$$SC \times SD \times SC' \times SD' = p^2$$

Les triangles SOC, SO'C', semblables donnent

$$\frac{SC}{SC'} = \frac{R}{r}$$

ceux également semblables SOD, SO'D' donnent

$$\frac{SD}{SD'} = \frac{R}{r}, \quad \text{donc} \quad \frac{SC}{SC'} = \frac{SD}{SD'}$$

et par suite

$$SC \times SD' = SC' \times SD$$

donc

$$SC \times SD' = p \quad \text{et} \quad SC' \times SD = p$$

La circonférence O' est la figure inverse de O.

Il existe une autre circonférence inverse de O, ayant même origine, mais par rapport à la puissance $-p$, c'est celle que l'on obtiendrait en prenant les points A' et B' en sens inverse, de l'autre côté du point S sur le prolongement de AS.

281. — Quant à la détermination des points A' et B',

elle est aisée. Sur AS et sur SB comme diamètres on décrit deux demi-circonférences; de S comme centre, avec un rayon égal à m pris tel que $m^2 = p$, on détermine sur ces circonférences les points M et N, desquels on abaisse sur AS deux perpendiculaires qui déterminent les points A' et B'.

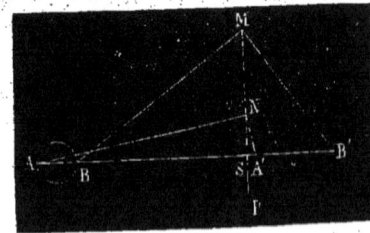

Si m se trouvait plus grand que AS, avec un rayon égal à m, on déterminerait le point M et le point N, des centres A et B sur une perpendiculaire PM à SA, puis élevant les perpendiculaires MB' sur BM et NA' sur AN, on détermine les points A' et B'.

282. — *On peut toujours considérer deux circonférences comme étant deux figures inverses l'une de l'autre.*

Il suffit en effet de prendre pour origine un point de la ligne des centres, soit entre les circonférences, soit en dehors d'elles, tel que ses distances aux deux centres soient proportionnelles aux rayons.

Car en se reportant à la figure précédente, on voit que si l'on a

$$\frac{SO}{SO'} = \frac{R}{r}$$

on peut écrire aussi

$$\frac{SO+R}{SO'+r} = \frac{R}{r} \quad \text{et} \quad \frac{SO-R}{SO'-r} = \frac{R}{r}, \quad \text{ou} \quad \frac{SA}{SA'} = \frac{SB}{SB'}$$

d'où

$$SA \times SB' = SA' \times SB$$

Dans le cas de l'origine prise entre les deux circonférences la puissance est négative.

AXES RADICAUX

283. — Soit un point D hors d'une circonférence, DA une sécante, DT une tangente issues toutes deux du point D, la puissance du point D est

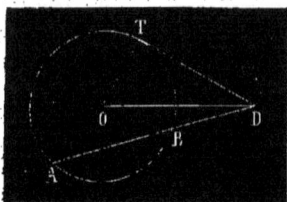

$$DA \times DB,$$

mais

$$DT^2 = DA \times DB,$$

et, en joignant DO et OT, on a aussi

$$DT^2 = DO^2 - OT^2, \quad \text{donc} \quad DA \times DB = DO^2 - OT^2,$$

ou, en représentant la puissance par p, par d la distance au centre du point considéré, et par r le rayon, on a

$$p = d^2 - r^2$$

Donc, lorsqu'un point est extérieur à un cercle, sa puissance est égale à la différence des carrés de sa distance au centre et du rayon.

THÉORÈME CXVII

284. — *Le lieu des points d'égale puissance par rapport à deux cercles est une droite perpendiculaire à la ligne des centres.*

Soient deux circonférences O et C, A un point du lieu cherché. Joignons AO, AC, et soient R et r les rayons des deux circonférences. Les puissances de A par rapport aux deux circonférences devant être égales, en les exprimant à l'aide de la relation

$$p = d^2 - r^2;$$

on a

$$AC^2 - r^2 = AO^2 - R^2$$

d'où

$$AO^2 - AC^2 = R^2 - r^2$$

$R^2 - r^2$ étant constant, le lieu cherché est tel que les carrés de ses distances à deux points donnés ont une différence constante, problème déjà traité (n° 200) et dans lequel il est démontré que le lieu est une perpendiculaire à à la ligne qui joint les deux points.

Ici le lieu serait donc AB, perpendiculaire sur OC.

285. — Le lieu des points d'égale puissance par rapport à deux cercles est ce que l'on nomme *l'axe radical de ces deux cercles.* Comme la puissance de A par rapport à chaque cercle est égale au carré de la tangente menée à ce cercle du point A, et que, les puissances étant égales, les tangentes le sont aussi, on peut dire que : *L'axe radical de deux cercles est le lieu des points d'où l'on peut mener à chacun d'eux des tangentes égales.*

286. — Voici comment l'on peut calculer la distance OB, permettant de construire l'axe radical.

Soit d la distance des centres, e la distance OB cherchée, construisant la médiane AE du triangle AOC, on aurait

$$AC^2 = AE^2 + EC^2 - 2EC \times EB$$
$$AO^2 = AE^2 + OE^2 + 2OE \times EB$$

Retranchant les deux égalités l'une de l'autre, et remarquant que $EC = OE$ on a

$$AO^2 - AC^2 = 2OC \times EB$$

d'où

$$EB = \frac{AO^2 - AC^2}{2OC}$$

mais $AO^2 - AC^2 = R^2 - r^2$, et $2OC = 2d$ donc

$$EB = \frac{R^2 - r^2}{2d}$$

alors, comme $OB = OE + EB$ ou $e = \frac{d}{2} + EB$, on a

$$e = \frac{d}{2} + \frac{R^2 - r^2}{2d} = \frac{d^2 + R^2 - r^2}{2d}$$

287. — L'axe radical de deux cercles peut occuper diverses positions par rapport à eux.

1° *Si les deux cercles se coupent, la corde commune est l'axe radical.* Car les deux tangentes menées d'un point du prolongement de cette corde sont égales comme moyennes proportionnelles entre les deux mêmes lignes, la sécante commune et sa partie extérieure.

2° *Quand les deux cercles sont tangents, la tangente commune est l'axe radical.* Car toutes les tangentes menées par un point de celle-ci lui sont égales, et par suite égales entre elles.

3° *Quand les deux cercles sont extérieurs ou intérieurs l'un à l'autre, l'axe radical leur est toujours extérieur, et il est situé à l'infini si les deux cercles sont concentriques.*

En effet l'axe radical ne peut couper un des cercles, car aux deux points d'intersection il aurait une puissance nulle

par rapport à ce cercle, et pour ces mêmes points il devrait
avoir aussi une puissance nulle par rapport à l'autre, ce
qui ne peut être que si le second cercle coupe le premier
en ces mêmes points, ce qui est contre l'hypothèse. De
même il ne saurait être tangent à aucun d'eux, donc il leur
est extérieur.

Si les deux cercles sont concentriques, d représentant la
distance d'un point de l'axe radical au centre commun et
R et r les rayons, on aurait

$$d^2 - R^2 = d^2 - r^2$$

ce qui ne peut être que si $d = \infty$, ou $R = r$.

THÉORÈME CXVIII

288. — *Lorsque trois cercles n'ont pas leurs centres en
ligne droite, les axes radicaux de ces cercles, pris deux à
deux, se coupent en un même point, qui est le centre radical
des trois cercles.*

En effet, si nous représentons les trois cercles par C,
C', C'' les axes radicaux de C et C' et de C' et C'' se coupent,
de ce point on peut donc mener des tangentes égales à C
et C'', donc il appartient à l'axe radical de ces deux cercles.

Pour que les axes radicaux se coupent, il faut que les trois
centres ne soient pas en ligne droite. S'ils sont en ligne
droite, les axes radicaux étant parallèles, le centre radical
est à l'infini.

289. **Remarque I.** — Lorsque le centre radical est
extérieur aux trois cercles, si de ce point comme centre,
avec un rayon égal à la tangente menée de ce point à l'un
des cercles, on décrit une circonférence, elle coupe les trois
circonférences à angle droit.

290. **Remarque II.** — Ce théorème permet de tracer
graphiquement l'axe radical de deux cercles extérieurs l'un
à l'autre; on les coupe par un troisième cercle, et le point de
rencontre des deux axes radicaux donnés alors par les cordes

communes est un point de l'axe radical cherché; on le termine en menant une perpendiculaire sur la ligne des centres.

291. — Un cercle dont le rayon diminue indéfiniment a pour limite son centre, c'est-à-dire un point. Si l'on considère l'axe radical de deux cercles dont les rayons vont en diminuant sans cesse, à la limite il devient l'axe radical de deux points, et il est évident qu'il est alors la perpendiculaire élevée sur le milieu de la ligne qui joint ces deux points.

Mais il peut se faire aussi que l'un des deux cercles étant réduit à un point, l'autre cercle ait encore un rayon, dans ce cas on peut avoir à considérer l'axe radical d'un cercle et d'un point. C'est à quoi répondent les théorèmes suivants.

THÉORÈME CXIX

292. — *L'axe radical d'un point et d'un cercle est parallèle à la polaire du point par rapport au cercle, et est situé à égale distance de ce point et de sa polaire.*

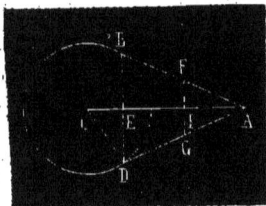

En effet, si nous reprenons la formule (n° 286)

$$e = \frac{d^2 + R^2 - r^2}{2d}$$

et y faisant $r = 0$ elle devient

$$2e = d + \frac{R^2}{d}$$

Or si A étant le point et C le cercle en question, on construit la polaire BD du point A, et si FG est l'axe radical, la formule ci-dessus donne

$$2CI = AC + \frac{R^2}{AC}$$

mais comme R^2 ou $DC^2 = AC \times CE$, on voit que $\frac{R^2}{AC} = CE$, donc

$$2CI = AC + CE$$

Le point I est donc au milieu de AE.

THÉORÈME CXX

293. — *L'axe radical d'une droite et d'un cercle ou d'un point est la droite elle-même.*

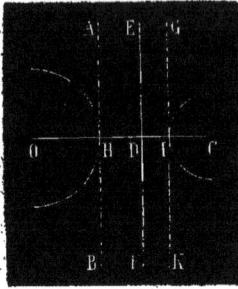

Soit la circonférence C et la droite AB. Menons CO perpendiculaire sur AB; d'un point O quelconque avec OH pour rayon menons une circonférence qui sera tangente à AB, puis supposons que EF soit l'axe radical des deux cercles C et O; comme

$$HD = OD - OH$$

et que OD a été représentée par e et OH par R, on a

$$HD = e - R = \frac{d^2 + R^2 - r^2}{2d} - R = \frac{(d - R)^2 - r^2}{2d}$$

ou enfin

$$HD = \frac{HC^2 - r^2}{2d}$$

Or si nous supposons que le rayon OH croisse indéfiniment, le numérateur $HC^2 - r^2$ reste constant, tandis que $2d$ a pour limite l'infini; à la limite le cercle O devient la droite AB, et l'on a $HD = 0$, donc la droite AB est elle-même l'axe radical.

Il en serait de même si, en même temps que OH augmente, CI allait en décroissant, à la limite on aurait une droite AB et un point C, la droite serait encore l'axe radical.

294. Remarque. — Deux droites n'ont pas d'axe radical. En effet, soient AB et GK ces deux droites, considérons-les comme limites des deux cercles O et C dont les rayons R et r vont en croissant sans cesse, la formule ci-dessus

$$HD = \frac{HC^2 - r^2}{2d}$$

devient

$$HD = \frac{(HC + r)(HC - r)}{2d} = \frac{(HI + 2r) \times HI}{2d}$$

laquelle pour $d = \infty$, comme r est aussi infini, donne pour HD une valeur indéterminée.

Il en serait de même si les deux droites se coupent ; en les considérant comme limites de deux circonférences passant par leur point de contact, on reconnaît que la limite de l'axe radical de ces deux circonférences est indéterminée.

FIGURES HOMOTHÉTIQUES

295. **Définitions.** — Deux figures sont homothétiques lorsque leurs points sont deux à deux sur des droites qui concourent en un même point, et que le rapport des distances de ce point aux points ainsi associés deux à deux est un nombre constant.

Les droites concourantes se nomment *rayons vecteurs*.

Le point de concours des rayons vecteurs est le *centre d'homothétie* ou *centre de similitude*.

Le rapport constant est le *rapport d'homothétie*.

Les points des deux figures qui sont unis par un même rayon vecteur sont dits *points homologues*, les lignes qui joignent dans les deux figures deux points homologues sont des *lignes homologues*.

Ainsi étant donné un polygone ABCDE, si l'on joint tous ses sommets à un point S, puis si l'on partage les lignes

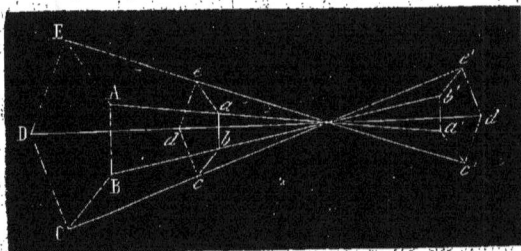

SA, SB, SC, etc., dans un rapport constant, de façon que l'on ait :

$$\frac{SB}{Sb} = \frac{SC}{Sc} = \frac{SD}{Sd} = K$$

en joignant deux à deux les points a, b, c, d, e, le polygone que l'on obtient est homothétique au premier.

SB, SA, etc., sont les rayons vecteurs, S le centre d'homothétie, K le rapport d'homothétie, lequel est aussi le rapport de deux lignes homologues des deux figures, car les deux triangles SAB, Sab étant semblables, on a

$$\frac{SA}{Sa} = \frac{SB}{Sb} = \frac{AB}{ab} = K$$

Si les longueurs Sb, Sa, etc. sont prises du même côté de la figure donnée, par rapport au centre S, l'homothétie est dite directe. Elle est inverse au contraire si les longueurs Sa, Sb, Sc, etc., sont prises au delà de S sur le prolongement des rayons vecteurs.

Le polygone $a'b'c'd'e'$, est homothétique inverse de ABCDE, il est du reste égal à $abcde$, car il suffirait de lui faire faire autour de S une rotation de 180° pour établir la coïncidence. Dans le cas d'homothétie directe, le rapport constant K est positif, il est négatif dans l'homothétie inverse.

Des définitions précédentes il est facile de déduire, sans leur donner l'importance de théorèmes, les conséquences suivantes :

296. — 1° *La figure homothétique d'une droite est une droite.*

Car, joignant deux points quelconques de la droite par deux rayons vecteurs à un centre pris à volonté, et les coupant par une parallèle à la droite, le rapport constant entre les segments des deux rayons vecteurs démontre que les deux droites sont homothétiques.

297. — 2° *Une figure donnée peut avoir une infinité de figures homothétiques.*

Car il suffit de changer ou le centre ou le rapport d'homothétie, ou les deux à la fois, pour donner naissance à des figures homothétiques nouvelles.

298. — 3° *Les droites homologues de deux figures homothétiques sont parallèles de même sens, si l'homothétie est*

directe, et de sens inverse si elle est inverse ; dans les deux cas leur rapport est égal au rapport d'homothétie.

299. — 4° *Deux polygones homothétiques sont semblables.*

Car ils ont leurs angles égaux chacun à chacun, comme ayant les côtés parallèles, de même sens, si l'homothétie est directe, de sens inverse si elle est inverse, et les côtés homologues dans le même rapport, égal au rapport d'homothétie.

300. — 5° *La figure homothétique d'une circonférence est une circonférence.*

Car tous les points de la figure homothétique seront équidistants du point homothétique du centre de la circonférence donnée.

THÉORÈME CXXI

301. — *Si, joignant deux points du plan l'un aux différents sommets d'une figure, l'autre aux sommets d'une autre figure, ces rayons vecteurs sont deux à deux parallèles et dans un rapport constant, les deux figures sont homothétiques. L'homothétie est directe si ces rayons sont dans le même sens, elle est inverse s'ils sont en sens contraire.*

Soient AB, A'B', deux côtés des deux figures. C et C' deux

points du plan ; C'A' et CA sont parallèles, ainsi que C'B' et CB, de plus on a

$$\frac{C'A'}{CA} = \frac{C'B'}{CB} = K$$

Je dis que s'il en est de même pour les lignes menées de C et de C' aux autres sommets, les deux figures auxquelles appartiennent les côtés AB et A'B', sont homothétiques. En effet, si l'on joint CC', AA', ces lignes concourent en S et l'on a

$$\frac{SC}{SC'} = \frac{SA}{SA'} = \frac{CA}{C'A'} = K$$

Mais on aurait aussi en appelant S' le point de concours de CC' et de BB',

$$\frac{S'C}{S'C'} = \frac{S'B}{S'B'} = \frac{CB}{C'B'} = K$$

donc les points S et S' se confondent, le point S est un centre d'homothétie, et le rapport d'homothétie est K.

Dans le cas actuel l'homothétie est directe. On démontrerait de même dans le cas où les lignes CA, C'A', seraient en sens inverse.

Il résulte de là les conséquences ou corollaires suivants :

302. — 1° *Les points C et C' étant quelconques peuvent être pris chacun sur une des figures; être, par exemple, chacun un sommet, alors ils sont deux sommets homologues.*

303. — 2° *Deux polygones semblables ayant les côtés parallèles sont deux figures homothétiques.*

En effet, en prenant deux sommets homologues et les joignant à tous les autres, on retomberait sur le théorème précédent.

304. — 3° *Deux circonférences sont toujours deux figures homothétiques.*

Car en prenant les deux centres et menant des couples de rayons parallèles, on retombe encore sur le théorème précédent. Seulement deux circonférences sont à la fois homothétiques directes et inverses. Le centre d'homothétie directe est au point S, où la ligne AB, joignant les extrémités de deux rayons parallèles de même sens, va couper la ligne des centres; et le centre d'homothétie inverse est au point S' où la ligne des centres est coupée par la droite A'B, joignant les extrémités de rayons parallèles, mais en sens inverse.

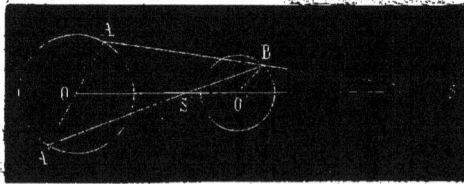

THÉORÈME CXXII

305. — *Deux figures homothétiques à une troisième sont homothétiques entre elles.*

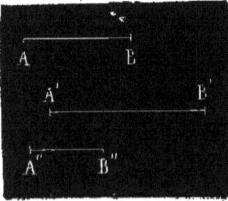

Soient trois droites homologues, AB, A'B', A"B", une de chaque figure. Chacune des figures auxquelles appartiennent A'B' et A"B" étant homothétiques de la figure à laquelle appartient AB, je dis que les deux figures A'B', A"B", sont homothétiques entre elles.

En effet, m et m' étant les rapports d'homothétie, on a

$$\frac{A'B'}{AB} = m \quad \text{et} \quad \frac{A''B''}{AB} = m', \quad \text{donc} \quad \frac{A''B''}{A'B'} = \frac{m}{m'}$$

Or si l'on joint A' et A" aux autres points de leurs figures respectives, on aura entre toutes ces lignes, prises deux à deux, le même rapport constant $\frac{m}{m'}$, donc ces deux figures sont homothétiques.

THÉORÈME CXXIII

306. — *Lorsque trois figures sont homothétiques deux à deux, leurs trois centres d'homothétie sont sur une même ligne droite.*

Supposons l'homothétie directe entre les trois figures, et soient o, o' o'' les trois centres d'homothétie, et A, A', M, trois sommets homologues, on aura, m et m' étant les rapports d'homothétie entre A et A', A et M

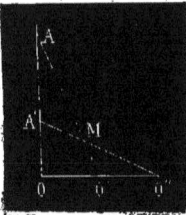

$$\frac{O'A'}{OA} = m, \quad \frac{O'M}{O'A} = m', \quad \frac{O''A'}{O''M} = \frac{m'}{m}$$

d'où

$$\frac{OA \times O'M \times O''A'}{OA' \times O'A \times O''M} = 1$$

donc

$$OA \times O'M \times O''A' = OA' \times O'A \times O''M$$

ce qui ne peut être que si les trois points O, O', O'' sont en ligne droite, laquelle forme une transversale coupant les trois côtés du triangle A, A', M (n° 243).

La démonstration serait la même si un centre d'homothétie étant direct les deux autres étaient inverses.

La droite qui contient les trois centres d'homothétie se nomme *axe d'homothétie* ou *de similitude*.

DES CERCLES CONSIDÉRÉS COMME FIGURES HOMOTHÉTIQUES

307. — Comme on l'a vu précédemment, deux cercles sont toujours deux figures à la fois directement et inversement homothétiques, et les deux centres d'homothétie sont deux points de la ligne des centres dont les distances aux centres sont entre elles dans les rapports des rayons.

Cela posé, soient R et r les rayons des deux circonférences, d la distance des centres, et x et y les distances des

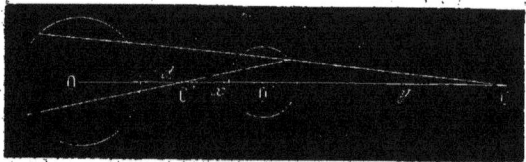

centres d'homothétie au centre de l'un des cercles, du plus petit par exemple, on aura

$$\frac{x}{d-x} = \frac{r}{R} \quad \text{et} \quad \frac{y}{d+y} = \frac{r}{R}$$

d'où, en résolvant par rapport à x et y, on déduira sans peine

$$x = \frac{dr}{R+r} \quad \text{et} \quad y = \frac{dr}{R-r}$$

Relations qui donnent numériquement la position des deux centres de similitude.

Remarquons que si deux cercles sont tangents, le point

de contact devient le centre d'homothétie interne, car si dans la valeur de x on fait $d = R + r$ il vient $x = r$.

Rappelons-nous aussi que dans deux figures homothétiques les lignes homologues sont parallèles, et que par suite dans deux cercles les cordes homologues sont parallèles.

308. **Définition.** — Si de l'un des centres de similitude de deux cercles on mène une sécante qui les coupe tous deux, l'un en A et B, l'autre en A' et B', les points A et A', B et B' sont des points homologues; les points A et B', B et A' sont dits points *antihomologues*. De même les cordes joignant des couples de points homologues sont dites cordes homologues, celles joignant des couples de points antihomologues sont dites cordes *antihomologues*.

THÉORÈME CXXIV

309. — *Dans deux cercles quelconques, le produit des distances d'un des centres de similitude à deux points antihomologues est constant.*

Soient deux cercles, O et O'; C leur centre de similitude externe, CD' une sécante; A et D', D et A' les points antihomologues, je dis que les produits $CA \times CD'$ et $CD \times CA'$ sont égaux et constants.

En effet, soit p la puissance de C par rapport au cercle O', on a $CD \times CA = p$, mais on a aussi

$$\frac{CD'}{GD} = \frac{R}{r}$$

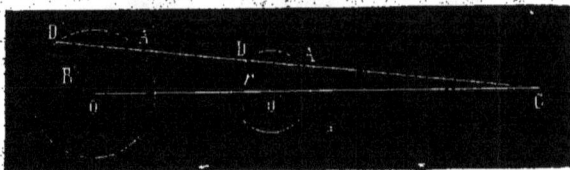

Multipliant ces deux égalités l'une par l'autre, il vient

$$CA \times CD' = p \times \frac{R}{r}$$

produit constant, puisque p, R et r sont constants.

13

En prenant au lieu de p la puissance p' de C par rapport au cercle O, on trouverait par le même raisonnement

$$CA \times CD' = p' \frac{r}{R}$$

Il en résulte que

$$p \times \frac{R}{r} = p' \frac{r}{R}, \quad \text{d'où} \quad \frac{p}{p'} = \frac{r^2}{R^2}$$

donc les puissances d'un même centre de similitude par rapport à deux cercles sont entre elles comme les carrés des rayons.

THÉORÈME CXXV

340. — *Dans deux cercles quelconques, les extrémités de deux cordes antihomologues sont sur une même circonférence, et le point de concours de ces cordes est sur l'axe radical des deux cercles.*

Soient deux cercles O et O'; deux cordes antihomologues BE, A'D'.

D'après le théorème précédent, on a

$$CB \times CA' = CE \times CD'$$

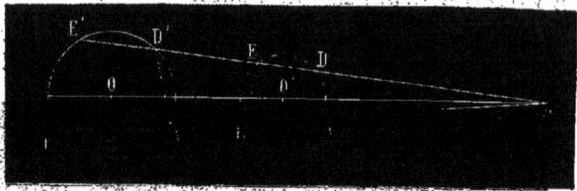

donc, d'après la propriété des sécantes issues d'un même point, les quatre points A', D', B, E sont sur une même circonférence; de plus, en supposant cette circonférence décrite, BE serait l'axe radical de cette circonférence et de la circonférence O'; A'D' serait de même l'axe radical de cette circonférence et de celle O, donc ces deux axes radicaux (n° 288) doivent concourir sur l'axe radical des cercles O et O'.

THÉORÈME CXXVI

311. — *Les polaires d'un des centres de similitude de deux cercles par rapport à ces cercles sont à égale distance de leur axe radical.*

En considérant le centre de similitude extérieur, le théorème devient évident, car alors l'axe radical est la ligne passant par les milieux des segments des tangentes communes compris entre les deux cercles.

Il est du reste facile de calculer la distance de l'axe radical à chacune des deux polaires, à l'aide des formules déjà données.

$$c = \frac{d^2 + R^2 - r^2}{2d} \qquad x = \frac{dr}{R + r} \qquad y = \frac{dr}{R - r}$$

lesquelles vont nous servir pour établir les divers théorèmes suivants. Si nous reprenons comme précédemment l'hypothèse des rayons diminuant jusqu'à 0 ou croissant jusqu'à l'infini, nous aurons à examiner ce qu'il advient des centres d'homothétie ou de similitude par rapport à des points ou des lignes.

THÉORÈME CXXVII

312. — *Les centres de similitude d'un cercle et d'un point se confondent avec le point lui-même.*

En effet si dans les formules

$$x = \frac{dr}{R + r} \quad \text{et} \quad y = \frac{dr}{R - r}$$

on fait $r = 0$, elles deviennent $x = 0$, $y = 0$.

THÉORÈME CXXVIII

313. — *Deux points n'ont pas de centre de similitude.*

Car si dans les formules ci-dessus on fait $R = 0$ et $r = 0$ on trouve pour x et y des valeurs indéterminées.

THÉORÈME CXXIX

314. — *Les centres de similitude d'un cercle et d'une droite sont les extrémités du diamètre perpendiculaire à la droite.*

En effet, si nous appellons δ la distance comprise entre les deux cercles, on a $d = r + \delta + R$, et la formule devient

$$x = \frac{(r + \delta + R)\,r}{R + r} = \frac{r^2 + \delta r + Rr}{R + r}$$

divisant par R les deux termes de la valeur de x il vient

$$x = \frac{\dfrac{r^2 + \delta r}{R} + r}{1 + \dfrac{r}{R}}$$

et si l'on y suppose $R = \infty$, on a

$$x = \frac{r}{1} = r$$

on trouverait de même $y = r$.

315. — Il en résulte aussi que : *le centre de similitude d'un point et d'une droite est ce point lui-même.*

Car r est dans ce cas égal à 0, et $x = 0$ et $y = 0$.

APPLICATIONS AVEC SOLUTIONS

PROBLÈME I

316. — Connaissant les trois côtés a, b, c d'un triangle quelconque, calculer les trois hauteurs.

Soit h la hauteur AD cherchée, le triangle BAC donne :

$$AC^2 = AB^2 + BC^2 - 2BC \times BD$$

ou $\quad b^2 = a^2 + c^2 - 2a \times BD$

mais le triangle ABD étant rectangle, donne

$$BD^2 = AB^2 - AD^2 \quad \text{ou} \quad BD^2 = c^2 - h^2$$

et $\quad\quad\quad BD = \sqrt{c^2 - h^2}$

donc
$$b^2 = a^2 + c^2 - 2a\sqrt{c^2 - h^2}$$

égalité qui ne renfermant plus que h d'inconnue permet de trouver sa valeur.

Voici les transformations remarquables que l'on fait subir à cette égalité pour donner à h une expression simple et facile à retenir. Isolant le radical dans le premier membre, il vient

$$2a\sqrt{c^2 - h^2} = a^2 + c^2 - b^2$$

élevant au carré les deux membres pour faire disparaître le radical
on a

$$4a^2(c^2 - h^2) = (a^2 + c^2 - b^2)^2$$

d'où
$$4a^2h^2 = 4a^2c^2 - (a^2 + c^2 - b^2)^2$$

Le second membre étant la différence de deux carrés, peut s'écrire

$$4a^2h^2 = (2ac + a^2 + c^2 - b^2)(2ac - a^2 - c^2 + b^2)$$

mais

$$2ac + a^2 + c^2 = (a + c)^2 \text{ et } 2ac - a^2 - c^2 = -(a - c)^2$$
donc
$$4a^2h^2 = [(a + c)^2 - b^2][b^2 - (a - c)^2]$$

Les deux facteurs du second membre étant chacun la différence de deux carrés peuvent se mettre aussi sous la forme de la somme des racines multipliée par leur différence. Donc

$$4a^2h^2 = (a + c + b)(a + c - b)(b + a - c)(b - a + c)$$

Si maintenant l'on représente par $2p$ le périmètre

$$a + b + c$$

que l'on peut toujours calculer avant tout, on a

$$a + c + b = 2p$$
$$a + c - b = 2p - 2b = 2(p - b)$$
$$b + a - c = 2p - 2c = 2(p - c)$$
$$b + c - a = 2p - 2a = 2(p - a)$$

et alors

$$4a^2h^2 = 2p \times 2(p-b) \times 2(p-c) \times 2(p+a)$$
$$4a^2h^2 = 16p(p-a)(p-b)(p-c)$$
$$a^2h^2 = 4p(p-a)(p-b)(p-c)$$
$$h^2 = \frac{4p(p-a)(p-b)(p-c)}{a^2}$$
$$h = \frac{2\sqrt{p(p-a)(p-b)(p-c)}}{a}$$

Les valeurs des deux autres hauteurs h' et h'' auraient nécessairement même numérateur, car le même raisonnement conduirait à la même combinaison des facteurs p, a, b, c.

Quant au dénominateur, ce sera, comme pour h, le côté auquel la hauteur est perpendiculaire, on aura donc

$$h' = \frac{2\sqrt{p(p-a)(p-b)(p-c)}}{b}$$
$$h'' = \frac{2\sqrt{p(p-a)(p-b)(p-c)}}{c}$$

Par le même calcul on arriverait à la même formule si, un des angles étant obtus, deux hauteurs tombaient sur les prolongements des côtés.

PROBLÈME II

317. — *Connaissant les trois côtés a, b, c d'un triangle, calculer ses trois médianes.*

Soit un triangle ABC, sa médiane AM ou m et sa hauteur AD, soit p la ligne DM, on a les deux relations

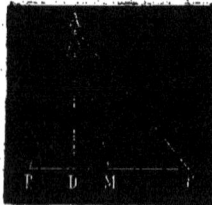

$$c^2 = m^2 + \frac{a^2}{4} + 2\frac{a}{2} \times p$$
$$b^2 = m^2 + \frac{a^2}{4} - 2\frac{a}{2} \times p$$

les additionnant membre à membre, il vient

$$b^2 + c^2 = 2m^2 + 2\frac{a^2}{4}$$

d'où

$$m^2 = \frac{b^2 + c^2 - \dfrac{a^2}{2}}{2} = \frac{2b^2 + 2c^2 - a^2}{4}$$

et enfin, en représentant par m' et m'' les deux autres médianes,

$$m = \frac{\sqrt{2b^2 + 2c^2 - a^2}}{2}$$

$$m' = \frac{\sqrt{2a^2 + 2b^2 - c^2}}{2}$$

$$m'' = \frac{\sqrt{2a^2 + 2c^2 - b^2}}{2}$$

PROBLÈME III

318. — *Connaissant les trois côtés a, b, c, d'un triangle, calculer ses trois bissectrices, intérieures et extérieures.*

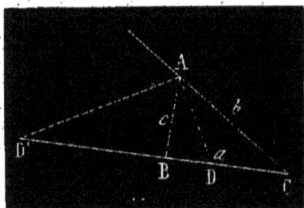

Soit le triangle ABC, AD la bissectrice de l'angle A, nous la représenterons par $\mathcal{C}$; déterminons d'abord les valeurs des segments DC, DB formés par la bissectrice AD, puis des segments D'C et D'B formés par la bissectrice extérieure. Pour les premiers, on a (n° 161),

$$\frac{BD}{DC} = \frac{c}{b}, \quad \text{d'où} \quad \frac{BD + DC}{DC} = \frac{b + c}{b}, \quad \text{ou} \quad \frac{a}{DC} = \frac{b + c}{c}$$

et enfin

$$DC = \frac{ab}{b + c}$$

La même proportion donne aussi

$$\frac{BD}{BD + DC} = \frac{c}{b + c} \quad \text{ou} \quad \frac{BD}{a} = \frac{c}{b + c}$$

et enfin

$$BD = \frac{ac}{b + c}$$

Pour les segments D'C et D'B, on a

$$\frac{D'C}{D'B} = \frac{b}{c} \quad \text{ou} \quad \frac{D'C - D'B}{D'B} = \frac{b-c}{c} \quad \text{ou} \quad \frac{a}{D'B} = \frac{b-c}{c}$$

d'où

$$D'B = \frac{ac}{b-c}$$

on trouve de même

$$D'C = \frac{ab}{b-c}$$

Cela posé, calculons la bissectrice intérieure AD ou 6, on a (n° 183),

$$bc = BD \times DC + 6^2$$

d'où

$$6^2 = bc - \frac{a^2 bc}{(b+c)^2} = \frac{bc\,[(b+c)^2 - a^2]}{(b+c)^2}$$

La quantité entre crochets étant la différence de deux carrés, on peut écrire :

$$6^2 = \frac{bc\,(b+c+a)\,(b+c-a)}{(b+c)^2}$$

ou, posant encore $a + b + c = 2p$, on a

$$6^2 = \frac{4bcp\,(p-a)}{(b+c)^2}$$

et enfin, en appelant $6'$ et $6''$ les deux autres bissectrices intérieures

$$6 = \frac{2\sqrt{bcp\,(p-a)}}{b+c}$$

$$6' = \frac{2\sqrt{acp\,(p-b)}}{a+c}$$

$$6'' = \frac{2\sqrt{abp\,(p-c)}}{a+b}$$

Pour calculer la bissectrice extérieure 6_1 ou AD', on fait usage de la relation

$$bc = BD' \times D'C - 6_1^2$$

d'où

$$6_1^2 = \frac{a^2 bc}{(b-c)^2} - bc = \frac{bc\,[a^2 - (b-c)^2]}{(b-c)^2}$$

En procédant comme précédemment, on trouve successivement

$$6_1^2 = \frac{bc\,(a+b-c)\,(a-b+c)}{(b-c)^2} = \frac{4bc\,(p-c)\,(p-b)}{(b-c)^2}$$

et enfin

$$6_1 = \frac{2\sqrt{bc\,(p-b)\,(p-c)}}{b-c}$$

$$6_2 = \frac{2\sqrt{ac\,(p-a)\,(p-c)}}{a-c}$$

$$6_3 = \frac{2\sqrt{ab\,(p-a)\,(p-b)}}{a-b}$$

PROBLÈME IV

319. — *Connaissant les trois côtés a, b, c, d'un triangle, calculer le rayon du cercle circonscrit, le rayon du cercle inscrit et les rayons des cercles ex-inscrits.*

Soit un triangle ABC, proposons-nous de calculer le rayon R du cercle circonscrit; soit AD la hauteur, et BE le diamètre 2R du cercle circonscrit, on a la relation (n° 184),

$$AB \times AC = AD \times 2R$$

mais

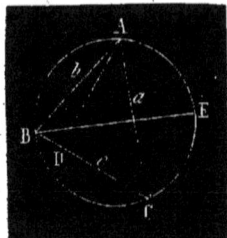

$$AD = \frac{2\sqrt{p\,(p-a)\,(p-b)\,(p-c)}}{c}$$

donc

$$ab = \frac{4R\sqrt{p\,(p-a)\,(p-b)\,(p-c)}}{c}$$

et

$$R = \frac{abc}{4\sqrt{p\,(p-a)\,(p-b)\,(p-c)}}.$$

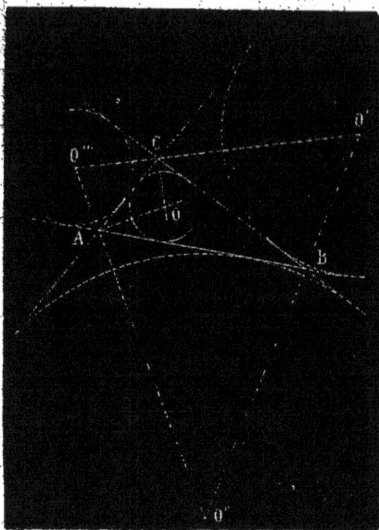

Calculons le rayon r du cercle inscrit :

Soit le triangle ABC, H sa hauteur, la surface serait $\dfrac{Hc}{2}$; mais si l'on joint le centre O du cercle inscrit à tous les sommets, il devient la somme de trois triangles qui, en appelant r le rayon qui est leur commune hauteur, donnent pour nouvelle expression de la surface :

$$\frac{ar}{2} + \frac{br}{2} + \frac{cr}{2} = \frac{(a+b+c)\,r}{2} = pr$$

p étant le demi-périmètre.

Donc

$$\frac{Hc}{2} = pr \quad \text{et} \quad r = \frac{Hc}{2p}$$

ou, en remplaçant H par sa valeur en fonction de a, b, c,

$$r = \sqrt{\frac{(p-a)\,(p-b)\,(p-c)}{p}}$$

Calculons le rayon r' ou O'B d'un des cercles ex-inscrits, tangent au côté CB, on a

$$ABC = ABO' + AO'C - BO'C$$

mais

$$ABC = \frac{Hc}{2}, \quad ABO' = \frac{br'}{2}, \quad AO'C = \frac{ar'}{2} \quad \text{et} \quad BO'C = \frac{cr'}{2}$$

donc

$$\frac{Hc}{2} = \frac{(b+a-c)\,r'}{2}$$

ou

$$Hc = 2(p-c)r' \quad \text{et} \quad r' = \frac{Hc}{2(p-c)}$$

ou, en remplaçant H par sa valeur en fonction de a, b, c,

$$r' = \sqrt{\frac{p\,(p-a)\,(p-b)}{(p-c)}}$$

$$r'' = \sqrt{\frac{p\,(p-b)\,(p-c)}{p-a}}$$

$$r''' = \sqrt{\frac{p\,(p-a)\,(p-c)}{p-b}}$$

PROBLÈME V

320. — *Trouver les diverses expressions de la surface du triangle en fonction des trois côtés, du rayon du cercle inscrit, du rayon d'un des cercles ex-inscrits, du rayon du cercle circonscrit, etc.*

Soient a, b, c les trois côtés d'un triangle, h la hauteur et c la base, en désignant la surface par S, on a

$$S = \frac{hc}{2}$$

Mais

$$h = \frac{2\sqrt{p\,(p-a)\,(p-b)\,(p-c)}}{c}$$

donc

$$S = \sqrt{p\,(p-a)\,(p-b)\,(p-c)}$$

formule de la surface du triangle en fonction des côtés.

Pour avoir S en fonction des côtés et du rayon du cercle inscrit, il suffit de mener du centre O les trois lignes OA, OB, OC pour décomposer le triangle donné en trois autres qui ont chacun pour hauteur le rayon du cercle inscrit, donc, en le désignant par r

$$S = \frac{ar}{2} + \frac{br}{2} + \frac{cr}{2} = \frac{(a+b+c)r}{2} = pr$$

Pour avoir S en fonction des côtés et du rayon r' d'un des cercles ex-inscrits O', il suffit de remarquer que

$$ACB = ACO' + ABO' - CO'B,$$

donc

$$S = \frac{br'}{2} + \frac{ar'}{2} - \frac{cr'}{2} = \frac{(a+b-c)r'}{2} = (p-c)\,r'$$

La même surface exprimée en fonction des rayons r'' et r''' des deux autres cercles ex-inscrits serait :

$$S = (p-b)\,r'' \quad \text{et} \quad S = (p-a)\,r'''$$

Pour exprimer S en fonction du rayon R du cercle circonscrit, il suffit de se souvenir que l'on a, en représentant par h la hauteur comprise entre les côtés a et b

$$ab = 2Rh$$

Multipliant par le côté c, il vient $abc = 2Rhc$. Mais $hc = 2S$, donc $abc = 4R \times S$, et

$$S = \frac{abc}{4R}.$$

PROBLÈME VI

321. — *Connaissant les côtés a, b, c, d d'un quadrilatère inscriptible, calculer ses diagonales, sa surface, et le rayon du cercle que l'on peut lui circonscrire.*

Soit le quadrilatère inscrit ABCD, et ses diagonales AC, DB ou δ et δ', on a (n° 185),

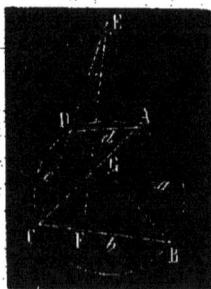

$$\delta\delta' = ac + bd \quad \text{et} \quad \frac{\delta}{\delta'} = \frac{ad+bc}{ab+cd}$$

Multipliant membre à membre, il vient :

$$\delta^2 = \frac{(ac+bd)(ad+bc)}{ab+cd}$$

et

$$\delta'^2 = \frac{(ac+bd)(ab+cd)}{ad+bc}$$

formules qui donnent les diagonales en fonction des côtés.

Calculons maintenant la surface du quadrilatère. Si l'on prolonge les côtés BA et CD jusqu'à leur rencontre en E, on a évidemment

$$ABCD = ECB - EDA$$

Mais les deux triangles ECB, EDA sont semblables, car l'angle E est commun et les angles EDA, EBC sont égaux comme supplémentaires tous deux du même angle CDA; leurs surfaces sont donc, dans le rapport des carrés des côtés homologues, b et d et l'on peut écrire

$$\frac{CEB}{DEA} = \frac{b^2}{d^2}, \quad \text{d'où} \quad \frac{CEB - DEA}{DEA} = \frac{b^2 - d^2}{d^2}$$

donc

$$ABCD = DEA \times \frac{b^2 - d^2}{d^2}$$

mais

$$DEA = \frac{EH \times d}{2} \quad \text{et} \quad EH = \frac{2\sqrt{p(p-d)(p-ED)(p-EA)}}{d}$$

en représentant par p le demi-périmètre $\frac{ED + EA + d}{2}$ du triangle DEA, donc

$$ABCD = \frac{b^2 - d^2}{d^2} \sqrt{p(p-d)(p-ED)(p-EA)}$$

et il ne reste plus qu'à déterminer ED et EA, en fonction des côtés du quadrilatère.

Les quantités à évaluer sont :

$$2p, \text{ ou } d + DE + AE$$
$$2(p-d), \text{ ou } DE + AE - d$$
$$2(p-DE), \text{ ou } d + AE - DE$$
$$2(p-EA), \text{ ou } d + DE - AE$$

Or les deux triangles semblables EDA, ECB donnent

$$\frac{CE}{AE} = \frac{EB}{ED} = \frac{b}{d}$$

ou

$$\frac{CE + EB}{AE + ED} = \frac{b}{d} \quad \text{et} \quad \frac{CE - EB}{AE - ED} = \frac{b}{d}$$

ou encore

$$\frac{CE + EB - AE - ED}{AE + ED} = \frac{b - d}{d}$$

et

$$\frac{CE - EB + AE - ED}{AE - ED} = \frac{b + d}{d}$$

d'où

$$\frac{c + a}{AE + ED} = \frac{b - d}{d} \quad \text{et} \quad \frac{c - a}{AE - ED} = \frac{b + d}{d}$$

d'où l'on tire successivement

$$\frac{c + a + b - d}{AE + ED + d} = \frac{b - d}{d}$$

d'où

$$AE + ED + d = \frac{d}{b - d}(c + a + b - d)$$

$$\frac{c + a - b + d}{AE + ED - d} = \frac{b - d}{d}$$

d'où

$$AE + ED - d = \frac{d}{b - d}(c + a + d - b)$$

$$\frac{c - a + b + d}{AE - ED + d} = \frac{b + d}{d}$$

d'où

$$AE + d - ED = \frac{d}{b + d}(c + b + d - a)$$

$$\frac{-c + a + b + d}{-AE + ED + d} = \frac{b + d}{d}$$

d'où

$$ED + d - AE = \frac{d}{b + d}(a + b + d - c)$$

donc

$$ABCD =$$
$$= \frac{(b^2 - d^2)}{4d^2} \sqrt{\frac{(b^2 - d^2)^2}{d^4}(c + a + b - d)(c + a + d - b)(c + b + d - a)(a + b + d - c)}$$

ou

$$ABCD = \frac{1}{4}\sqrt{(c + a + b - d)(c + a + d - b)(c + b + d - a)(a + b + d - c)}$$

et en posant $o + a + b + d = 2p$

$$ABCD = \sqrt{(p - a)(p - b)(p - c)(p - d)}$$

Pour calculer le rayon du cercle circonscrit, il suffit de remarquer que la surface d'un triangle étant égale au produit des trois côtés divisé par le double du diamètre du cercle circonscrit, en additionnant les deux triangles ABC, ACD, formés par la diagonale AC ou δ, on peut écrire

$$\delta(ab + cd) = ABCD \times 4R$$

donc

$$R = \frac{\delta(ab + cd)}{4ABCD}$$

ou, en remplaçant δ et ABCD par leurs valeurs en fonction des côtés

$$R = \frac{\sqrt{(ac + bd)(ad + bc)(ab + cd)}}{4\sqrt{(p - a)(p - b)(p - c)(p - d)}}$$

PROBLÈME VII

322. — *Dans un triangle rectangle on abaisse du sommet de l'angle droit une perpendiculaire sur l'hypoténuse; connaissant deux des six lignes de la figure, calculer les quatre autres.*

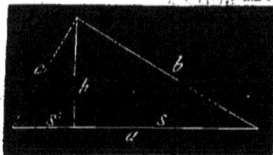

Représentons par a, b, c, les trois côtés du triangle, par h la perpendiculaire, par s et s' les deux segments qu'elle détermine sur l'hypoténuse. On a (n° 173) entre ces quantités les relations :

(1) $b^2 = a \times s$
(2) $c^2 = a \times s'$
(3) $h^2 = s \times s'$
(4) $a^2 = b^2 + c^2$
(5) $a = s + s'$

Cela posé, supposons que l'on donne b et s'; la relation (3) et le triangle formé par b, s et h, nous permettent d'écrire

$$b^2 = h^2 + s^2 \text{ et } h^2 = ss'$$

donc

$$b^2 = ss' + s^2, \text{ ou } s^2 + ss' - b^2 = 0 \quad (\alpha)$$

Équation du second degré qui donnera pour valeur de s

$$s = \frac{-s' \pm \sqrt{s'^2 + 4b^2}}{2}$$

s une fois connu, la relation (1) donnera a, la relation (2), dans laquelle on connaît a et s, donnera c, enfin la relation (3) donnera h.

Exemple, soit $b = 300$ et $s' = 320$, l'équation (α) ci-dessus, est

$$s^2 + 320s - 90000 = 0$$

et l'on a

$$s = \frac{-320 \pm \sqrt{320^2 + 4 \times 90000}}{2}$$

d'où

$$s = 180 \text{ et } s = -500$$

La valeur négative n'étant pas admissible, on adoptera la valeur positive $s = 180$, et l'on aura (1) :

$$90000 = a \times 180$$

d'où

$$a = \frac{90000}{180} = 500$$

puis (2) donnera

$$c^2 = 500 \times 320, \quad c = \sqrt{160000} = 400$$

enfin (3) donnera

$$h^2 = 180 \times 320, \quad h = \sqrt{57600} = 240$$

Si l'on connaissait a et h, les relations (3) et (5) donneraient

$$s' = a - s \text{ et } h^2 = s(a - s)$$

d'où

$$s^2 - as + h^2 = 0 \quad \text{et} \quad s = \frac{a \pm \sqrt{a^2 - 4h^2}}{2}$$

ayant s et a, on aura s'; puis à l'aide de (1) et de (2) on aura b et c.

Exemple, soit $a = 500$ et $h = 240$

la valeur de s serait

$$s = \frac{500 \pm \sqrt{250000 - 4 \times 57600}}{2} = \frac{500 \pm 140}{2}$$

d'où

$$s = 320 \quad \text{ou} \quad s = 180$$

Ici les deux valeurs de s sont acceptables toutes deux, l'une étant celle de s, l'autre celle de s'.

On aurait ensuite :

$$b^2 = 500 \times 180 \quad \text{ou} \quad b = \sqrt{90000} = 300$$

et

$$c^2 = 500 \times 320$$

d'où

$$c = \sqrt{500 \times 320} = 400, \text{ etc.}$$

PROBLÈME VIII

323. — *Construire par la géométrie une formule algébrique.*

C'est-à-dire une longueur inconnue étant exprimée par une formule algébrique en fonction de longueurs connues, on se propose de trouver par une construction graphique la longueur inconnue.

Plusieurs cas de ce problème nous sont déjà connus, ainsi l'on sait que pour construire la formule

$$x = \frac{ab}{p}$$

il suffit de construire (n° 189) une quatrième proportionnelle entre a, b et p, car la formule ci-dessus peut s'écrire

$$xp = ab \quad \text{ou} \quad \frac{p}{a} = \frac{b}{x}$$

De même, pour construire la formule

$$x = \frac{abcd}{mnp}$$

14

on peut écrire la formule donnée sous la forme

$$x = \frac{ab}{m} \times \frac{cd}{np}$$

et chercher une ligne y qui soit la quatrième proportionnelle entre a, b, m, de sorte que $y = \frac{ab}{m}$, alors $x = \frac{ycd}{np}$.

Cherchant ensuite la quantité z telle que l'on ait $r = \frac{yc}{n}$, il vient

$$x = \frac{zd}{p}$$

et une dernière quatrième proportionnelle entre z, d, et p, donnera la valeur de x.

Si la formule donnée est de la forme

$$x^2 = mn$$

On cherchera (n° 190) une moyenne proportionnelle entre m et n et l'on aura la longueur x.

Soit encore la formule

$$x = \frac{abc + def}{mn + pq}$$

on peut la mettre sous la forme

$$x = \frac{ab\left(c + \frac{def}{ab}\right)}{m\left(n + \frac{pq}{m}\right)}$$

et chercher par les deux cas précédents les valeurs linéaires $\alpha = \frac{def}{ab}$ et $\beta = \frac{pq}{m}$ on a alors

$$x = \frac{ab(c + \alpha)}{m(n + \beta)}$$

Construisant les lignes, sommes de $c + \alpha$ et de $n + \beta$, soient s et s' ces deux sommes, on a

$$x = \frac{abs}{ms'}$$

formule que l'on saura construire.

Soit encore à construire l'expression

$$x = a \sqrt{2}$$

on a aussi

$$x = \sqrt{2a^2} \quad \text{ou} \quad x = \sqrt{a \times 2a}$$

donc x est une moyenne proportionnelle entre a et $2a$.

Soit enfin proposé de construire les racines d'une équation du second degré

$$x^2 + px + q = 0$$

Soient x' et x'' les deux racines, elles doivent être telles que l'on ait

$$p = x' + x'' \quad \text{et} \quad q = x'x''$$

et si x' et x'' sont de même signe, ce que l'on reconnaît à ce que q est positif, il restera à chercher deux lignes dont on connaît la somme p et le produit q. Problème déjà fait (n° 197). Si x' et x'' sont de signe contraire, ce que l'on reconnaît à ce que q est négatif, on aura à construire deux lignes connaissant leur différence p et leur produit q. Autre problème déjà fait (n° 198).

EXERCICES

LIGNES PROPORTIONNELLES

1. La ligne droite qui joint les milieux de deux côtés d'un triangle est parallèle au troisième côté et égale à sa moitié.

2. Les lignes droites qui joignent les milieux consécutifs des côtés d'un quadrilatère forment un parallélogramme.

3. Les médianes d'un triangle se coupent en un même point, qui est au tiers inférieur de chacune d'elles.

4. Dans un triangle on diminue un côté d'une quantité à volonté, on augmente un autre côté d'une même quantité et l'on joint les deux points nouveaux ainsi déterminés, démontrer que la nouvelle base est divisée par l'ancienne dans le rapport inverse des côtés primitifs.

5. Démontrer que les droites qui, dans deux circonférences extérieures l'une à l'autre, joignent les extrémités des rayons parallèles, vont toutes couper la ligne des centres en un même point.

6. Étant données deux droites qu'on ne peut prolonger jusqu'à leur point de rencontre, mener par un point donné une droite qui irait à ce point de concours.

7. Un triangle étant donné, le couper par une transversale telle que les distances des trois sommets à cette ligne soient proportionnelles à trois lignes m, n, p, données.

8. Deux parallèles étant données, mener par deux points donnés deux autres parallèles qui, coupant les deux premières, forment un parallélogramme dont les côtés soient proportionnels à deux lignes m et n données.

9. Inscrire un carré dans un triangle donné.

10. Inscrire dans un triangle donné un rectangle semblable à un rectangle donné.

11. Un parallélogramme a ses côtés articulés à charnière, de sorte que l'on peut le déformer de mille façons sans qu'il cesse d'être parallélogramme. Démontrer que si sur deux côtés opposés on prend deux longueurs quelconques mais inégales, qu'on joigne leurs extrémités, cette ligne va rencontrer un des deux autres côtés à un point qui sera invariable, quelque déformation que l'on fasse subir au parallélogramme.

12. Démontrer que la droite qui joint les milieux des diagonales d'un trapèze est égale à la moitié de la différence des deux bases.

13. Démontrer que les carrés de deux cordes issues d'un même point d'une circonférence sont entre eux comme leurs projections sur le diamètre.

14. Par un point pris dans l'intérieur d'un angle donné mener une ligne inscrite dans l'angle, et telle que le point donné la coupe en deux parties dans un rapport donné.

15. Par un point pris à l'extérieur d'un angle mener une transversale qui rencontre les côtés en deux points déterminant deux segments dans un rapport donné.

16. Par l'un des points d'intersection de deux circonférences mener une sécante commune telle que les deux cordes qu'elle forme soient dans un rapport donné.

17. Mener par un point intérieur à un cercle une corde qui soit divisée par ce point en deux segments dans un rapport donné.

18. Démontrer que les segments de deux droites divisées en moyenne et extrême raison sont proportionnels.

19. Connaissant le plus grand des deux segments d'une droite divisée en moyenne et extrême raison, retrouver cette droite.

20. Étant donnés deux polygones semblables, démontrer qu'il existe un point tel que les lignes droites menées de ce point à deux sommets homologues quelconques font entre elles un angle constant, puis construire ce point.

21. Inscrire dans un cercle un triangle isocèle dont la somme ou la différence de la base et de la hauteur égale une longueur donnée.

22. Démontrer que si trois lignes passent par un même point, le rapport des distances d'un point quelconque de l'une aux deux autres est constant.

23. On fait glisser sur deux lignes droites rectangulaires les extrémités de l'hypoténuse d'une équerre : quelle est la ligne décrite par le sommet de l'angle droit.

24. Circonscrire à un triangle le plus grand triangle possible semblable à un triangle donné.

25. Démontrer que les cercles décrits sur les diagonales d'un trapèze ont une corde commune qui passe par le point de concours des deux côtés non parallèles.

26. Construire un polygone semblable à un polygone donné, et dont le périmètre soit égal à une ligne donnée.

27. Construire un parallélogramme semblable à un parallélogramme donné, et dont les côtés coupent une ligne droite donnée en quatre points donnés.

28. Mener par deux points donnés deux parallèles formant avec deux parallèles données un parallélogramme dont les côtés soient proportionnels à deux lignes m et n.

29. Un triangle étant donné, tracer une droite telle que les distances des sommets du triangle à cette droite soient proportionnelles à des lignes données, m, n, p.

30. Par l'un des points d'intersection de deux circonférences mener une sécante telle que les cordes interceptées soient proportionnelles à deux lignes données.

31. Par un des sommets d'un triangle mener une droite telle que les distances des deux autres sommets à cette ligne soient proportionnelles à deux droites données m et n.

32. Si d'un point pris dans le plan d'un cercle on mène deux sécantes perpendiculaires l'une à l'autre, la somme des carrés des distances de ce point aux quatre points d'intersection est constante et égale au carré du diamètre du cercle.

33. Étant donnée une tangente à une circonférence, trouver sur cette droite un point tel que sa plus courte distance à la circonférence soit égale à la moitié de la tangente.

34. Démontrer que la somme des carrés des côtés d'un quadrilatère quelconque est égale à la somme des carrés des diagonales, plus quatre fois le carré de la droite qui joint leurs milieux.

35. Démontrer que la somme des carrés des diagonales d'un trapèze est égale à la somme des carrés des côtés non parallèles, plus deux fois le produit des côtés parallèles.

36. Démontrer que la somme des carrés des côtés d'un triangle

est triple de la somme des carrés des lignes qui joignent ses sommets aux points de concours des médianes.

37. Démontrer que la somme des carrés des diagonales d'un quadrilatère est double de la somme des carrés des lignes qui joignent les milieux des côtés opposés.

38. Trouver la distance des centres de deux cercles dont on connaît les rayons R et r, sachant qu'ils se coupent de telle manière que les tangentes menées par l'un des points d'intersection sont perpendiculaires.

39. Si d'un point dans le plan d'un cercle on mène deux sécantes perpendiculaires l'une à l'autre, la somme des carrés des distances de ce point aux quatre points d'intersection de la circonférence et des sécantes est constant.

40. Trouver sur la droite qui joint les centres de deux cercles deux points tels que le produit de leurs distances au centre de chaque cercle soit égal au carré du rayon de ce cercle.

EXERCICES NUMÉRIQUES

41. Sachant que les trois côtés d'un triangle valent 30, 26 et 24 mètres, calculer les six segments formés sur eux par les trois bissectrices.

42. Les deux côtés de l'angle droit d'un triangle rectangle ont 40 et 36 mètres, calculer l'hypoténuse, la hauteur correspondante, et les deux segments de l'hypoténuse.

43. Connaissant les rayons 30 et 24 mètres de deux circonférences concentriques, calculer la longueur de la corde menée dans la plus grande tangente à la plus petite.

44. Calculer la longueur de la corde commune à deux circonférences dont les rayons ont 20 et 16 mètres et la distance des centres 25 mètres.

45. Sachant que les rayons de deux circonférences sont 50 et 30 mètres et la distance de leurs centres 120 mètres, calculer la longueur des tangentes communes.

46. Deux cordes d'un cercle se coupent, les deux parties de la première sont $1^m,2$ et $2^m,1$; la différence entre les deux parties de la seconde est $1^m,84$, calculer la longueur de cette corde.

47. La terre supposée couverte d'eau a un rayon de 6366198 mètres. A quelle distance la vue peut-elle s'étendre en mer pour un observateur placé à 70 mètres d'élévation?

48. Deux navires, élevés chacun de 3 mètres au-dessus des flots, s'éloignent l'un de l'autre, et cessent de s'apercevoir quand ils sont distants de 12600 mètres, déduire de cette expérience le rayon de la terre.

49. Les trois côtés d'un triangle sont entre eux comme les nombres 3, 4, 5, et sa surface est 24 mètres carrés. Trouver ses côtés et sa nature.

50. Les trois côtés d'un triangle sont 40, 14 et 20 mètres; on trace la hauteur aboutissant sur le côté de 20 mètres, calculer les deux segments de ce côté.

51. On donne un cercle de 2m,20 de rayon et une tangente, déterminer sur celle-ci un point tel que, menant par ce point une sécante passant par le centre, la partie extérieure de cette sécante soit égale au diamètre du cercle.

52. Dans un cercle on mène un diamètre et une tangente à une de ses extrémités, de l'autre extrémité du diamètre, avec un rayon double de celui-ci, on décrit un arc de cercle qui coupe la tangente en un point que l'on joint au centre de cet arc; cette ligne forme une sécante dont on demande de calculer la partie intérieure en fonction du rayon supposé connu.

53. Mener par un point extérieur à un cercle une sécante telle que la partie extérieure soit les $\frac{4}{9}$ de la sécante totale.

54. Un rectangle a une surface de 756m.q., on demande ses dimensions, sachant qu'elles sont entre elles dans le rapport de 7 à 5

55. Un terrain rectangulaire est vendu 60 francs l'hectare au prix total de 3725 francs. On demande sa surface et ses dimensions, sachant que la hauteur est les $\frac{2}{5}$ de la base.

56. Trouver la surface d'un rectangle dont la diagonale a 75 mètres, sachant que les côtés sont dans le rapport de 7 à 9.

57. Combien faut-il de carreaux carrés de 0m,16 de côté pour paver une cuisine rectangulaire ayant 3m,20 de large et 4m,80 de long?

58. Trouver la longueur du côté d'un carré dont la surface serait le double de la surface d'un rectangle dont les dimensions sont 4 mètres et 16 mètres.

59. Trouver la surface d'un carré, sachant que la différence entre la diagonale et le côté est de 209m.q.,96.

60. Trouver le côté d'un carré tel que la différence entre la diagonale et le côté soit égale à 10 mètres.

61. Sur chaque côté d'un carré dont la surface est de 72m.q., on prend alternativement des longueurs égales à 8m,50 et 3m,50, on joint ces points deux à deux, on demande la surface du quadrilatère ainsi formé.

62. Un triangle a 1000m.q. de surface, quelles sont ses dimensions sachant que la base et la hauteur sont dans le rapport de $\frac{28}{10}$?

63. Calculer le côté du carré équivalent à la surface d'un triangle qui a pour dimensions 512 et 800.

64. Calculer la surface d'un triangle rectangle, dans lequel on connaît un des côtés de l'angle droit égal à 60 mètres, et la perpendiculaire menée du sommet sur l'hypoténuse, égale à 45 mètres.

65. Calculer la hauteur d'un triangle dont la base a 120 mètres, et dont la surface doit être moyenne proportionnelle entre les surfaces de deux trapèzes qui ont la grande base commune, égale à 80 mètres; même hauteur, égale à 25 mètres, et les deux petites bases égales l'une à 30 l'autre à 40 mètres.

66. Calculer les deux côtés de l'angle droit d'un triangle rectangle dont on connaît la surface, égale 729 mètres, et l'hypoténuse, égale à 81 mètres.

67. Un triangle a 60 mètres de hauteur et 80 de base, à 30 mètres du sommet on mène une parallèle à la base, calculer la surface du trapèze ainsi formé.

68. Un trapèze a des bases égales à 50 et 70 mètres, et une hauteur de 12 mètres; à une distance de 3 mètres de la grande base on lui mène une parallèle, on demande la longueur de celle-ci.

69. Les deux bases d'un trapèze sont égales à 6 et 10 mètres, les deux autres côtés sont également inclinés sur les bases, et ont une longueur de 5 mètres, trouver la surface de ce trapèze.

70. Calculer la surface d'un trapèze, sachant que sa hauteur est égale à la demi-somme des bases; que la différence entre les deux bases est de 8 mètres, et que la plus grande est égale à l'hypoténuse d'un triangle rectangle dont les deux côtés de l'angle droit seraient la petite base et la hauteur du trapèze.

71. Calculer le côté d'un triangle équilatéral dont la surface soit la somme des surfaces de deux triangles équilatéraux ayant pour côté l'un 15, l'autre 20 mètres.

72. Trouver la surface d'un triangle dont le périmètre a 20 mètres et le rayon du cercle inscrit $2^m,20$.

73. Calculer par la géométrie la ligne égale à $\sqrt{3}$.

MESURE DES SURFACES

74. Mener par un sommet d'un quadrilatère une ligne droite qui le divise en deux parties équivalentes.

75. Démontrer que l'aire du trapèze est égale au produit de l'un des côtés non parallèles par la distance de ce côté au milieu du côté opposé.

76. Démontrer que si, dans un quadrilatère quelconque, on mène par le milieu de chaque diagonale une parallèle à l'autre, et qu'on joigne le point de rencontre de ces deux droites au milieu des côtés

du quadrilatère, il sera partagé en quatre quadrilatères équivalents entre eux.

77. Démontrer que le carré construit sur la diagonale d'un carré est le double de celui-ci.

78. On joint le tiers du côté d'un carré au quart du côté adjacent, calculer, en fonction du côté c de ce carré, la surface du triangle ainsi formé.

79. Diviser un trapèze en deux parties équivalentes par une droite partant d'un point donné sur une base.

80. Trouver sur la diagonale d'un trapèze un point tel que menant par ce point une parallèle à l'un des côtés, le trapèze soit partagé en deux parties dans le rapport $\frac{m}{n}$.

81. Partager un trapèze en deux parties équivalentes par une parallèle aux bases.

82. Un triangle étant partagé en deux parties équivalentes par une parallèle à la base, trouver en fonction de la hauteur h du triangle la hauteur du trapèze.

83. Inscrire un carré dans un triangle équilatéral, et en calculer la surface en fonction du côté a du triangle.

84. Sur une droite donnée construire un triangle équivalent à un carré donné.

85. Construire un carré qui soit à un carré donné dans le rapport de $\frac{m}{n}$.

86. Construire sur une base donnée un triangle isocèle dont la surface soit m fois celle d'un carré donné.

87. Construire un carré équivalent à la somme d'un triangle et d'un rectangle.

88. Construire un carré équivalent à la différence d'un triangle et d'un trapèze donnés.

89. Construire sur une base donnée un triangle dont la surface soit moyenne proportionnelle entre celles d'un rectangle et d'un trapèze donnés.

90. Diviser un triangle en deux parties équivalentes par une droite perpendiculaire à l'un de ses côtés.

91. Diviser un triangle en trois parties proportionnelles à des lignes données en joignant un point intérieur à tous les sommets.

92. Inscrire dans un cercle un trapèze dont on connaît la surface et la hauteur.

93. Par un point dans le plan d'un angle, tracer une sécante telle que le triangle qu'elle détermine ait une surface égale à celle d'un carré donné.

94. Par un point dans le plan d'un angle, tracer une sécante telle

que le produit des distances du sommet de l'angle aux deux points d'intersection soit égal à un carré donné.

95. Partager un triangle en 2, 3, 4, etc. parties équivalentes par des parallèles à la base.

96. Diviser un trapèze en un nombre quelconque de parties équivalentes par des parallèles à la base.

97. Transformer un triangle en un triangle isocèle équivalent, ayant avec lui un angle commun.

98. Par un point donné sur une base d'un trapèze mener une droite qui le partage en deux trapèzes équivalents.

99. Dans un parallélogramme on joint un point intérieur aux quatre sommets, démontrer que le rapport entre la surface du parallélogramme et la somme des surfaces de deux triangles opposés est constant.

100. Trouver deux lignes proportionnelles aux surfaces de deux triangles donnés.

101. Construire un rectangle équivalent à un carré donné, et tel que la somme ou la différence de la base et de la hauteur soient égales à une ligne donnée.

102. Deux polygones semblables étant donnés, construire un polygone qui leur soit semblable et soit équivalent à leur somme ou à leur différence.

103. Construire un triangle équilatéral équivalent à la somme ou à la différence de deux polygones donnés.

104. Mener par un point donné une droite qui partage un trapèze en deux parties dans un rapport donné.

105. Construire sur une base donnée un triangle équivalent à un polygone donné, et tel que la droite qui joint son sommet au milieu de la base soit moyenne proportionnelle entre les deux autres côtés.

CONSTRUCTION DE TRIANGLES, CERCLES, ETC.

106. Décrire une circonférence passant par deux points donnés et telle qu'une tangente menée par un troisième point ait une longueur donnée.

107. Construire un triangle connaissant deux côtés et la bissectrice de leur angle.

108. Construire un triangle connaissant un côté, la bissectrice de l'angle opposé et le rapport des deux autres côtés.

109. Décrire une circonférence passant par un point donné et tangente à deux droites données.

110. Construire un losange dont le côté ait une longueur donnée et soit moyenne proportionnelle entre les deux diagonales.

111. Construire une circonférence passant par deux points donnés et qui divise en deux parties égales une circonférence donnée.

112. Construire une circonférence qui passe par deux points donnés et soit tangente à une circonférence donnée.

113. Décrire une circonférence qui coupe à angle droit trois circonférences données.

114. Inscrire dans un cercle un triangle tel que ses côtés, prolongés s'il est nécessaire, passent par deux points donnés, et interceptent sur la circonférence un arc dont la corde soit parallèle à la ligne qui joint ces deux points.

115. Construire deux circonférences qui tangentes l'une à l'autre soient aussi tangentes à une droite donnée en deux points donnés, et dont la somme ou la différence des rayons soit égale à une ligne donnée.

116. Construire un triangle connaissant la hauteur, la médiane et la bissectrice issues du même sommet.

117. Construire un triangle connaissant un angle, la hauteur correspondante et la somme, la différence, le produit, ou le rapport des côtés qui comprennent l'angle donné.

118. Construire un triangle connaissant un côté, la différence des deux angles adjacents à ce côté, et la somme, la différence, le produit ou le rapport des deux autres côtés.

119. Construire un triangle connaissant un côté, l'angle opposé et le produit des deux autres côtés.

120. Construire un triangle connaissant un côté, la hauteur correspondante et la différence des angles adjacents au côté donné.

121. Construire un triangle connaissant le produit de deux côtés, la différence des angles adjacents au troisième, et la médiane qui aboutit sur ce troisième côté.

122. Construire un triangle connaissant un angle et les sommes que l'on obtient en ajoutant le côté opposé à cet angle successivement aux deux autres côtés.

CONSTRUCTION DE FORMULES

123. Construire deux droites dont on connaît la somme et la différence.

124. Construire une droite x telle que l'on ait $x = \dfrac{n}{m}$, n et m étant des lignes données.

125. Construire deux droites x et y sachant la valeur de leur rapport et leur somme; $\dfrac{x}{y} = \dfrac{m}{n}$, et $x + y = l$; m, n, l étant des lignes.

126. Construire deux droites x et y connaissant leur rapport et leur différence, ou $\dfrac{x}{y} = \dfrac{m}{n}$ et $x - y = l$.

127. Construire une droite x, telle que l'on ait $x = m\,(m + n)$.

128. Construire une droite x, telle que l'on ait $x^2 = \dfrac{3}{5}\,m^2$.

129. Construire une droite x, telle que l'on ait $\dfrac{3}{4}\,x^2 = l^2$.

130. Trois droites a, b, c, étant données, en trouver une quatrième x, telle que l'on ait $\dfrac{x^2}{a^2} = \dfrac{b}{c}$.

131. Construire une droite x, telle que l'on ait $x^2 = \dfrac{l^2\,m}{m + n}$.

132. Construire la valeur $x = \dfrac{abc - def}{gh - kl}$.

133. Construire les racines de l'équation $x = \sqrt{a^2 + b^2}$.

134. Construire les racines de l'équation $x = \sqrt{a^2 + b^2 + c^2 - d^2}$.

135. Construire la valeur $x = \dfrac{ab + c^2}{\sqrt{a^2 + b^2 - c^2}}$.

136. Construire la valeur $x = \dfrac{a^3 b}{c^2 d}\sqrt{a\left(d + \dfrac{c^2}{m}\right)}$.

LIEUX GÉOMÉTRIQUES

137. Trouver le lieu géométrique des points d'où l'on voit deux cercles donnés sous des angles égaux.

138. Trouver le lieu géométrique du point dont les distances à deux droites données sont dans un rapport donné.

139. D'un point donné on mène des lignes droites à divers points d'une circonférence, on les divise toutes dans un rapport $\dfrac{m}{n}$ donné. Trouver le lieu géométrique des points de division.

140. Pour construire un quadrilatère on ne connait que trois côtés et une diagonale, trouver le lieu du quatrième sommet, le lieu du milieu de la diagonale, et le lieu du milieu de la droite qui joint les milieux des diagonales.

141. Trouver le lieu géométrique des centres des cercles qui coupent sous un angle droit deux cercles donnés.

142. Trouver le lieu géométrique des milieux des cordes des arcs interceptés sur une circonférence par les côtés d'un angle droit tournant autour de son sommet.

143. Trouver le lieu géométrique des points tels que les joignant

aux extrémités de deux lignes données, on forme deux triangles dont les aires sont dans un rapport donné.

144. Un cercle mobile roule sur un cercle fixe de rayon double, auquel il est tangent intérieurement, quel est le lieu géométrique décrit par un point de la circonférence du cercle mobile?

145. Un cercle tourne autour d'un point fixe; dans chaque position nouvelle on lui mène une tangente parallèle à une direction donnée, trouver le lieu géométrique des points de tangence.

146. Quatre points étant pris sur un même cercle, par deux d'entre eux on fait passer un cercle quelconque, et par les deux autres on fait passer un cercle tangent au précédent : quel est le lieu géométrique des points de tangence?

LIVRE IV

---

324. **Définitions**. — On nomme polygone régulier un polygone qui a tous ses côtés égaux et tous ses angles égaux.

Le triangle équilatéral, le carré, sont des polygones réguliers.

Il y a des polygones réguliers d'un nombre quelconque de côtés. En effet, supposons une circonférence partagée en un nombre quelconque n d'arcs égaux; si l'on trace les cordes de ces arcs, on obtient un polygone régulier, car ses côtés sont égaux comme cordes d'arcs égaux, et ses angles sont aussi égaux, car chacun d'eux, comme angle inscrit, a pour mesure une même fraction $\dfrac{n-2}{2n}$ de la circonférence.

Le polygone que l'on obtient par cette construction est un polygone convexe, une ligne droite ne peut couper son

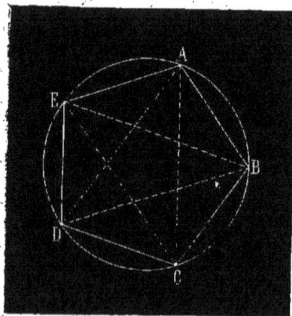

périmètre qu'en deux points. Mais on peut aussi construire un autre genre de polygone en joignant chaque point de division non pas à celui qui le suit immédiatement, mais à un autre distant du premier de m divisions. Ainsi soit une circonférence partagée en cinq arcs égaux, la jonction des points chacun avec le suivant donne le pentagone régulier convexe ABCDE, puis si l'on joint ensemble les points de deux en deux, savoir A avec C, C avec E, E avec B, etc.; après avoir ainsi tracé cinq cordes nouvelles, on revient au point A de départ, et l'on a tracé un polygone dit polygone étoilé à cinq pointes, ou pentagone étoilé.

325. — Cherchons actuellement dans quelles conditions est possible la construction d'un polygone étoilé.

Soit n le nombre des divisions de la circonférence, et supposons que l'on joigne de m en m les points de divisions; si m est un diviseur exact de n, on revient au point de départ après avoir fait un tour complet de la circonférence; si $n = 12$ et m, 4, on trace trois cordes, elles ramènent au point de départ, on a construit le triangle équilatéral, mais pas de polygone étoilé.

Supposons m premier avec n. Si nous représentons par C la circonférence, chaque arc est $\dfrac{C}{n}$, et l'arc dont on trace la corde est $\dfrac{mC}{n}$.

Pour que, après avoir construit un certain nombre de cordes d'arcs consécutifs, égaux à $\dfrac{mC}{n}$, on revienne au point de départ, il faut qu'un certain multiple de cet arc soit égal à un nombre exact de circonférences, ou que

$$\frac{mCx}{n} = k \times C$$

k étant un nombre entier, il faut donc que

$$\frac{mx}{n} = k$$

et comme m et n sont premiers entre eux, il faut que x soit un multiple de n, donc la valeur minimum de x est n. Donc on reviendra au point de départ après un nombre de constructions égal à n.

Supposons maintenant que m et n n'étant pas premiers entre eux aient un commun diviseur a, de sorte que $n = n'a$ et $m = m'a$, la relation ci-dessus donne

$$\frac{m'ax}{n'a} = k$$

d'où

$$\frac{m'x}{n'} = k$$

Donc x égale au moins n'; après n' constructions on revient au point de départ et l'on a un polygone étoilé de m' côtés.

Remarquons que l'on construirait également bien le polygone étoilé en joignant les points non plus de m en m, mais de $n - m$ en $n - m$; que, par suite, si m dépasse $\frac{m}{2}$, on retombe sur une construction déjà faite. Donc on peut construire un polygone étoilé en joignant les points suivant un ordre donné par les nombres, depuis 1 jusqu'à $\frac{n}{2}$, qui sont premiers avec n.

Par suite l'hexagone n'aura pas de polygone étoilé, car 2 et 3 ne sont pas premiers avec 6.

Le pentagone en aura un, en joignant les points de deux en deux.

L'octogone donnera un polygone étoilé en joignant les points de 3 en 3, le décagone en joignant aussi de 3 en 3.

La circonférence étant partagée en 15 parties égales, on construira le pentédécagone étoilé en joignant les points de division de 2 en 2, ou de 4 en 4, ou de 7 en 7.

326. — Une ligne brisée est dite régulière lorsqu'elle est formée de lignes droites égales formant entre elles des angles égaux. Une telle ligne n'est pas nécessairement une fraction de polygone régulier, mais elle jouit de quelques-unes de leurs propriétés.

THÉORÈME CXXX

327. — *Dans toute circonférence on peut inscrire un polygone régulier, et à toute circonférence on peut en circonscrire un.*

En effet, pour inscrire un polygone de n côtés, il suffit de concevoir la circonférence partagée en n arcs égaux, les

cordes de ces arcs donneront le polygone régulier demandé :
ABCD.....

Pour circonscrire à la même circonférence un polygone
régulier de *n* côtés, il suffit de lui mener une tangente par
chaque point de division ; ces tangentes se coupant deux à
deux donneront le polygone circonscrit AGFED... qui, dis-je,
est régulier. En effet, si l'on joint
AO, OB, OC, OD, les angles au
centre ainsi formés sont égaux,
comme ayant pour mesure chacun
un même arc de la circonférence,
donc les angles G, F, E, du polygone circonscrit étant leurs supplémentaires sont aussi égaux entre
eux. Si, de plus, on mène OF, cette
ligne est perpendiculaire sur le milieu de BC, et si l'on plie
la figure suivant OF, la coïncidence des points de tangence
amène la coïncidence des tangentes elles-mêmes, donc les
côtés sont égaux et le polygone régulier.

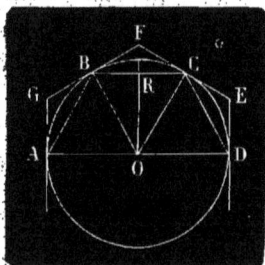

THÉORÈME CXXXI

328. — *Tout polygone régulier peut être inscrit ou circonscrit à une circonférence.*

En effet, soit un polygone régulier ABCDEF. Par les
trois sommets consécutifs A,
B, C, on peut toujours faire
passer une circonférence ; je
dis qu'elle passera aussi par
les sommets suivants D, E, etc.
En effet, joignons OA, OD, et
menons OH perpendiculaire
sur BC, et passant par son
milieu. Si l'on plie la figure
suivant OH, les deux quadri-
latères OHBA, OHCD, sont superposables, car C tombe
en B, et les angles en B et C étant égaux, CD prend la direc-

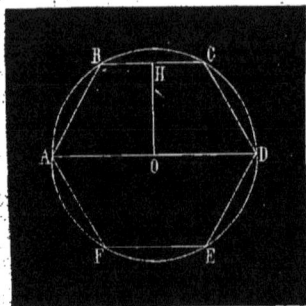

15

tion BA et le point D tombe en A; donc OA = OD, et le point D appartient à la circonférence qui passe par A, B et C. On démontrerait de même que les sommets suivants appartiennent aussi à cette circonférence. Donc le polygone donné peut être inscrit dans une circonférence; il peut aussi lui être circonscrit, car les cordes égales AB, BC, CD sont toutes distantes du centre d'une même quantité égale à OH, donc la circonférence décrite avec OH pour rayon sera tangente à toutes les cordes, et le polygone donné lui sera circonscrit.

329. **Définition.** — Le rayon OA du cercle circonscrit est dit aussi le *rayon* du polygone; le rayon OH du cercle inscrit est l'*apothème* du polygone, et le centre commun O des deux cercles est le *centre* du polygone.

330. **Corollaire.** — *Une ligne brisée régulière peut aussi être toujours inscrite et circonscrite à une circonférence.*

On le démontrerait comme pour le polygone régulier.

THÉORÈME CXXXII

331. — *Deux polygones réguliers d'un même nombre de côtés sont deux figures semblables.*

Soient deux polygones réguliers chacun de n côtés; ils sont semblables, car l'angle de chacun d'eux vaut $\dfrac{2(n-2)}{n}$, et leurs côtés sont proportionnels, puisqu'ils sont égaux entre eux.

332. **Corollaire I.** — *Les périmètres de deux polygones semblables sont entre eux comme les côtés, ou comme les rayons, ou comme les apothèmes.*

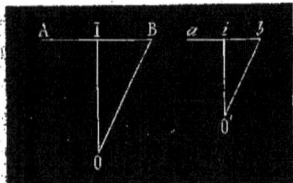

En effet si AB et *ab* sont les côtés de deux polygones réguliers de n côtés, O et O' leurs centres, OB et O'*b* seront leurs rayons, OI, O'*i* leurs apothèmes; les deux triangles OIB, O'*ib* sont

semblables, car ils sont rectangles et ont les angles O et O'
égaux, donc on a

$$\frac{IB}{ib} = \frac{OB}{O'b} = \frac{OI}{O'i} = \frac{AB}{ab}$$

et l'on a ainsi

$$\frac{n \times AB}{n \times ab} = \frac{AB}{ab} = \frac{OB}{O'b} = \frac{OI}{O'i}$$

333. Corollaire II. — *Les surfaces de deux poly-*
gones réguliers, d'un même nombre de côtés sont entre elles
dans le rapport des carrés des côtés, ou des rayons, ou des
apothèmes.

PROBLÈMES SUR LES POLYGONES RÉGULIERS

PROBLÈME I

334. — *Étant donné un polygone régulier inscrit dans*
une circonférence, circonscrire un polygone régulier d'un
même nombre de côtés.

Il y a deux méthodes pour construire ce polygone.

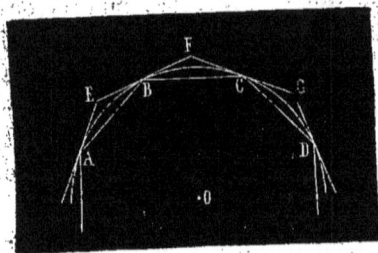

1re méthode. —
Par chacun des sommets
A, B, C, D, etc., du po-
lygone inscrit donné, on
mène des tangentes à la
circonférence; en se cou-
pant deux à deux elles
forment un polygone cir-
conscrit, que l'on a démontré régulier (n° 327), et qui a le
même nombre de côtés que le polygone donné.

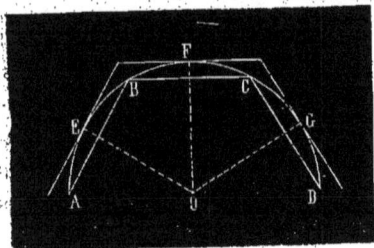

2° méthode. —
Par le centre O on mène
les rayons OE, OF, OG,
perpendiculaires sur les
milieux des côtés du po-
lygone donné, et par les
points E, F, G, ainsi dé-
terminés, on mène des

tangentes à la circonférence; par leur intersection elles formeront le polygone régulier demandé.

En effet, il est régulier, car les points E, F, G, étant au milieu des *n* arcs égaux AB, BC, CD, etc., partagent la circonférence en *n* parties égales, donc (n° 327) le polygone formé par les tangentes en ces points est régulier et a *n* côtés.

PROBLÈME II

335. — *Étant donné un polygone régulier, inscrit ou circonscrit, inscrire ou circonscrire un polygone régulier d'un nombre doublé de côtés.*

Si le polygone donné est inscrit, pour construire le polygone régulier inscrit d'un nombre de côtés double, il suffit,

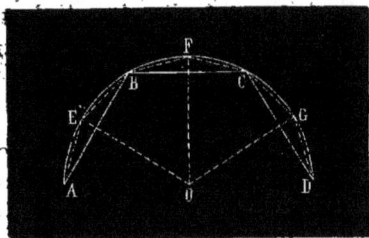

en menant les perpendiculaires OE, OF, OG, etc., sur les côtés, de déterminer les points E, F, G, etc., milieux des arcs AB, BC, CD, ce qui opère le partage de la circonférence en 2*n* parties égales, si le polygone primitif avait *n* côtés; joignant ensuite ces 2*n* points deux à deux, on obtient le polygone demandé.

Si le polygone donné est circonscrit, il suffit de déter-

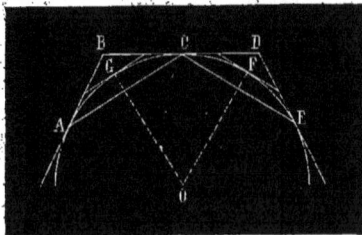

miner les milieux des arcs AC, CE, par les perpendiculaires sur leurs cordes AC, CE. Ces points F, G, ainsi déterminés, partagent la circonférence en 2*n* parties égales, donc de nouvelles tangentes menées par ces points détermineront avec les premières un polygone régulier de 2*n* côtés.

PROBLÈME III

336. — *Inscrire dans une circonférence un carré, et les polygones successifs de 8, 16, 32, etc. côtés.*

Pour inscrire un carré dans une circonférence, il suffit de tracer deux diamètres perpendiculaires et de mener les cordes joignant leurs extrémités deux à deux.

Pour construire le polygone de 8 côtés ou octogone régulier, il suffit de mener des rayons perpendiculaires aux côtés du carré et de joindre chacun des nouveaux points de division de la circonférence aux sommets du carré précédent; cette construction répétée de nouveau donnera le polygone de 16 côtés, et ainsi de suite pour celui de 32 côtés.

Si, le partage de la circonférence en huit parties égales étant fait, on joint les points de division de 3 en 3, on obtient l'octogone étoilé.

En les joignant de 3 en 3, ou de 5 en 5, ou de 7 en 7, lorsque l'on aura partagé la circonférence en 16 parties égales, on obtiendra le polygone étoilé de 16 côtés.

337. — Proposons-nous maintenant de calculer les valeurs des côtés du carré et des deux octogones convexe et étoilé en fonction du rayon, que nous représenterons par R.

Valeur du côté du carré inscrit.

Le triangle BAO étant rectangle en O, donne :

$$AB^2 = OB^2 + OA^2 = 2R^2$$

donc

$$AB = \sqrt{2R^2} = R\sqrt{2}$$

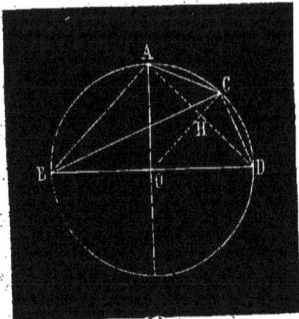

328. — *Valeur du côté de l'octogone régulier convexe.*

Dans le triangle isocèle AOC, on a

$$AC^2 = AO^2 + OC^2 - 2CO \times OH$$

ou comme $AO = OC = R$,

$$AC^2 = 2R^2 - 2R \times OH$$

Mais le triangle rectangle OHD donne :

$$OH^2 = OD^2 - HD^2 = R^2 - \frac{AD^2}{4}$$

or $AD = AB = R\sqrt{2}$, donc

$$OH^2 = R^2 - \frac{2R^2}{4} = \frac{R^2}{2}$$

et enfin

$$OH = \sqrt{\frac{R^2}{2}} = \frac{R}{\sqrt{2}}$$

on a alors, en remplaçant OH par cette valeur,

$$AC^2 = 2R^2 - \frac{2R^2}{\sqrt{2}} = 2R^2 - R^2\sqrt{2},$$

et enfin

$$AC = \sqrt{R^2(2 - \sqrt{2})} = R\sqrt{2 - \sqrt{2}}$$

339. — *Valeur du côté de l'octogone étoilé.*

Soit CB le côté obtenu en joignant de 3 en 3 les sommets de l'octogone précédent, le triangle BCD est rectangle, et BD est un diamètre, donc

$$BC^2 = BD^2 - CD^2 = 4R^2 - CD^2$$

mais $CD = AC$, donc

$$CD^2 = R^2(2 - \sqrt{2})$$

et l'on a

$$BC^2 = 4R^2 - R^2(2 - \sqrt{2})$$

d'où

$$BC^2 = R^2(2 + \sqrt{2})$$

et enfin

$$BC = R\sqrt{2 + \sqrt{2}}$$

PROBLÈME IV

340. — *Inscrire dans une circonférence un triangle équilatéral, un hexagone régulier, puis les polygones successifs de 12, 24, etc., côtés.*

Soit proposé d'inscrire un triangle équilatéral dans une circonférence donnée O.

Supposons que AB soit le côté cherché du triangle équilatéral inscrit. Je mène le rayon OC perpendiculaire sur le
milieu de AB, et je joins OA, OB,
AC, CB. L'angle AOB est égal à
l'angle ACB, car AOB a pour mesure
l'arc ACB égal à $\frac{1}{3}$ de la circonférence, et l'angle ACB a pour mesure
la moitié de l'arc AMC ou la moitié
des $\frac{2}{3}$ ou $\frac{1}{3}$ de la circonférence. Les
deux triangles rectangles ODB, BDC sont égaux, comme
ayant le côté DB commun, et l'angle BOD, moitié de BOA, égal
à BCD, moitié de son égal BCA, donc OB = CB, et OD = DC,
donc le côté AB du triangle équilatéral inscrit est perpendiculaire sur le milieu du rayon, propriété qui, une fois
connue, suffit pour le construire.

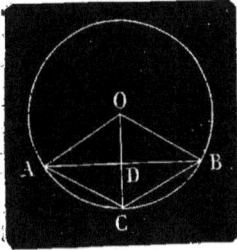

AC est le côté de l'hexagone régulier inscrit; il suit de la
démonstration précédente qu'il est égal au rayon, ce qui
donne le moyen de construire aisément ce polygone.

Quant aux polygones successifs de 12, 24, etc. côtés,
on les construira comme on l'a fait aux problèmes II et III.
Il reste à chercher les valeurs des côtés de ces polygones
en fonction du rayon R.

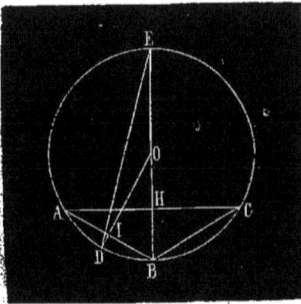

341. — *Valeur du côté du
triangle équilatéral.*

AB et BC étant deux côtés
de l'hexagone régulier, égaux
comme l'on sait au rayon R,
AC est le côté du triangle
équilatéral inscrit, perpendiculaire au milieu H du rayon;
le triangle rectangle AHB
donne :

$$AH^2 = AB^2 - HB^2 = R^2 - \frac{R^2}{4} = \frac{3R^2}{4}$$

donc

$$AH = \frac{R\sqrt{3}}{2} \quad \text{et} \quad AC \text{ ou } 2AH = R\sqrt{3}$$

342. — *Valeur du côté du dodécagone inscrit convexe.*
Menant OD perpendiculaire sur AB, et joignant DB, on a
le côté du dodécagone, or le triangle ODB donne :

$$DB^2 = OB^2 + OD^2 - 2OD \times OI$$

ou

$$DB^2 = 2R^2 - 2R \times OI$$

Mais on a dans le triangle rectangle OIB :

$$OI^2 = OB^2 - IB^2 = R^2 - \frac{R^2}{4} = \frac{3R^2}{4}$$

donc

$$OI = \frac{R\sqrt{3}}{2}$$

et remplaçant OI par cette valeur, on a pour DB^2 :

$$DB^2 = 2R^2 - 2R \times \frac{R\sqrt{3}}{2} = R^2(2 - \sqrt{3})$$

donc enfin

$$DB = R\sqrt{2 - \sqrt{3}}$$

343. — *Valeur du côté du dodécagone étoilé.*

Joignant ED, l'arc EAD comprend $\frac{5}{12}$ de la circonférence,
donc ED est le côté du dodécagone étoilé. Or le triangle EDB
est rectangle en D comme inscrit dans une demi-circonférence, donc on a

$$ED^2 = EB^2 - DB^2 = 4R^2 - R^2(2 - \sqrt{3})$$

et enfin, en réduisant, on a :

$$ED = R\sqrt{2 + \sqrt{3}}$$

PROBLÈME V

344. — *Inscrire dans une circonférence un décagone régulier, un pentagone régulier, puis les polygones de 20, 40, etc., côtés.*

Supposons que AB soit le côté du décagone régulier inscrit; l'angle au centre AOB a pour mesure $\frac{360°}{10}$ ou 36°, et, le triangle AOB étant isocèle, les deux angles à la base valent ensemble 180° — 36° ou 144°, donc chacun d'eux vaut 72°. Menons la bissectrice BG, de l'angle B, il est facile de reconnaître que les angles du triangle ABG étant égaux à ceux du triangle AOB, ces deux triangles sont semblables, que de plus OGB est isocèle, de façon que l'on a

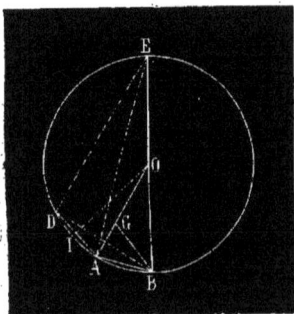

$$AB = BG = OG$$

Cela posé, la similitude des deux triangles ABG et AOB donne la proportion

$$\frac{AO}{AB} = \frac{AB}{AG}$$

donc AB est une moyenne proportionnelle entre AO et AG, mais comme AB = OG, on reconnaît que AO est partagée au point G en moyenne et extrême raison, et que le côté AB du décagone est égal au plus grand des deux segments.

Si maintenant l'on joint deux sommets D et B du décagone, on obtient le côté du pentagone.

Si du centre O on mène OI perpendiculaire sur la corde AD, on détermine deux arcs et deux côtés du polygone de 20 côtés, et ainsi de suite pour les polygones de 40, 80, 160, etc. côtés.

Calculons maintenant les valeurs des côtés de ces polygones en fonction du rayon R.

345. — *Valeur du côté du décagone régulier convexe.*

La proportion qui nous a donné la valeur géométrique de ce côté ou

$$\frac{AO}{AB} = \frac{AB}{AG}$$

peut s'écrire, en représentant AB par x et AO par R

$$\frac{R}{x} = \frac{x}{R-x}$$

ou

$$x^2 - Rx + R^2 = 0$$

Équation du second degré, qui résolue donne pour valeur de x ou AB :

$$AB = \frac{R(\sqrt{5}-1)}{2}$$

346. — *Valeur du côté du pentagone régulier convexe.*

Le triangle OHB donne pour valeur du demi-côté du pentagone

$$BH = \sqrt{R^2 - OH^2}$$

Déterminons OH. Pour cela considérons le triangle AOB, dans lequel AB, côté du décagone, est connu et égal à $\frac{R(\sqrt{5}-1)}{2}$, le triangle donne

$$AB^2 = OB^2 + OA^2 - 2OA \times OH$$

ou

$$\frac{R^2(\sqrt{5}-1)^2}{4} = 2R^2 - 2R \times OH$$

d'où

$$OH = \frac{8R^2 - R^2(\sqrt{5}-1)^2}{8R} = \frac{R(1+\sqrt{5})}{4}$$

Reprenant maintenant la valeur de BH et remplaçant OH par la valeur trouvée, on a :

$$BH = \sqrt{R^2 - \frac{R^2(1+\sqrt{5})^2}{16}}$$

d'où

$$BH = \frac{R\sqrt{10-2\sqrt{5}}}{4} \quad \text{et} \quad DB = \frac{R\sqrt{10-2\sqrt{5}}}{2}$$

347. — *Valeur du côté du pentagone étoilé.*

Ce polygone s'obtient en joignant de 2 en 2 les sommets du pentagone convexe.

Si donc nous joignons EA, cette ligne sera un côté du pentagone étoilé, car la demi-circonférence comprenant 5 sommets du décagone, l'arc EDA en contient 4, ou comprend deux arcs du pentagone. Or le triangle EAB étant rectangle, donne :

$$EA^2 = EB^2 - AB^2$$

ou

$$EA^2 = 4R^2 - \frac{R^2(\sqrt{5}-1)^2}{4}$$

d'où l'on tire

$$EA = \frac{R\sqrt{10+2\sqrt{5}}}{2}$$

348. — *Valeur du côté du décagone étoilé.*

Ce côté s'obtiendra en joignant de 3 en 3 les sommets du décagone convexe.

ED sera donc ce côté, car la demi-circonférence comprenant 5 sommets, et l'arc DB en contenant 2, l'arc ED en comprend 3, le triangle EDB étant rectangle donne :

$$ED^2 = EB^2 - DB^2$$

ou

$$ED^2 = 4R^2 - \frac{R^2(10-2\sqrt{5})}{4}$$

d'où l'on tire

$$ED = \frac{R\sqrt{6+2\sqrt{5}}}{2}$$

mais remarquons que $6 + 2\sqrt{5}$ n'est autre chose que $(\sqrt{5} + 1)^2$, donc enfin

$$ED = \frac{R(\sqrt{5} + 1)}{2}$$

Le côté du décagone étoilé n'est donc autre que la seconde solution donnée (n° 191) du partage d'une ligne en moyenne et extrême raison.

PROBLÈME VI

349. — *Inscrire dans une circonférence un pentédéca-gone régulier.*

Le côté de ce polygone doit être la corde d'un arc égal à $\frac{1}{15}$ de la circonférence ; or

$$\frac{1}{6} - \frac{1}{10} = \frac{5}{30} - \frac{3}{30} = \frac{1}{15}$$

donc si de l'arc sous-tendu par le côté de l'hexagone régulier, on retranche l'arc sous-tendu par le côté du décagone, la différence des deux arcs est égale à $\frac{1}{15}$ de la circonférence, et sa corde donnera le côté du pentédécagone régulier convexe.

A l'aide de perpendiculaires menées du centre sur les côtés de ce polygone, on aura le polygone régulier de 30 côtés, et ainsi de suite pour ceux de 60, 120, etc.

Enfin comme les nombres premiers avec 15 et inférieurs à sa moitié sont 2, 4 et 7, on obtiendra les pentédécagones réguliers étoilés, en joignant les sommets du pentédécagone convexe, soit de 2 en 2, soit de 3 en 3, soit de 7 en 7.

Déterminons maintenant les valeurs du côté de ces divers polygones en fonction du rayon.

350. — *Côté du pentédécagone régulier convexe.*

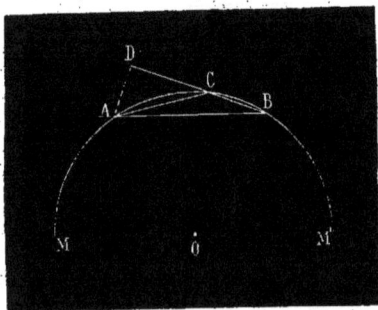

Soit AB le côté de l'hexagone régulier, on a AB = R; soit AC le côté du décagone régulier, on a

$$AC = \frac{R(\sqrt{5}-1)}{2}$$

Si l'on joint CB, on a le côté du pentédécagone dont il s'agit de trouver la valeur.

Du point A menons AD perpendiculaire sur BC prolongé, l'angle ACB inscrit a pour mesure la moitié de l'arc AMM'B, égal à la circonférence entière diminuée des arcs BC et AC, égaux l'un à $\frac{1}{15}$; l'autre à $\frac{1}{10}$ de 360°, donc l'arc

$$AMM'B = 360° - (36 + 24) \text{ ou } AMM'B = 300°$$

et l'angle ACB = 150°. Par suite son supplémentaire

$$ACD = 30°$$

et le triangle rectangle ADC étant la moitié d'un triangle équilatéral, on a $AD = \frac{AC}{2}$ ou $AD = \frac{R(\sqrt{5}-1)}{4}$

Cela posé, comme BC = BD — DC, il suffit de calculer les valeurs de ces deux lignes dans les deux triangles rectangles ADB et ADC; on a

$$DB^2 = AB^2 - AD^2 = R^2 - \frac{R^2(\sqrt{5}-1)^2}{16} = \frac{R^2(10+2\sqrt{5})}{16}$$

et par suite

$$DB = \frac{R\sqrt{10+2\sqrt{5}}}{4}$$

Le triangle ADC de son côté donne :

$$DC^2 = AC^2 - AD^2 = \frac{3AC^2}{4} = \frac{3R^2(\sqrt{5}-1)^2}{16} = \frac{R^2(18-6\sqrt{5})}{16}$$

et par suite

$$DC = \frac{R\sqrt{18 - 6\sqrt{5}}}{4}$$

donc enfin

$$BC = \frac{R}{4}\left(\sqrt{10 + 2\sqrt{5}} - \sqrt{18 - 6\sqrt{5}}\right)$$

351. — *Calcul du côté du pentédécagone étoilé.*

Remarquant que $\frac{1}{3} - \frac{1}{5} = \frac{2}{15}$, on voit que si de l'arc AB, égal au tiers de la circonférence, et ayant pour corde le côté du triangle équilatéral, on retranche l'arc AC, égal à $\frac{1}{5}$ de la circonférence, et dont la corde est le côté du pentagone, en joignant CB on a la corde de l'arc de $\frac{2}{15}$ de la circonférence, c'est-à-dire le côté du pentédécagone régulier étoilé, que l'on obtient en joignant de 2 en 2 les sommets du pentédécagone convexe. Or l'angle ACB, a pour mesure la moitié de l'arc AMB, qui est égal à

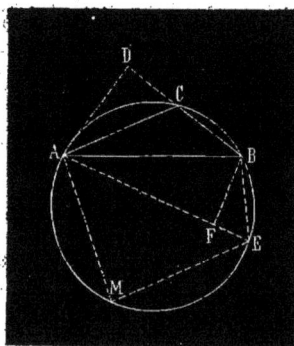

$$360° - (72 + 48) = 240°$$

donc l'angle ACB est de 120°, et son supplémentaire DCA de 60°, donc encore ici le triangle CDA est la moitié d'un triangle équilatéral, et $CD = \frac{CA}{2}$, de plus $BC = BD - CD$; CD est connu, c'est la moitié du côté du pentagone, DB sera donnée par le triangle rectangle ADB, et l'on aura ainsi le côté d'un des pentédécagones étoilés.

Si l'on remarque maintenant que $\frac{1}{3} + \frac{2}{15} = \frac{7}{15}$, on voit qu'en ajoutant à l'arc ACB, égal à $\frac{1}{3}$ de la circonférence, l'arc

$BE = BC = \frac{2}{15}$, on a l'arc $ACBE = \frac{7}{15}$, dont la corde AE

est le côté du pentédécagone étoilé obtenu en joignant les
sommets de 7 en 7; si l'on abaisse BF perpendiculaire sur
AE, l'angle inscrit $BEF = 60°$, donc $FE = \frac{1}{2} BE$, et du
triangle ABE il sera possible, par une équation du second
degré, de déduire AF.

Cela fait, prenant la moitié AM de l'arc AME, égal à $\frac{8}{15}$ de
circonférence, la corde AM sera le côté du pentédécagone
étoilé obtenu en joignant de 4 en 4 les sommets du polygone
convexe, et le quadrilatère inscrit ACEM permettra de calculer AM.

PROBLÈME VII

352. — *Étant donné un polygone régulier inscrit dans
une circonférence, circonscrire à cette circonférence un
polygone régulier semblable.*

Étant donné le polygone inscrit ABCD.... si par les milieux
des arcs sous-tendus par chaque côté, on mène des tangentes
à la circonférence, elles déterminent (n° 327) en se coupant
deux à deux un polygone circonscrit qui est le polygone
demandé.

En effet, il résulte de sa construction même qu'il est régulier, de plus il a le même nombre de côtés que le polygone
donné, donc il lui est semblable.

Corollaire. — A l'aide de ce problème, on saura donc
circonscrire à un cercle tous les polygones réguliers que
nous avons appris à inscrire par les problèmes précédents.

Remarque. — Sachant inscrire et circonscrire les
polygones réguliers de 4, 6, 10, 15 côtés, on saura aussi
inscrire et circonscrire tous ceux de 8, 16, 32..... de 12,

24, 48... de 30, 60, 120... côtés. On a cru longtemps que
ceux-là étaient seuls inscriptibles par les procédés géométriques, mais, dès 1801, Gauss a prouvé que l'on pouvait inscrire par des procédés analogues tous les polygones de
$2n + 1$ côtés, pourvu que $2n + 1$ soit un nombre premier.

MESURE DE LA CIRCONFÉRENCE ET DU CERCLE

THÉORÈME CXXXIII

353. — *Si à une même circonférence on inscrit et on
circonscrit successivement des polygones réguliers d'un
nombre de côtés double des précédents, et d'un même
nombre de côtés entre eux, la différence entre les périmètres des polygones circonscrits et inscrits va en diminuant;
on peut rendre cette différence plus petite que toute quantité donnée; la circonférence est la limite de ces périmètres.*

Soient AB et CD les côtés de deux polygones circonscrit
et inscrit d'un nombre m de côtés. Soient LE, EF, FM, et
CH et HD, les côtés des polygones réguliers circonscrit et

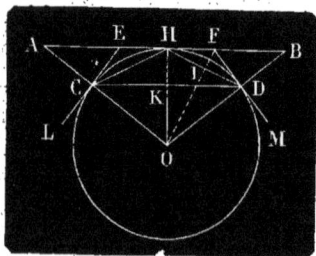

inscrit d'un nombre $2m$ de
côtés; si pour abréger nous
représentons par P et p, P' et
p' les périmètres des premiers
et des seconds, je dis que
$P - p > P' - p'$.

En effet $P > P'$, car l'oblique
AE est plus longue que AC,
donc AB est plus grand que
CE + EF + FD, un côté du premier polygone circonscrit
est plus long que deux côtés du second, donc $P > P'$.

Je dis de plus que $p < p'$; car CD est moindre que CH + HD
et comme on a CE + EH > CH, on a encore $P' > p'$, ou en
somme

$$P > P' > p' > p$$

d'où l'on tire sans peine

$$P - p > P' - p'.$$

Donc la différence entre les périmètres des polygones circonscrits et inscrits va en diminuant à mesure que l'on double le nombre des côtés.

Cette différence peut, en outre, être rendue plus petite que toute quantité donnée.

En effet, remarquons que le rayon OF du second polygone circonscrit est plus court que le rayon OB du précédent; et que l'apothème OI du second polygone inscrit est plus grand que l'apothème OK du précédent, donc on a OF — OI < OB — OK; donc la différence entre le rayon du polygone circonscrit et l'apothème du polygone inscrit va en diminuant à mesure que l'on double les côtés.

Mais on a

$$OF - OI, \text{ ou } IF < HF$$

ou

$$2IF < EF$$

On peut donc rendre cette différence plus petite que toute longueur donnée, il suffit pour cela d'arriver à un polygone dont le côté soit ou égal ou inférieur à la moitié de cette quantité.

Cela posé, si nous représentons par R le rayon OF, par a l'apothème OI, par r le rayon de la circonférence, P et p étant les périmètres des polygones circonscrit et inscrit de m côtés, le côté de chacun sera $\dfrac{P}{m}$ pour l'un, $\dfrac{p}{m}$ pour l'autre, et comme l'on a :

$$HF < OF + OH \quad \text{et} \quad IH < OH + OI$$

on a aussi

$$\frac{P}{2m} < R + r \quad \text{et} \quad \frac{p}{2m} < r + a$$

retranchant membre à membre ces deux inégalités, il vient

$$\frac{P - p}{2m} < R - a$$

16

ou $$P - p < 2m (R - a)$$

Or nous venons de voir que l'on peut rendre $R - a$ plus petit que toute quantité donnée, il en est donc de même de $P - p$.

Quelque petite que soit cette différence, on n'en aura pas moins pour P, ligne enveloppante, une valeur plus grande que la longueur de la circonférence, ligne enveloppée; et la longueur de la circonférence, ligne enveloppante à son tour, sera toujours plus grande que le périmètre p; donc les deux périmètres des polygones circonscrit et inscrit s'approchent indéfiniment de la circonférence sans jamais pouvoir l'atteindre, donc elle est leur commune limite. Si donc, connaissant la différence des deux périmètres, on prend l'un ou l'autre pour valeur de la circonférence, on est certain de commettre une erreur moindre que cette différence.

La surface du cercle est aussi la limite des surfaces des deux polygones circonscrit et inscrit.

THÉORÈME CXXXIV

354. — *Les périmètres de deux polygones réguliers d'un même nombre de côtés sont entre eux comme les côtés, et aussi comme deux lignes homologues quelconques, telles que les diagonales, les rayons et les apothèmes. Les surfaces de ces deux polygones sont entre elles comme les carrés de ces lignes.*

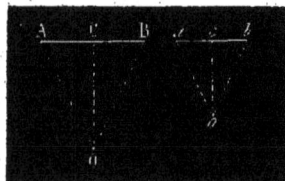

En effet, ces deux polygones ayant un même nombre de côtés sont deux figures semblables, si donc AB et ab sont deux de leurs côtés, OB et ob leurs rayons, OC et oc leurs apothèmes, et m le nombre de leurs côtés, les triangles AOB et aob étant semblables, on a :

$$\frac{AB}{ab} = \frac{OB}{ob} = \frac{OC}{oc}$$

et aussi

$$\frac{m \times AB}{m \times ab} = \frac{AB}{ab} = \frac{OB}{ob} = \frac{OC}{oc}$$

Ou, $m \times AB$ et $m \times ab$ n'étant autre chose que les péri-mètres P et p des deux polygones, en représentant par C et c leurs côtés, par R et r leurs rayons, par A et a leurs apo-thèmes, on a :

$$\frac{P}{p} = \frac{C}{c} = \frac{R}{r} = \frac{A}{a}$$

Les triangles AOB et aob étant semblables, leurs sur-faces sont entre elles comme les carrés des lignes homologues, donc

$$\frac{\text{Surf. AOB}}{\text{Surf. } aob} = \frac{AB^2}{ab^2} = \frac{OB^2}{ob^2} = \frac{OC^2}{oc^2}$$

et aussi

$$\frac{m \times \text{surf. AOB}}{m \times \text{surf. } aob} = \frac{AB^2}{ab^2} = \frac{OB^2}{ob^2} = \frac{OC^2}{oc^2}$$

donc enfin, en représentant par S et s les surfaces des deux polygones, on a :

$$\frac{S}{s} = \frac{C^2}{c^2} = \frac{R^2}{r^2} = \frac{A^2}{a^2}$$

THÉORÈME CXXXV

355. — *Deux circonférences sont entre elles comme leurs rayons et comme leurs diamètres. Les surfaces de deux cercles sont entre elles comme les carrés des rayons ou les carrés des diamètres. Il y a un rapport constant entre chaque circonférence et son diamètre.*

Soient en effet deux circonférences C et c, ces deux lettres représentant non la figure géométrique, supprimée à des-sein, mais la longueur numérique des deux lignes courbes ; soient R et r leurs rayons ; supposons que l'on inscrive dans chacune un polygone régulier de m côtés, et soient P et p les périmètres, on a la relation

$$\frac{P}{p} = \frac{R}{r}$$

Si l'on double les côtés des deux polygones, P' et p' étant les périmètres des polygones de $2m$ côtés, on aura encore

$$\frac{P'}{p'} = \frac{R}{r}$$

Le rapport des périmètres restant invariable, quel que soit le nombre de leurs côtés, est aussi le rapport de leurs limites C et c, donc on a :

$$\frac{C}{c} = \frac{R}{r}$$

Et, en multipliant par 2 le second rapport, et représentant par D et d les diamètres,

$$\frac{C}{c} = \frac{2R}{2r} = \frac{D}{d}$$

De même S et s représentant les surfaces des deux polygones, de ce que l'on a

$$\frac{S}{s} = \frac{R^2}{r^2}$$

on déduira, puisque la surface du cercle est la limite de la surface du polygone inscrit,

$$\frac{\text{Surf. } C}{\text{Surf. } c} = \frac{R^2}{r^2} = \frac{4R^2}{4r^2} = \frac{D^2}{d^2}$$

Enfin la relation précédente

$$\frac{C}{c} = \frac{D}{d}$$

peut aussi s'écrire ainsi

$$\frac{C}{D} = \frac{c}{d}$$

Donc le rapport entre chaque circonférence et son diamètre est un nombre constant.

Ce nombre, calculé une première fois par Archimède,

300 ans avant Jésus-Christ, et trouvé par lui égal à $\frac{22}{7}$, avec une erreur d'environ un millième par excès, puis par Métius, en 1575, et représenté alors par $\frac{355}{113}$, avec une erreur de moins d'un demi-millionième, est exprimé aujourd'hui par le nombre décimal

$$3,14159265358\ldots$$

que dans le raisonnement on représente par la lettre grecque π. Dans les calculs ordinaires on ne prend guère que les sept premières décimales, et l'on fait

$$\pi = 3,1415926$$

On a aussi souvent besoin de diviser un nombre par π, ce qui revient à le multiplier par $\frac{1}{\pi}$, on l'a calculé d'avance, et l'on a :

$$\frac{1}{\pi} = 0,3183098\ldots$$

THÉORÈME CXXXVI

356. — *Pour avoir la longueur d'une circonférence, il suffit de multiplier son diamètre par* π.

En effet, nous venons de trouver précédemment que

$$\frac{C}{2R} = \pi$$

donc

$$C = 2R \times \pi = 2\pi R.$$

Réciproquement cette dernière relation donne :

$$2R = \frac{C}{\pi} = C \times \frac{1}{\pi}$$

donc *pour avoir la longueur du diamètre d'une circonférence dont la longueur est connue, il suffit de multiplier cette longueur par* $\frac{1}{\pi}$.

La longueur totale d'une circonférence étant égale à $2\pi R$, la longueur de l'arc de 1 degré sera 360 fois moindre, ou

$$\frac{2\pi R}{360}$$

et un arc de n degrés sera n fois plus grand, donc

$$\text{Arc de } n° = \frac{2\pi R n}{360} = 2\pi R \times \frac{n}{360}$$

La longueur d'un arc s'obtient en multipliant la circonférence par le rapport de la graduation de l'arc à 360.

357. — Corollaire I. — *Deux arcs appartenant à une même circonférence sont entre eux comme leurs graduations.*

En effet, si n et n' sont leurs graduations, on a pour leurs longueurs,

$$\frac{2\pi R n}{360} \quad \text{et} \quad \frac{2\pi R n'}{360}$$

leur rapport est donc :

$$\frac{2\pi R n}{2\pi R n'} = \frac{n}{n'}$$

358. Corollaire II. — *Deux arcs appartenant à deux circonférences et ayant même graduation sont entre eux comme les rayons.*

Soient R et R' les rayons des deux circonférences, et n la graduation des deux arcs, on a pour leurs longueurs,

$$\frac{2\pi R n}{360} \quad \text{et} \quad \frac{2\pi R' n}{360}$$

dont le rapport est :

$$\frac{2\pi R n}{2\pi R' n} = \frac{R}{R'}$$

Si les deux arcs, appartenant à deux circonférences diffé-

rentes, ont aussi des graduations différentes, il est facile de
déduire de ce qui précède qu'ils sont entre eux comme les
produits des rayons par les graduations. Enfin, si les deux
arcs ayant des rayons et des graduations différentes se
trouvent avoir même longueur, de sorte que l'on ait

$$\frac{2\pi Rn}{360} = \frac{2\pi R'n'}{360}$$

on en déduit

$$Rn = R'n'$$

ou

$$\frac{R}{R'} = \frac{n'}{n}$$

Alors les rayons sont en raison inverse des graduations.

THÉORÈME CXXXVII

359. — *La surface d'un polygone régulier est égale au
produit de son périmètre par la moitié de son apothème.*

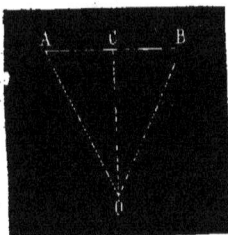

En effet, soit AB le côté d'un polygone régulier de n côtés, si l'on joint
tous ses sommets au centre, on le
décompose en n triangles égaux entre
eux et égaux à AOB, or l'on a

$$\text{Surf. AOB} = AB \times \frac{OC}{2}$$

donc la surface totale du polygone
étant égale à $n \times$ AOB, on aura

$$\text{Surf. polyg.} = n \times AB \times \frac{OC}{2}$$

Mais $n \times$ AB n'est autre chose que le périmètre P du
polygone, donc enfin, OC étant l'apothème,

$$\text{Surf. polyg.} = P \times \frac{OC}{2}$$

Nous avons vu précédemment comment l'on calcule, en

fonction du rayon, les côtés des principaux polygones inscrits. On peut aussi sans difficulté calculer la valeur de l'apothème en fonction du rayon, et avoir ainsi l'expression de la surface de tous ces polygones à l'aide de la seule valeur de leur rayon. Cette recherche sera pour les élèves un utile exercice.

THÉORÈME CXXXVIII

360. — *La surface du cercle s'obtient en multipliant par le nombre π le carré du rayon.*

En effet, soit un cercle de rayon R. Si l'on inscrit dans sa circonférence un polygone régulier de n côtés, en représentant par a l'apothème, on aura pour expression de sa surface,

$$P \times \frac{a}{2}$$

Si l'on double le nombre des côtés, P' étant le périmètre du polygone de $2n$ côtés et a' son apothème, on aura pour expression de la surface la même formule,

$$P' \times \frac{a'}{2}$$

Or P a pour limite la circonférence $2\pi R$, a a pour limite R, et la surface du polygone a pour limite celle du cercle, donc

$$\text{Surf. cercle} = 2\pi R \times \frac{R}{2} = \pi R^2$$

361. **Remarque.** — Les surfaces de deux cercles dont les rayons sont R et R' seront exprimées par πR^2 et $\pi R'^2$, expressions dont le rapport est $\frac{R^2}{R'^2}$. Donc les surfaces de deux cercles sont entre elles comme les carrés des rayons, relation déjà trouvée précédemment.

THÉORÈME CXXXIX

362. — *La surface d'un secteur s'obtient en multipliant la surface du cercle par le rapport de la graduation de son arc à 360.*

Soit, en effet, dans un cercle de rayon R, un secteur dont l'arc a n degrés. La surface totale du cercle étant πR^2, la surface du secteur de 1° est 360 fois moindre ou $\dfrac{\pi R^2}{360}$, donc la surface du secteur de n degrés sera

$$\frac{\pi R^2 \times n}{360} = \pi R^2 \times \frac{n}{360}$$

363. **Corollaire I.** — Il suit de là que si deux secteurs, dans un même cercle, ont deux graduations différentes n et n', leurs surfaces sont entre elles comme leurs graduations, car le rapport entre $\pi R^2 \times \dfrac{n}{360}$ et $\pi R^2 \times \dfrac{n'}{360}$ est :

$$\frac{\pi R^2\, n}{\pi R^2\, n'} = \frac{n}{n'}$$

Si les deux secteurs appartiennent à deux cercles différents et ont même graduation, leurs surfaces sont entre elles comme les carrés des rayons ; car le rapport entre $\dfrac{\pi R^2\, n}{360}$ et $\dfrac{\pi R'^2\, n}{360}$ est :

$$\frac{\pi R^2\, n}{\pi R'^2\, n} = \frac{R^2}{R'^2}$$

S'ils sont quelconques, c'est-à-dire ont des rayons et des graduations différents, leurs surfaces sont entre elles comme les produits des carrés des rayons par les graduations. En effet, le rapport entre $\dfrac{\pi R^2\, n}{360}$ et $\dfrac{\pi R'^2\, n'}{360}$ est :

$$\frac{\pi R^2\, n}{\pi R'^2\, n'} = \frac{R^2\, n}{R'^2\, n'}$$

Si les deux secteurs quelconques sont équivalents, alors leurs graduations sont en raison inverse des carrés des rayons.

En effet, de la relation

$$\frac{\pi R^2 n}{360} = \frac{\pi R'^2 n'}{360}$$

on tire

$$R^2 n = R'^2 n'$$

et

$$\frac{R^2}{R'^2} = \frac{n'}{n}$$

364. Corollaire II. — On ne peut pas donner de formule générale pour calculer la surface d'un segment de cercle, mais on peut l'obtenir dans certains cas si l'on a des données suffisantes.

Soit un segment de cercle AMB, la figure montre que

Surf. AMB = surf. sect. AOB — surf. triangle AOB.

Si l'on connaît la graduation de l'arc AMB et le rayon OA, on peut calculer le segment AOB; pour avoir la surface du triangle AOB, il faut connaître ou sa base AB, ou sa hauteur OC, ou encore la différence MC entre le rayon OM et la hauteur OC, ce que l'on nomme *la flèche* du segment. Si la corde AB est un côté d'un polygone régulier dont on connaît la valeur en fonction du rayon, la mesure devient possible également, mais en dehors de ces cas on ne peut établir de formule rigoureuse en fonction du rayon seul et de la graduation. La question est alors du ressort de la trigonométrie.

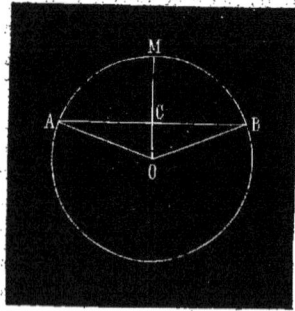

RAPPORT DE LA CIRCONFÉRENCE AU DIAMÈTRE
CALCUL DE π

365. — Pour calculer le nombre π, c'est-à-dire la valeur constante du rapport d'une circonférence à son diamètre, on a fait usage de plusieurs méthodes.

Nous en détaillons deux seulement, celles qui rentrent le mieux dans le cadre de la géométrie élémentaire.

Au n° 355 nous avons établi la relation

$$\frac{C}{2R} = \pi$$

Pour avoir π il suffira donc de diviser la longueur C d'une circonférence par la longueur 2R du diamètre. Mais on ne peut avoir à priori ces deux valeurs; il faut donc, ou prenant un nombre à volonté comme valeur de 2R, calculer la longueur C correspondante, ou supposant une circonférence C de longueur choisie arbitrairement, calculer son diamètre 2R, une simple division dans l'un et l'autre cas donnera le nombre π.

De là deux méthodes. La première, celle où supposant 2R connu on calcule C, est dite la méthode des polygones inscrits; elle est fondée sur les deux problèmes suivants :

PROBLÈME I

366. — *Connaissant le rayon R d'une circonférence, et le côté a d'un polygone régulier inscrit dans cette circonférence, calculer le côté du polygone régulier inscrit d'un nombre de côtés double.*

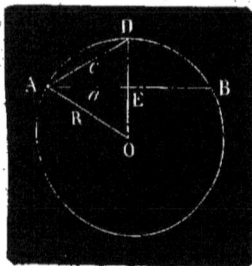

Soit AB le côté a du polygone donné. Du centre O abaissons sur AB la perpendiculaire OD, puis joignons AD, cette ligne sera le côté c du polygone inscrit d'un nombre de côtés double, qu'il s'agit de calculer. Joignons OA, que nous représenterons par R ; le triangle AOD nous donne :

$$AD^2 = AO^2 + OD^2 - 2OD \times OE$$

ou

$$c^2 = 2R^2 - 2R \times OE$$

Mais le triangle rectangle AOE donne lui aussi

$$OE^2 = AO^2 - AF^2$$

ou

$$OE = \sqrt{R^2 - \frac{a^2}{4}}$$

donc, remplaçant OE par cette valeur, il vient :

$$c^2 = 2R^2 - 2R\sqrt{R^2 - \frac{a^2}{4}}$$

ce qui, en extrayant la racine du second membre et mettant hors de parenthèses le facteur commun 2R, donne

$$c = \sqrt{2R\left(R - \sqrt{R^2 - \frac{a^2}{4}}\right)}$$

où enfin

$$c = \sqrt{R\left(2R - \sqrt{4R^2 - a^2}\right)}$$

367. **Remarque.** — A l'aide de cette même formule on peut résoudre le problème inverse, c'est-à-dire calculer le côté a d'un polygone régulier inscrit, connaissant le côté c du polygone inscrit d'un nombre double de côtés.

En effet reprenons la formule

$$c^2 = R\left(2R - \sqrt{4R^2 - a^2}\right)$$

et résolvons cette équation par rapport à a. Effectuant la multiplication indiquée par les parenthèses, isolant le radical dans le second membre et élevant au carré, il vient :

$$(c^2 - 2R^2)^2 = R^2(4R^2 - a^2)$$

d'où l'on déduit ensuite

$$a = \frac{c}{R}\sqrt{4R^2 - c^2}$$

PROBLÈME II

368. — *Connaissant le côté a d'un polygone régulier inscrit, calculer le côté du polygone régulier circonscrit semblable.*

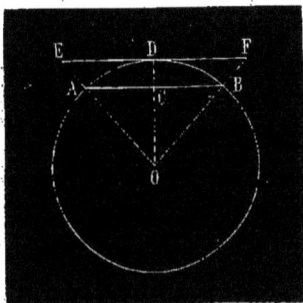

Soit AB le côté *a* donné, menons OD perpendiculaire sur AB, et au point D menons une tangente qui, limitée à la rencontre des deux rayons prolongés OE et OF, donne le côté EF du polygone circonscrit; soit A ce côté et R le rayon du cercle.

Les deux triangles semblables EOF, AOB, donnent la proportion :

$$\frac{OC}{OD} = \frac{AB}{EF} \quad \text{ou} \quad \frac{OC}{R} = \frac{a}{A}$$

d'où

$$A = \frac{aR}{OC}$$

Mais du triangle rectangle AOC, on tire :

$$OC^2 = AO^2 - AC^2$$

ou

$$OC = \sqrt{R^2 - \frac{a^2}{4}} = \frac{\sqrt{4R^2 - a^2}}{2}$$

donc, remplaçant ci-dessus OC par sa valeur, on a :

$$A = \frac{2aR}{\sqrt{4R^2 - a^2}}$$

369. **Calcul de** π. A l'aide de ces deux formules, proposons-nous maintenant de calculer le rapport de la circonférence au diamètre.

Supposons une circonférence dont le rayon R est égal à 1 mètre et dont le diamètre est 2. Le côté du carré inscrit dans cette circonférence serait égal à $\sqrt{2}$, et son périmètre à $4\sqrt{2}$. Le carré circonscrit aurait pour côté 2 et pour périmètre 8. La circonférence est donc ainsi comprise entre deux valeurs connues, mais très éloignées l'une de l'autre, savoir :

$$4\sqrt{2} \text{ ou } 5,65684, \text{ et } 8,00000$$

Calculons par la formule

$$c = \sqrt{R(2R - \sqrt{4R^2 - a^2})}$$

le côté puis le périmètre de l'octogone régulier inscrit, en remplaçant R par 1 et a par $\sqrt{2}$, il viendra

$$c = \sqrt{2 - \sqrt{2}} = 0,76536$$

ce qui donne pour périmètre de l'octogone 6,12292.

Calculons aussi le côté et le périmètre de l'octogone régulier circonscrit, en employant la formule

$$A = \frac{2aR}{\sqrt{4R^2 - a^2}}$$

en y faisant $R = 1$ et $a = c = 0,76536$,

nous trouverons, tout calcul fait :

$$A = 0,82842, \text{ et pour le périmètre } 6,62742$$

Actuellement la circonférence est comprise entre deux nombres infiniment plus rapprochés, 6,12292 et 6,62742.

Continuons de même, à l'aide des mêmes formules, à calculer les côtés, puis les périmètres des polygones de 16, 32, 64, 128, etc. côtés, nous trouverons les valeurs renfermées dans le tableau suivant :

NOMBRE DES CÔTÉS	PÉRIMÈTRES DES POLYGONES INSCRITS	PÉRIMÈTRES DES POLYGONES CIRCONSCRITS
16	6,24288	6,36520
32	6,27308	6,30346
64	6,28066	6,28824
128	6,28254	6,28446
256	6,28302	6,28350
512	6,28314	6,28326

Les périmètres des deux polygones inscrits et circonscrits de 512 côtés ne diffèrent plus que d'une unité du 4ᵉ ordre décimal, et la longueur de la circonférence est comprise entre eux deux; si l'on fait la moyenne arithmétique de ces deux périmètres, on aura donc une valeur de la circonférence approchée à moins d'une demi-unité du 4ᵉ ordre, cette moyenne, qui est 6,28320, divisée par le diamètre, qui est 2, donne une valeur de $\pi = 3,1416$ avec quatre chiffres exacts.

Cette façon d'opérer est celle qu'employa Archimède, en partant de l'hexagone régulier, et en calculant jusqu'au polygone de 96 côtés. C'est ainsi qu'il trouva la valeur $\frac{22}{7}$, qui, réduite en décimales, donne la valeur 3,1428, laquelle n'a que trois chiffres exacts.

370. **Remarque.** — On aurait pu pour simplifier les calculs ne faire usage que du polygone inscrit, doubler un grand nombre de fois ses côtés, puis prendre comme valeur de la circonférence le périmètre du dernier polygone obtenu, mais cette méthode, considérée quelquefois comme admissible, pèche en ce que l'on ne peut guère savoir directement quelle est l'erreur commise en s'arrêtant à tel ou tel polygone, ni par suite quelle est l'approximation de la valeur de π ainsi obtenue. Tandis qu'en faisant continuellement usage des deux polygones inscrit et circonscrit, on peut juger à chaque instant, par la différence entre les valeurs des deux périmètres, du degré d'approximation avec lequel chacun d'eux représente la circonférence, l'un par défaut, l'autre par excès; et si l'on veut une valeur de π à moins de un millionième près, il suffit de calculer les périmètres des polygones successifs jusqu'à ce que leur différence commence seulement au chiffre des millionièmes.

371. **2ᵉ Méthode.** — Dans cette méthode, on adopte un nombre à volonté pour valeur de la circonférence, et l'on calcule la longueur de son diamètre; elle est fondée sur le problème suivant, et se nomme méthode des *isopérimètres*.

PROBLÈME III

372. — *Connaissant le côté, le rayon R et l'apothème r d'un polygone régulier inscrit, trouver le rayon R′ et l'apothème r′ du polygone régulier d'un nombre double de côtés ayant même périmètre que le premier.*

Soit AB le côté du polygone connu, menons un diamètre perpendiculaire à ce côté, et joignons AE, BE; menons OC perpendiculaire sur AE, et par le point C traçons CD paral-

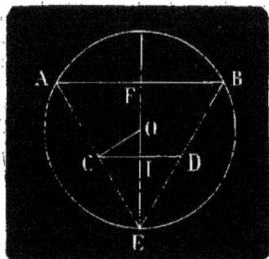

lèle à AB; CD, CE, EI, seront le côté, le rayon et l'apothème demandés. En effet CD, parallèle à AB, passant par le milieu de AE, est la moitié de AB; donc si le polygone a n côtés, son périmètre $n \times$ AB est bien égal à $2n \times$ CD. L'angle CED inscrit est la moitié de l'angle au centre qui a pour

mesure l'arc AB, donc l'angle CED est l'angle au centre du polygone de $2n$ côtés, donc aussi CE en est le rayon et EI l'apothème. Ce polygone serait inscrit dans une circonférence ayant pour centre E, et EC pour rayon.

Cela posé, appelons R le rayon OE du polygone donné, r l'apothème OF, soit R′ le rayon CE du second polygone, $r′$ son apothème EI, on aura :

$$EI = \frac{FE}{2} = \frac{OE + OF}{2}$$

donc

$$r′ = \frac{R + r}{2}$$

Le triangle rectangle OCE, donne la relation

$$CE^2 = OE \times EI$$

ou

$$R′^2 = R \times \frac{R + r}{2}$$

donc

$$R' = \sqrt{Rr'} \quad \text{ou} \quad R' = \sqrt{\frac{R\,(R+r)}{2}}$$

On voit donc que :

Le nouvel apothème est la moyenne arithmétique entre le rayon et l'apothème du polygone donné.

Le nouveau rayon est la moyenne géométrique entre le rayon donné et l'apothème du second polygone.

373. **Remarque.** — Il est facile de reconnaître à l'inspection de la figure que le nouvel apothème EI est plus grand que le premier apothème OF, car $EI = \dfrac{EF}{2}$ et $OF < \dfrac{EF}{2}$;

et que le nouveau rayon CE est moindre que l'ancien rayon, car $CE < OE$, donc la différence $R' - r'$ est moindre que $R - r$, et l'on peut démontrer que la différence $R' - r'$ est toujours moindre que le quart de $R - r$.

En effet, le triangle rectangle ICE donne

$$IC^2 = CE^2 - IE^2 = R'^2 - r'^2 = (R' + r')(R' - r')$$

Le triangle rectangle AOF donne aussi

$$AF^2 = AO^2 - OF^2 = R^2 - r^2 = (R + r)(R - r)$$

mais $IC^2 = \dfrac{AF^2}{4}$, donc

$$4(R' + r')(R' - r') = (R + r)(R - r)$$

mais $R' + r' > R + r$, car $FE = R + r$ et $IE = \dfrac{FE}{2}$, donc $CE + EI$ ou $R' + r'$ est plus grand que $R + r$.

Si donc dans l'égalité précédente on efface dans le premier membre le facteur $R' + r'$ et dans le second le facteur $R + r$ on rend le premier membre plus petit que le second, et l'on a

$$4(R' - r') < R - r$$

ou enfin

$$R' - r' < \frac{R - r}{4}.$$

374. **Calcul de** π. — Supposons une circonférence C et un polygone régulier P de même périmètre. Soit R le

17

rayon de la circonférence C, et r et r' les rayons des circonférences c et c' circonscrite et inscrite au polygone P. La circonférence c est plus grande que le périmètre P, et conséquemment plus grande que C; donc, les circonférences étant entre elles comme leurs rayons, si l'on a $c > C$, on a aussi $r > R$.

La circonférence c' est moindre que P et que C, donc on a $R > r'$ ou

$$r > R > r'$$

Si maintenant on calcule le rayon et l'apothème du polygone isopérimètre d'un nombre double de côtés, en les représentant par r_1 et r'_1, on démontrerait que l'on a de même

$$r_1 > R > r'_1$$

mais on a

$$r_1 - r'_1 < r - r'$$

donc les valeurs r_1 et r'_1 diffèrent de R moins que n'en diffèrent r et r', de sorte que si l'on continue à calculer les rayons et les apothèmes des polygones successifs d'un nombre double de côtés, mais toujours isopérimètres, on établira deux séries de valeurs, savoir :

Rayons $\qquad r \quad r_1 \quad r_2 \quad r_3 \ldots \ldots r_n$

Apothèmes $\quad r' \quad r'_1 \quad r'_2 \quad r'_3 \ldots \ldots r'_n$

telles que les différences entre deux termes du même rang iront sans cesse en décroissant, R restant néanmoins compris entre les valeurs de ces deux termes.

Or l'on peut rendre cette différence plus petite que toute quantité donnée; en effet, on a d'après la remarque (n° 373)

$$r_1 - r'_1 < \frac{r - r'}{4}$$

$$r_2 - r'_2 < \frac{r_1 - r'_1}{4}$$

$$\cdots \cdots \cdots \cdots$$
$$\cdots \cdots \cdots \cdots$$

$$r_n - r'_n < \frac{r_{n-1} - r'_{n-1}}{4}$$

Multipliant membre à membre, et supprimant les facteurs communs aux deux membres, il vient :

$$r_n - r'_n < \frac{r - r'}{4^{n-1}}$$

donc pour que $r_n - r'_n$ soit plus petit qu'une quantité donnée, il suffira de faire n assez grand pour que $\frac{r - r'}{4^{n-1}}$ soit au plus égal à cette quantité.

Donc les termes des deux séries précédentes convergent vers une limite commune qui est R, on pourra donc prendre pour valeur de R, soit r_n, soit r'_n, lorsque leur différence sera reconnue inférieure à l'approximation jugée convenable, et alors, connaissant la circonférence C et son diamètre 2R, on aura la valeur de π par une simple division.

Appliquons cette méthode à un exemple. Si dans la formule

$$\frac{C}{2R} = \pi$$

nous supposons $C = 2$, ce qui est permis, puisque l'on prend un nombre à volonté pour valeur de la circonférence, elle devient

$$\frac{1}{R} = \pi \quad \text{ou} \quad R = \frac{1}{\pi}$$

ce qui simplifiera le calcul, car il suffira de calculer R.

Prenons maintenant pour polygone de début le carré dont le périmètre est 2 et le côté $\frac{1}{2}$; son rayon est $\frac{\sqrt{2}}{4}$ et son apothème $\frac{1}{4}$. En faisant usage des formules du n° 372, on aura l'apothème r_1 de l'octogone isopérimètre, en prenant la moyenne arithmétique entre $\frac{\sqrt{2}}{4}$ et $\frac{1}{4}$, soit $\frac{1 + \sqrt{2}}{8}$, puis on aura le rayon du même octogone en prenant la moyenne géométrique entre le rayon précédent $\dfrac{\sqrt{2}}{4}$ et le second apo-

thème $\dfrac{1+\sqrt{2}}{8}$, ce qui donne :

$$\sqrt{\dfrac{\sqrt{2}}{4} \times \dfrac{1+\sqrt{2}}{8}} \quad \text{ou} \quad \dfrac{1}{4}\sqrt{\dfrac{2+\sqrt{2}}{2}},$$

Ayant ces deux valeurs, on calculera de même le rayon et l'apothème du polygone isopérimètre de 16 côtés, et l'on aura le tableau suivant :

NOMBRE DE CÔTÉS DU POLYGONE	VALEURS DU RAYON	VALEURS DE L'APOTHÈME
4	$r_1 = 0,35355$	$r'_1 = 0,25000$
8	$r_2 = 0,32664$	$r'_2 = 0,30178$
16	$r_3 = 0,32036$	$r'_3 = 0,31421$
32	$r_4 = 0,31882$	$r'_4 = 0,31629$
64	$r_5 = 0,31843$	$r'_5 = 0,31805$
128	$r_6 = 0,31834$	$r'_6 = 0,31825$
256	$r_7 = 0,31832$	$r'_7 = 0,31829$
512	$r_8 = 0,31831$	$r'_8 = 0,31831$

Les deux valeurs de r_8 et de r'_8 ne diffèrent qu'à partir du sixième chiffre après la virgule; en prenant pour valeur de R ou de $\dfrac{1}{\pi}$ le nombre 0,31831, on fait une erreur moindre qu'une demi-unité du cinquième ordre, donc

$$\dfrac{1}{\pi} = 0,31831 \quad \text{et} \quad \pi = 3,1416$$

Le calcul de π par cette méthode est beaucoup plus rapide et moins pénible, surtout si l'on fait usage des logarithmes pour calculer les moyennes géométriques. De plus, on peut opérer pour ainsi dire mécaniquement le calcul des rayons et des apothèmes successifs en suivant la règle de Schwab.

Remarquant que $r' = \dfrac{1}{4}$ est la moyenne arithmétique entre

0 et $\dfrac{1}{2}$, et que $r = \dfrac{\sqrt{2}}{4}$ est la moyenne géométrique entre

$\dfrac{1}{2}$ et $\dfrac{1}{4}$, on peut faire commencer les deux séries des valeurs

$r_1, r_2, r_3 \ldots$ et r'_1, r'_2, r'_3 par 0 et $\dfrac{1}{2}$, et l'on calculera les valeurs successives r et r' en prenant alternativement la moyenne arithmétique puis la moyenne géométrique entre les deux derniers nombres des deux séries commençant par

0 et par $\dfrac{1}{2}$.

APPENDICE AU LIVRE IV

NOTIONS SUR LES AIRES MAXIMUM

375. Définitions. — On nomme *maximum* la plus grande valeur que puisse atteindre une certaine quantité variable, et *minimum* la plus petite valeur. Ainsi le *maximum* des cordes d'une circonférence est le diamètre, le *minimum* des lignes menées d'un point extérieur à une autre ligne est la perpendiculaire.

Dans les figures polygonales et les cercles, le périmètre et la surface ou aire sont liés entre eux par une telle relation que la valeur de l'un varie souvent avec celle de l'autre; nous nous proposons ci-après de rechercher les conditions de maximum ou de minimum de chacun de ces éléments d'une figure plane, l'autre restant constante, c'est-à-dire le maximum des aires isopérimètres, et le minimum des périmètres d'aire égale.

THÉORÈME CXL.

376. — *De tous les triangles ayant deux côtés égaux chacun à chacun, celui-là a l'aire maximum dans lequel ces deux côtés sont perpendiculaires l'un à l'autre.*

En effet, soient deux triangles ABC, DBC, qui ont le côté BC commun, et le côté AB égal au côté BD; supposons que l'angle ABC soit droit, la surface de ABC sera

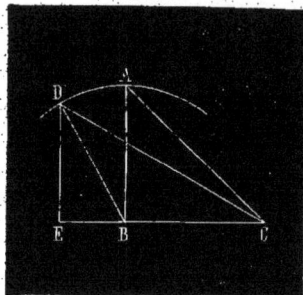

$$AB \times \frac{BC}{2}$$

et la surface de DBC sera

$$DE \times \frac{BC}{2}$$

mais DE perpendiculaire est plus courte que DB oblique et que son égale AB, donc la surface ABC est plus grande que la surface DBC, et que celle de tout autre triangle qui ne serait pas rectangle en B.

THÉORÈME CXLI

377. — *De toutes les lignes courbes de même longueur, c'est la circonférence qui enferme l'aire maximum.*

Démontrons en premier lieu deux *lemmes*.

1º *Toute ligne courbe enfermant une aire maximum est convexe.*

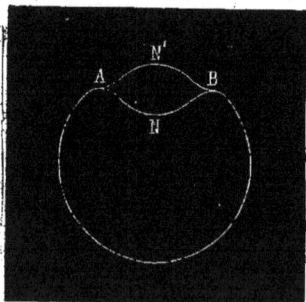

En effet, soit une courbe concave ANBM, si l'on fait tourner autour de AB comme axe la partie concave ANB, le périmètre total reste constant, mais devenant AN'BM ligne convexe, il renferme une aire plus grande que la précédente, donc celle-ci ne saurait être maximum.

2° *Si une ligne courbe convexe renferme une aire maximum, toute droite qui partage le périmètre en deux parties égales partage aussi l'aire en deux surfaces équivalentes.*

Soit AMBN une courbe donnée enfermant une aire maximum, et une ligne AB qui partage la courbe en deux parties égales AMB = ANB, je dis que les deux aires AMB et ANB doivent être équivalentes.

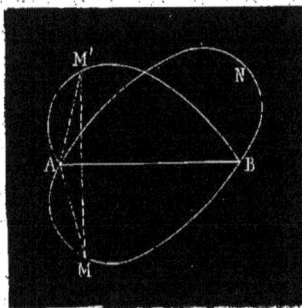

En effet, faisons tourner la demi-courbe AMB autour de AB pour la rabattre en AM'B, la nouvelle courbe AM'BM ayant même périmètre que la première, doit enfermer la même surface puisque cette surface est supposée maximum, donc il faut que l'aire AM'B, soit égale à l'aire ANB, et que l'on ait

Surf. AMB = surf. ANB.

Cela posé, joignons les deux points symétriques M et M', puis joignons MB, MA, M'A, M'B, ces deux triangles sont égaux, et si la courbe enferme une aire maximum, ils doivent eux aussi avoir une surface maximum, sans quoi, conservant les côtés AM', M'B, AM, MB, et les segments de courbe dont ils sont les cordes, on pourrait, en modifiant AB, les ramener à être rectangles l'un en M, l'autre en M', et l'on aurait ainsi une courbe de même périmètre que la première et enfermant une aire plus grande; donc pour que l'aire de la figure soit réellement maximum, il faut que dans toutes les positions des points M et M' les angles AMB et AM'B soient droits, donc il faut que la courbe AMB soit une demi-circonférence, on démontrerait qu'il doit en être de même de la courbe ANB, donc enfin la courbe enfermant l'aire maximum est une circonférence.

Corollaire. — *De toutes les figures de même aire, le cercle est celle dont le périmètre est minimum.*

En effet, soit un cercle S et sa circonférence C, soit une autre figure ayant même surface S et un périmètre P plus petit que C, d'après le théorème ci-dessus, la circonférence ayant pour longueur P enfermerait une aire plus grande que S, et il existerait donc un cercle de surface plus grande ayant une circonférence plus petite, ce qui est impossible.

THÉORÈME CXLII

378. — *De tous les polygones isopérimètres d'un même nombre de côtés, celui dont l'aire est maximum est le polygone régulier.*

Pour démontrer ce théorème établissons les deux lemmes suivants :

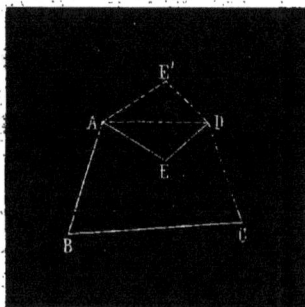

1° *Un polygone concave ne saurait renfermer une aire maximum.*

Soit en effet le polygone concave ABCDE, si l'on fait tourner autour de AB la partie concave AED, elle prend la position AE'D, et le nouveau polygone convexe, de même périmètre, ABCDE', a une aire plus grande, donc l'aire du premier polygone ne pouvait être maximum.

2° *Tout polygone concave peut être transformé en polygone convexe de surface plus grande, de même périmètre, et ayant autant de côtés de moins que le premier polygone a d'angles rentrants.*

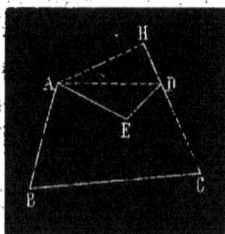

Soit en effet le polygone concave ABCDE; si l'on joint AD, on obtient un polygone convexe ABCD de surface plus grande et de périmètre moindre, car AD < AE + ED, mais si l'on fait tourner AD autour du point A, la somme AH + HD va en croissant, et à un certain moment sera égale à AE + ED, alors on aura un polygone convexe d'un côté de moins que le polygone primitif, de même périmètre et de surface plus grande. En répétant le même raisonnement pour chaque angle rentrant, on voit que l'on diminuera le nombre des côtés d'autant de côtés qu'il y a d'angles rentrants, en augmentant chaque fois la surface sans altérer le périmètre, ce qui démontre le lemme.

Cela posé, comme un polygone régulier a les côtés égaux et les angles égaux, nous allons démontrer qu'un polygone ne saurait avoir une surface maximum s'il a deux côtés ou deux angles inégaux.

Soit le polygone ABCDE, dans lequel on a AE < ED ; par le point A menons une sécante AF, telle que l'on ait AE < EF, on a aussi EFA < EAF, et si nous construisons sur AF comme base un triangle AFG égal à AEF, mais en sens inverse, nous sommes certains que GF tombera en dehors du triangle AEF, et que l'on aura en F un angle rentrant GFD ; mais le polygone concave AGFDCB a même surface que le polygone convexe donné, il a aussi même périmètre et un côté de plus, et d'après le lemme précédent il ne saurait enfermer une surface maximum, il en est donc de même du polygone à côtés inégaux ABCDE.

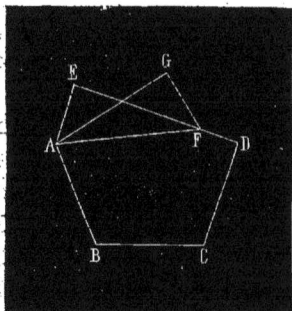

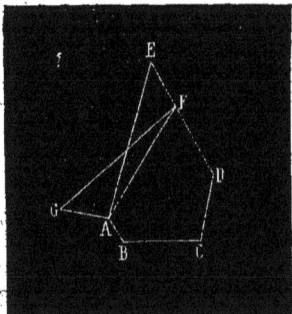

Soit maintenant un polygone convexe ABCDE dans lequel l'angle A est plus grand que l'angle E ; menons une sécante AF, telle que l'angle FAB soit plus grand que l'angle AFD, et construisons sur AF comme base un triangle AGF égal à AEF, mais en sens contraire, nous sommes certains que la ligne AG tombera en dehors de AF, car ayant

$$AFD + EFA = 2 \text{ droits},$$

on a certainement FAB $+$ FAG $>$ 2 droits, donc le polygone ABCDFG a un angle rentrant GAB; il est concave, il a même surface et même périmètre que le polygone donné, et ne saurait renfermer une surface maximum; il en est donc de même du polygone ABCDE, et le polygone régulier seul peut enfermer une aire maximum.

THÉORÈME CXLIII

379. — *De deux polygones réguliers isopérimètres, celui qui a le plus de côtés renferme aussi la plus grande surface.*

Soit en effet un polygone régulier de 6 côtés. Prenons un point G sur le côté BC, nous pouvons le considérer comme un polygone irrégulier de 7 côtés, dont 2 côtés consécutifs BG et GC font un angle valant 2 droits; mais de ce qui précède il résulte que l'aire de ce polygone est moindre que celle du polygone régulier isopérimètre de 7 côtés, donc, à périmètre égal, c'est le polygone régulier de 7 côtés qui a la plus grande surface.

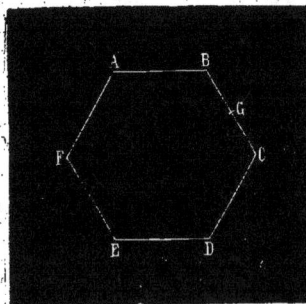

AUTRES PROPRIÉTÉS UTILES

THÉORÈME CXLIV

380. — *L'aire d'un polygone régulier d'un nombre pair de côtés s'obtient en multipliant le périmètre du poly-*

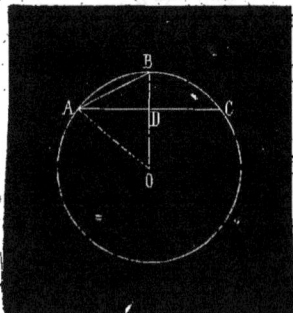

gone d'un nombre de côtés
moitié par la moitié du rayon
du cercle circonscrit commun.

En effet soit AC le côté d'un
polygone de n côtés, et AB le
côté du polygone de $2n$ côtés
inscrit dans le même cercle,
dont le rayon est OA, on a :

Surf. polyg. AB $= 2n \times$ surf. OAB

mais

$$\text{Surf. OAB} = \frac{OB \times AD}{2} = \frac{AC}{2} \times \frac{OB}{2}$$

donc

$$\text{Surf. polyg. AB} = 2n \times \frac{AC}{2} \times \frac{OB}{2} = n \times AC \times \frac{OB}{2}$$

THÉORÈME CXLIV

384. — *Les perpendiculaires menées des sommets d'un
polygone régulier sur une droite située dans son plan ont
pour moyenne arithmétique la perpendiculaire menée du
centre sur la droite.*

Examinons deux cas :

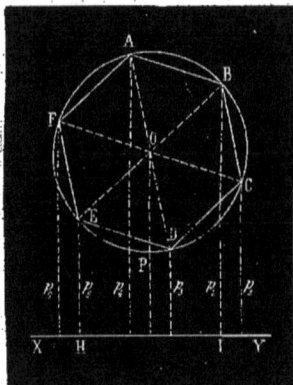

1er Cas. — Le polygone
ABCDEF a un nombre pair de
côtés. Soient p_1, p_2, p_3, etc.,
les perpendiculaires menées de
chaque sommet sur la ligne XY;
P la perpendiculaire menée du
centre sur cette même ligne; si
l'on mène les diagonales EB,
CF, AD, qui, le polygone ayant
un nombre pair de côtés, sont
toutes des diamètres, on a dans
le trapèze HEBI, et dans les
suivants :

$$P = \frac{p_2 + p_5}{2}, \ P = \frac{p_3 + p_4}{2}, \ P = \frac{p_1 + p_6}{2}$$

d'où $\qquad 3\,\mathrm{P} = \dfrac{p_1 + p_2 + p_3 + p_4 + p_5 + p_6}{2}$

ou enfin $\qquad \mathrm{P} = \dfrac{p_1 + p_2 + p_3 + p_4 + p_5 + p_6}{6}$

2ᵉ Cas. — Le polygone ABCDE a un nombre impair de

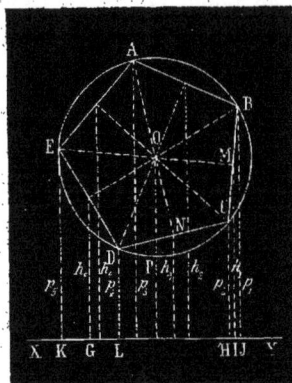

côtés. Soient de même p_1, p_2, p_3, etc. les perpendiculaires menées de ses sommets sur XY, et P la perpendiculaire du centre. Menons les lignes EM, AN, etc., qui, passant par le centre, vont au milieu du côté opposé, et représentons par $\dfrac{m}{n}$ le rapport des deux segments OA, ON, etc., de chaque ligne. Dans le trapèze KEMI, on aura, en représentant par h_1, h_2, h_3, etc., les perpendiculaires abaissées sur XY des milieux de chaque côté.

$$\mathrm{P} = \frac{p_5 \times n + h_1 \times m}{m + n}$$

Mais le trapèze HCBJ, donne

$$h_1 = \frac{p_1 + p_2}{2}$$

donc on a

$$\mathrm{P} = \frac{p_5 \times n + \dfrac{p_1 + p_2}{2} \times m}{m + n} = \frac{p_5 \times n + (p_1 + p_2)\dfrac{m}{2}}{m + n}$$

On trouvera de même par les autres trapèzes que la figure présente les relations suivantes :

$$\mathrm{P} = \frac{p_4 \times n + (p_1 + p_5)\dfrac{m}{2}}{m + n} \qquad \mathrm{P} = \frac{p_3 \times n + (p_2 + p_4)\dfrac{m}{2}}{m + n}$$

$$\mathrm{P} = \frac{p_2 \times n + (p_3 + p_5)\dfrac{m}{2}}{m + n} \qquad \mathrm{P} = \frac{p_1 \times n + (p_4 + p_5)\dfrac{m}{2}}{m + n}$$

Dans le pentagone ces relations sont au nombre de cinq, dans un polygone d'un nombre impair n de côtés elles seraient au nombre n, de sorte que faisant la somme de ces relations et généralisant, il vient :

$$n \times P = \frac{(p_1 + p_2 + p_3 \ldots\ldots + p_n)\, n + (2p_1 + 2p_2 + 2p_3 + \ldots\ldots 2p_n)\frac{m}{2}}{m + n}$$

ou

$$n \times P = \frac{(m + n)(p_1 + p_2 + p_3 \ldots\ldots + p_n)}{m + n}$$

et enfin

$$P = \frac{p_1 + p_2 + p_3 \ldots\ldots + p_n}{n}$$

Corollaire. — *Si la droite passe par le centre, la somme des perpendiculaires de chaque côté de cette ligne est la même.*

En effet, si l'on fait positives celles dans un sens, et négatives celles en sens contraire, leur moyenne devant être 0, il faut que ces deux sommes soient égales entre elles.

THÉORÈME CXLVI

382. — *Le diamètre d'un cercle étant partagé en moyenne et extrême raison, si l'on décrit sur chaque segment une demi-circonférence, la ligne courbe ainsi construite divise la surface du cercle en moyenne et extrême raison.*

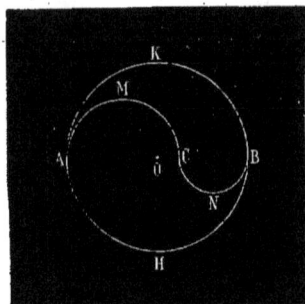

Soit un cercle et la ligne courbe AMCNB, construite d'après l'énoncé, désignons par S et S′ les surfaces AHBNM, et AKBNM, je dis que l'on aura :

$$\frac{\text{cercle O}}{S} = \frac{S}{S'}$$

En effet, d'après l'énoncé on a :

$$AC = R(\sqrt{5} - 1) \quad \text{et} \quad BC = R(3 - \sqrt{5})$$

donc, la surface d'un demi-cercle en fonction de son diamètre étant $\frac{\pi D^2}{8}$, nous aurons

$$S = \frac{\pi}{8}(AB^2 + AC^2 - BC^2)$$

et

$$S' = \frac{\pi}{8}(AB^2 + BC^2 - AC^2)$$

ou, en remplaçant par leurs valeurs les lignes AB, BC, AC,

$$S = \frac{\pi}{8}\left[4R^2 + R^2(\sqrt 5 - 1)^2 - R^2(3 - \sqrt 5)^2\right]$$
$$= \frac{\pi}{8}(4R^2 + 6R^2 - 2R^2\sqrt 5 - 14R^2 + 6R^2\sqrt 5)$$

ou

$$S = \frac{\pi}{2}(R^2\sqrt 5 - 1)$$

de même on a

$$S' = \frac{\pi}{8}\left[4R^2 + R^2(3 - \sqrt 5)^2 - R^2(\sqrt 5 - 1)^2\right]$$
$$= \frac{\pi}{8}(4R^2 + 14R^2 - 6R^2\sqrt 5 - 6R^2 + 2R^2\sqrt 5)$$

et

$$S' = \frac{\pi}{2}R^2(3 - \sqrt 5)$$

donc la proportion du début devient

$$\frac{\pi R^2}{\frac{\pi}{2}R^2(\sqrt 5 - 1)} = \frac{\frac{\pi}{2}R^2(\sqrt 5 - 1)}{\frac{\pi}{2}R^2(3 - \sqrt 5)}$$

ou, en simplifiant

$$\frac{2}{\sqrt 5 - 1} = \frac{\sqrt 5 - 1}{3 - \sqrt 5}$$

ou, enfin

$$(\sqrt 5 - 1)^2 = 2(3 - \sqrt 5)$$

ce qui est exact et démontre l'énoncé.

383. Corollaire I. — *Si le diamètre était divisé en deux parties dans le rapport de* $\dfrac{m}{n}$, *la surface du cercle serait divisée dans le même rapport.*

En effet, reprenons les valeurs

$$S = \frac{\pi}{8}(AB^2 + AC^2 - BC^2) \quad \text{et} \quad S' = \frac{\pi}{8}(AB^2 + BC^2 - AC^2)$$

en y remplaçant AB par AC + BC, et AC² — BC² par

$$(AC + BC)(AC - BC)$$

on aura

$$\frac{S}{S'} = \frac{(AC + BC)^2 + (AC + BC)(AC - BC)}{(AC + BC)^2 + (BC + AC)(BC - AC)}$$

$$= \frac{(AC + BC)(AC + BC + AC - BC)}{(AC + BC)(AC + BC + BC - AC)}$$

ou

$$\frac{S}{S'} = \frac{2AC}{2BC} = \frac{m}{m}$$

384. Corollaire II. — *La courbe divisée est égale à la demi-circonférence du cercle.*

En effet

$$AMC = \frac{\pi}{2} \times AC \quad CNB = \frac{\pi}{2} BC$$

donc

$$AMC + CNB = \frac{\pi}{2}(AC + BC) = \frac{\pi}{2} AB = \frac{\text{circ. O}}{2}$$

385. Corollaire III. — *Pour partager un cercle en un nombre donné de parties égales, il suffit de partager le diamètre en ce même nombre de parties, puis d'exécuter sur chaque point de division la construction de l'énoncé.*

Le corollaire I renferme la démonstration de celui-ci.

THÉORÈME CXLVII

386. — *Si dans un polygone régulier de m côtés on prend un point dans l'intérieur du polygone, et si l'on abaisse de ce point des perpendiculaires sur tous les côtés, la somme de ces perpendiculaires est égale à m fois le rayon du cercle inscrit.*

Soit le point P dans l'intérieur du polygone régulier ABCDEF, abaissons de ce point une perpendiculaire sur chaque côté, je dis que l'on aura

$$PG + PH + PI + PK + PL + PM = 6ON$$

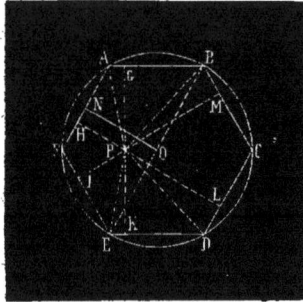

En effet, si l'on joint le point P à tous les sommets, le polygone est subdivisé en 6 triangles qui ont tous des bases égales, comme côtés d'un polygone régulier, et pour hauteur chacun une des perpendiculaires, donc, en représentant par S la surface du polygone, on aura

$$S = \frac{AB}{2}(PG + PH + PI + PK + PL + PM)$$

Mais on a déjà

$$S = \frac{6AB \times OM}{2} = \frac{AB}{2} \times 6OM$$

donc, on a

$$6OM = PG + PH + PI + PK + PL + PM$$

EXERCICES

1. Démontrer que la somme des angles intérieurs formés par les côtés consécutifs d'un polygone régulier de n côtés est égale à autant de fois deux angles droits, qu'il y a d'unités dans $n - 2h$,

h étant le nombre de fois que l'arc sous-tendu par le côté du polygone contient la n^e partie de la circonférence circonscrite. Démontrer de plus que la somme des angles extérieurs formés par chaque côté et le prolongement du côté précédent est égale à $4h$ angles droits.

2. Démontrer que si deux polygones réguliers semblables sont placés de telle sorte qu'ils soient l'un inscrit l'autre circonscrit à un cercle, la circonférence de ce cercle est moyenne proportionnelle entre les circonférences inscrite au plus petit polygone et circonscrite au plus grand.

3. Démontrer que l'apothème de l'hexagone inscrit dans un cercle est la moitié du côté du triangle équilatéral inscrit dans le même cercle.

4. Démontrer que si la distance des centres de deux cercles qui se coupent à angle droit est double de l'un des rayons, la corde commune est égale au côté de l'hexagone régulier inscrit dans l'un des cercles, et au côté du triangle équilatéral inscrit dans l'autre.

5. Trouver le lieu géométrique des points tels que la somme des carrés des distances de chacun d'eux aux sommets d'un polygone régulier, d'un nombre pair des côtés, soit constante.

6. Décrire une circonférence telle que le périmètre du carré que l'on y inscrira soit égal à celui du triangle équilatéral circonscrit à une circonférence donnée.

7. Suffit-il pour qu'un polygone inscrit soit régulier qu'il ait ses angles égaux; et pour qu'un polygone circonscrit soit régulier, suffit-il qu'il ait ses côtés égaux?

8. Détacher à chaque angle d'un carré un triangle isocèle, de façon que le polygone restant soit un octogone régulier.

9. Démontrer que les diagonales d'un pentagone régulier se coupent en moyenne et extrême raison.

10. Calculer en fonction du rayon R les côtés des polygones réguliers circonscrits de 3, 6, 8, 10 côtés.

11. Calculer en fonction de leurs côtés les rayons des cercles inscrits dans des polygones de 3, 4, 5, 6, 10, 12 côtés. Calculer aussi les rayons des cercles circonscrits.

12. Démontrer que si l'on fait rouler dans une circonférence une autre circonférence de rayon moitié, un point quelconque de la seconde circonférence décrit un diamètre de la première.

13. Sur chacun des côtés d'un hexagone on construit un carré puis on joint deux à deux les sommets consécutifs; démontrer que le dodécagone ainsi construit est régulier.

14. Calculer l'angle d'un polygone régulier de 17 côtés, a-t-il des côtés parallèles? Quel est le plus petit angle formé par deux côtés prolongés?

15. Calculer le côté du carré inscrit dans un cercle inscrit lui-même dans un quart de cercle dont on connaît le rayon.

16. Démontrer que l'on obtient une valeur approchée de la demi-circonférence en ajoutant ensemble les côtés du triangle équilatéral et du carré inscrit dans cette circonférence.

17. Démontrer que l'on obtient une valeur approchée de la circonférence en ajoutant au triple du diamètre le cinquième du côté du carré inscrit.

18. Calculer directement la circonférence qui a pour rayon la diagonale d'un carré de $0^m,5$ de côté.

19. Calculer à moins d'un kilomètre le rayon de la circonférence d'un méridien.

20. Calculer à moins d'une seconde le nombre des degrés d'un arc sachant que sa longueur est égale au rayon.

21. Calculer le rayon d'un arc de $25^\circ, 15'$ dont la longueur est de $8^m,50$.

22. Deux arcs de même longueur ont un rayon l'un de $0^m,25$, l'autre de $0^m,15$; l'un est de $15^\circ,20'$, quelle est la graduation de l'autre?

23. Démontrer que la valeur de π est comprise entre 3 et 4, par la comparaison des périmètres de l'hexagone inscrit et du carré circonscrit.

24. Dans deux circonférences dont les rayons sont entre eux dans le rapport de 5 à 8, on prend des arcs d'égale longueur, le premier est de $18^\circ,25'$; quelle est la graduation du second?

25. Calculer à $0,001$ près le périmètre de l'octogone régulier inscrit dans un cercle dont le rayon est $0,358972$.

26. Calculer à $0,001$ près le côté du décagone régulier inscrit dans un cercle dont le rayon est $3^m,8$.

27. Une corde d'un cercle est de $3^m,275$, et la corde de l'arc double est de $4^m,420$, calculer à $0,001$ près le rayon du cercle.

28. Calculer le rayon d'une circonférence, sachant que le côté du triangle équilatéral inscrit surpasse de $3^m,75$ le côté du carré inscrit.

29. Sachant que la différence des périmètres de deux hexagones, l'un inscrit l'autre circonscrit, est de 1 mètre, calculer le rayon du cercle.

30. Sachant que la différence des latitudes de Dunkerque et de Barcelone est $9^\circ - 40' - 12''$, calculer la distance de ces deux villes.

31. Démontrer que la surface de l'hexagone régulier inscrit est moyenne proportionnelle entre les surfaces des triangles équilatéraux inscrit et circonscrit.

32. Connaissant le rayon R d'un cercle, calculer les surfaces des polygones inscrits de 3, 4, 6, 8, 12 côtés.

33. Calculer le côté du carré équivalent à un octogone de 0^m,6 de côté.

34. Trouver le côté d'un octogone régulier équivalent à la somme de trois octogones réguliers dont les côtés sont 3 mètres, 4 mètres et 12 mètres.

35. Calculer la surface d'un octogone régulier, connaissant son apothème.

36. Un triangle équilatéral, un carré et un cercle ont chacun un périmètre de 4 mètres, calculer le rapport de leurs surfaces.

37. Démontrer que si l'on prolonge dans le même sens les côtés d'un hexagone régulier de longueur égale à ces côtés, et qu'on joigne par des droites consécutives les extrémités de ces prolongements, on forme un second hexagone régulier dont la surface est triple de celle du premier.

38. Démontrer que si du centre d'un hexagone régulier on abaisse sur trois côtés non consécutifs des perpendiculaires que l'on prend égales au côté du carré inscrit, en joignant leurs extrémités on forme un triangle équivalent à l'hexagone.

39. Un secteur dont l'arc est égal au rayon a une surface de 12^{m.q.},25, calculer le rayon.

40. Calculer en fonction du rayon R la surface comprise entre la corde et l'arc de 90°, puis de 60°, puis de 120°.

41. Démontrer que la portion du cercle comprise entre les cordes parallèles sous-tendant des arcs de 60° et de 120° est équivalente au secteur de 60°.

42. La surface d'un carré est partagée en m^2 carrés égaux, dans chacun desquels on a inscrit un cercle, démontrer que la surface de tous ces cercles est constante, quel que soit m.

43. Partager un cercle par des circonférences concentriques en parties proportionnelles à des lignes m, n, p données.

44. Partager par une circonférence concentrique un cercle en moyenne et extrême raison.

45. Dans un secteur de 30 degrés on sait que la surface du triangle surpasse de 2^{m.q.} la surface du segment, calculer à 0,001 le rayon du cercle.

46. Calculer la surface d'un cercle, sachant qu'une corde de 0,4 y sous-tend un arc de 120°.

47. Un angle droit est tangent à une circonférence, la surface comprise entre les côtés de l'angle et la circonférence est de 0^{m.q.},75842, calculer le rayon de la circonférence.

48. Démontrer que la surface de la couronne circulaire comprise entre deux circonférences concentriques a pour mesure le produit de la circonférence équidistante des premières, multipliée par la différence des rayons.

49. Démontrer que si sur les trois côtés d'un triangle rectangle et dans le même sens on décrit trois demi-circonférences, la somme des *lunules*, ou surfaces communes au grand cercle et aux deux petits, est équivalente à la surface du triangle.

50. Calculer le rayon d'un cercle tel que la différence des surfaces du décagone et de l'octogone réguliers inscrits dans ce cercle soit équivalente à un carré donné.

51. Trouver la formule qui donne la surface du cercle en fonction de sa circonférence.

52. Décrire un cercle tangent intérieurement à un cercle donné, et partageant sa surface en deux parties proportionnelles à deux lignes données m et n.

53. Démontrer que la surface du décagone régulier est égale au triple du carré de son rayon.

54. Connaissant les surfaces s et S de deux polygones réguliers semblables, l'un inscrit, l'autre circonscrit à une même circonférence, démontrer que les surfaces des polygones réguliers inscrit et circonscrit, d'un nombre de côtés double sont données par les formules

$$s' = \sqrt{Ss} \quad \text{et} \quad S' = \frac{S + s'}{2Ss}$$

en déduire une nouvelle méthode de calculer la valeur de π.

GÉOMÉTRIE DE L'ESPACE

LIVRE V

PRÉLIMINAIRES, DÉFINITIONS, GÉNÉRATION DU PLAN

387. — La géométrie de l'espace étudie les propriétés et les mesures des figures géométriques dont les diverses parties ne sont pas dans le même plan.

La représentation graphique de ces figures ne peut donc se faire que par un dessin où la perspective, comme dans un tableau, est chargée d'exprimer aux yeux la disposition des diverses parties de chacune d'elles; de telle sorte que les grandeurs absolues des angles et les positions réelles des lignes ne sont pas souvent d'accord avec ces mêmes grandeurs ou ces positions dans la figure; et si, dans la géométrie plane, il était imprudent de juger des propriétés d'une figure par l'aspect de cette figure même, dans la géométrie de l'espace ce ne serait plus un danger mais une source de graves erreurs. La figure doit servir à faire voir par la pensée et dans l'espace les diverses parties qui la constituent avec leurs plans divers et leurs positions réelles.

388. — *Un plan*, nous l'avons déjà dit et nous le répétons, *est une surface telle qu'une ligne droite la touche exactement sur toute sa longueur et en tout sens, ou mieux, telle que prenant deux points quelconques sur cette surface et les joignant par une ligne droite, celle-ci est contenue tout entière dans la surface.*

Un plan doit toujours être compris comme infini dans tous

les sens, mais pour pouvoir le représenter, on suppose que dans le plan en question on a découpé un rectangle, et c'est ce rectangle que l'on dessine en tenant compte autant que l'on peut des lois de la perspective suivant la direction du plan. Dans les théorèmes très simples du début nous comprendrons le plan comme fixé au tableau noir comme une étagère à un mur, et nous le représenterons par un parallélogramme.

Il suit de la définition même du plan que :

1° *Une droite qui a deux points communs avec un plan est tout entière dans ce plan, et qu'ils ne sauraient se séparer quelque loin qu'on les prolonge tous deux.*

2° *Une droite ne peut avoir de commun avec un plan qu'un seul point, ou tous; elle perce le plan, ou elle y est contenue tout entière.*

3° *Par une droite donnée on peut toujours faire passer un plan.*

Car si l'on peut toujours faire coïncider une droite avec la surface d'un plan, on peut aussi toujours amener un plan à coïncider avec une droite, et l'on peut même le faire coïncider dans une infinité de positions différentes.

THÉORÈME CXLVIII

389. — *Par trois points non en ligne droite on peut toujours faire passer un plan, et l'on n'en peut faire passer qu'un seul.*

Soient trois points A, B, C, non en ligne droite. Je dis que par ces trois points on peut faire passer un plan.

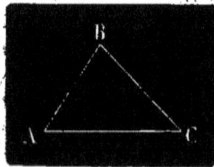

En effet, joignons AB, par cette droite on peut faire passer un plan; faisons-le tourner autour de AB comme axe; comme ce plan est infini, en faisant une rotation complète il passe successivement par tous les points de l'espace, donc à un certain moment il passera par le point C, réalisant alors le plan demandé.

Je dis de plus que par ces trois points on ne peut faire passer qu'un seul plan.

En effet, supposons un instant qu'on ait pu en faire passer deux. Les points A et B étant dans les deux plans, ils contiennent chacun la ligne AB, et aussi, pour la même raison, la ligne AC, donc ils coïncident déjà suivant ces deux lignes. Menons une troisième ligne quelconque BC qui coupe les deux premières; les points B et C étant dans les deux plans, ils contiennent tous deux la ligne BC et coïncident suivant cette ligne et suivant toute autre ligne quelconque rencontrant les deux premières, donc les deux plans n'en forment qu'un seul.

390. **Corollaire I.** — *Deux droites qui se coupent suffisent pour déterminer un plan et un seul.*

Car si l'on prend un point sur chaque ligne, avec leur point d'intersection, cela fait trois points, suffisants pour déterminer un plan qui contiendra les deux lignes données.

Corollaire II. — *Une droite et un point hors de cette droite suffisent pour déterminer un plan et un seul.*

Car prenant deux points sur la droite, avec le point donné, cela constitue les trois points nécessaires et suffisants pour déterminer un plan.

Corollaire III. — *Deux droites parallèles suffisent pour déterminer un plan et un seul.*

En effet, une condition du parallélisme de deux droites est que ces deux droites soient dans le même plan; car dans l'espace deux droites qui se croisent en sens divers en passant l'une au-dessus de l'autre ne se rencontreront jamais et pourtant ne sont pas parallèles. Si nous faisons connaître cette condition actuellement, c'est qu'il était inutile de l'énoncer dans la géométrie plane, où tout se passait dans le même plan.

THÉORÈME CXLIX

391. — *L'intersection de deux plans, c'est-à-dire la ligne formée par leurs points communs, est une ligne droite.*

En effet, si parmi ces points communs un seul n'était pas

en ligne droite par rapport à deux autres, les deux plans, passant par trois points non en ligne droite, se confondraient en un seul plan et ne se couperaient pas.

Génération du plan. — En géométrie, on considère généralement les surfaces comme étant la trace que laisse dans l'espace une ligne droite ou courbe qui se déplace d'un mouvement continu, et la surface engendrée varie suivant la loi fixe que suit la ligne en se déplaçant.

Conformément à cette idée on peut comprendre un plan comme engendré :

1° Par une droite qui tourne autour d'un de ses points en s'appuyant toujours sur une droite fixe.

2° Par une droite qui se déplace parallèlement à elle-même, en s'appuyant toujours sur une droite fixe.

3° Par une droite qui se déplace à volonté sans cesser de toucher deux droites qui se coupent.

Le théorème précédent suffit pour démontrer que la droite mobile, ou *génératrice* du plan, considérée dans deux positions consécutives reste toujours dans le même plan.

392. Définition de l'angle de deux droites. — Il nous arrivera par la suite de parler de l'angle de deux droites, bien que ces deux droites n'étant pas dans le même plan ne se coupent pas. Dans ce cas *on nomme angle de deux droites l'angle formé par une des droites et une parallèle à l'autre menée par un point de la première.* Or cette construction est toujours possible; en prenant un point sur l'une des deux lignes, par ce point et l'autre ligne on peut toujours faire passer un plan, et dans ce plan, par le premier point, mener une parallèle à la seconde ligne.

Lorsque l'angle de deux lignes qui ne se coupent pas est droit, ces deux lignes sont dites *orthogonales*, ou simplement *perpendiculaires* l'une à l'autre.

DES PERPENDICULAIRES ET DES OBLIQUES AU PLAN

393. Définition. — Une ligne est perpendiculaire à un plan, lorsqu'elle est perpendiculaire à toutes les droites que l'on peut tracer par son pied dans ce plan.

Une ligne est oblique à un plan lorsqu'elle n'est pas perpendiculaire à une ligne tracée par son pied dans ce plan.

Réciproquement, le plan est dit perpendiculaire ou oblique à la ligne.

THÉORÈME CL

394. — Lorsqu'une droite est perpendiculaire à deux droites tracées par son pied dans un plan, elle est perpendiculaire à toute autre droite passant aussi par son pied dans ce plan, et elle est perpendiculaire au plan.

Soit la droite AB, perpendiculaire aux deux droites BC, BD, passant par son pied dans le plan MN, je dis qu'elle est aussi perpendiculaire à la droite BE menée par le point B dans le plan MN.

En effet, prolongeons AB, en dessous du plan, d'une quantité BA' égale à AB, traçons dans le plan MN une ligne CD qui coupe les trois droites BC, BE, BD, puis joignons AC, AE, AD, et A'C, A'E, A'D. La ligne DB étant perpendiculaire sur le milieu de AA', on a :

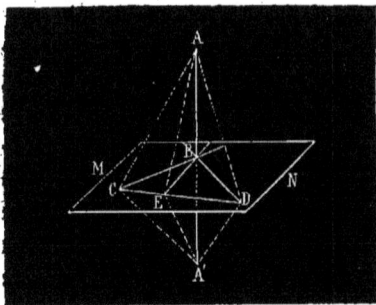

$$DA = DA'$$

comme obliques égales. Par la même raison, CB étant perpendiculaire sur le milieu de AA', on a aussi $CA = CA'$.

Donc les deux triangles CAD, CA'D, sont égaux comme ayant les trois côtés égaux, savoir CD commun, puis $CA = CA'$ et $AD = DA'$. Si on les superposait en faisant tourner CA'D autour de CD comme axe, ils coïncideraient, et le point E n'ayant pas changé de place, on aurait EA′ = EA, car ces deux lignes se superposent; or elles occupent par rapport à EB la position d'obliques égales, donc ED est perpendiculaire sur AA′.

Il en serait de même pour toute autre ligne menée par le point B dans le plan MN, donc AB est perpendiculaire à ce plan.

395. Corollaire I. — *Si une droite rencontrant un plan est perpendiculaire ou orthogonale à deux droites qui se coupent dans ce plan, elle est elle-même perpendiculaire au plan.*

En effet si par le point où la droite rencontre le plan, on mène deux parallèles aux deux droites du plan, la ligne considérée étant perpendiculaire à ces deux parallèles est perpendiculaire au plan et aussi par suite à toutes les droites du plan.

THÉORÈME CLI

396. — *Toutes les perpendiculaires menées autour d'un même point d'une ligne droite sont dans un même plan perpendiculaire à cette droite.*

Soit la ligne AB, au point B de laquelle on mène diverses perpendiculaires, BC, BD, BE. Je dis que toutes ces perpendiculaires sont dans un même plan perpendiculaire à AB.

En effet, par les deux droites BC, BD, on peut faire passer un plan MN, la troisième perpendiculaire BE sera aussi dans ce plan, car si elle n'y était pas, en faisant passer un plan par AB et BE, ce plan couperait le plan MN suivant une ligne BF qui, passant par le pied B de AB, et étant dans le plan MN, serait perpendiculaire à AB, donc il y aurait au point B de AB, et dans le même plan, deux perpendiculaires, ce qui est impossible,

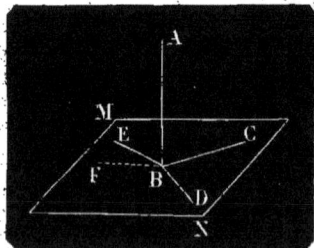

donc BE se confond avec BF; et la troisième perpendiculaire BE, comme toute autre perpendiculaire menée au point B de AB, est dans le même plan que les deux premières.

Remarque. — L'on peut aussi comprendre le plan comme la surface engendrée par une ligne qui tourne autour d'un même point d'une seconde ligne en lui restant toujours perpendiculaire.

397. **Corollaire.** — *Lorsqu'en un point d'une droite il y a deux lignes perpendiculaires à cette droite, elles déterminent un plan perpendiculaire à la droite, et auquel, réciproquement, la droite est perpendiculaire.*

THÉORÈME CLII

398. — *Toute perpendiculaire à un plan est contenue dans un plan perpendiculaire à une ligne quelconque menée dans le premier plan.*

Soit la ligne AB perpendiculaire au plan MN, je dis qu'elle est contenue dans un plan perpendiculaire à une ligne quelconque CD menée dans le plan MN.

En effet, du point B je mène BE perpendiculaire sur CD, puis prenant de chaque côté du point E des longueurs égales, EC, ED, je joins BC, BD, AC, AE, AD. Les deux

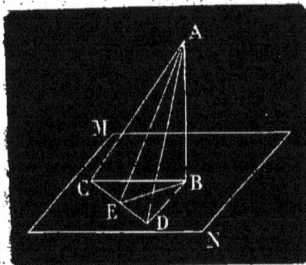

triangles ABC, ABD, rectangles en B, sont égaux, car ils ont le côté AB commun, et le côté BC égal au côté BD, comme obliques égales par rapport à la perpendiculaire BE; donc les hypoténuses AC, AD, sont égales. Mais ces deux droites occupent par rapport à AE la position d'obliques égales, donc AE est perpendiculaire à CD. Au point E de la ligne CD il y a donc deux perpendiculaires, EB et EA, elles déterminent un plan perpendiculaire à CD, qui, passant par A et par B, contient AB.

Remarque. — Ce théorème s'énonce aussi d'une autre manière :

Si du pied d'une perpendiculaire à un plan on mène une perpendiculaire à une droite quelconque tracée dans ce plan, la droite qui joint le pied de cette seconde perpendiculaire à un point quelconque de la première est aussi perpendiculaire à la droite tracée dans le plan.

Sous cette forme il porte le nom de théorème des trois perpendiculaires.

THÉORÈME CLIII

399. — *Si une droite contenue dans un plan perpendiculaire à une droite menée dans un second plan est perpendiculaire à l'intersection de ces deux plans, elle est perpendiculaire au second plan.*

Soit une droite AB, contenue dans un plan perpendiculaire au point E de la droite CD du plan MN, et perpendiculaire à l'intersection EB de ces deux plans, je dis qu'elle est perpendiculaire au plan MN.

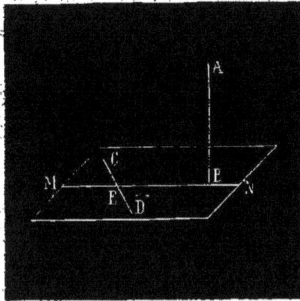

En effet, si au point B on voulait élever une perpendiculaire au plan MN, elle devrait être dans le plan perpendiculaire à CD au point E, et être perpendiculaire à EB, donc elle se confondrait avec AB.

THÉORÈME CLIV

400. — *Par un point donné on peut toujours mener une perpendiculaire à un plan et l'on n'en peut mener qu'une.*

Soit le plan MN, je dis que par un point quelconque, soit sur ce plan, soit hors de ce plan, on peut toujours lui mener une perpendiculaire.

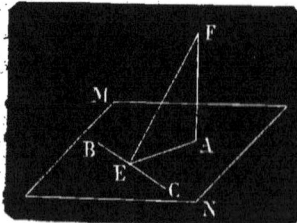

En effet soit, en premier lieu, le point donné A sur le plan; menant dans le plan une ligne quelconque BC, du point A j'abaisse la perpendiculaire AE sur cette ligne; au point E, dans un plan quelconque passant par BC, j'élève EF perpendiculaire aussi à BC.

D'après le corollaire n° 397, les deux droites AE, EF déterminent un plan perpendiculaire à BC, lequel doit contenir la perpendiculaire au plan demandé, il suffira donc d'élever au point A, dans le plan FEA, la perpendiculaire AF à la droite EA, ce sera la perpendiculaire cherchée.

Si le point donné est hors du plan, en F, par exemple, ayant tracé la droite quelconque BC, dans le plan passant par F et par BC on lui abaisse la perpendiculaire FE, au point E dans le plan MN, on élève EA perpendiculaire aussi à BC, et la construction s'achève comme précédemment.

Je dis de plus que dans les deux cas on ne peut mener qu'une perpendiculaire. En effet, toute autre perpendiculaire devant être contenue dans le plan FDA, passer par le point A, et être perpendiculaire à EA ne peut que se confondre avec FA.

THÉORÈME CLV

401. — *Par un point donné on peut toujours mener un plan perpendiculaire à une droite donnée, et l'on n'en peut mener qu'un seul.*

Soit la ligne AB, et un point hors de cette ligne ou sur cette ligne, je dis que l'on peut toujours faire passer par ce point un plan perpendiculaire à la ligne.

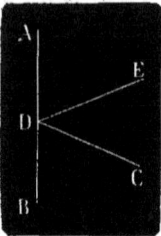

En effet, si le point donné est le point C extérieur, dans le plan passant par C et par AB on abaisse la perpendiculaire CD sur AB, puis au point D, dans un autre plan quelconque passant par AB, on mène une autre perpendiculaire DE à AB, le plan passant par CD et DE sera le plan demandé.

Si le point donné est le point D, situé sur la ligne AB, au point D, dans deux plans différents passant par AB, on lui mène les deux perpendiculaires DC, DE, lesquelles déterminent le plan demandé.

Je dis de plus que l'on ne peut par les points C ou D mener qu'un seul plan perpendiculaire à AB, car tout autre plan passant par C ou par D couperait le plan passant par AB et par CD, suivant une autre ligne que CD, c'est-à-dire suivant une oblique à AB, donc AB ne saurait être perpendiculaire à ce plan.

THÉORÈME CLVI

402. — *Si d'un point pris hors d'un plan on lui mène une perpendiculaire et diverses obliques :*

1° *La perpendiculaire est plus courte que toute oblique ;*

2° *Deux obliques qui s'écartent également du pied de la perpendiculaire sont égales ;*

3° *De deux obliques, celle qui s'écarte le plus du pied de la perpendiculaire est la plus longue.*

Soient la perpendiculaire AB au plan MN et diverses obliques AD, AC, AE. Je dis, 1°, que la perpendiculaire AB est plus courte que l'oblique AD.

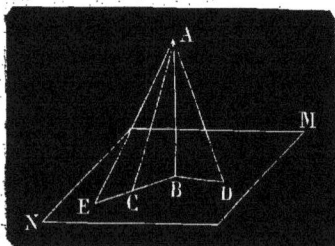

En effet le triangle ABD, construit en joignant BD, est rectangle en B, donc son hypoténuse AD est plus grande que le côté de l'angle droit AB, et aussi que le second côté BD.

Je dis, 2°, que si les distances BD et BC sont égales, les deux obliques AD, AC sont aussi égales.

En effet les deux triangles ABD, ABC, rectangles en B, sont égaux, car ils ont le côté AB commun et BD = BC par hypothèse, donc AD = AC.

Je dis, 3°, que la distance BE étant plus grande que BD l'oblique AE est plus grande que AD.

En effet, joignant BF, prenons BC = BD, et traçons l'oblique AC, d'après le cas précédent, on a AD = AC ; mais les trois lignes AB, AC, AE étant dans le même plan, on a d'après un théorème de la géométrie plane, $AE > AC$, donc on a aussi $AE > AD$.

403. Corollaire I. — *Si d'un point hors d'un plan on mène sur ce plan plusieurs obliques égales, le lieu géométrique de leurs pieds est une circonférence ayant pour centre le pied de la perpendiculaire abaissée du point sur le plan.*

Car les pieds de toutes ces obliques sont équidistants du pied de la perpendiculaire.

404. Corollaire II. — *La perpendiculaire abaissée d'un point sur un plan est la plus courte ligne que l'on puisse mener de ce point à ce plan.*

C'est elle que l'on a choisie pour mesurer la distance d'un point à un plan.

THÉORÈME CLVII

405. — *Le lieu géométrique des points de l'espace équidistants des extrémités d'une droite est le plan perpendiculaire à cette droite en son milieu.*

Soit une droite AB, et un plan MN perpendiculaire à cette droite en son milieu C, je dis que tout point de ce plan est équidistant de A et de B.

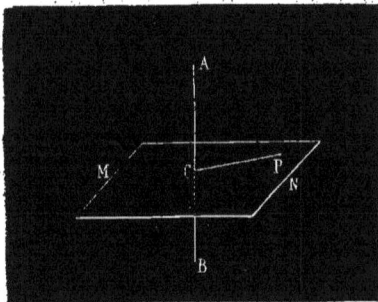

En effet, considérons un point quelconque P du plan. Joignons PC, cette droite étant perpendiculaire sur AB en son milieu, le point P est équidistant de A et B ; il en serait de même pour tout autre point du plan, donc celui-ci est le lieu géométrique des points de l'espace équidistants de A et de B.

406. Corollaire. — *Si l'on mène des plans perpendiculaires chacun à un côté d'un triangle et à son milieu, ces* *trois plans se coupent suivant une ligne unique dont tous les points sont équidistants des sommets du triangle, et perpendiculaire au plan de ce triangle.*

THÉORÈME CLVIII

407. — *Deux droites perpendiculaires à un même plan sont parallèles.*

Soient les deux droites AB, CD, perpendiculaires au plan MN, je dis que ces deux lignes sont parallèles.

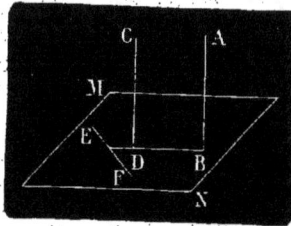

Joignons DB, et en un point quelconque de cette ligne menons lui une perpendiculaire EF dans le plan MN; AB, perpendiculaire à MN, est contenue (n° 398) dans un plan perpendiculaire à EF et passant par BD, de même CD, perpendiculaire à MN, est aussi contenue dans un plan perpendiculaire à EF et passant par BD, donc les deux droites AB, CD sont dans un même plan; de plus dans ce plan elles sont perpendiculaires à la même droite BD, donc elles sont parallèles.

408. **Corollaire I.** — *Si une droite est perpendiculaire à un plan, toute parallèle à cette droite est aussi perpendiculaire à ce plan.*

Car comme sa parallèle elle est contenue dans un plan perpendiculaire à une droite quelconque du premier plan, et elle est perpendiculaire à l'intersection des deux plans.

409. **Corollaire II.** — *Si deux droites sont parallèles, tout plan perpendiculaire à l'une est aussi perpendiculaire à l'autre.*

PARALLÉLISME DES DROITES ET DES PLANS

410. **Définition.** — Une droite et un plan sont dits parallèles lorsqu'ils ne se rencontrent jamais quelque loin qu'on les prolonge.

THÉORÈME CLIX

411. — *Par un point de l'espace on peut toujours mener une parallèle à une droite donnée, et l'on n'en peut mener qu'une.*

En effet, par le point et la droite donnés on peut toujours faire passer un plan, et dans ce plan on peut, par le point donné, mener une parallèle à la droite donnée.

On n'en peut mener qu'une, car toute autre parallèle devrait être contenue dans le même plan que la première, et par suite se confondre avec elle.

Corollaire. — *Si par un point d'un plan contenant une ligne on mène une parallèle à cette ligne, cette parallèle est tout entière dans ce plan.*

THÉORÈME CLX

412. — *Deux droites parallèles à une troisième sont parallèles entre elles.*

En effet, si l'on mène un plan perpendiculaire à l'une de ces lignes, il sera aussi perpendiculaire aux deux autres; (n° 409) donc étant perpendiculaires au même plan, ces trois droites sont parallèles entre elles.

THÉORÈME CLXI

413. — *Toute droite parallèle à une droite dans un plan est parallèle à ce plan, ou y est contenue tout entière.*

Soit la droite AB, parallèle à la droite CD située dans le plan MN, je dis que AB est parallèle à ce plan.

En effet, les deux droites AB et CD étant parallèles, sont dans un même plan, duquel elles ne peuvent sortir ni l'une ni l'autre, et CD est elle-même l'intersection de ce plan avec le plan MN; donc AB ne pourrait rencontrer le plan MN qu'en quelque point du prolongement de CD, ce qui est impossible puisque AB est parallèle à CD. Seules les droites du plan

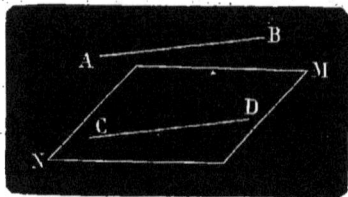

19

MN parallèles à CD font exception au théorème, mais elles rentrent alors dans la géométrie plane.

THÉORÈME CLXII

414. — *Toute droite perpendiculaire à une autre, perpendiculaire elle-même à un plan, est parallèle à ce plan, ou y est contenue tout entière.*

Soit la ligne AC, perpendiculaire à AB, qui est elle-même perpendiculaire au plan MN, je dis que AC est parallèle à ce plan.

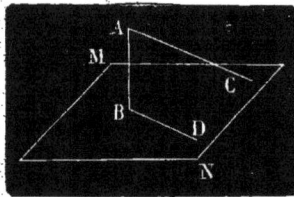

En effet, par AC et AB faisons passer un plan, il coupera le plan MN suivant une ligne BD perpendiculaire à AB, et par suite parallèle à AC, donc AC, parallèle à une droite du plan MN, est parallèle à ce plan.

Les perpendiculaires à AB au point B étant contenues dans le plan MN font exception au théorème.

THÉORÈME CLXIII

415. — *Si une droite est parallèle à un plan, tout plan passant par cette droite et qui coupe le premier, le coupe suivant une parallèle à la droite.*

Soit une droite AB parallèle au plan MN; soit un plan passant par AB et coupant le plan MN suivant la droite CD, je dis que CD est parallèle à AB.

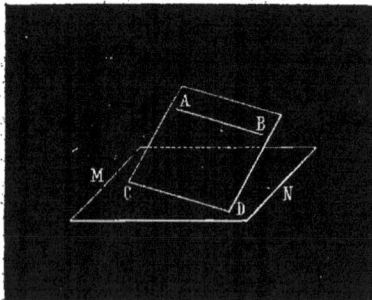

En effet les deux droites AB et CD qui sont dans le même plan ne peuvent se rencontrer, car CD ne pouvant sortir du plan MN, il faudrait pour cela que AB rencontrât ce plan, or elle lui est parallèle.

THÉORÈME CLXIV

416. — *Si deux droites sont parallèles, tout plan passant par l'une est parallèle à l'autre, ou la contient.*

Soient deux droites parallèles, AB et CD, et un plan MN passant par CD, je dis qu'il est parallèle à AB.

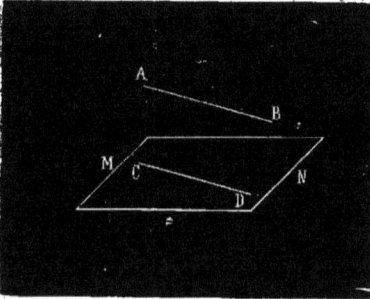

En effet, AB et CD étant dans le même plan et n'en pouvant sortir, AB ne pourrait rencontrer le plan MN que sur un point de CD, ce qui est impossible ces deux droites étant parallèles.

Seul le plan qui contient AB et CD n'est pas parallèle à AB.

THÉORÈME CLXV

417. — *Si deux droites sont parallèles, tout plan parallèle à l'une est aussi parallèle à l'autre, ou la contient tout entière.*

Soient les droites AB et CD parallèles, et un plan MN parallèle à CD, je dis qu'il est aussi parallèle à AB.

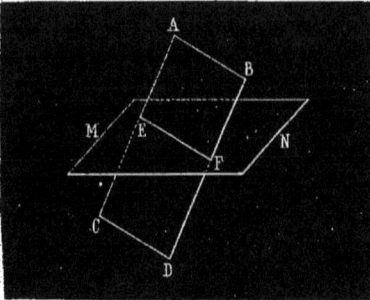

En effet, si l'on mène le plan des deux parallèles AB et CD, il coupe le plan MN suivant une troisième droite EF, parallèle à CD, mais puisque dans le même plan AB et EF sont toutes deux parallèles à CD, AB et EF sont parallèles entre elles, donc aussi AB est parallèle au plan MN.

La droite AB pourrait aussi, comme EF, être contenue

dans le plan MN, il suffirait pour cela que le plan MN passe par un point de AB.

418. Corollaire. — *Si deux plans qui se coupent sont parallèles à une même droite, leur intersection est parallèle à cette droite.*

Car si par un point de l'intersection on menait une parallèle à cette droite, elle devrait être tout entière dans les deux plans, donc elle est leur intersection.

THÉORÈME CLXVI

419. — *Si deux droites ne sont pas dans le même plan, on peut toujours mener par l'une d'elles un plan parallèle à l'autre, et un seul.*

Soient deux droites AB et CD, dans des plans différents, je dis que par CD on peut construire un plan parallèle à AB.

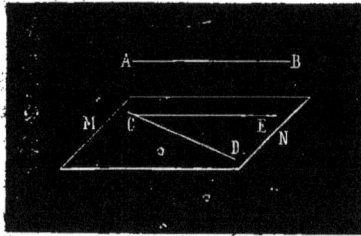

En effet, par un point C de CD on peut toujours mener une ligne CE parallèle à AB ; le plan passant par CD et CE sera parallèle à AB (n° 413). Il n'y aura qu'un seul plan de possible, car tout plan parallèle à AB et passant par CD devra contenir CE (n° 416).

Corollaire. — *Si deux droites ne sont pas dans un même plan, on peut toujours par un point donné mener un plan parallèle à toutes deux.*

En effet, on peut toujours par ce point mener une parallèle à chacune des droites, le plan passant par ces deux parallèles sera le plan demandé.

THÉORÈME CLXVII

420. — *Une droite parallèle à un plan en est partout également distante.*

Soit une droite AB parallèle au plan MN, si des points A

et B, on abaisse sur le plan les perpendiculaires AC, BD,

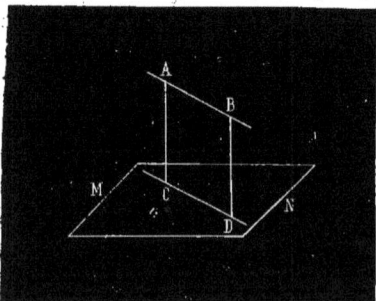

qui mesurent les plus courtes distances des points A et B au plan, je dis que ces lignes sont égales.

En effet, joignons CD, la figure ABCD ayant ses côtés parallèles deux à deux est un parallélogramme et un rectangle, donc AC = BD.

Corollaire. — *Les parallèles comprises entre une droite et un plan parallèle sont égales.*

On le démontrerait de même.

PARALLÉLISME DES PLANS

Définition. — Deux plans sont parallèles lorsqu'ils ne se rencontrent jamais, quelque loin qu'on les prolonge.

THÉORÈME CLXVIII

421. — *Deux plans perpendiculaires à une même droite sont parallèles.*

En effet, ils ne sauraient se rencontrer, car il n'est aucun point de l'espace d'où l'on puisse mener deux plans perpendiculaires à une même droite.

THÉORÈME CLXIX

422. — *Si deux plans sont parallèles, toute droite perpendiculaire à l'un est aussi perpendiculaire à l'autre.*

Soient deux plans parallèles MN et PQ, soit une droite AC perpendiculaire au plan MN, je dis qu'elle est aussi perpendiculaire au plan PQ.

En effet, par AC faisons passer un plan quelconque, il coupe le plan MN suivant BD, et le plan PQ suivant CE. Or

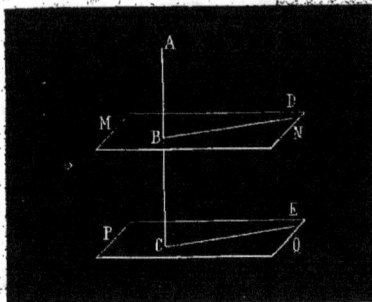

ces deux droites sont parallèles, car ne pouvant sortir des plans qui les contiennent, elles ne peuvent se rencontrer puisque ceux-ci sont parallèles; donc AC perpendiculaire à BD, comme perpendiculaire au plan MN, sera aussi perpendiculaire à la parallèle CE. On démontrerait de même qu'elle est perpendiculaire à toute autre droite du plan PQ, donc elle est perpendiculaire à ce plan.

423. **Corollaire I.** — *Les intersections de deux plans parallèles par un troisième plan sont parallèles.*

En effet, les lignes BD et CD, démontrées parallèles, sont les intersections des plans MN et PQ par un troisième plan, et le même raisonnement démontrerait encore le parallélisme de ces deux intersections, le troisième plan étant quelconque.

424. **Corollaire II.** — *Par un point donné on peut toujours mener un plan parallèle à un plan donné, et un seul.*

En effet, du point donné on peut abaisser une perpendiculaire sur le plan, et au point donné mener un plan perpendiculaire à cette perpendiculaire, ce sera le plan parallèle demandé. Il n'y en aura qu'un seul de possible, car chaque partie de la construction ne donne qu'un résultat unique.

425. **Corollaire III.** — *Deux plans parallèles à un troisième sont parallèles.*

Car il n'est aucun point de l'espace d'où l'on puisse mener deux plans parallèles à un plan donné.

THÉORÈME CLXX

426. — *Si par un point pris hors d'un plan on mène des parallèles à diverses droites de ce plan, toutes ces parallèles déterminent un plan parallèle au premier.*

Soit un point P hors du plan MN, par ce point on mène AB, CD, respectivement parallèles aux droites EF, GH, du plan MN, je dis que le plan passant par AB et CD est parallèle à MN.

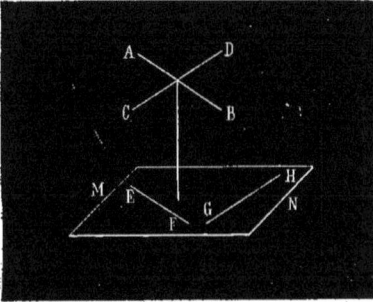

En effet, abaissons du point P une perpendiculaire au plan MN; perpendiculaire au plan, elle est perpendiculaire à toutes les droites de ce plan (n° 394) mais alors elle est aussi perpendiculaire à leurs parallèles AB et CD, donc AB et CD déterminent un plan perpendiculaire à cette ligne et qui est parallèle au plan MN.

THÉORÈME CLXXI

427. — *Les portions de parallèles comprises entre deux plans parallèles sont égales.*

Soient les deux parallèles AB, CD comprises entre les plans parallèles MN et OP, je dis que ces deux lignes sont égales.

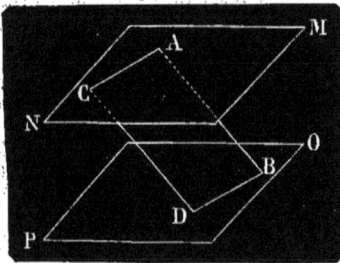

En effet, le plan des deux parallèles coupe les plans MN et OP suivant deux lignes parallèles AC et BD, donc la figure ABCD est un parallélogramme, et

$$AB = CD$$

428. **Corollaire I.** — *Réciproquement, si trois lignes parallèles, comprises entre deux plans, sont égales, les plans sont parallèles.*

Car en joignant leurs extrémités deux à deux, les triangles ainsi formés ont leurs côtés parallèles chacun à chacun, comme côtés opposés de parallélogrammes, donc les deux plans sont parallèles.

429. **Corollaire II.** — *Deux plans parallèles sont partout également distants.*

THÉORÈME CLXXII

430. — *Si deux angles situés dans des plans différents ont leurs côtés parallèles, ils sont égaux ou supplémentaires, et leurs plans sont parallèles.*

Soient dans les plans MN et OP les angles ABC, DFE qui ont leurs côtés respectivement parallèles et de même sens, je dis qu'ils sont égaux.

En effet, prenons les longueurs BA = FD, et BC = FE, puis joignons AC, DE, AD, BF, CE. Les deux quadrilatères ADFB, CEFB, ayant deux côtés opposés égaux par construction et parallèles par hypothèse sont deux parallélogrammes, donc les trois lignes AD, BF CE sont égales et parallèles, donc le quadrilatère ADEC est aussi un parallélogramme, et l'on a DE = AC; dès lors les deux triangles CAB, EDF sont égaux comme ayant les trois côtés égaux chacun à chacun, donc l'angle ABC = DFE.

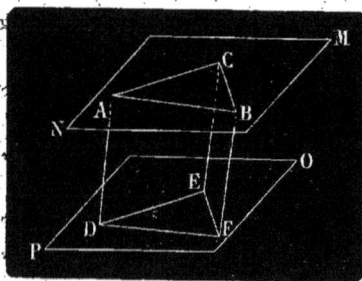

Si l'on prolongeait au delà du sommet un des côtés de

ABC, on formerait un angle qui, supplémentaire de ABC, le serait aussi de DFE.

Quant aux deux plans MN et OP, ils sont parallèles, puisque (n° 426) ils contiennent des droites parallèles chacune à chacune.

THÉORÈME CLXXIII

431. — *Trois plans parallèles interceptent sur deux droites des segments proportionnels.*

Soient deux droites AB, CD coupées par trois plans parallèles M, N, P. Je dis que les segments de ces droites compris entre ces plans sont proportionnels.

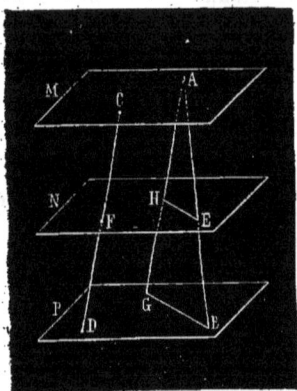

En effet, par le point A menons une troisième ligne AG parallèle à CD, puis joignons HE, GB, qui sont les intersections des plans N et P par le plan des deux lignes AB, AG. Ces deux intersections sont parallèles (n° 423), donc, dans le triangle AGB, la parallèle HE à la base GB donne la proportion :

$$\frac{AH}{AE} = \frac{HG}{EB}$$

mais

$$AH = CF \quad \text{et} \quad HG = FD$$

comme parallèles comprises entre plans parallèles, donc on peut écrire aussi :

$$\frac{CF}{AE} = \frac{FD}{EB}$$

ce qu'il fallait démontrer.

THÉORÈME CLXXIV

432. — *Si trois lignes quelconques sont coupées cha-cune en deux segments dans le même rapport $\frac{m}{n}$, les plans passant par les trois points de division et par les trois extrémités de même sens sont trois plans parallèles.*

Soient les trois lignes AB, CD, EF coupées dans le même rapport et le même sens aux points G, H, I, je fais passer un plan par les trois extrémités B, D, F; un autre par les extré-mités A, C, E; je dis que le plan passant par les points de division G, H, I est parallèle aux deux premiers, lesquels sont aussi parallèles entre eux.

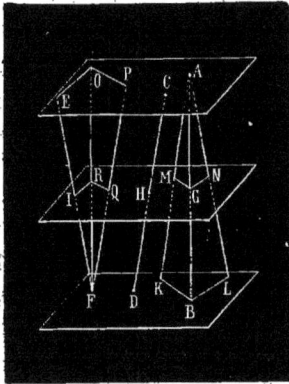

En effet, par le point A je mène AK et AL respectivement parallèles à CD et EF, et je re-produis en M et N les points de division H et I; joignant MG, GN, KB, BL, puisque par hypothèse on a :

$$\frac{EI}{IF} = \frac{CH}{HD} = \frac{AG}{GB} \, .$$

comme par construction EI = AN, IF = NL, CH = AM, HD = MK, on a aussi :

$$\frac{AN}{NL} = \frac{AM}{MK} = \frac{AG}{GB}$$

donc les lignes MG, GN sont parallèles aux lignes KB, BL, et le plan passant par M, G, N est parallèle au plan passant par K, D, B, (n° 426). Mais le plan passant par M, G, N, passe aussi par les points H et I, à cause des parallèles égales, dont il est le plan passant par les trois points de division I, H, G.

On démontrerait de même, en menant par F deux parallèles FP, FO, aux lignes DC, AB, et joignant IR, RQ, EO, OP que le plan passant par I, R, Q, est parallèle au plan passant par A, C, E; et comme le plan passant par I, R, Q, n'est autre que celui passant par les trois points de division, il en résulte que les trois plans sont parallèles entre eux.

INTERSECTION DES PLANS, ANGLES DIÈDRES

433. Définitions. — On nomme *angle dièdre* la portion d'espace limitée latéralement par deux plans qui se coupent; l'intersection des deux plans est *l'arête* du dièdre, les plans en forment les *faces*.

Pour concevoir la formation des angles dièdres, suppo-

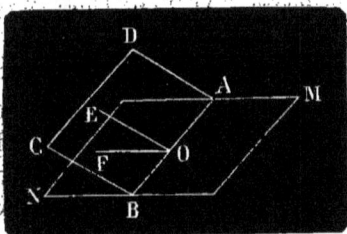

sons que par la ligne AB du plan MN on fasse passer un plan quelconque ABCD, puis que ce plan, d'abord couché sur la partie ABM du premier, tourne sur la ligne AB comme charnière; de chaque côté du plan ABCD deux parties de l'espace seront limitées par ce plan et les deux parties du plan MN, ce seront deux angles dièdres.

On nomme un angle dièdre en énonçant les deux lettres de son arête, et les plaçant entre deux lettres prises une dans chaque face; ainsi les deux angles dièdres de la figure se nommeront, celui de gauche DABN, celui de droite MABC.

Deux dièdres sont dits adjacents lorsque, ayant la même arête, un même plan forme une face de l'un et de l'autre; tels sont les deux dièdres de la figure.

Ces deux dièdres sont inégaux, mais si l'on suppose que le plan ABCD continue à tourner autour de AB, le plus petit angle dièdre augmente, le plus grand diminue, et il arrivera un moment où les deux dièdres seront égaux; à ce moment le plan ABCD sera perpendiculaire sur le plan MN, et les deux dièdres seront *droits*.

Un dièdre est dit *aigu* ou *obtus* suivant qu'il est plus petit ou plus grand qu'un dièdre droit.

Deux dièdres sont *supplémentaires* ou *complémentaires*, suivant que leur somme est égale à deux dièdres droits, ou à un seul dièdre droit.

Si lorsque deux plans se coupent on mène dans chacun d'eux une perpendiculaire au même point de l'intersection, l'angle formé par ces deux lignes se nomme *l'angle plan* ou *l'angle rectiligne* du dièdre, ainsi DCE est l'angle plan du dièdre MABP.

Cet angle plan pour le même dièdre a toujours la même grandeur à quelque point de l'arête qu'on l'ait construit, car deux angles plans DCE, GFH construits à deux points différents du dièdre MABP ont leurs côtés parallèles, donc ils sont égaux.

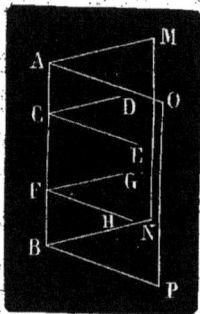

Le plan déterminé par les deux perpendiculaires EC, DC est perpendiculaire à l'arête AB; donc l'on peut dire aussi que l'angle plan d'un dièdre est l'angle formé par les intersections des deux faces du dièdre avec un plan perpendiculaire à son arête.

THÉORÈME CLXXV

434. — *Deux angles dièdres égaux ont des angles plans égaux, et deux angles dièdres qui ont des angles plans égaux sont égaux.*

En effet, les deux dièdres égaux peuvent se superposer; alors leurs angles plans sont des angles plans construits en deux points différents de l'arête d'un même dièdre, donc ils sont égaux.

Si maintenant ce sont les angles plans qui sont égaux, on peut superposer les arêtes, et faire coïncider les angles plans en superposant leurs sommets; leur coïncidence entraîne aussi celle des faces des deux dièdres, donc ceux-ci sont égaux.

435. Corollaire. — *Un dièdre droit a pour angle plan un angle droit.* Car si deux dièdres adjacents sont droits lorsqu'ils sont égaux, leurs angles plans qui sont aussi adjacents sont aussi égaux et par suite droits.

Réciproquement, *si l'angle plan d'un dièdre est droit, le dièdre est aussi droit.* Car si l'on construit le dièdre adjacent, l'angle plan de celui-ci est droit, donc égal au premier; par suite les deux dièdres sont égaux et droits.

THÉORÈME CLXXVI

436. — *Deux angles dièdres sont dans le même rapport que leurs angles plans.*

Soient deux angles dièdres MABN et OCDP, dont les angles plans sont FEG et RQV; je dis que l'on a entre ces quatre quantités la relation :

$$\frac{MABN}{OCDP} = \frac{FEG}{RQV}$$

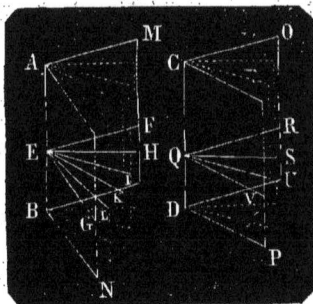

En effet, supposons que les deux angles plans aient une commune mesure FEH, contenue 5 fois dans FEG et 3 fois dans RQV; on a la proportion :

$$\frac{FEG}{RQV} = \frac{5}{3}$$

par les points de division H, I, K..., R, S, U, et les deux intersections faisons passer des plans, nous formons ainsi des angles dièdres dont les angles plans, FEH, HEI... RQS, SQU... sont tous égaux entre eux; donc ces angles dièdres le sont aussi.

Or l'angle dièdre MABN contient 5 de ces dièdres partiels, le dièdre OCDP en contient trois, et l'on a la proportion:

$$\frac{MABN}{OCDP} = \frac{5}{3}$$

Les deux dernières proportions ayant un rapport commun, on a donc

$$\frac{MABN}{OCDP} = \frac{FEG}{RQV}$$

437. Corrollaire. — *On pourra prendre pour mesure d'un angle dièdre la mesure de son angle plan.*

En effet, si d et a sont le dièdre unité et son angle plan, a étant en même temps l'angle unité des angles rectilignes, c'est-à-dire l'angle de $1°$, si D et A sont un dièdre quelconque et son angle plan, on aura :

$$\frac{D}{d} = \frac{A}{a}$$

mais $\frac{A}{a}$ est la mesure de l'angle rectiligne A, et $\frac{D}{d}$ la mesure du dièdre D, et l'on voit que ces deux mesures sont égales.

La grandeur des angles dièdres s'exprimera donc comme celle des angles rectilignes en degrés, minutes et secondes. Un dièdre droit sera un dièdre de $90°$; deux dièdres seront supplémentaires s'ils valent ensemble $180°$, etc.

438. Remarque. — Par suite, pour démontrer un grand nombre de propriétés des angles dièdres, il suffira de démontrer les mêmes propriétés pour leurs angles plans, et comme toutes les propriétés utiles des angles rectilignes ont été établies dans le premier livre de la géométrie plane, on peut considérer comme démontrées les propriétés suivantes des angles dièdres, dont nous nous contenterons de faire connaître les énoncés.

Tout plan qui en rencontre un autre forme avec celui-ci deux dièdres adjacents dont la somme est égale à deux dièdres droits.

Si deux dièdres adjacents valent en somme deux dièdres droits, les faces extérieures forment un seul plan.

Si deux plans se coupent, les dièdres opposés par l'arête sont égaux.

On peut toujours faire passer par une ligne donnée sur un plan un plan perpendiculaire à ce plan.

Si deux plans parallèles sont coupés par un troisième plan, les dièdres alternes internes, alternes externes, correspondants sont égaux deux à deux. La réciproque n'est pas nécessairement vraie.

Tout point pris sur le plan bissecteur d'un dièdre, (c'est-à-dire sur le plan qui coupe ce dièdre en deux dièdres égaux), est équidistant des faces de ce dièdre.

DES PLANS PERPENDICULAIRES

THÉORÈME CLXXVII

439. — *Si une droite est perpendiculaire à un plan, tout plan passant par cette droite est perpendiculaire à ce plan.*

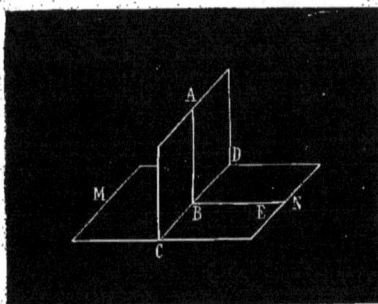

Soit la droite AB perpendiculaire au plan MN; je dis que le plan ACD passant par AB est perpendiculaire au plan MN.

En effet, si par le point B, dans le plan MN, on trace BE perpendiculaire à CD, l'angle ABE est l'angle plan du dièdre ADCE; or cet angle est droit, car AB perpendiculaire à MN est perpendiculaire à BE; donc le dièdre ADCE est droit, et les deux plans sont perpendiculaires.

THÉORÈME CLXXVIII

440. — *Si deux plans sont perpendiculaires l'un à l'autre, toute ligne menée dans l'un perpendiculaire à l'intersection est perpendiculaire à l'autre.*

Soient deux plans perpendiculaires dont l'intersection est CD, je dis que si dans l'un je trace la ligne AB perpendiculaire à CD, AB est aussi perpendiculaire au plan MN.

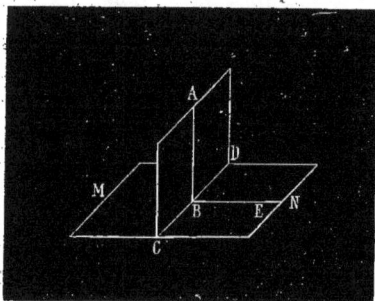

En effet, par le point B dans MN traçons BE perpendiculaire à CD, l'angle ABE formé par deux perpendiculaires à un même point de l'intersection est l'angle plan du dièdre, or il est droit, puisque les deux plans sont perpendiculaires, donc AB, perpendiculaire à deux droites DC et BE du plan MN, est perpendiculaire à ce plan.

THÉORÈME CLXXIX

441. — *Si deux plans sont perpendiculaires, toute perpendiculaire menée à l'un de ces plans par un point pris sur l'autre plan est tout entière contenue dans ce plan.*

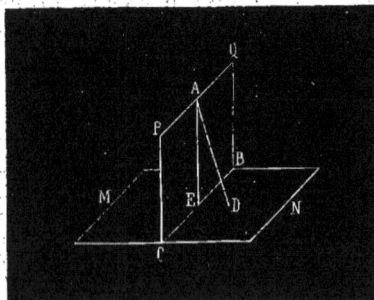

Soient deux plans MN et PQ perpendiculaires ; je dis que si du point A j'abaisse une perpendiculaire sur le plan MN, elle sera contenue dans le plan PQ.

En effet, supposons qu'elle tombe suivant AD, hors de ce plan ; si du point A j'abaisse une perpendiculaire AE sur l'intersection CB, on sait par le théorème précédent que AE est perpendiculaire au plan MN, donc AD doit se confondre avec AE, et se trouver dans le plan PQ. (Même démonstration quelle que soit la position du point A.)

THÉORÈME CLXXX

442. — *Si deux plans sont perpendiculaires, toute droite perpendiculaire à l'un d'eux est parallèle à l'autre, ou y est contenue tout entière.*

Soient deux plans MN et PQ perpendiculaires, et une droite AB perpendiculaire à MN, je dis qu'elle est parallèle au plan PQ.

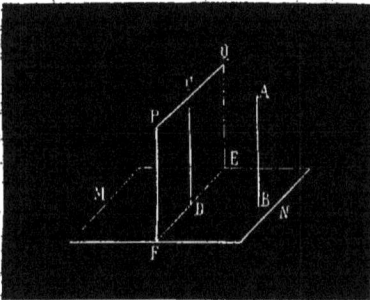

En effet, si par un point D de l'intersection on mène une perpendiculaire à FE dans le plan PQ, cette ligne CD est perpendiculaire au plan MN, et par suite parallèle à AB, donc AB, parallèle à une ligne du plan PQ, est parallèle à ce plan, ou y est contenue si B est sur EF.

THÉORÈME CLXXXI

443. — *Si deux plans qui se coupent sont perpendiculaires à un troisième, leur intersection est perpendiculaire à ce troisième plan.*

Soient les deux plans ABC, ABD, tous deux perpendiculaires au plan MN, je dis que leur intersection AB est perpendiculaire à MN.

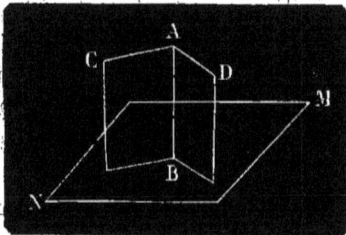

En effet, si au point B, pied de l'intersection, on élevait une perpendiculaire au plan MN, elle devrait être contenue à la fois dans

20

les plans ABC et ABD; donc elle se confondrait avec leur intersection.

THÉORÈME CLXXXII

444. — *Par une ligne donnée non perpendiculaire à un plan, on peut toujours faire passer un plan perpendiculaire au premier et un seul.*

En effet d'un point de la ligne donnée on peut toujours abaisser une perpendiculaire sur le plan, or le plan passant par la ligne donnée et cette perpendiculaire est perpendiculaire lui-même au plan donné.

Je dis de plus que par la ligne donnée on ne peut faire passer qu'un seul plan perpendiculaire au plan donné. En effet s'il en pouvait exister deux, la ligne donnée serait leur intersection, et alors elle serait elle-même perpendiculaire au plan donné, ce qui n'est pas l'hypothèse.

ANGLES DES DROITES ET DES PLANS, PLUS COURTE DISTANCE DE DEUX DROITES

445. Définitions. — La *projection d'un point* sur un plan est le pied de la perpendiculaire abaissée de ce point sur ce plan.

La *projection d'une ligne* sur un plan est le lieu des projections de tous les points de cette ligne.

Le plan sur lequel on projette une figure se nomme *plan de projection*.

La perpendiculaire employée pour déterminer la projection d'un point se nomme *la projetante*.

Il résulte du théorème (n° 444) que si de divers points d'une droite on abaisse des perpendiculaires sur un plan, toutes ces perpendiculaires sont dans un même plan perpendiculaire au premier, donc l'intersection des deux plans est le lieu des pieds de toutes les perpendiculaires abaissées sur le plan des divers points de la ligne donnée, cette intersection est donc la projection de la ligne sur le plan. Donc

la projection d'une droite sur un plan est une ligne droite.
Elle peut être un point si la droite est perpendiculaire au
plan, car elle est elle-même la projetante de tous ses points.

Si la droite considérée est parallèle au plan de projection,
elle est parallèle à sa projection sur ce plan, et si la droite
est limitée, sa projection lui est égale en longueur, car la
droite, sa projection, et les deux projetantes des extrémités
forment un rectangle.

De ces définitions et des considérations qui les suivent, il
est aisé de déduire, sans en faire l'objet de théorèmes dis-
tincts, les propositions suivantes :

*Si l'on projette un polygone sur un plan parallèle à
celui de cette figure, la projection est un polygone égal au
premier.*

*Si l'on projette une même figure sur deux plans paral-
lèles, les deux projections sont égales entre elles.*

Les projections de deux lignes parallèles sont parallèles.

*La projection d'un angle droit est un angle droit lorsque
l'un des côtés de l'angle est parallèle au plan de projection.*

THÉORÈME CLXXXIII

446. — *L'angle que fait une droite avec sa projection sur
un plan est plus petit que l'angle qu'elle forme avec toute
autre droite passant par son pied dans ce plan.*

Soit une droite AB qui rencontre en B le plan MN, abaissant du point A la perpendiculaire AC au plan, et joignant
BC, cette ligne est la
projection de AB; je
dis que l'angle ABC est
moindre que l'angle
ABD que fait la ligne
AB avec une autre
droite BD.

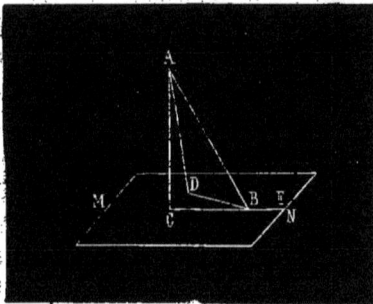

En effet, prenant
BD = BC, je joins AD;
AD étant oblique est

plus longue que AC perpendiculaire, donc les deux triangles ABC, ABD, qui ont AB commun et BC = BD, ont pour troisième côté AC < AD, donc aussi l'angle ABC est plus petit que ABD.

Si l'on prolonge la projection CB suivant BE, l'angle ABE est supplémentaire de ABC, donc ABC étant l'angle minimum, ABE est l'angle maximum.

Définition. — L'angle que fait une droite avec sa projection sur un plan a été choisi pour représenter l'inclinaison d'une droite sur un plan, on l'appelle *angle de la droite et du plan;* étant angle minimum, il ne peut donner lieu à aucun malentendu, de là la raison de son choix.

THÉORÈME CLXXXIV

447. — *Étant données deux lignes qui ne sont pas dans un même plan, on peut toujours leur mener une perpendiculaire commune, qui mesure leur plus courte distance.*

Soient les deux droites AB et CD, qui ne sont pas dans le même plan.

Par un point quelconque A de AB, menons AE parallèle à CD, ce qui est toujours possible; par AB et AE faisons passer un plan MN, lequel sera parallèle à CD. D'un point

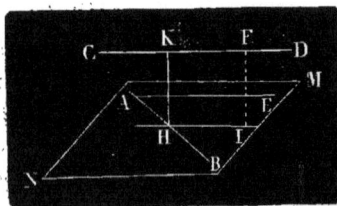

quelconque F de CD, abaissons sur le plan MN la perpendiculaire FI; par le point I, dans le plan MN, traçons IH parallèle à AE, et par suite à CD; puis au point H élevons HK perpendiculaire au plan MN; je dis que HK sera la perpendiculaire commune demandée. En effet IH est la projection de CD sur le plan MN, donc HK, déjà perpendiculaire à AB comme perpendiculaire au plan MN, est une des projetantes de CD, donc elle est perpendiculaire à CD de même que IF.

KH est de plus la seule perpendiculaire commune possible, car toute autre ligne pour être à la fois perpendiculaire au plan MN et à la ligne CD devra se trouver dans le plan projetant CD, et, pour être aussi perpendiculaire à AB, devra coïncider avec KH.

Enfin KH est la plus courte distance entre AB et CD, car toute autre ligne joignant un point de CD à un point de AB serait oblique au plan MN et par conséquent plus longue que KH.

Remarque. KH = FI, donc si l'on demande seulement la plus courte distance des deux lignes, il suffit d'arrêter la construction après qu'on a tracé FI.

ANGLES TRIÈDRES ET POLYÈDRES

448. **Définitions.** — On nomme *angle solide* ou *polyèdre* la portion d'espace comprise entre plusieurs plans qui se coupent deux à deux et passent tous par un même point.

Le point commun à tous les plans est le sommet de l'angle polyèdre; les intersections des plans en sont les arêtes.

On distingue les angles polyèdres par le nombre des plans qui les forment. L'angle trièdre est donc celui que forment trois plans, il a trois arêtes et trois faces angulaires, qui forment par leur intersection deux à deux trois angles dièdres.

On nomme un angle polyèdre par la lettre du sommet seule, si aucune confusion n'est à craindre; dans le cas contraire on la fait suivre des lettres de chaque arête.

L'espace compris dans un angle polyèdre n'est limité que dans le sens des faces et du sommet; dans le sens opposé il est infini, les plans, limités par les arêtes, étant eux-mêmes infinis dans le même sens.

Un angle polyèdre est dit convexe lorsque tout plan mené par le sommet ne peut le rencontrer suivant plus de deux faces.

Le polyèdre 1 est convexe, le plan dont la section est en pointillé ne pouvant le couper que suivant deux faces.

L'angle polyèdre est au contraire dit concave si le plan passant par le sommet peut le couper suivant plus de deux faces.

Le polyèdre 2 est concave, car le plan le rencontre suivant quatre faces.

Dans ces deux figures, pour les rendre plus intelligibles, et cela nous arrivera souvent, nous avons supposé les deux angles polyèdres coupés chacun par un plan rencontrant toutes les arêtes et figurant une sorte de base dont le dessin fait mieux voir la forme de l'angle.

Si dans un angle polyèdre on prolonge les plans qui le forment au delà du sommet, on forme un autre angle polyèdre dont les arêtes et les faces sont les prolongements des arêtes et des faces du premier; ils sont tous deux opposés

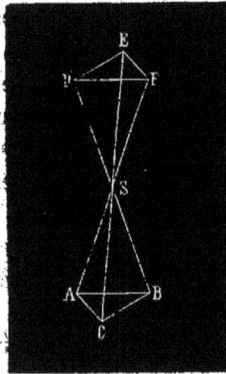

par le sommet, et tous leurs éléments sont égaux chacun à chacun; savoir les faces comme angles opposés par le sommet, et les angles dièdres comme formés par les mêmes plans. Mais il ne faudrait pas croire que ces deux figures formées d'éléments égaux chacun à chacun soient égales, c'est-à-dire superposables. En effet pour les rendre mieux visibles coupons chaque angle par un plan équidistant du sommet et déterminant les deux bases égales ABC et DEF,

puis faisons tourner l'angle polyèdre supérieur autour du sommet S, d'arrière en avant, de manière à amener la superposition des triangles égaux SDF et ASB, le côté EF du triangle DEF tombera du côté de BC, et le côté DE du côté de AC, ces côtés ne sont pas égaux, leurs angles ne le sont pas non plus, donc la superposition ne pourra pas se faire. C'est qu'en effet les éléments sont égaux de part et d'autre, mais ils sont disposés en sens inverse ; l'observateur qui se coifferait avec le trièdre inférieur en plaçant l'arête SC sur son front, aurait le côté AC tangent à sa tempe droite, et le côté CB à sa tempe gauche ; en se coiffant du trièdre supérieur, et mettant sur son front l'arête correspondante SE, il aurait le côté EF, égal à AC, tangent à sa tempe gauche et le côté DE, égal à CB, tangent à sa tempe droite, ce qui rend sensible la disposition renversée des faces des deux trièdres.

Deux angles polyèdres ainsi formés par le prolongement des faces au delà du sommet ne sont donc pas nécessairement égaux, sauf dans quelques cas que nous étudierons plus loin ; on les nomme angles polyèdres *symétriques*.

Deux angles polyèdres peuvent aussi être dits symétriques sans être nécessairement opposés par le sommet, il suffit que l'un d'eux soit égal au symétrique de l'autre.

THÉORÈME CLXXXV

449. — *Dans tout angle trièdre une face quelconque est plus petite que la somme des deux autres.*

On entend par grandeur d'une face d'un trièdre la mesure en degrés de l'angle au sommet de cette face, car infinie dans un sens il ne saurait être question de sa surface.

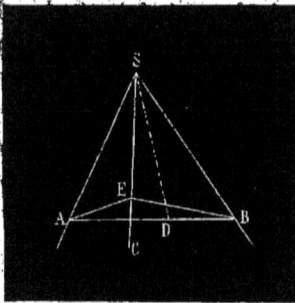

Soit le trièdre SABC, dont la plus grande face est ASB, je dis que l'on a :

$$ASB < ASC + BSC$$

Pour faciliter l'intelligence des particularités de la figure, nous supposerons que la face ASB coïncide avec le plan du tableau, alors les deux arêtes SA, SB sont aussi dans le tableau et l'arête SC venant en avant, est vue par nous en raccourci, ainsi que la face ASC. Cela posé, sur ASB faisons un angle ASD égal à ASC (se dessinant cette fois en vraie grandeur sur le tableau, cet angle doit être reproduit plus grand que ASC), menons une ligne AB, qui coupe SA, SD, SB; puis sur SC prenons une longueur SE égale à SD (SD étant vue en vraie grandeur, en la reportant sur SC, ligne vue en raccourci, on doit faire SE plus courte que SD), puis joignons AE, EB.

Les deux triangles ASD, ASE sont égaux; ils ont l'angle du sommet égal par construction, ainsi que les côtés SE, SD; le côté SA est commun, donc $AD = AE$; mais le triangle ABD donne :

$$AD + DB < AE + EB$$

effaçant d'une part AD, de l'autre la ligne AE égale à AD, il vient :

$$DB < EB.$$

Les deux triangles DSB, ESB, ont deux côtés égaux chacun à chacun, savoir $SE = SD$ par construction, et SB commun, mais le troisième côté DB de DSB est plus petit que le troisième côté EB de ESB, il en résulte que l'angle DSB opposé à DB est plus petit que l'angle ESB opposé à EB. Donc si sur la plus grande face ASB on décalque la face ASE, le reste DSB est plus petit que la troisième face ESB, donc enfin,

$$ASB < ASE + ESB$$

Remarque. — Si les trois faces étaient égales, la proposition serait évidente; elle le serait encore si deux faces étaient égales et plus grandes que la troisième, donc le cas démontré suffit pour établir le théorème.

450. **Corollaire I.** — *Une face quelconque d'un angle trièdre est plus grande que la différence des deux autres.*

En effet de $ASB < ASE + ESB$, on déduit

$$ASB - ASE < ESB$$

Corollaire II. — Le théorème est encore vrai pour une face quelconque d'une angle polyèdre convexe.

THÉORÈME CLXXXVI

451. — *Dans tout angle solide convexe, la somme des faces est toujours moindre que quatre angles droits.*

Démontrons d'abord le théorème pour un angle trièdre. Soit le trièdre SABC, je dis que l'on a

$$ASB + BSC + ASC < 4 \text{ droits}$$

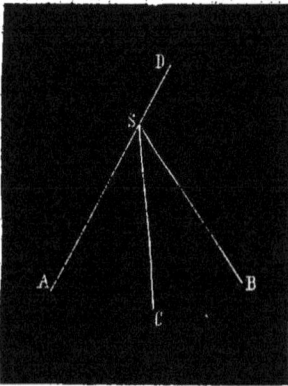

En effet prolongeons au delà du sommet les plans des faces ASC et ASB, leur intersection prolongée donne la ligne SD.

Les deux angles ASC, DSC étant dans le même plan, donnent :

$$ASC + DSC = 2 \text{ droits}$$

Pour la même raison les deux angles ASB, DSB donnent :

$$ASB + DSB = 2 \text{ droits}$$

Additionnant ces deux égalités, il vient :

$$ASC + DSC + ASB + DSB = 4 \text{ droits}$$

Mais le prolongement des faces ASC, ASB a donné naissance à un second trièdre SDBC, dans lequel, en vertu du théorème précédent, on a CSB < DSC + DSB; si donc dans l'égalité précédente on remplace les deux termes DSC + DSB par la face CSB, la nouvelle somme sera plus petite que la précédente, et l'on aura :

$$ASC + ASB + CSB < 4 \text{ droits}$$

Si maintenant, au lieu d'un trièdre on a un angle polyèdre, pour démontrer que la somme de ses faces est moindre que quatre angles droits, il suffira de faire voir qu'elle est moindre que la somme des faces d'un trièdre enveloppant.

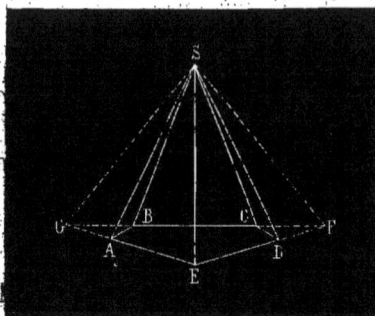

Soit en effet le po-
lyèdre de cinq faces,
SABCDE, que, pour le
rendre visible, nous
coupons par un plan.
Prolongeons latérale-
ment le plan de la face
SBC jusqu'à sa rencon-
tre suivant SF et SG
avec les plans égale-
ment prolongés des
faces SAE, SED, on a dans le trièdre SEGF,

$$GSF + GSE + ESF < 4 \text{ droits}$$

somme dans laquelle au lieu de la face SAB on a introduit
la somme plus grande des deux faces additionnelles

$$GSA + GSB$$

et au lieu de la face SDC, la somme également plus grande
SFC + SDF, donc à plus forte raison la somme des faces du
polyèdre primitif est-elle moindre que quatre angles droits.

THÉORÈME CLXXXVII

452. — *Étant donnés trois angles, tels que, leur somme
étant moindre que quatre droits, l'un quelconque d'entre
eux soit plus petit que la somme des deux autres, on peut
toujours construire un trièdre ayant ces trois angles pour
faces.*

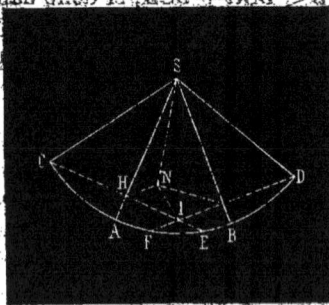

Les deux théorèmes pré-
cédents affirment la néces-
sité des deux conditions de
l'énoncé, il reste à démontrer que ces conditions sont
suffisantes.

Soient ASB, CSA, BSD
les trois angles donnés placés l'un à côté de l'autre,

sur le même plan, le plus grand des trois entre les deux autres. Du point S comme centre, avec un rayon quelconque, décrivons un arc de cercle CABD, moindre qu'une circonférence d'après la première condition de l'énoncé. Prenons un arc AE = AG et un autre arc BF = BD à coup sûr le point F tombera entre A et E, puisqu'il est entendu que ASB < CSA + BSD, donc les deux cordes CE, FD se couperont en un point I. Élevons au point I une perpendiculaire IN au plan de l'angle ASB, puis faisons tourner CH autour de SA en la maintenant perpendiculaire ; dans sa rotation elle viendra couper IN en un point N, car CH > HI. Joignons SN, HN, KN, je dis que SHNK est le trièdre ayant pour faces les trois angles donnés. En effet les deux triangles SHC, SHN sont égaux, car ils sont tous deux rectangles en H, et ils ont le côté SH commun et HC = HN. Les deux triangles SNK, SKD sont aussi égaux, car rectangles tous deux en K ils ont le côté SK commun, et SD = SN, comme égaux tous deux à SC, donc les trois faces du trièdre sont bien les trois angles donnés, donc les deux conditions de l'énoncé sont nécessaires et suffisantes.

453. **Corollaire**. — *Dans quelque ordre que l'on dispose les faces du trièdre à construire, ses angles dièdres restent les mêmes.*

En effet, si l'on prolonge au delà du sommet S les trois arêtes HS, KS, NS, on forme un second trièdre, le symétrique du premier, qui a les mêmes faces puisqu'elles sont opposées par le sommet aux faces du premier, et les mêmes dièdres, puisqu'ils sont formés par les intersections des mêmes plans, or dans ce trièdre les faces sont disposées en sens inverse de l'ordre primitif ; c'est le trièdre que l'on obtiendrait en plaçant la face CSA à droite et non à gauche de ASB, donc en renversant l'ordre des faces les angles dièdres restent les mêmes.

THÉORÈME CLXXXVIII

454. — *Deux angles trièdres sont égaux lorsqu'ils ont deux faces égales chacune à chacune, et semblablement placées, faisant entre elles des angles dièdres égaux.*

Si en effet on superpose les deux trièdres en faisant coïncider les arètes des dièdres égaux et les deux sommets, les deux faces égales coïncideront, et leur coïncidence entraînera celle de la troisième face, et par suite l'égalité des deux trièdres.

THÉORÈME CLXXXIX

455. — *Deux angles trièdres sont égaux lorsqu'ils ont une face égale faisant avec les deux autres des dièdres égaux chacun à chacun et pareillement placés.*

Si en effet on superpose les deux trièdres suivant la face égale, l'égalité des angles dièdres entraîne la coïncidence des plans qui les forment, et par suite la coïncidence totale et l'égalité des deux trièdres.

THÉORÈME CLXL

456. — *Deux angles trièdres sont égaux lorsqu'ils ont les trois faces égales chacune à chacune et semblablement placées.*

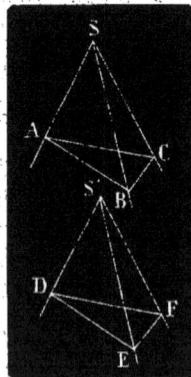

Soient les deux trièdres S et S' qui ont les trois faces égales chacune à chacune et semblablement placées, je dis qu'ils sont égaux.

Prenant deux longueurs égales SA et S'D, coupons les deux trièdres chacun par un plan perpendiculaire au point A à l'arète SA, et au point D à l'arète SD. Les deux sections donnent les triangles BAC, FDE, dont les angles A et D sont chacun l'angle plan d'un des dièdres. Les triangles SAB, S'DE sont égaux, car rectangles l'un en A, l'autre en D, ils

ont un côté égal $SA = S'D$ et deux angles égaux par hypothèse $ASB = DS'E$, donc $AB = DE$ et $SB = S'E$. Pour les
mêmes raisons, les triangles ASC, DS'F sont égaux, donc
$AC = DF$ et $SC = S'F$. Mais alors les deux triangles BSC,
ES'F sont égaux, comme ayant un angle égal, $BSC = ES'F$
par hypothèse, compris entre deux côtés égaux, $SB = S'E$ et
$SC = S'F$, donc aussi $BC = EF$. Dès lors les deux triangles
ABC, DEF sont égaux comme ayant les trois côtés égaux ;
l'angle A est égal à l'angle E ; les deux dièdres dont ils sont
les angles plans sont égaux, et les deux trièdres S et S' sont
égaux comme ayant un dièdre égal compris entre deux faces
égales chacune à chacune.

THÉORÈME CLXLI

457. — *Dans tout trièdre qui a deux angles dièdres
égaux, les faces opposées à ces angles dièdres sont égales.*

Soit le trièdre SABC, dans lequel les dièdres correspondant aux arêtes, SA, SC sont égaux, je dis que les faces
ASC, CSB sont égales. En effet construisons un autre trièdre
ayant les mêmes faces que le trièdre donné, mais disposées

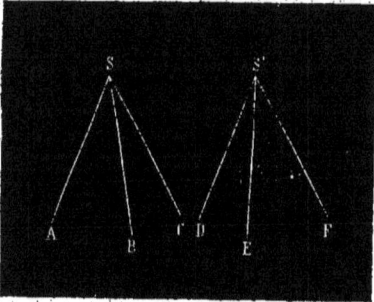

en ordre inverse, la face
de gauche de l'un deve-
nant la face de droite de
l'autre, et réciproque-
ment ; les angles dièdres
n'ayant pas changé, car
les deux trièdres sont
symétriques (n° 453) les
dièdres correspondant
aux arêtes S'D, S'F, sont

égaux aux dièdres correspondant aux arêtes SA, SC. Superposons les deux trièdres, en faisant coïncider les faces égales
ASC, DS'F, il est facile de constater que leur coïncidence
sera complète, donc la face DS'E, égale à la face BSC, est
égale aussi à la face ASB, donc enfin $BSC = ASB$.

458. Corollaire. — *Deux trièdres symétriques sont superposables lorsqu'ils ont deux dièdres égaux et sont tous deux isocèles.*

Ce sont en effet les deux trièdres de la figure.

THÉORÈME CLXLII

459. — *Si deux trièdres ont un dièdre inégal compris entre deux faces égales chacune à chacune, les troisièmes faces sont inégales, la plus grande étant celle opposée au plus grand dièdre.*

Soient les deux trièdres SABC, S'DEF, dans lesquels le dièdre correspondant à l'arête SA est plus grand que le dièdre S'D, les faces qui les forment étant égales chacune à chacune; je dis que l'on a BSC > ES'F.

En effet par SA faisons passer un plan faisant avec ASC et du même côté un dièdre égal à celui que forme la face DS'E, avec DS'F. Dans ce plan menons une droite SE' faisant une face ASE' = DS'E = ASB. Les deux trièdres S'DEF, SAE'C sont égaux comme ayant un dièdre égal compris entre deux faces égales chacune à chacune, il reste donc à démontrer que la face E'SC égale à ES'F, est plus petite que BSC.

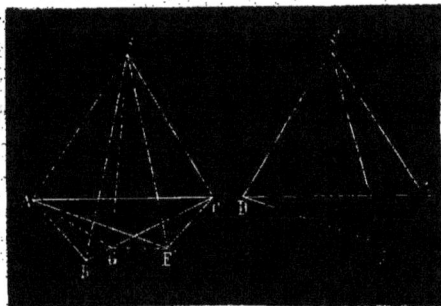

Menons, pour rendre visibles les deux trièdres, un plan qui coupe toutes les arêtes issues du point S. Menons ensuite par SA un plan bissecteur du dièdre formé par les faces E'SA, BSA; il coupe suivant SG la face BSC, puis concevons le plan SGE'. Nous avons ainsi formé deux trièdres, l'un SABG, l'autre SAGE', qui sont égaux, car ils ont les deux dièdres correspondant à l'arête SA égaux, la face ASG commune et les faces ASB et ASE' égales; donc les faces BSG, GSE' le sont aussi. Maintenant le trièdre SGE'C donne E'SC < GSC + GSE', ou, remplaçant GSE' par son égale BSG, E'SC < GSC + BSG, ou E'SC < BSC, ce qu'il fallait démontrer.

460. **Corollaire.** — *Réciproquement, si deux trièdres ont une face inégale, les deux autres étant égales chacune à chacune, l'angle dièdre opposé à la plus grande face est plus grand que l'angle dièdre opposé à la plus petite face.*

En effet, ces angles ne sauraient être égaux, car alors les deux trièdres seraient égaux et les trois faces égales; l'angle opposé à la face la plus grande ne saurait être le plus petit, car alors la face qui lui est opposée serait la plus petite, donc ils sont inégaux dans l'ordre même de l'énoncé.

THÉORÈME CLXLIII

461. — *Dans tout angle trièdre au plus grand dièdre est opposée la plus grande face.*

Soit le trièdre SABC, dans lequel le dièdre correspondant à l'arête SA est plus grand que le dièdre correspondant à l'arête SC, je dis que la face BSC est plus grande que la face ASB.

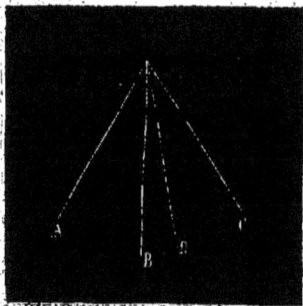

Par l'arête SA faisons passer un plan faisant avec ASC un dièdre égal à celui correspondant à l'arête SC, et rencontrant suivant SD la face BSC. D'après le théorème précédent, on a alors ASD = DSC. Mais dans le trièdre partiel SABD, on a :

$$ASB < ASD + BSD$$

ou, remplaçant ASD par la face égale DSC,

$$ASB < DSC + BSD$$

ou, enfin

$$ASB < BSC$$

462. Corollaire I. — *Si dans un trièdre deux faces sont égales, les angles dièdres opposés à ces faces le sont aussi.*

Car si les dièdres étaient inégaux les faces le seraient aussi, ce qui est contraire à l'hypothèse.

463. Corollaire II. — *Si dans un trièdre une face est plus grande qu'une autre, le dièdre opposé à la plus grande face est plus grand que le dièdre opposé à la plus petite.*

Car si les deux dièdres étaient égaux, les faces seraient égales, ce qui n'est pas ; et si le dièdre opposé à la plus grande face était le plus petit des deux, cette face serait aussi la plus petite des deux, ce qui est contre l'hypothèse.

TRIÈDRES SUPPLÉMENTAIRES

464. Définitions. — Si au sommet d'un angle trièdre on mène une perpendiculaire à chacune de ses faces, et du même côté que l'arête qui n'est pas dans le plan de cette face, ces trois perpendiculaires forment les trois arêtes d'un second trièdre qui est dit *supplémentaire* du premier.

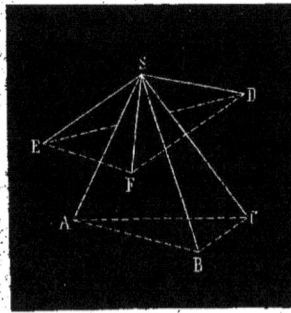

Ainsi soit le trièdre SABC, rendu visible en le coupant par le plan ABC. Par le point S on mène SD perpendiculaire à la face ASB et du côté de l'arête SC, puis SE perpendiculaire à la face CSB, du même côté que l'arête SA, et enfin SF, perpendiculaire à la face ASC et du même côté que l'arête SB ; on obtient ainsi un second trièdre SEFD, rendu visible par le plan EDF, et qui est supplémentaire de SABC.

Expliquons la raison d'être de ce nom de trièdre supplémentaire, et pour cela étudions une propriété des angles dièdres qui ne figure pas dans les théorèmes déjà vus.

465. Lemme. — *Si par le même point de l'arête d'un dièdre on mène une perpendiculaire à chaque face de ce dièdre, du même côté que l'autre face, l'angle de ces deux perpendiculaires est supplémentaire de l'angle plan du dièdre.*

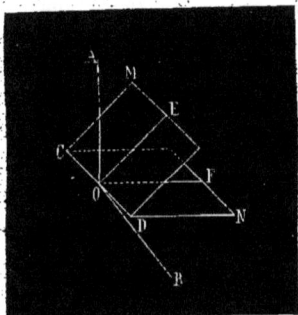

En effet, soit le dièdre MCDN; au point O de son arête je mène OA perpendiculaire au plan N, et OB perpendiculaire au plan M, chacune du côté du plan auquel elle n'est pas perpendiculaire. Le plan de ces deux lignes, perpendiculaire lui-même à CD, coupe le dièdre suivant deux lignes OE, OF, qui forment l'angle plan EOF du dièdre, je dis que AOB est supplémentaire de EOF.

En effet AOF est un angle droit, ainsi que EOB, on a donc,

$$AOF + EOB = 2 \text{ droits}$$

Ce qui, en décomposant ces angles, peut s'écrire ainsi :

$$AOE + EOF + BOF + EOF = 2 \text{ droits}$$

Mais les trois premiers angles de cette somme forment l'angle AOB, donc

$$AOB + EOF = 2 \text{ droits}$$

Il en serait de même si le dièdre était obtus.

Cela posé, revenons aux trièdres supplémentaires. La face ESF, formée par deux perpendiculaires aux plans qui forment le dièdre correspondant à l'arête SC, est, en vertu du lemme précédent, supplémentaire de l'angle plan de ce dièdre; pour la même raison, la face FSD est supplémentaire de l'angle plan du dièdre correspondant à l'arête SA, enfin la face ESD est supplémentaire de l'angle plan correspondant à l'arête SB, donc les faces du trièdre SEFD sont supplémen-

21

taires des dièdres du trièdre SABC, et voilà pourquoi on nomme SDEF trièdre supplémentaire de SABC.

Il y a plus, réciproquement SABC est le trièdre supplémentaire du trièdre SDEF.

En effet SD, perpendiculaire au plan ASB est perpendiculaire aux lignes SA et SB, de même SF est perpendiculaire aux lignes SA, SC, et ES est perpendiculaire aux lignes SB, SC; donc SA est à la fois perpendiculaire aux lignes SD et SF, et par suite à la face FSD; SB est perpendiculaire à la fois aux lignes SD, ES, et à la face ESD; enfin SC est à la fois perpendiculaire aux lignes SF, ES, et à la face ESF, donc les trois arêtes du premier trièdre sont perpendiculaires aux trois faces du second, donc SABC est aussi supplémentaire de SDEF.

Deux trièdres supplémentaires sont par suite réciproques, c'est-à-dire que connaissant l'un on peut construire le second; et il y a entre leurs angles dièdres et leurs faces des relations corrélatives qui nous seront fréquemment utiles et qu'il est bon de formuler.

Soient A, B, C les angles dièdres d'un trièdre; a, b, c, ses faces; soient A', B', C' les angles dièdres, et a', b', c' les faces de son supplémentaire, on a :

$$a' = 2dr. - A \qquad A' = 2dr. - a$$
$$b' = 2dr. - B \qquad B' = 2dr. - b$$
$$c' = 2dr. - C \qquad C' = 2dr. - c$$

THÉORÈME CLXLIV

166. — *La somme des angles dièdres d'un trièdre est moindre que 6 droits et plus grande que 2.*

En effet soient A, B, C, les angles dièdres d'un trièdre, et a, b, c, les faces du trièdre supplémentaire, on a :

$$a = 2dr. - A$$
$$b = 2dr. - B$$
$$c = 2dr. - C$$

Additionnant ces trois égalités, il vient :

$$a + b + c = 6 \, droits - (A + B + C)$$

d'où l'on tire,

$$A + B + C = 6 \, dr. - (a + b + c)$$

mais la somme $(a + b + c)$ varie entre 0 et 4 droits, donc la valeur de $A + B + C$ varie aussi entre 6 dr. — 0, ou 6 droits, et 6 dr. — 4, ou 2 droits.

467. Corollaire. — *En ajoutant deux droits à l'un quelconque des trois dièdres d'un trièdre, on obtient une somme plus grande que la somme des deux autres.*

En effet, dans le trièdre supplémentaire une face quelconque est moindre que la somme des deux autres, donc

$$2 \, dr. - A < 2 \, dr. - B + 2 \, dr. - C$$

ou

$$2 \, dr. + A > B + C$$

THÉORÈME CLXLV

468. — *Deux angles trièdres sont égaux lorsqu'ils ont leurs trois angles dièdres égaux chacun à chacun et pareillement placés.*

En effet, les dièdres des trièdres donnés étant égaux, les supplémentaires de ces trièdres ont les faces égales chacune à chacune, ils sont par conséquent égaux (nᵒ 456) et ont leurs dièdres égaux chacun à chacun ; mais par suite aussi les trièdres donnés, étant réciproquement supplémentaires de leurs supplémentaires, ont les faces égales chacune à chacune et ils sont égaux.

EXERCICES

1. Démontrer que la ligne dont tous les points sont équidistants des sommets d'un triangle équilatéral est perpendiculaire au plan de ce triangle.

2. Mener une droite qui en coupe deux autres, non situées dans le même plan, et soit parallèle à une ligne donnée.

3. D'un point pris sur un plan on mène dans ce plan des lignes en nombre illimité, puis d'un point extérieur on abaisse des perpendiculaires sur ces lignes, on demande le lieu géométrique de leurs pieds.

4. Connaissant les projections d'une même droite sur deux plans quelconques, tracer cette droite.

5. Mener à une ligne donnée une parallèle qui soit à une distance donnée d'une troisième ligne qui n'est pas dans le plan de la première.

6. Trouver sur un plan le lieu géométrique des points tels que la somme des carrés de leurs distances à deux points donnés hors du plan soit constante.

7. Mener par un point donné un plan parallèle à un plan donné, en supposant la perpendiculaire au plan impossible à construire.

8. Démontrer qu'une droite également inclinée sur trois droites qui se croisent par son pied dans un plan est perpendiculaire à ce plan.

9. Démontrer que lorsque deux plans qui se coupent passent par deux droites parallèles, leur intersection est parallèle à ces droites.

10. Étant données trois droites issues d'un même point S et non dans le même plan, on prend sur chacune d'elles deux points A et A', B et B', C et C'; démontrer que toujours les points de rencontre de AB avec A'B', de AC avec A'C', de BC avec B'C' sont en ligne droite.

11. Démontrer que si deux triangles semblables situés dans des plans différents ont leurs côtés homologues parallèles, les lignes qui joignent les sommets homologues concourent en un même point.

12. Par un point donné mener une droite qui en rencontre deux autres non situées dans le même plan.

13. Trouver dans l'espace le lieu des points équidistants de deux droites qui se coupent.

14. Trouver le lieu des milieux des droites de longueur donnée dont les extrémités s'appuient sur deux droites orthogonales données.

15. Étant donnés un triangle et un plan qui ne lui est pas paral-

lèle, mener par les sommets du triangle trois droites parallèles entre elles, telles qu'en joignant leurs points de rencontre avec le plan donné on obtienne un triangle semblable au premier.

16. Étant données deux droites non dans le même plan, mener par l'une une droite qui fasse avec l'autre un angle maximum ou minimum.

17. Étant donnés quatre points quelconques dans l'espace, trouver un cinquième point équidistant des quatre premiers.

18. Trouver la condition pour que deux droites de l'espace étant données on puisse mener par l'une un plan perpendiculaire à l'autre.

19. Étant données deux perpendiculaires à un plan, l'une double de l'autre, et une droite dans ce plan, trouver sur cette droite un point d'où l'on voie les deux perpendiculaires sous des angles égaux.

20. Trouver le lieu des points tels que la somme des carrés de leurs distances aux quatre sommets d'un rectangle donné dans l'espace soit égale à la somme des carrés des distances des mêmes points aux sommets d'un autre rectangle donné.

21. Étant donné un plan et deux points extérieurs, trouver dans le plan un point tel qu'en le joignant aux deux points donnés on forme un triangle équilatéral.

22. Un triangle étant donné, trouver hors de son plan un point tel que de ce point on voie chaque côté sous un angle droit.

23. Étant données deux droites et un plan, mener une troisième droite qui rencontre les deux autres, l'une à une distance donnée du plan, l'autre sous un angle donné.

24. Une droite se meut en restant constamment parallèle à un plan donné, et en rencontrant toujours deux droites de l'espace, vers quelle direction tend cette droite à mesure qu'elle s'éloigne du plan?

25. Mener une droite rencontrant trois droites données dans l'espace, de façon que les deux segments soient entre eux dans un rapport donné.

26. Par une ligne donnée mener un plan qui en rencontre un autre de manière à former avec celui-ci un dièdre donné.

27. Démontrer que si le dièdre formé par les plans bissecteurs de deux dièdres adjacents est droit, les plans extérieurs de ceux-ci ne font qu'un seul et même plan.

28. Pourquoi ne prend-on pas pour mesurer un dièdre l'angle plan formé par deux droites également inclinées sur l'arête?

29. Étant donnés un plan et un point, mener par ce point deux plans faisant avec le premier des dièdres donnés et perpendiculaires entre eux.

30. Démontrer que si d'un point on mène deux perpendiculaires aux deux faces d'un trièdre, et des pieds de ces lignes deux perpen-

diculaires à l'arête, ces deux dernières lignes se rencontrent en un point de l'arête.

31. Trouver la condition nécessaire et suffisante que doivent remplir les angles d'un quadrilatère pour que les quatre côtés soient dans un même plan.

32. Démontrer que si un trièdre a un angle dièdre droit, tout plan perpendiculaire à une arête le coupe suivant un triangle rectangle.

33. Comment faut-il couper par un plan un angle solide à quatre faces pour que la section soit un parallélogramme?

34. Démontrer que les plans menés par les arêtes d'un trièdre perpendiculairement à la face opposée se coupent suivant une même droite.

35. Démontrer que si sur chaque face d'un trièdre on élève un plan perpendiculaire passant par la bissectrice de cette face, ces trois plans se coupent suivant une même droite.

36. Démontrer que les plans bissecteurs des trois dièdres d'un angle trièdre se coupent suivant une même droite.

37. Démontrer que les plans menés par chaque arête d'un angle trièdre et la bissectrice de la face opposée se coupent suivant une même droite.

38. Démontrer que si dans chaque face d'un angle trièdre on mène une perpendiculaire à l'arête opposée, les trois droites ainsi menées sont dans un même plan.

39. Couper un trièdre trirectangle suivant un triangle égal à un triangle donné.

40. Couper un trièdre isocèle par un plan, de telle sorte que la section soit égale à un triangle équilatéral donné.

41. Trois droites issues d'un même point font entre elles des angles de 110°, 113°, 137°, ces droites sont-elles dans un même plan?

LIVRE VI

DES POLYÈDRES

469. Définitions. — On nomme polyèdre une portion d'espace complètement limitée en tout sens par des plans qui se coupent.

Les polygones formés par les intersections de ces plans forment les *faces* du polyèdre, lesquelles peuvent être triangulaires ou polygonales; les intersections elles-mêmes sont les *arêtes*, les sommets des angles solides sont les *sommets* du polyèdre. On nomme *diagonale* d'un polyèdre toute droite qui joint deux sommets non situés dans la même face.

Un polyèdre est dit *convexe*, lorsqu'il est situé tout entier d'un même côté de chacune de ses faces. Alors une droite quelconque ne peut couper la surface du polyèdre en plus de deux points, car tout plan mené par cette droite coupant le polyèdre suivant un polygone convexe, la droite ne peut rencontrer le périmètre de ce polygone et par suite le polyèdre en plus de deux points.

Il y a une infinité de polyèdres différents; la géométrie n'en étudie spécialement que deux, qui sont le *prisme* et la *pyramide.*

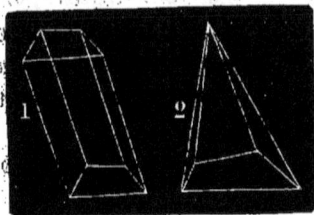

470. — Le prisme (fig. 1) est un polyèdre formé par deux faces polygonales égales parallèles et semblablement placées, reliées entre elles par des faces dites latérales, qui sont des parallélogrammes, car ce sont des quadrilatères plans ayant deux côtés égaux et parallèles. Les deux faces parallèles

constituent les deux *bases* du prisme. On reconnaît sans
peine que dans tout prisme les arêtes latérales sont parallèles
et égales entre elles.

471. — La pyramide (fig. 2) est un polyèdre formé d'une
face polygonale, dont tous les côtés sont reliés par des
plans à un point pris en dehors de cette face; c'est le
sommet de la pyramide, les faces latérales sont toutes des
triangles, la face polygonale est la base du polyèdre.

472. — Un prisme est dit triangulaire, quadrangulaire,
polygonal, suivant que ses bases sont des triangles, des
quadrilatères ou des polygones.

Un prisme est droit lorsque les plans des faces latérales
sont perpendiculaires aux plans des bases; il est dit *régulier*, lorsqu'étant droit ses bases sont des polygones réguliers.

On a donné un nom particulier, à cause de son importance, au prisme qui a pour base un parallélogramme,
on le nomme *parallélipipède*. C'est un exaèdre dont toutes
les faces sont des parallélogrammes. Il est dit *rectangle*
lorsque ses six faces sont des rectangles; il prend le nom
particulier de *cube* lorsque les six faces sont des carrés.

La *hauteur* d'un prisme est la perpendiculaire commune
aux deux plans des bases. Les dimensions d'un parallélipipède droit sont les trois arêtes aboutissant à un même
sommet.

On nomme *tronc de prisme* le polyèdre résultant de la
section d'un prisme par un plan non parallèle à ceux des
bases.

473. — La plus simple de toutes les pyramides et de tous
les polyèdres est la pyramide triangulaire ou *tétraèdre*, dont
la base est un triangle; elle est formée par quatre faces
triangulaires, et présente cette particularité fort utile que
l'on peut prendre pour base telle ou telle face à volonté
sans qu'elle cesse d'être une pyramide.

Les autres pyramides sont dites quadrangulaires, polygonales, suivant la nature de leur base.

La *hauteur* d'une pyramide est la perpendiculaire abaissée
du sommet sur le plan de la base.

Une pyramide est *régulière* lorsque sa base étant un polygone régulier, le pied de la hauteur est au centre du polygone.

La hauteur d'une des faces latérales d'une pyramide régulière prend le nom d'*apothème*.

Un *tronc de pyramide* est le polyèdre qui résulte de la section d'une pyramide par un plan qui rencontre toutes les arêtes latérales.

On nomme un prisme en énonçant successivement les lettres des deux polygones bases, et une pyramide en nommant la lettre du sommet et la faisant suivre des lettres de la base.

PRISME ET PYRAMIDE, PROPRIÉTÉS ET CAS D'ÉGALITÉ

THÉORÈME CLXLVI

474. — *Deux prismes sont égaux lorsqu'ils ont un angle trièdre égal, compris entre trois faces égales chacune à chacune et semblablement placées.*

Soient les deux prismes ABCDEFGH et *abcdefgh*, dans lesquels l'angle trièdre A, compris entre les faces ABCD, ABEF, ADEH, est égal à l'angle trièdre *a* compris entre les faces *abcd*, *abef*, *adeh* égales aux précédentes, et semblablement placées, je dis que ces deux prismes sont égaux.

En effet on peut les superposer en faisant coïncider les deux

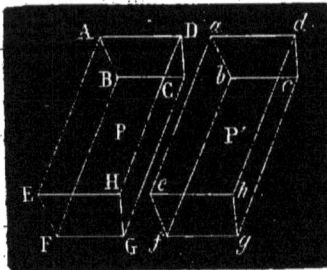

trièdres égaux A et *a*, de telle sorte que les faces égales ABCD et *abcd* coïncident; l'égalité des angles trièdres entraînant l'égalité de leurs dièdres, les plans des faces ABEF et *abef* coïncideront, ainsi que ces faces elles-mêmes; il en sera de même des faces ADEH, *adeh*. Alors les plans des deux bases inférieures et les deux bases coïncideront, car elles sont

égales entre elles comme égales aux bases supérieures, et
la coïncidence des deux prismes sera complète; leur égalité
est donc démontrée.

Corollaire. — *Deux prismes droits sont égaux lorsqu'ils ont des bases égales et même hauteur.*

Car l'égalité de la hauteur entraîne celle des arêtes latérales, et l'égalité des bases venant s'y joindre entraîne l'égalité des faces et par suite des angles trièdres et dièdres.

THÉORÈME CLXLVII

475. — *Si l'on mène deux plans parallèles qui rencontrent toutes les arêtes latérales d'un prisme ou leurs prolongements, les deux sections qu'ils déterminent sont des
polygones égaux.*

Soient *abcde, fghik,* les sections déterminées dans le
prisme ABCDEFGHIK par deux plans parallèles, je dis que
ces deux polygones sont égaux.

En effet le côté *bc,* par exemple, est égal et parallèle à *gh,*

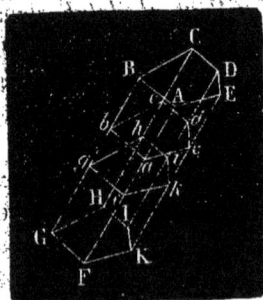

car ce sont les intersections des
deux plans parallèles par le plan
de la face BCGH, et ce sont alors
des parallèles comprises entre parallèles. Il en sera de même pour
les autres côtés des deux polygones. En second lieu, l'angle *bac*
de l'un des polygones est égal à
l'angle *gfk* de l'autre, car ces
angles ont les côtés parallèles et
de même sens, et il en est de même pour tous les autres,
donc les deux polygones sont égaux.

La démonstration ci-dessus s'appliquerait encore au cas
où les plans parallèles rencontreraient les prolongements des
arêtes ou de quelques-unes d'entre elles.

Corollaire I. — *Le polyèdre compris entre les deux
sections est un prisme.*

Corollaire II. — *Toute section faite par un plan parallèle aux bases est égale à ces bases.*

476. **Corollaire III.** — *Si le plan coupant un prisme est perpendiculaire à toutes les arêtes, la section, que l'on nomme section droite, est toujours la même par quelque point qu'elle ait été construite.*

THÉORÈME CLXLVIII

477. — *Les faces opposées d'un parallélipipède sont égales et parallèles.*

Soit le parallélipipède ABCDEFGH, je dis que les faces opposées BCGF et ADHE sont égales et parallèles.

En effet les deux bases étant deux parallélogrammes égaux et parallèles, l'arête BC est égale et parallèle à GF,

il en est de même de DA et HE, donc les deux plans passant l'un par CB et GF, l'autre par DA et HE, sont parallèles, mais les quatre faces latérales du parallélipipède étant des parallélogrammes, les quatre arêtes latérales sont égales, donc, comme CB = AD et GF = HE, et comme les angles ABF, DCG sont égaux comme ayant leurs côtés parallèles, les parallélogrammes DCGH et ABFE sont égaux; il en est de même pour les deux autres faces CBFG et ADHE.

Corollaire I. — *On peut prendre pour bases d'un parallélipipède deux faces opposées quelconques.*

Corollaire II. — *Les angles dièdres opposés d'un parallélipipède sont égaux, et les angles trièdres opposés sont symétriques.*

Les angles dièdres sont égaux, car ils ont leurs faces parallèles et dirigées en sens inverse. Les angles trièdres sont symétriques, car ils ont leurs faces égales chacune à chacune mais disposées en sens inverse.

Corollaire III. — *Tout plan qui rencontre deux*

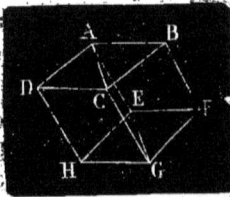

faces opposées d'un parallélipipède le coupe suivant un parallélogramme.

En effet, les côtés opposés de la section seront parallèles comme intersections de deux plans parallèles par un troisième plan.

THÉORÈME CLXLIX

478. — *Deux pyramides sont égales, lorsque ayant des bases égales, une face latérale égale de part et d'autre forme avec la base un dièdre égal.*

Soient les deux pyramides SABCD S'EFGH, dans lesquelles la base ABCD = EFGH, la face SAD = S'EH, et les dièdres correspondant aux arêtes AD, EH, sont égaux, je dis que les deux pyramides sont égales.

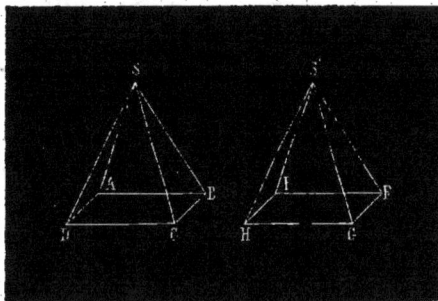

En effet, en superposant les bases égales, l'égalité des dièdres fera coïncider le plan de SAD avec le plan de S'EH, et ces faces étant égales coïncideront ; donc le point S tombant en S', la coïncidence complète des deux pyramides et leur égalité sont établies.

THÉORÈME CC

479. — *Si une pyramide est coupée par un plan parallèle à la base, rencontrant les arêtes, ou leurs prolongements :*

1° *Les arêtes latérales et la hauteur sont coupées en parties proportionnelles.*

2° *La section est un polygone semblable à la base.*

3° *Si l'on mène plusieurs sections parallèles, les surfaces*

de ces sections sont entre elles dans le rapport des carrés
de leurs distances au sommet.

Soit la pyramide SABCDE, et une section *abcde* parallèle
à la base, je dis, 1°, que la hauteur SO et les arêtes latérales
sont coupées en parties proportionnelles.

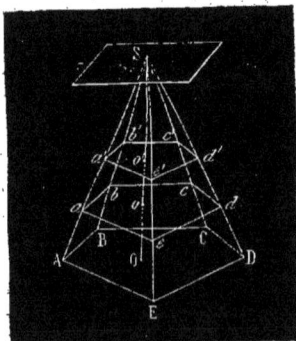

En effet, supposons par le
sommet S un plan parallèle à
la base, la hauteur SO et les
arêtes latérales seront des lignes
comprises entre trois plans parallèles (n° 431) donc elles sont
coupées par le plan intermédiaire en parties proportionnelles.

Je dis, 2°, que la section
abcde est un polygone semblable
à ABCDE.

En effet, ces deux polygones ont les angles égaux chacun
à chacun, car, en n'en considérant qu'un seul au hasard, on
voit que AED = *aed*, car ces angles ont les côtés parallèles
et de même sens. De plus les côtés des deux polygones sont
proportionnels, car le triangle SAE donne la proportion :

$$\frac{AE}{ae} = \frac{SE}{Se}$$

et le triangle SED donne aussi,

$$\frac{SE}{Se} = \frac{ED}{ed}$$

donc on a :

$$\frac{AE}{ae} = \frac{ED}{ed}$$

et ainsi de suite pour les autres côtés, donc la section et la
base sont deux polygones semblables.

Je dis, 3°, que si l'on mène une seconde section *a'b'c'd'e'*
parallèle à la base, les surfaces des deux sections sont entre
elles comme les carrés So^2 et So'^2 de leurs distances au
sommet.

En effet, les deux sections, semblables toutes deux à la base, sont semblables entre elles, et, en représentant pour abréger leurs surfaces par s et s', donnent la proportion (n° 223) :

$$\frac{s}{s'} = \frac{ae^2}{a'e'^2}$$

mais on a, d'après la première partie du théorème,

$$\frac{ae}{a'e'} = \frac{Sb}{S'b} = \frac{So}{So'}$$

donc aussi

$$\frac{s}{s'} = \frac{So^2}{So'^2}$$

480. **Corollaire.** — *Si deux pyramides ont même hauteur, les sections menées à la même distance du sommet sont entre elles comme les bases, et si celles-ci sont équivalentes, les sections le sont aussi.*

En effet, soit H la hauteur commune, B et B′ les surfaces des bases, h la distance des sections aux sommets, S et S′ les surfaces de celles-ci, d'après la troisième partie du théorème on a les proportions :

$$\frac{B}{S} = \frac{H^2}{h^2} \qquad \frac{B'}{S'} = \frac{H^2}{h^2}$$

donc on a

$$\frac{B}{S} = \frac{B'}{S'} \quad \text{ou} \quad \frac{B}{B'} = \frac{S}{S'}$$

et par suite, si B = B′, on doit avoir aussi S = S′.

DES POLYÈDRES ÉQUIVALENTS.

481. **Définition.** — Deux polyèdres sont équivalents lorsque, n'étant pas égaux par superposition, ils occupent néanmoins deux portions égales de l'espace, c'est-à-dire ont même volume.

THÉORÈME CCI

482. — *Tout prisme oblique est équivalent au prisme droit qui a pour base la section droite du prisme oblique et pour hauteur une de ses arêtes latérales.*

Soit un prisme oblique ABCDEFGHIK ; par les extrémités A et B de l'arête AF je mène deux sections droites, l'une ALMNO qui coupe toutes les arêtes, l'autre FPQRS qui coupe leurs prolongements en dessous de la base inférieure ; elles sont les bases d'un nouveau prisme dont la hauteur est égale à AF, et que je dis équivalent au prisme oblique.

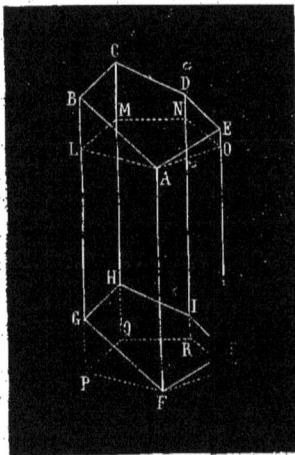

En effet, ces deux prismes sont formés d'une partie commune ALMNOFGHIK; le prisme oblique comprend en plus le polyèdre ALMNOBCDE, et le prisme droit le solide FPQRSGHIK.

Or ces deux solides sont superposables; il est aisé de s'en rendre compte sans entrer dans des détails oiseux, car toutes leurs faces sont égales chacune à chacune, soit comme bases de prismes, soit comme triangles égaux, et les angles dièdres sont égaux. Donc ces deux solides sont égaux, et, par suite, les deux prismes sont équivalents.

THÉORÈME CCII

483. — *Deux parallélipipèdes rectangles qui ont même hauteur et des bases équivalentes sont équivalents.*

En effet dire que les bases, qui sont des rectangles, sont équivalentes, c'est dire que sous une forme rectangulaire différente elles renferment toutes deux le même nombre d'unités de surface. Si donc considérant isolément ces deux

bases, et leur unité commune étant par exemple le déci-
mètre carré (quelle qu'elle soit, du reste, le raisonnement
est le même), on peut les concevoir partagées chacune en
un même nombre de décimètres carrés. Si, par chaque ligne
de division on mène dans les deux parallélipipèdes des
plans perpendiculaires aux bases, les deux polyèdres donnés
se trouveront partagés en un même nombre de parallélipipèdes partiels rectangles, qui, ayant tous des bases et des
hauteurs égales, sont égaux et superposables; donc les deux
parallélipipèdes donnés sont équivalents, comme sommes
d'un même nombre de volumes égaux.

THÉORÈME CCIII

484. — *Un parallélipipède quelconque est équivalent au
parallélipipède rectangle de même hauteur et de base
équivalente.*

Soit le parallélipipède oblique ABCDEFGH; considérons
comme base la face ABCD, menons par B et par D les deux

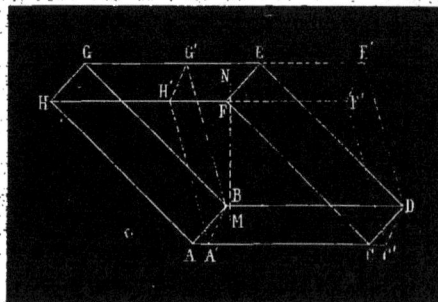

sections droites
A'BG'H'et DC'F'E';
comme le paral-
lélipipède est un
prisme, d'après le
théorème précé-
dent le parallé-
lipipède oblique
donné est équi-
valent au parallé-
lipipède droit dé-
terminé par les deux sections droites, et auquel on peut
donner pour base la face A'BG'D, équivalente à ABCD, la
hauteur dans ce cas n'ayant pas changé.

Considérons maintenant le parallélipipède droit ainsi
obtenu; pour qu'il soit rectangle il faut que les arêtes verti-
cales soient, elles aussi, perpendiculaires au plan de la
face A'BC'D. Si par le point A' on mène un plan perpendi-

culaire à A'B, il contiendra A'C' et déterminera une section
droite A'C'KL, si par le point B
on mène de même une section
droite BDPO, le parallélipipède
A'BG'H'C'DEF est équivalent
au parallélipipède qui aurait
pour base cette section droite
et pour hauteur A'B; mais on
peut aussi considérer ce nouveau parallélipipède comme
ayant pour base la face A'BC'D,
et pour hauteur MN, et comme
il est rectangle, il est démontré
que le parallélipipède oblique
donné est équivalent à un parallélipipède rectangle ayant
une base équivalente à ABCD et même hauteur MN.

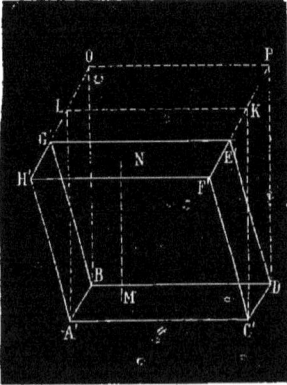

485. **Corollaire.** — *Deux parallélipipèdes de même
hauteur et de bases équivalentes sont équivalents.*

En effet ils sont équivalents chacun à deux parallélipipèdes rectangles de même hauteur et de bases équivalentes.

THÉORÈME CCIV

486. — *Tout prisme triangulaire est équivalent à la moitié
du parallélipipède de base double et de même hauteur.*

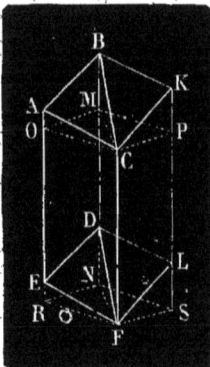

Soit le prisme triangulaire ABCDEF.
Si par les arêtes BD, CF, on mène deux
plans parallèles aux deux faces BAED,
ACEF, ces deux plans par leurs intersections entre eux et avec les plans des
bases du prisme déterminent un parallélipipède ABCKEDLF qui a pour
hauteur la hauteur du prisme et pour
base EDLF, parallélogramme double de
la base EDF du prisme. Je dis que le
prisme est équivalent à la moitié de
ce parallélipipède.

22

En effet si par G et F on mène deux sections droites, elles font naître un parallélipipède droit équivalent au parallélipipède primitif, et deux prismes droits, équivalents chacun aux deux prismes triangulaires dont le parallélipipède est la somme. Or les deux prismes droits OMCRNF et MPGNSF sont égaux, car ils ont les angles trièdres O et P égaux comme ayant les faces égales et semblablement placées, et ces trièdres sont compris entre trois faces des prismes égales chacune à chacune, soit comme faces opposés d'un parallélipipède, soit comme moitiés d'un parallélogramme, donc ces deux prismes droits étant égaux, les prismes ABCDEF et BKCDLF, qui leur sont équivalents, sont aussi équivalents entre eux, et chacun d'eux est moitié du parallélipipède ABKCEDLF.

487. **Corollaire I.** — *Tout plan passant par deux arêtes latérales opposées d'un parallélipipède le partage en deux prismes triangulaires équivalents.*

488. **Corollaire II.** — *Deux prismes triangulaires de même hauteur et de bases équivalentes sont équivalents.*

En effet ils sont chacun moitié de deux parallélipipèdes équivalents.

489. **Corollaire III.** — *Deux prismes polygonaux quelconques ayant même hauteur et bases équivalentes sont équivalents.*

On peut, en effet, décomposer leurs bases en triangles équivalents (n° 235), ils rentrent alors dans le cas du corollaire précédent.

THÉORÈME CCV

490. — *Deux pyramides triangulaires qui ont même hauteur et des bases équivalentes sont équivalentes.*

Soient les deux pyramides triangulaires SABC, S'DEF qui ont les hauteurs SI, S'I', égales, et les bases ABC, DEF, équivalentes, je dis que ces deux pyramides sont équivalentes.

En effet, partageons les hauteurs en un même nombre de

parties égales, en quatre, par exemple, puis par les points de division menons des plans parallèles aux bases, les sections ainsi déterminées sont équivalentes chacune à chacune (n° 480), et, dans chaque pyramide elles sont semblables aux bases et semblables entre elles (n° 479).

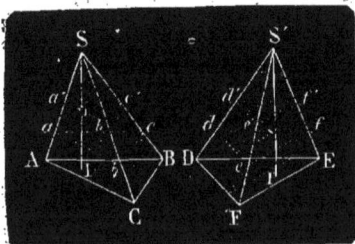

Par les lignes *fe*, *f'e'*, etc., *bc*, *b'c'*, etc., dans chaque pyramide faisons passer des plans parallèles aux arêtes SA et S'E', ces plans déterminent des prismes triangulaires, A*abc*, *aa'b'c'* etc., D*def*, *dd'e'f'*; en même nombre dans chaque pyramide et équivalents chacun à chacun, car ils ont même hauteur et bases équivalentes.

Donc les deux sommes de prismes sont équivalentes. Mais la différence entre chaque somme de prismes et la pyramide correspondante devient d'autant plus petite que, la hauteur étant partagée en parties plus petites, le nombre des prismes devient plus grand; or, comme l'on peut toujours, quelque petite que soit la division de la hauteur, en concevoir une plus petite, on peut aussi concevoir que la différence entre la somme des prismes d'une pyramide et la pyramide elle-même puisse être rendue plus petite que toute quantité donnée, et comme les deux sommes de prismes ne cessent pas néanmoins d'être équivalentes, leurs limites, c'est-à-dire les pyramides elles-mêmes, sont équivalentes.

491. **Corollaire I.** — *Deux pyramides polygonales quelconques de même hauteur et de bases équivalentes sont équivalentes.*

En décomposant en effet en triangles les polygones bases de chacune d'entre elles (n° 235), ces triangles étant équivalents, les pyramides retombent dans le cas du théorème lui-même.

492. **Corollaire II.** — *On peut à volonté, sans altérer le volume d'une pyramide, faire glisser un quelconque de ses sommets sur une parallèle à la face opposée.*

Car en prenant cette face pour base, la nouvelle pyramide aura encore même base et même hauteur, donc elle reste équivalente à la première.

THÉORÈME CCVI

493. — *Toute pyramide triangulaire est équivalente au tiers d'un prisme de même base et de même hauteur.*

Soit la pyramide SABC, je dis qu'elle est équivalente au tiers d'un prisme ayant même hauteur et pour base ABC, ou une base équivalente à ABC.

En effet par le sommet S menons un plan parallèle à la base, puis par l'arête BC menons un plan parallèle à l'arête SA; ces deux plans par leurs intersections entre eux et avec les plans des faces SAB, SAC achèvent un prisme triangulaire SDEABC ayant même hauteur et même base que la pyramide. Par les trois points S, D et C faisons passer un

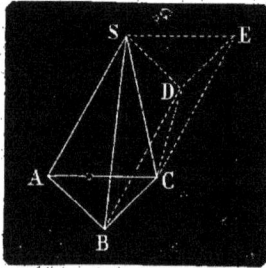

plan; il partage le solide SBCDE en deux pyramides triangulaires équivalentes chacune à la pyramide donnée, comme nous allons le faire voir. Considérons en premier lieu la pyramide SDBC, on peut faire glisser le sommet S en A, le long de SA parallèle à la base DBC, la pyramide devient ADBC; faisant ensuite glisser le sommet D en S, le long de DS, elle devient SABC, c'est-à-dire la pyramide donnée. De même pour la seconde pyramide SDEC, faisant glisser le sommet C en A, le long de CA parallèle à la base SDE, elle devient BSDE, faisant ensuite glisser le sommet D en B, le long de DB, elle devient BAEC; faisant enfin glisser le sommet E en S, le long de ES, elle devient SABC, c'est-à-dire la pyramide donnée.

Donc celle-ci est bien le tiers du prisme, et comme ce prisme est lui-même équivalent à tout autre prisme de même hauteur et de base équivalente, de même la pyramide triangulaire est équivalente au tiers d'un prisme quelconque de même hauteur et de base équivalente.

THÉORÈME CCVII

494. — *Le tronc de pyramide obtenu en coupant une pyramide triangulaire par un plan parallèle à la base est équivalent à la somme de trois pyramides ayant toutes trois pour hauteur la hauteur du tronc, et pour bases, l'une la grande base, l'autre la petite base, et la troisième une moyenne proportionnelle entre les deux bases.*

Soit ABCDEF, un tronc de pyramide triangulaire, je dis qu'il est équivalent à la somme de trois pyramides ayant chacune pour hauteur IH, et pour bases, l'une DEF, l'autre ABC, et la troisième une base équivalente à $\sqrt{\text{DEF} \times \text{ABC}}$.

En effet, par les points D, B, E, faisons passer un plan; il sépare une pyramide BDFE qui, ayant pour hauteur IH et pour base DEF, est la première pyramide de l'énoncé. Faisons passer un autre plan par les points D, C, B; il sépare une autre pyramide DABC, qui a pour hauteur IH et pour base ABC, c'est la seconde pyramide de l'énoncé. Il reste encore une pyramide BCDE, qu'il faut démontrer équivalente à la troisième pyramide. Or si l'on mène BG, parallèle à CE, et par conséquent au plan de la face CDE, puis si l'on fait glisser le sommet B en G, le long de cette parallèle, la pyramide devient GCDE; puis en faisant glisser le sommet C en B, le long de CB, elle devient BDEG, tout en restant équivalente à elle-même; elle a alors pour hauteur IH, et pour base le triangle DGE, que nous allons démontrer équivalent à une moyenne proportionnelle entre ABC et DEF.

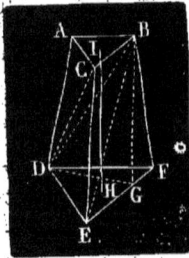

En effet, DEG et DEF ont même hauteur, leurs bases étant sur la même ligne et les sommets au même point, donc leurs surfaces sont entre elles comme leurs bases et l'on a :

$$\frac{DEF}{DEG} = \frac{EF}{EG}$$

d'un autre côté, les triangles DEF, ABC étant semblables, leurs surfaces sont entre elles comme les carrés des côtés homologues EF et CB, ou EF et EG, car CB = EG, on a donc la proportion,

$$\frac{DEF}{ABC} = \frac{EF^2}{EG^2}$$

Si l'on élève au carré tous les termes de la première proportion, elle a même second rapport que la suivante, donc on peut écrire :

$$\frac{DEF^2}{DEG^2} = \frac{DEF}{ABC}$$

d'où

$$DEG^2 = \frac{DEF^2 \times ABC}{DEF} = DEF \times ABC$$

et enfin

$$DEG = \sqrt{DEF \times ABC}$$

Le théorème est donc démontré.

495. **Corollaire.** — *Un tronc de pyramide polygonale quelconque est aussi équivalent à la somme de trois pyramides polygonales ayant même hauteur que le tronc, et pour bases l'une la grande, l'autre la petite base, et la troisième une moyenne proportionnelle entre les deux bases.*

On peut le démontrer en transformant le tronc de pyramide polygonale en un tronc de pyramide triangulaire ayant

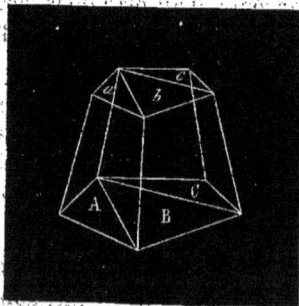

pour base des triangles équivalents aux polygones bases du tronc considéré, mais on peut aussi le démontrer directement.

Soit un tronc de pyramide polygonale; si l'on mène des plans passant tous par une même arête et par les arêtes opposées, on le partage en troncs de prismes triangulaires; soient A et B, a et b les bases de deux troncs adjacents, soit H la hauteur du tronc; le premier serait la somme de trois pyramides ayant H pour hauteur et pour base B, b et $\sqrt{Bb}$, le suivant serait la somme de trois pyramides ayant aussi H pour hauteur, et pour bases A, a et $\sqrt{Aa}$.

Le tronc polygonal qui en est la somme serait, en supposant la proposition démontrée, la somme de trois pyramides qui auraient, pour bases, avec la même hauteur H,

$$A + B, \quad a + b, \quad \sqrt{(A + B)(a + b)}$$

Or les sommes des bases des six pyramides précédentes, donnent aussi,

$$A + B, \quad a + b \quad \sqrt{Aa} + \sqrt{Bb}$$

il suffirait donc de faire voir que l'on a :

$$\sqrt{(A + B)(a + b)} = \sqrt{Aa} + \sqrt{Bb}$$

élevant les deux membres au carré, il vient :

$$(A + B)(a + b) = Aa + Bb + 2\sqrt{AaBb}$$

ou en développant et simplifiant,

$$Ab + Ba = 2\sqrt{AaBb}$$

élevant de nouveau au carré, il vient

$$A^2b^2 + B^2a^2 + 2AbBa = 4AaBb$$

ou

$$A^2b^2 + B^2a^2 - 2AaBb = 0$$

ou

$$(Ab - Ba)^2 = 0 \quad \text{ou} \quad Ab = Ba$$

ce qui est parfaitement vrai, car A et a sont des triangles semblables, ainsi que B et b, et le rapport des deux premiers est égal au rapport des deux autres, car leurs surfaces sont entre elles comme les carrés de côtés appartenant à deux polygones semblables.

Donc

$$\frac{A}{a} = \frac{B}{b} \quad \text{et} \quad Ab = Ba$$

Si maintenant avec le tronc polygonal ayant pour base A + B et $a + b$, on considère le tronc triangulaire adjacent dont les bases sont C et c, on démontrera de même qu'il est la somme de trois pyramides dont les bases sont :

$$\text{A} + \text{B} + \text{C}, \quad a + b + c, \quad \sqrt{(\text{A} + \text{B} + \text{C})(a + b + c)}$$

THÉORÈME CCVIII

496. — *Si l'on coupe un prisme par un plan non parallèle à la base, le solide obtenu, que l'on nomme tronc de prisme, est équivalent à la somme de trois pyramides ayant pour bases la base du prisme, et pour sommet chacune un des sommets de la section.*

Soit le tronc de prisme ABCDEF, produit par une section ABC non parallèle à la base, je dis qu'il est équivalent à la somme de trois pyramides qui auraient pour sommets les points A, B, C, et pour base commune DEF.

En effet, par les trois points A, F, et E faisons passer un plan, il sépare du tronc une pyramide ADFE, qui, ayant son sommet en A et pour base DEF, est une des pyramides de l'énoncé. Par les trois points ACE faisons passer un autre plan, il partage le volume restant en deux autres pyramides, CAEF, et BACE. La première peut être considérée comme ayant son sommet en A, et être lue ainsi ACEF ; faisant glisser le sommet A en D, en suivant la ligne AD parallèle à la base CEF, elle devient DCEF, qui, si on lui donne C pour sommet, devient CDEF et est la seconde pyramide de l'énoncé. La pyramide BACE peut être lue ainsi : ACBE, ou DCBE, en faisant glisser en D le sommet A ; mais en lui donnant pour sommet C, et DBE pour base, on peut encore faire glisser le sommet C en F, le long de CF, parallèle à la base, elle devient alors FDBE, ou BDEF, et elle est la troisième pyramide de l'énoncé.

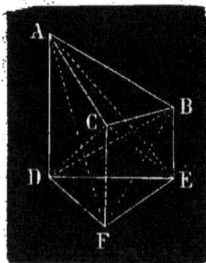

PROPORTIONNALITÉ ET MESURE DES POLYÈDRES

497. Définitions. — Nous rappellerons ici que les *dimensions* d'un parallélipipède sont sa *hauteur*, puis la *base* et la *hauteur* du parallélogramme base. Que si le parallélipipède est rectangle, les trois dimensions sont les trois arêtes d'un même angle solide.

De même les trois dimensions d'un prisme triangulaire sont sa hauteur, puis la base et la hauteur du triangle base. Telles sont aussi les trois dimensions d'une pyramide triangulaire.

En général, dans tout ce qui suit, la hauteur étant une des dimensions de tous les polyèdres que nous considérerons, les deux autres dimensions seront les deux lignes en fonction desquelles on obtient la surface de la base du polyèdre; si donc cette base est un polygone régulier, les deux autres dimensions seront le périmètre et l'apothème de ce polygone.

THÉORÈME CCIX

498. — *Deux parallélipipèdes rectangles qui ont deux dimensions communes sont entre eux comme la troisième dimension.*

Soient deux parallélipipèdes rectangles P et P', qui ont les deux mêmes dimensions h et a, je dis qu'ils sont entre eux comme la troisième dimension b et b', et que l'on a la relation :

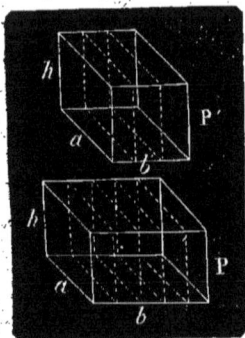

$$\frac{P}{P'} = \frac{b}{b'}$$

Supposons qu'une commune mesure soit contenue 5 fois dans b et trois fois dans b', si par chaque point de division on mène des plans perpendiculaires aux bases des parallélipipèdes, ils font naître dans P,

5 parallélipipèdes égaux entre eux, car étant rectangles ils ont même base et même hauteur, et égaux aussi aux 3 parallélipipèdes formés dans P', donc on peut écrire

$$\frac{P}{P'} = \frac{5}{3}, \text{ et comme } \frac{b}{b'} = \frac{5}{3}$$

on a aussi

$$\frac{P}{P'} = \frac{b}{b'}$$

499. Corollaire I. — *Deux parallélipipèdes quelconques ayant deux dimensions communes sont entre eux comme leurs troisièmes dimensions.*

En effet, sans altérer leur volume on peut les transformer en parallélipipèdes rectangles ayant les mêmes dimensions.

500. Corollaire II. — *On peut dire aussi que deux parallélipipèdes ayant même base sont entre eux comme leurs hauteurs.*

Car les dimensions communes a et b sont les dimensions d'une des faces, laquelle peut toujours être prise pour base, la troisième dimension constituant alors la hauteur.

THÉORÈME CCX

501. — *Deux parallélipipèdes qui ont une dimension commune sont entre eux comme les produits des deux autres dimensions.*

Soient P et P' deux parallélipipèdes, a, b, c les dimensions du premier, a', b', c celles du second, je dis que l'on a :

$$\frac{P}{P'} = \frac{a \times b}{a' \times b'}$$

En effet, soit P" un troisième parallélipipède ayant pour dimensions a, b', c. Ayant avec P les deux dimensions communes a et c, on a, d'après le théorème précédent,

$$\frac{P}{P''} = \frac{b}{b'}$$

P″ ayant avec P′ les dimensions communes b' et c', on a :

$$\frac{P''}{P'} = \frac{a}{a'}$$

Multipliant membre à membre les deux dernières proportions, il vient :

$$\frac{P \times P''}{P'' \times P'} = \frac{a \times b}{a' \times b'} \quad \text{ou} \quad \frac{P}{P'} = \frac{a \times b}{a' \times b'}$$

502 Corollaire. — *On peut dire aussi : deux parallélipipèdes qui ont même hauteur sont entre eux comme leurs bases.*

Car les deux dimensions non communes sont la base et la hauteur d'une face que l'on peut toujours prendre pour base.

THÉORÈME CCXI

503. — *Deux parallélipipèdes quelconques sont entre eux comme les produits de leurs trois dimensions.*

Soient P et P′ deux parallélipipèdes; a, b, c, les dimensions du premier, a', b', c', celles du second, je dis que l'on a la relation :

$$\frac{P}{P'} = \frac{a \times b \times c}{a' \times b' \times c'}$$

En effet, soit P″ un troisième parallélipipède ayant pour dimensions a, b, c'. P et P″ ayant deux dimensions communes, donnent la relation :

$$\frac{P}{P''} = \frac{c}{c'}$$

P′ et P″ ayant une dimension commune, donnent la relation :

$$\frac{P''}{P'} = \frac{a \times b}{a' \times b'}$$

Multipliant membre à membre ces deux proportions, on a :

$$\frac{P \times P''}{P'' \times P'} = \frac{a \times b \times c}{a' \times b' \times c'} \quad \text{ou} \quad \frac{P}{P'} = \frac{a \times b \times c}{a' \times b' \times c'}$$

504. Corollaire. — Les trois propositions précédentes sont également vraies pour les prismes et les pyramides, puisque tout prisme est la moitié d'un parallélipipède et la pyramide le tiers d'un prisme ou le sixième d'un parallélipipède ayant les mêmes dimensions ; donc en général, *deux prismes ou deux pyramides sont entre eux comme leurs bases s'ils ont même hauteur; comme leurs hauteurs, s'ils ont même base; et comme les produits des bases par les hauteurs s'ils n'ont aucune dimension commune.*

Remarque. — Comme nous l'avons énoncé au corollaire (n° 488) ces propositions sont démontrées quelle que soit la nature des parallélipipèdes, ou des prismes ou des pyramides considérés, qu'ils soient tous deux ou ne soient pas rectangles, que l'un soit droit et l'autre oblique, car on peut toujours en place du polyèdre donné considérer le polyèdre droit ou rectangle équivalent en lequel il peut être transformé.

THÉORÈME CCXII

505. — *Si l'on prend pour unité de volume le parallélipipède rectangle ayant pour dimensions l'unité de longueur, la mesure du volume d'un parallélipipède quelconque s'obtient en faisant le produit des longueurs de ses trois dimensions.*

Soit en effet P un parallélipipède quelconque, ayant pour dimensions les longueurs a, b, c; et soit M le parallélipipède pris pour unité, c'est-à-dire le mètre cube, dont chaque dimension est égale à 1 mètre. D'après le théorème précédent on a entre ces deux parallélipipèdes la relation :

$$\frac{P}{M} = \frac{a \times b \times c}{1 \times 1 \times 1} \quad \text{ou} \quad \frac{P}{M} = a \times b \times c$$

Or le rapport $\frac{P}{M}$, rapport du volume de P au volume unité, est ce que l'on nomme mesure de parallélipipède, on a donc :

$$\text{Mesure de } P = a \times b \times c$$

506. Corollaire. — *La mesure d'un parallélipipède est aussi égale au produit de la base par la hauteur.*

En effet, dans le produit $a \times b \times c$, le produit de deux quelconques de ses facteurs donne la surface d'une des faces, laquelle peut être prise pour base, et alors le troisième facteur est la hauteur.

THÉORÈME CCXIII

507. — *La mesure du volume d'un prisme triangulaire est égale à la moitié du produit de ses trois dimensions.*

En effet, soit P un prisme triangulaire dont les trois dimensions sont a, b, c; soit P′ le parallélipipède ayant les mêmes dimensions, dont le prisme P est la moitié (n° 486); on a par ce qui précède

$$\text{Mesure de } P' = a \times b \times c$$

donc on a aussi

$$\text{Mesure de } P = \frac{a \times b \times c}{2}$$

508. Corollaire I. — *La mesure du volume du prisme triangulaire est aussi égale au produit de la surface de sa base par sa hauteur.*

En effet, supposons que a et b soient les dimensions, c'est-à-dire la base et la hauteur, du triangle base du prisme, on pourrait écrire la formule ci-dessus ainsi :

$$\text{Mesure de } P = \frac{a \times b}{2} \times c$$

Mais $\dfrac{a \times b}{2}$ est la surface de la base triangulaire du prisme, et alors c est la hauteur, donc on a aussi :

$$\text{Mesure de } P = \text{surface base} \times \text{hauteur}$$

509. Corollaire II. — *Le volume d'un prisme polygonal quelconque se mesure en faisant le produit de la surface de sa base par la hauteur.*

Soit P un prisme polygonal quelconque de hauteur h, et dont la base est un polygone d'un nombre quelconque de côtés.

A l'aide de plans passant par une même arête latérale et par toutes les arêtes opposées, on le décompose en n prismes triangulaires, soient a et b, a' et b', a'' et b''... a_n et b_n les deux dimensions de la base de chacun d'eux; ils ont tous la hauteur commune h, donc leurs volumes seront

$$\frac{a \times b}{2} \times h, \quad \frac{a' \times b'}{2} \times h, \quad \frac{a'' \times b''}{2} \times h... \quad \frac{a_n \times b_n}{2} \times h$$

ce qui, en faisant la somme, donne :

$$P = \left(\frac{a \times b}{2} + \frac{a' \times b'}{2} + \frac{a'' \times b''}{2}... + \frac{a_n \times b_n}{2} \right) h$$

Mais le facteur entre parenthèses n'est autre chose que la surface du polygone base du prisme, donc enfin

$$P = \text{surface base} \times h$$

THÉORÈME CCXIV

510. — *La mesure du volume d'une pyramide triangulaire est égale au sixième du produit de ses trois dimensions.*

En effet, soit un tétraèdre T, dont les trois dimensions sont a, b, c; et soit P le parallélipipède ayant les mêmes dimensions, et dont le tétraèdre T est le sixième; comme l'on a :

$$\text{Mesure de } P = a \times b \times c$$

on a aussi

$$\text{Mesure de } T = \frac{a \times b \times c}{6}$$

511. **Corollaire I.** — *Le volume d'un tétraèdre se mesure aussi en prenant le tiers du produit de la base par la hauteur.*

En effet, supposons que a et b soient les dimensions de

la face triangulaire prise pour base, alors c est la hauteur; or la formule ci-dessus peut s'écrire :

$$\text{Mesure de } T = \frac{a \times b}{2} \times \frac{c}{3} = \frac{1}{3} \times \frac{a \times b}{2} \times c$$

et comme $\dfrac{a \times b}{2}$ n'est autre chose que la surface du triangle base, on a bien :

$$\text{Mesure de } T = \frac{1}{3} \text{ surface base} \times \text{hauteur}$$

512. Corollaire II. — *Le volume d'une pyramide polygonale quelconque se mesure en prenant le tiers du produit de sa base par sa hauteur.*

En effet, en faisant passer des plans par une même arête latérale et par les arêtes opposées, on décompose cette pyramide en tétraèdres ayant tous même hauteur h, et pour bases, l'un $\dfrac{a \times b}{2}$, l'autre $\dfrac{a' \times b'}{2}$ etc., leur somme, c'est-à-dire la pyramide entière, sera donnée par la formule,

$$P = \frac{1}{3}\left(\frac{a \times b}{2} + \frac{a' \times b'}{2} \ldots \frac{a_n \times b_n}{2}\right)h$$

Mais le facteur entre parenthèses n'étant autre chose que la surface du polygone base de la pyramide donnée, on a bien

$$\text{Mesure de } P = \frac{1}{3} \text{ surface base} \times \text{hauteur}$$

THÉORÈME CCXV

513. — *La mesure du volume d'un tronc de pyramide obtenu par une section parallèle à la base est égale au tiers du produit de la hauteur par une somme formée des surfaces des deux bases et d'une moyenne proportionnelle entre ces deux surfaces.*

Soit T un tronc de pyramide à base parallèles, soient B et b les surfaces des deux bases et H la hauteur; on a vu (n° 494) que ce tronc est la somme de trois pyramides ayant toutes trois pour hauteur H et pour base, l'une B, l'autre b et la troisième $\sqrt{B \times b}$.

D'après le théorème précédent, les volumes de ces trois pyramides sont :

$$\frac{1}{3}B \times H, \quad \frac{1}{3}b \times H, \quad \frac{1}{3}H\sqrt{B \times b}$$

faisant leur somme et mettant hors de parenthèses les facteurs $\frac{1}{3}$ et H, on a :

$$T = \frac{1}{3}H\left(B + b + \sqrt{Bb}\right)$$

Remarques. 1° On peut simplifier cette formule et la rendre plus pratique. B et b sont deux figures semblables qui sont entre elles comme les carrés de leurs côtés homologues. Soit m le rapport de ces deux côtés, on a alors $\frac{B}{b} = m^2$ d'où $B = bm^2$; remplaçons B par cette valeur, il vient :

$$T = \frac{1}{3}H\left(bm^2 + b + mb\right)$$

ou, en mettant b hors de parenthèses,

$$T = \frac{1}{3}bH\left(m^2 + m + 1\right)$$

Pour effectuer alors la mesure du tronc de pyramide, il suffirait de mesurer H, b, et le rapport m entre deux côtés homologues des deux bases.

2° La formule du volume du tronc de pyramide précédente est déduite de la décomposition du tronc en trois pyramides ; on peut aussi la déduire de cette considération plus simple que le volume du tronc est égal au volume de la pyramide totale à laquelle il appartient, moins le volume de la pyramide retranchée par la section. Cette seconde méthode, conduisant à la même formule, est utile à connaître comme confirmation de l'exactitude de la première.

Soit B la base et H la hauteur de la pyramide totale, b et h la base et la hauteur de la pyramide retranchée par la section, on a :

$$T = \frac{1}{3} B \times H - \frac{1}{3} b \times h = \frac{1}{3}(B \times H - b \times h)$$

mais on sait (n° 479) que

$$\frac{B}{b} = \frac{H^2}{h^2}$$

d'où

$$B = \frac{bH^2}{h^2}$$

remplaçant B par cette valeur, il vient :

$$T = \frac{1}{3}\left(\frac{bH^3 - bh^3}{h^2}\right) = \frac{b}{3h^2}(H^3 - h^3)$$

On sait en algèbre que,

$$H^3 - h^3 = (H^2 + h^2 + Hh)(H - h)$$

et la formule devient :

$$T = \frac{1}{3}(H - h)\left(\frac{bH^2}{h^2} + \frac{bh^2}{h^2} + \frac{bHh}{h^2}\right)$$

ou

$$T = \frac{1}{3}(H - h)(B + b + \sqrt{Bb})$$

formule identique à la première, car $H - h$ représente la hauteur du tronc.

3° Enfin on peut aussi quelquefois considérer le tronc de pyramide comme étant le solide déterminé par une section parallèle à la base, mais rencontrant les faces latérales prolongées au delà du sommet.

En conservant les mêmes notations et raisonnant de même, on trouverait pour le volume de ce tronc du second genre :

$$T = \frac{1}{3}(H + h)(B + b - \sqrt{Bb})$$

23

THÉORÈME CCXVI

514. — *La mesure du volume d'un tronc de prisme triangulaire est égale au produit de sa base par la moyenne arithmétique des distances à la base des trois sommets de la section.*

En effet, soit P un tronc de prisme, B sa base, D, D', D″ les distances des trois sommets de la section à la base; on a démontré (n° 496) que ce tronc de prisme est équivalent à la somme de trois pyramides ayant B pour base et chacune pour hauteur une des trois distances D, D' et D″, donc on peut écrire :

$$P = \frac{B \times D}{3} + \frac{B \times D'}{3} + \frac{B \times D''}{3}$$

ou

$$P = B \left(\frac{D + D' + D''}{3} \right)$$

Remarque. — Si le tronc de prisme est droit, les distances D, D', D″ se confondent avec les arêtes latérales; s'il est oblique il n'en est plus ainsi, mais on peut encore trouver une formule en fonction des arêtes.

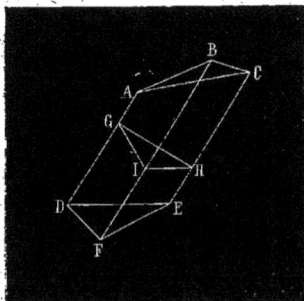

Soit en effet un tronc de prisme oblique ABCDEF, si l'on mène entre les deux bases une section droite GIH, on le partage en deux troncs de prismes droits ayant pour base GIH. D'après le théorème, leurs volumes sont représentés par :

$$GIH \left(\frac{AG + BI + CH}{3} \right) \quad \text{et} \quad GIH \left(\frac{GD + IF + EH}{3} \right)$$

donc leur somme, c'est-à-dire le tronc de prisme oblique donné, a pour mesure,

$$GIH \left(\frac{AG + GD + BI + IF + CH + EH}{3} \right)$$

ou enfin

$$GIH\left(\frac{AD + BF + CE}{3}\right)$$

donc :

Corollaire. — *Un tronc de prisme oblique a aussi pour mesure le produit de sa section droite par la moyenne arithmétique de ses trois arêtes latérales.*

515. **Volume des polyèdres.** — A l'aide des théo-rèmes précédents on peut toujours calculer le volume d'un polyèdre, quelle que soit sa forme. Il suffit en général de joindre les arêtes par des plans à un point intérieur, dont on détermine les distances à chaque face; puis de faire la somme des volumes des pyramides ainsi construites, leur somme sera le volume du polyèdre. La difficulté d'une pareille mesure sera nécessairement très variable, suivant la position du point sommet commun de toutes les pyramides. S'il existe un point équidistant de toutes les faces, c'est à lui évidemment que l'on devra donner la préférence ; le volume sera alors le produit de la surface totale du polyèdre par le tiers de la distance de ce point à l'une des faces. Mais si l'on ne peut donner une règle pratique simple s'appliquant à tous les cas, il est certaines formes de polyèdres pour lesquelles il existe des formules usuelles que nous allons faire connaître.

Les tas de pierre cassées que les cantoniers disposent le long des routes; les tombereaux pour transporter les terres, les auges dont les maçons font usage, ont une forme géométrique que l'on nomme *ponton.* C'est un polyèdre formé par deux faces rectangulaires inégales dont les plans et les côtés sont parallèles, et par des faces latérales qui sont des trapèzes. Les deux faces rectangulaires ne sont pas sembla-bles, car alors le solide serait un tronc de pyramide à base rectangle.

Le plus petit rectangle peut même se réduire à une ligne, auquel cas le solide devient un tronc de prisme trian-gulaire.

Voici comment on peut mesurer le volume du ponton.

Soit un ponton ABCDEFGH, faisons passer un plan par

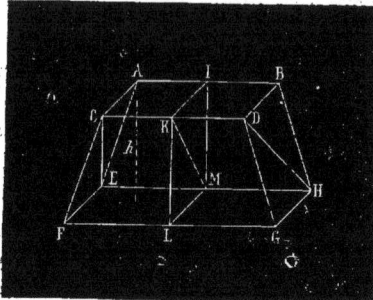

les deux arêtes parallèles CD et EH, ce plan partage le solide total en deux troncs de prismes triangulaires obliques. Menons la section droite IKLM, coupée par le plan précédent en deux triangles IKM, KML, dont chacun est la section droite de l'un des troncs de prisme ; appliquant la mesure donnée au (n° 514), on aura pour expressions de leurs volumes :

$$\text{IKM}\left(\frac{AB + CD + EH}{3}\right) \quad \text{et} \quad \text{KML}\left(\frac{CD + EH + FG}{3}\right)$$

Leur somme sera le volume du ponton, et, en remarquant que AB = CD, que EH = FG, on aura pour expression du volume :

$$\text{IKM}\left(\frac{2AB + EH}{3}\right) + \text{KML}\left(\frac{2EH + CD}{3}\right)$$

Si maintenant pour rendre l'écriture plus aisée, nous représentons par a et b les deux côtés du rectangle inférieur, par a' et b' ceux du rectangle supérieur, et par h la distance de leurs plans, comme l'on a,

$$\text{IKM} = \frac{KI \times h}{2} = \frac{b'h}{2}, \quad \text{et} \quad \text{KML} = \frac{LM \times h}{2} = \frac{bh}{2}$$

la formule ci-dessus devient :

$$\frac{b'h}{2}\left(\frac{2a' + a}{3}\right) + \frac{bh}{2}\left(\frac{2a + a'}{3}\right)$$

ou

$$\frac{h}{6}\left[b'(2a' + a) + b(2a + a')\right]$$

formule pratique en usage.

Si le rectangle ABCD se réduit à une ligne, le ponton

devient un tronc de prisme rectangulaire, et la formule, b' devenant 0, prend la forme

$$\frac{h}{6}\left[b\,(2a+a')\right]=\frac{hb}{2}\left(\frac{2a+a'}{3}\right)$$

formule pareille à celle déjà trouvée.

516. — On peut aussi trouver une formule générale pour tout polyèdre formé de deux faces polygonales parallèles entre elles, unies par des faces latérales qui sont ou des quadrilatères ou des triangles.

Soit un polyèdre de ce genre, dont les faces parallèles sont un quadrilatère ABCD et un pentagone EFGHK, les faces

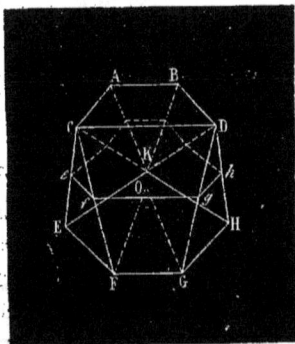

latérales sont sept triangles et un trapèze. Menons un plan qui coupe toutes les arêtes latérales en passant à égale distance des plans des bases parallèles; représentons par H cette distance, par B et B' les surfaces du pentagone et du quadrilatère.

Si nous prenons un point O sur ce plan intermédiaire, en faisant passer des plans par ce point et les côtés du pentagone B, nous obtenons une pyramide pentagonale, dont le volume est exprimé par

$$\frac{1}{3}\times\frac{H}{2}\times B,\ \text{ou par}\ \frac{H}{6}\times B$$

Si de même par le point O et les côtés du quadrilatère B', nous faisons passer des plans, nous obtenons une pyramide quadrangulaire, dont le volume sera exprimé par

$$\frac{1}{3}\times\frac{H}{2}\times B'\ \text{ou par}\ \frac{H}{6}\times B'$$

il reste maintenant à formuler les volumes des pyramides ayant pour sommet le point O et pour bases les faces latérales. Pour cela considérons à part la pyramide OFGCD, que le plan mitoyen coupe suivant Ofg, une première expression de son volume serait $\frac{1}{3}$ FGCD$\times$OI, OI étant la

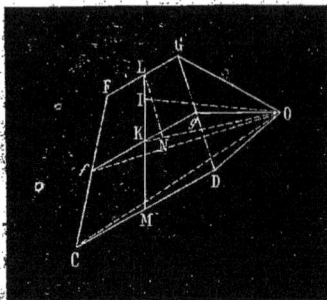

distance du point O à la face latérale. Menons par le point I la hauteur LM du trapèze, comme fg, il est facile de le démontrer, est une parallèle aux deux bases menée à mi-hauteur, on a :

$$FGCD = fg \times LM = fg \times 2LK,$$

et le volume de la pyramide peut aussi s'écrire :

$$\frac{2}{3} fg \times LK \times OI$$

Du point L abaissons LN perpendiculaire sur le plan de Ofg, cette perpendiculaire aura son pied N sur la ligne OK, mais sans nous préoccuper de le démontrer, car LN sera toujours orthogonale avec OK, les deux triangles rectangles LKN, OIK, sont semblables, comme ayant leurs côtés perpendiculaires chacun à chacun, on peut donc écrire la proportion :

$$\frac{LK}{OK} = \frac{LN}{OI}, \quad \text{d'où} \quad LK \times OI = OK \times LN$$

En remplaçant LK$\times$OI par son égal OK$\times$LN, la formule du volume de la pyramide devient : $\frac{2}{3} fg \times OK \times LN$. Or LN $= \frac{H}{2}$; $fg \times OK$ exprime le double de la surface du triangle Ofg; donc enfin le volume de la pyramide peut s'écrire :

$$\frac{H}{6} \times 4 O fg$$

pour toutes les autres pyramides, que leurs bases soient des triangles ou des trapèzes, la même démonstration donnerait la même formule, donc l'ensemble des pyramides ayant pour bases les faces latérales aura pour expression de son volume le produit du facteur commun $\frac{H}{6}$ par le quadruple de la somme des triangles tels que Ofg, somme qui n'est autre chose que la surface de la section équidistante des bases; donc, nommant B″ la surface de cette section, les trois parties du polyèdre ayant pour volume :

$$\frac{H}{6}\times B, \quad \frac{H}{6}\times B', \quad \frac{H}{6}\times 4B''$$

la formule du volume total cherché sera :

$$\frac{H}{6}(B + B' + 4B'')$$

Cette formule est générale et s'applique à tous les polyèdres à bases parallèles, même à la pyramide en supposant B = 0 ; elle permet de retrouver toutes les formules connues.

DES POLYÈDRES SEMBLABLES

517. **Définitions.** — Deux polyèdres sont semblables lorsque leurs faces sont des polygones semblables chacun à chacun et leurs angles polyèdres homologues égaux.

L'égalité des angles polyèdres homologues entraîne avec elle la condition que les faces qui les forment soit pareillement disposées dans les deux polyèdres. Elle entraîne aussi l'égalité des angles dièdres formés par les faces homologues.

Les faces homologues étant des polygones semblables, ont leurs surfaces dans le rapport des carrés des arêtes qui les limitent, mais ces arêtes limitent aussi les faces voisines, les surfaces de celles-ci sont donc dans le même rapport que les précédentes, donc le rapport de deux arêtes homologues est constant, il constitue ce que l'on nomme le *rapport de similitude*.

THÉORÈME CCXVII

518. — *Si l'on coupe une pyramide par un plan parallèle à la base et passant entre la base et le sommet, la section détermine une pyramide semblable à la première.*

Soit une pyramide SABCDE, et une section parallèle à la base *abcde*. Je dis que les deux pyramides dont S est le sommet commun sont semblables.

En effet, les polygones ABCDE, *abcde*, sont semblables (n° 479); les triangles qui forment les faces latérales de la petite pyramide sont semblables aux faces de la grande, car ils sont formés par des parallèles aux bases; enfin les angles trièdres sont égaux, car outre l'angle polyèdre S qui est commun, tous les autres sont formés de faces égales, soit comme angles correspondants, soit comme angles homologues de deux polygones semblables, donc les deux pyramides sont semblables.

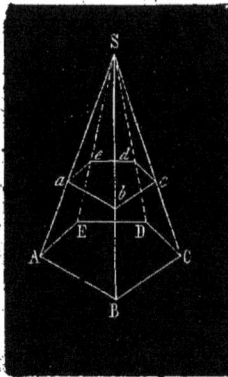

Remarque. — Si la section rencontrait les arêtes latérales au delà du sommet, tous les éléments plans des deux pyramides pris deux à deux seraient semblables, mais les angles solides seraient symétriques, et les pyramides ne seraient pas semblables.

519. Corollaire. — *Dans un tétraèdre tout plan mené à l'intérieur parallèlement à une face, détermine un tétraèdre semblable.*

En effet, en considérant cette face comme base de la pyramide, on retombe dans le cas du théorème ci-dessus.

THÉORÈME CCXVIII

520. — *Deux pyramides triangulaires sont semblables lorsqu'elles ont un dièdre égal compris entre deux faces semblables chacune à chacune et semblablement placées.*

Soient les deux tétraèdes SABC, *sabc*, dans lesquels les dièdres formés par les faces SAB, ABC et *sab*, *abc* sont égaux, ces quatre faces étant semblables deux à deux; je dis que ces tétraèdres sont semblables.

En effet, prenant une longueur AD = *as* par le point D menons une section DEF parallèle à la face SBC, la pyramide DAEF ainsi construite est semblable à SABC (n° 519). Or la pyramide DAEF est égale à la pyramide *sabc*, car l'angle trièdre FADE est égal au trièdre *basc*, ils ont un dièdre égal par hypothèse, compris entre deux faces égales chacune à chacune, savoir DAF = *sab*, ces deux triangles sont semblables au triangle SAB et ils ont un côté égal; puis AEF = *abc*, car semblables tous deux au triangle ABC, ces deux triangles ont un côté égal, AF = *ab*, par suite de l'égalité des faces précédentes. On peut donc superposer les deux tétraèdres FADE, *basc* suivant leur trièdre égal, et comme FA = *ba*, FE = *bc* et AD = *as*, la coïncidence sera complète. Les deux tétraèdres SABC, *sabc* sont donc semblables.

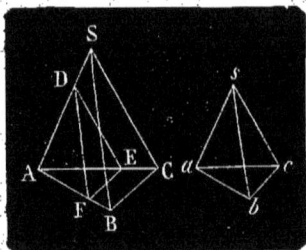

521. Corollaire. — *La section partageant dans un même rapport et dans le même sens les arêtes latérales d'une pyramide est un plan parallèle à la base; elle détermine une pyramide semblable à la première.*

THÉORÈME CCXIX

522. — *Deux polyèdres composés d'un même nombre de tétraèdres semblables chacun à chacun et semblablement placés sont semblables.*

Soit quatre tétraèdres dont l'ensemble constitue le polyèdre SABFECD, et les quatre tétraèdres d'un second polyèdre semblables aux précédents et dont l'ensemble forme le polyèdre *sabfecd*.

Pour démontrer la similitude des deux polyèdres complets, il suffira de démontrer qu'ils ont les faces homologues semblables chacune à chacune, et les angles dièdres égaux. Or les bases des deux tétraèdres SBCF, SCFE constituent une face BFEC de l'un des polyèdres, les bases des deux tétraèdres *sbcf*, *sefc*, semblables aux précédents, doivent aussi former une face du second polyèdre semblable à la face BFEC du premier. En effet, la figure *bfec* est formée de

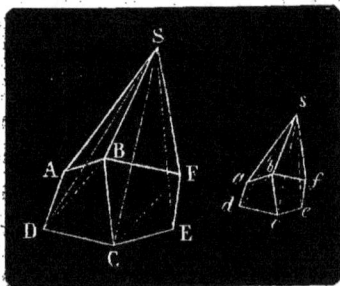

deux triangles *bfc*, *cfe*, semblables à BFC, CFE, et si BFEC est une face plane, *bfec* doit l'être aussi, les deux dièdres adjacents suivant l'arête *cf* devant valoir deux droits comme leurs égaux les dièdres adjacents à l'arête CF. Les deux faces BFCE, *bfce* sont donc semblables; on démontrerait de même la similitude des deux faces suivantes ABCD, *abcd*, et ainsi de suite. Quant à l'égalité des dièdres, elle résulte de la similitude des tétraèdres et de leur ordre pareil. Les deux dièdres adjacents suivant l'arête BC sont égaux aux dièdres adjacents suivant l'arête *bc*, donc leurs sommes sont égales, et les dièdres BC et *bc* sont égaux, et ainsi des autres. L'égalité des dièdres, la similitude des faces disposées dans le même ordre entraîne l'égalité des angles solides, donc enfin les deux polyèdres considérés sont semblables.

THÉORÈME CCXX

523. — *Deux polyèdres semblables sont décomposables en un même nombre de tétraèdres semblables chacun à chacun et semblablement placés.*

Soient deux faces consécutives ABCD, BCEF d'un polyèdre, et les deux faces homologues *abcd*, *bcef* d'un polyèdre semblable au premier.

Soient S et *s* deux points homologues pris dans l'intérieur des deux polyèdres, ou encore sommets d'angles solides homologues, FS et *fs* étant deux arêtes homologues. Menons les diagonales CF, *cf*, et faisons passer des plans par le point

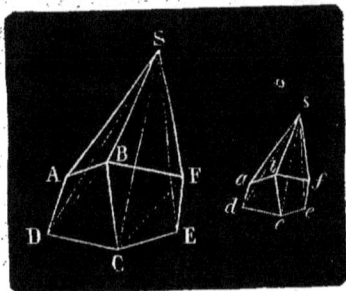

S et les trois côtés du triangle CFE, et par le point *s* et les côtés du triangle *cfe*. Les deux tétraèdres ainsi formés sont semblables, car les trois arêtes latérales étant des lignes homologues de deux polyèdres semblables sont dans le même rapport entre elles et avec les arêtes CE, EF, *ce*, *ef*. Donc les deux tétraèdres ont toutes leurs faces semblables chacune à chacune, de là l'égalité des deux trièdres S et *s* formés de faces égales, et la similitude des tétraèdres. Supposons maintenant que l'on enlève ces deux tétraèdres; les polyèdres restant seront encore semblables, car les nouvelles faces SCF, *scf* sont semblables, et les nouveaux angles proviennent de la soustraction d'angles égaux, donc ils restent égaux entre eux.

On pourra alors construire de même et enlever les deux pyramides semblables SBCF, *sbcf*, et continuer ainsi jusqu'à épuisement; il est clair que l'on aura obtenu dans chaque polyèdre le même nombre de tétraèdres, dans le même ordre et tous semblables entre eux, le théorème est donc démontré.

THÉORÈME CCXXI

524. — *Les volumes de deux tétraèdres semblables, et, en général, de deux polyèdres semblables, sont entre eux comme les cubes des arêtes homologues.*

Soient deux pyramides triangulaires semblables SABC, *sabc;* soient V et *v* leurs volumes, je dis que l'on a :

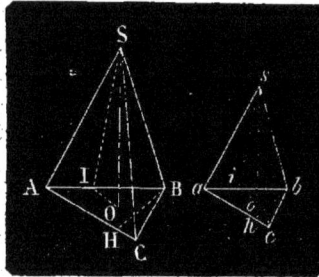

$$\frac{V}{v} = \frac{AC^3}{ac^3}$$

En effet, menons les hauteurs SO, *so*, des deux pyramides, et les hauteurs BH, *bh* des bases, on a :

$$V = \frac{1}{6} AC \times BH \times SO \quad \text{et} \quad v = \frac{1}{6} ac \times bh \times so$$

donc

$$\frac{V}{v} = \frac{AC \times BH \times SO}{ac \times bh \times so}$$

Mais les deux pyramides étant semblables, toutes leurs lignes homologues sont dans le même rapport entre elles et avec les arêtes, donc,

$$\frac{AC}{ac} = \frac{BH}{bh} = \frac{SO}{so}$$

et par suite

$$\frac{V}{v} = \frac{AC^3}{ac^3}$$

Soient maintenant deux polyèdres semblables P et *p*, supposons-les décomposés en tétraèdres semblables représentons par :

T, T_1, T_2....T_n ceux du polyèdre P

t, t_1, t_2....t_n ceux du polyèdre *p*

et soient

$$A, \quad B, \quad C \ldots U; \; a, b, c \ldots u$$

des arêtes homologues des deux polyèdres, prises une dans chacun des tétraèdres; on aura :

$$\frac{T}{t} = \frac{A^3}{a^3}, \quad \frac{T_1}{t_1} = \frac{B^3}{b^3}, \quad \frac{T_2}{t_2} = \frac{C^3}{c^3} \ldots \ldots \frac{T_n}{t_n} = \frac{U^3}{u^3}$$

ou, d'après un principe connu, et en remarquant que,

$$\frac{A}{a} = \frac{B}{b} = \frac{C}{c} = \ldots \ldots \frac{U}{u}$$

$$\frac{T + T_1 + T_2 \ldots \ldots + T_n}{t + t_1 + t_2 \ldots \ldots + t_n} = \frac{A^3}{a^3}$$

ou enfin

$$\frac{P}{p} = \frac{A^3}{a^3}$$

DES FIGURES SYMÉTRIQUES

525. Définitions. — Deux points sont *symétriques* par rapport à un point, lorsque ce point est le milieu de la ligne qui joint les deux premiers.

Deux points sont symétriques par rapport à une droite, lorsque cette droite est perpendiculaire sur le milieu de la ligne qui joint ces deux points.

Deux points sont symétriques par rapport à un plan, lorsque ce plan est perpendiculaire sur le milieu de la ligne qui joint ces deux points.

Deux figures sont symétriques par rapport à un point, à une ligne ou à un plan, lorsque tous leurs points sont deux à deux symétriques par rapport à ce point, à cette droite ou à ce plan, qui prennent alors le nom de *centre*, ou *d'axe*, ou de *plan de symétrie*.

THÉORÈME CCXXII

526. — *Deux figures symétriques par rapport à un axe de symétrie sont égales.*

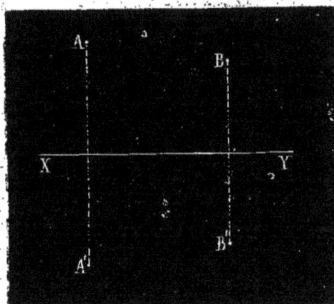

En effet, soient A et B deux points de l'une des figures, A' et B' les deux points symétriques de la seconde figure par rapport à l'axe XY; faisant tourner la figure supérieure autour de l'axe XY, de 180°, le point A vient se superposer à A' le point B à B', et il en serait de même de tous les autres points; donc les deux figures se superposent en toutes leurs parties, donc elles sont égales.

Remarque. — La symétrie par un axe ne donne donc lieu qu'à des figures égales, mais *orientées en sens inverse*, et toujours superposables par une demi-révolution de 180°.

THÉORÈME CCXXIII

527. — *Deux figures symétriques d'une même figure par rapport à deux centres de symétrie différents sont égales.*

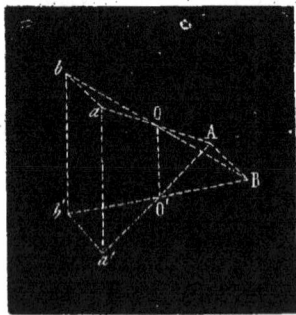

En effet, soient A, B, deux points d'une figure; a et b, les symétriques de ces points par rapport à un centre O, et a' et b' les symétriques de ces mêmes points par rapport à un autre centre O', joignons OO', aa', bb', il est aisé de reconnaître que dans chacun des triangles bBb', et aAa' les lignes bb', aa' sont parallèles à OO' et doubles.

de cette ligne; si donc on fait glisser chacun des points a et b sur une parallèle à OO', et sur une longueur égale à $2 \times$ OO', on les amène à coïncider avec a' et b'. Ce qui arrive pour a et b arriverait pour tous les points de la même figure, donc les deux figures symétriques de celle dont A et B sont deux points sont égales.

528. **Remarque**. — En joignant ba, $b'a'$, AB, il est aisé de reconnaître que les deux lignes ab, $a'b'$ sont égales et parallèles entre elles comme égales et parallèles à AB et de même sens, donc la symétrie par rapport à un centre quel qu'il soit donne naissance à une figure toujours de même forme et *de même orientation*.

THÉORÈME CCXXIV

529. — *Les symétriques d'une même figure, l'une par rapport à un plan, l'autre par rapport à un point quelconque de ce plan sont égales.*

Soient deux points A et B d'une certaine figure, a et b leurs symétriques par rapport au plan M; a' et b', leurs symétriques par rapport au centre O pris quelconque dans le plan M; je dis que ces deux figures symétriques de la première sont égales entre elles.

En effet, considérons le point A et ses deux symétriques a et a', menons par le point O, PP' perpendiculaire au plan M, puis joignons Aa, Aa', aa' et CO; des définitions des points symétriques il résulte que Aa est perpendiculaire au plan M et parallèle à PP', que AC $=$ Ca, que AO $=$ Oa'; que, par suite, aa' est double de CO et lui est parallèle; comme

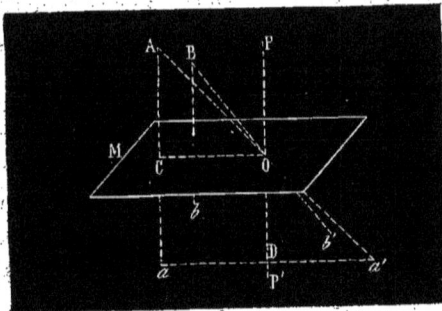

elle est perpendiculaire à PP′ qu'elle rencontre certainement, car PP′ parallèle à Aa est dans le plan Aaa', on a donc ainsi a'D $=$ Da et les points a et a' sont symétriques par rapport à l'axe PP′. On démontrerait de même que le point b est symétrique de b' par rapport à PP′; donc les deux figures symétriques considérées sont elles-mêmes symétriques l'une de l'autre par rapport à l'axe PP′, donc elles sont égales.

530. **Corollaire I.** — *Quand deux figures sont symétriques par rapport à un plan, on peut toujours déplacer l'une d'elles de manière à la rendre symétrique de l'autre par rapport à un point pris arbitrairement dans le plan et réciproquement.*

531. **Corollaire II.** — *Deux figures symétriques d'une troisième, l'une par rapport à un plan, l'autre par rapport à un centre pris à volonté dans l'espace sont égales.*

En effet, soient F, F′, F″ les trois figures, F′ symétrique de F par rapport à un plan peut être déplacée de façon à devenir symétrique de F par rapport à un point du plan, mais alors F′ ainsi déplacée et F″ sont symétriques de F par rapport à deux centres quelconques et sont égales (n° 527).

532. **Corollaire III.** — *Deux figures symétriques à une troisième par rapport à deux plans différents sont égales.*

Soient F, F′, F″ ces trois figures, supposons une figure F‴ symétrique de F par rapport à un point O quelconque de l'espace; F‴ est égale à F′, aussi à F″ d'après ce qui précède, donc F′ $=$ F″.

533. **Corollaire IV.** — *Une figure n'admet qu'une symétrique par rapport à un point ou à une droite ou à un plan.*

Remarque. — De ce dernier corollaire il résulte que pour étudier deux figures symétriques, on peut à volonté les rapporter à tel plan ou à tel axe ou à tel point que l'on voudra, puisqu'elles restent égales à elles-mêmes.

THÉORÈME CCXXV

534. — *Une droite a pour symétrique une droite égale; un angle a pour symétrique un angle égal; un polygone a pour symétrique un polygone égal.*

1° Une droite a pour symétrique une droite égale, car si l'on prend pour centre de symétrie le milieu de la droite, chaque moitié a pour symétrique l'autre moitié.

2° Un angle a pour symétrique un angle égal, car si l'on prend pour centre de symétrie le sommet, la figure symétrique est l'angle opposé par le sommet.

3° Un polygone a pour symétrique un polygone égal, car si l'on prend pour plan de symétrie le plan même du polygone, la figure symétrique se confondra avec lui.

THÉORÈME CCXXVI

535. — *Un plan a pour symétrique un plan; un angle dièdre a pour symétrique un angle dièdre égal; un angle trièdre ou polyèdre a pour symétrique un angle trièdre ou polyèdre formé des mêmes éléments, mais en ordre inverse; un polyèdre a pour symétrique un polyèdre ayant mêmes faces et mêmes dièdres, mais qui ne lui est pas superposable.*

1° Un plan a pour symétrique un plan; car si l'on prend pour plan de symétrie le plan lui-même, on obtiendra ce même plan pour figure symétrique.

2° Un angle dièdre a pour symétrique un dièdre égal, car si l'on prend pour centre de symétrie un point quelconque de l'arête du dièdre, on obtient pour symétrique le dièdre opposé par l'arête.

3° Un angle trièdre ou polyèdre a pour symétrique un angle trièdre ou polyèdre formé des mêmes éléments en ordre inverse; car si l'on prend pour centre de symétrie le sommet de l'angle trièdre ou polyèdre, on obtient pour symétrique l'angle trièdre ou polyèdre formé par le prolongement

24

des arêtes au delà du sommet, lequel a les mêmes faces et les mêmes dièdres, mais disposés en ordre inverse.

4° Un polyèdre a pour symétrique un polyèdre ayant mêmes faces et mêmes dièdres, mais qui ne lui est pas superposable.

En effet, d'après ce qui précède, les faces du polyèdre auront pour symétriques des polygones égaux, les dièdres des dièdres égaux, les angles solides symétriques des angles solides ne différeront que par la disposition inverse des faces; donc le polyèdre symétrique du premier est formé des mêmes éléments, en même nombre, mais en ordre différent, donc il ne lui est pas superposable.

Remarque. — Cependant il est quelques cas où deux polyèdres symétriques sont superposables; lorsque, par exemple, les sommets du polyèdre sont deux à deux symétriques par rapport à un point ou par rapport à un plan. Ainsi les sommets d'un parallélipipède sont deux à deux symétriques par rapport au point où se coupent ses diagonales; et si l'on prend ce point pour centre de symétrie, en construisant son symétrique on retrouve le parallélipipède lui-même; donc il est superposable à son symétrique.

Il en est de même du prisme droit, dont tous les sommets sont deux à deux symétriques par rapport au plan parallèle aux bases et également distant de chacune; car en le prenant pour plan de symétrie on retrouverait le prisme lui-même.

THÉORÈME CCXXVII

536. — *Deux polyèdres symétriques sont équivalents.*

Deux polyèdres symétriques étant formés des mêmes éléments, peuvent se décomposer chacun en un même nombre de pyramides symétriques chacune à chacune; il suffira donc de démontrer que deux pyramides symétriques sont équivalentes. Or cela est certain, puisque leurs bases étant symétriques sont des polygones égaux, et leurs hauteurs étant symétriques sont des lignes égales; donc les deux polyèdres, sommes de pyramides équivalentes chacune à chacune, sont équivalents entre eux.

SUPPLÉMENT AU LIVRE VI

QUELQUES THÉORÈMES SUR LES TÉTRAÈDRES

THÉORÈME CCXXVIII

537. — *Dans tout tétraèdre les lignes qui joignent les milieux des arêtes opposées se coupent mutuellement en deux parties égales.*

Soit le tétraèdre SABC, et les lignes DG, EF, joignant les milieux des arêtes opposées SA, BC; SB, AC, je dis qu'elles se coupent, et se coupent en leurs milieux.

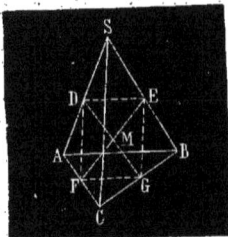

En effet, joignons DE, FG; joignant les milieux des côtés des triangles SAB et CAB, ces lignes sont toutes deux parallèles à AB et égales à sa moitié, donc elles sont parallèles et égales entre elles, et la figure formée en joignant EG et DF est un parallélogramme dont les lignes DG et EF sont les diagonales, donc elles se coupent en leur milieu. Il en serait de même pour la ligne joignant les milieux de SC et de AB.

THÉORÈME CCXXIX

538. — *Dans un tétraèdre les lignes qui joignent chaque sommet au point de concours des médianes de la face opposée se coupent en un même point qui est au quart inférieur de chacune d'elles.*

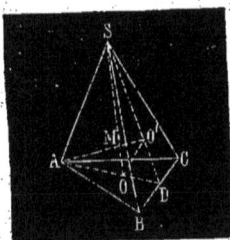

Soit un tétraèdre SABC. Soit SO la ligne allant du sommet S au tiers inférieur de la médiane AD de la base, et la ligne AO' allant du sommet A au tiers inférieur de la médiane de la face SBC, je dis que ces deux lignes se coupent et se coupent à leur quart inférieur.

Joignons OO′, les deux lignes SO, AO′, se coupent car elles sont dans un même plan, le plan du triangle SAD; OO′ joignant les tiers inférieurs des médianes AD, SD, est parallèle à SA et égale à son tiers. Cela posé, les deux triangles SMA, O′MO, sont semblables, car ils ont leurs angles égaux chacun à chacun, donc, OO′ étant le tiers de SA, OM est le tiers de SM, et O′M, le tiers de AM, donc enfin SO = 4MO et AO′ = 4MO′, ce qu'il fallait démontrer.

THÉORÈME CCXXX

539. — *Si un tétraèdre renferme un angle trirectangle, le carré de la face qui lui est opposée est égal à la somme des carrés des trois autres faces.*

Soit le tétraèdre SABC, dans lequel l'angle trièdre A est trirectangle, je dis que l'on a :

$$(SBC)^2 = (SAC)^2 + (SAB)^2 + (ABC)^2$$

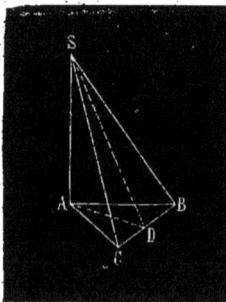

En effet, menons SD perpendiculaire à CB, et joignons AD, qui sera aussi perpendiculaire à BC, on a :

$$2(SBC) = BC \times SD$$

ce qui donne, en élevant au carré les deux membres,

$$4(SBC)^2 = BC^2 \times SD^2$$
$$= (AB^2 + AC^2)(SA^2 + AD^2)$$

ou

$$4(SBC)^2 = 4(SAB)^2 + 4(SAC)^2 + AD^2(AB^2 + AC^2)$$

mais comme $AB^2 + AC^2 = BC^2$, on a $AD^2 \times BC^2 = 4(ABC)^2$, donc

$$(SBC)^2 = (SAB)^2 + (SAC)^2 + (ABC)^2$$

THÉORÈME CCXXXI

540. — *Le plan bissecteur d'un angle dièdre d'un tétraèdre divise l'arête opposée en deux segments proportionnels aux faces adjacentes.*

Soit un tétraèdre SABC, et le plan SAD bissecteur du dièdre SA, je dis que l'on a :

$$\frac{DC}{DB} = \frac{ASC}{ASB}$$

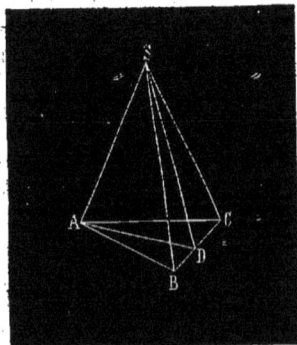

En effet, les deux pyramides SABD, SADC ayant même hauteur sont entre elles comme leurs bases ABD, ADC; mais celles-ci étant elles-mêmes des triangles de même hauteur sont entre elles comme leurs bases BD et DC, on a donc,

$$\frac{SADC}{SABD} = \frac{DC}{BD}$$

Mais ces deux pyramides peuvent être lues comme ayant chacune leur sommet au point D, et pour bases l'une SAC, l'autre SAB, elles ont alors même hauteur, car le point D, appartenant au plan bissecteur, est également éloigné des deux faces du dièdre, et l'on peut écrire :

$$\frac{SADC}{SABC} = \frac{SAC}{SAB}$$

donc, à cause du rapport commun avec la proportion précédente, on a :

$$\frac{DC}{DB} = \frac{SAC}{SAB}$$

THÉORÈME CCXXXII

541. — *Deux tétraèdres qui ont un angle solide égal sont entre eux comme les produits des arêtes qui comprennent l'angle solide égal.*

Soient SABC, SA'B'C' les deux tétraèdres qui, ayant l'angle solide S égal, ont été superposés suivant cet angle, je dis que l'on a :

$$\frac{SABC}{SA'B'C'} = \frac{SA \times SB \times SC}{SA' \times SB' \times SC'}$$

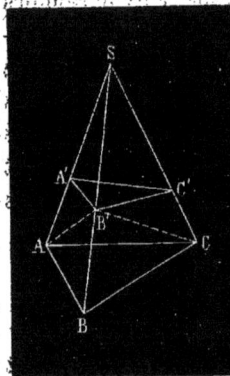

En effet, menons un plan par B', A et C, nous formerons ainsi un troisième tétraèdre SAB'C. Comparons-le aux deux autres.

Les tétraèdres SAB'C et SA'B'C', peuvent être considérés comme ayant tous deux leur sommet au point B', ils ont alors même hauteur, et sont entre eux comme leurs bases SAC et SA'C', on a donc,

$$\frac{SAB'C}{SA'B'C'} = \frac{SAC}{SA'C'}$$

Les deux tétraèdres SABC, SAB'C peuvent être considérés comme ayant chacun leur sommet au point C, ils ont alors même hauteur et sont entre eux comme leurs bases SAB, SAB', on a donc,

$$\frac{SABC}{SAB'C} = \frac{SAB}{SAB'}$$

Multipliant membre à membre les deux premières proportions et simplifiant, il vient :

$$\frac{SABC}{SA'B'C'} = \frac{SAC \times SAB}{SA'C' \times SAB'}$$

Mais les triangles SAB, SAB', en mettant leur sommet en

A, ont même hauteur, leurs bases étant sur la même droite, donc on a :

$$\frac{SAB}{SA'B'} = \frac{SB}{SB'}.$$

Les triangles SAC, SA'C', ayant un angle S commun, sont entre eux comme les produits des côtés qui comprennent l'angle égal, et l'on a :

$$\frac{SAC}{SA'C'} = \frac{SA \times SC}{SA' \times SC'}.$$

remplaçant par ces valeurs nouvelles les rapports $\frac{SAC}{SA'C'}$ et $\frac{SAB}{SA'B'}$ on a :

$$\frac{SABC}{SA'B'C'} = \frac{SB \times SA \times SC}{SB' \times SA' \times SC'}.$$

PROBLÈME

542. — *Dans un tétraèdre* SABC, *dont l'angle* S *est trirectangle, si l'on représente par* a, b, c *les trois arêtes* SA, SB, SC, *par* h *la hauteur* SD, *par* r *la distance d'un certain point* O *intérieur équidistant des quatre faces, démontrer que l'on a la relation*

$$\frac{1}{r} = \frac{1}{a} + \frac{1}{b} + \frac{1}{c} + \frac{1}{h}.$$

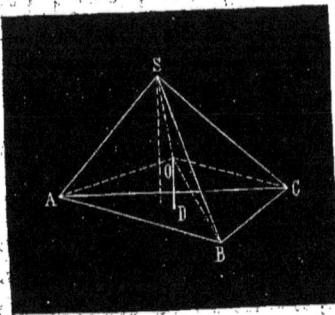

Si l'on joint le point O aux quatre sommets du tétraèdre, on décompose celui-ci en quatre tétraèdres partiels ayant chacun r pour hauteur, et pour base une des quatre faces du tétraèdre ; de là une première expression du volume de ce tétraèdre :

$$\frac{r}{3}\left(\frac{ab}{2} + \frac{ac}{2} + \frac{bc}{2} + ABC\right).$$

ou

$$(1) \quad \frac{r}{6}(ab + ac + bc + 2\mathrm{ABC}) \quad ;$$

Mais les trois arêtes SA, SB, SC, étant perpendiculaires l'une à l'autre, le volume du tétraèdre, en lui donnant pour base SAB, serait aussi,

$$(2) \quad \frac{1}{6}abc$$

Du reste, ce volume, si l'on prend ABC pour base, est :

$$\frac{1}{3}\mathrm{ABC} \times h$$

donc

$$\frac{1}{6}abc = \frac{1}{3}\mathrm{ABC} \times h, \quad \text{d'où} \quad 2\mathrm{ABC} = \frac{abc}{h}$$

Substituant cette valeur dans l'expression (1), l'égalant à l'expression (2), on a

$$\frac{r}{6}\left(ab + ac + bc + \frac{abc}{h}\right) = \frac{1}{6}abc$$

d'où l'on tire successivement :

$$r(abh + ach + bch + abc) = abch$$

$$r = \frac{abch}{abh + ach + bch + abc}$$

$$\frac{1}{r} = \frac{abh + ach + bch + abc}{abch} = \frac{abh}{abch} + \frac{ach}{abch} + \frac{bch}{abch} + \frac{abc}{abch}$$

$$\frac{1}{r} = \frac{1}{a} + \frac{1}{b} + \frac{1}{c} + \frac{1}{h}$$

THÉORÈME CCXXXIII

543. — *Tout plan passant par les milieux de deux arêtes opposées d'un tétraèdre le divise en deux parties équivalentes.*

Pour démontrer ce théorème, établissons d'abord le lemme suivant :

Tout plan qui divise deux côtés opposés d'un quadrila-

tère gauche en segments proportionnels, divise les deux autres côtés également en segments proportionnels.

Soit un quadrilatère gauche ABCD, c'est-à-dire dont les quatre côtés ne sont pas dans un même plan, et soit un plan qui coupe les deux côtés AB, CD, aux points F et E, de façon que l'on ait :

$$\frac{EB}{AE} = \frac{FC}{FD}$$

et qui coupe aussi les côtés AD, BC, aux points G et H, je dis que l'on aura aussi,

$$\frac{BH}{HC} = \frac{AG}{GD}$$

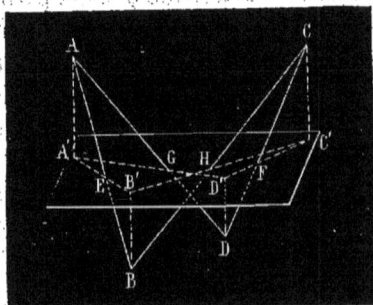

En effet, projetons sur le plan, aux points A′, B′, C′, D′ les quatre sommets du quadrilatère, puis joignons A′B′, A′D′, C′B′, C′D′, ces quatre lignes étant les projections des quatre côtés du quadrilatère, les couperont aux points E, F, G, H. Les triangles rectangles semblables CC′F, DD′F, donnent la proportion,

$$\frac{FC}{FD} = \frac{CC'}{DD'}$$

les deux triangles rectangles AA′E, BB′E donnent aussi,

$$\frac{EB}{AE} = \frac{BB'}{AA'}$$

et comme l'on a déjà

$$\frac{EB}{AE} = \frac{FC}{FD}$$

on a également

$$\frac{CC'}{DD'} = \frac{BB'}{AA'} \quad \text{ou} \quad \frac{CC'}{BB'} = \frac{DD'}{AA'} \quad (1)$$

mais les deux couples de triangles semblables AA'G, DD'G, et CC'H, BB'H, donnent aussi les deux proportions :

$$\frac{DG}{GA} = \frac{DD'}{AA'} \quad \text{et} \quad \frac{CH}{HB} = \frac{CC'}{BB'}$$

alors, par suite de la proportion (1), on a enfin,

$$\frac{DG}{GA} = \frac{CH}{HB}$$

Cela posé, démontrons le théorème.

Soit le tétraèdre SABC, et la section DEGF passant par les milieux D et G des arêtes SA, BC, je dis qu'elle partage le tétraèdre en deux parties équivalentes.

En effet, menons un plan SFG, il détermine dans la partie polyédrique supérieure deux pyramides, l'une quadrangulaire SDEGF, l'autre triangulaire SBFG. Menons aussi le plan AGE, il détermine dans la partie polyédrique inférieure une pyramide quadrangulaire ADEGF et une pyramide triangulaire AGEC. Les deux pyramides quadrangulaires sont équivalentes, car D étant le milieu de SA, les points S et A sont équidistants de la section, dont elles ont même hauteur et la même base DEGF. Les deux pyramides triangulaires SBFG et AGEC sont ainsi équivalentes. En effet, ayant chacune un angle solide commun avec le tétraèdre total, on a (n° 541) les deux proportions :

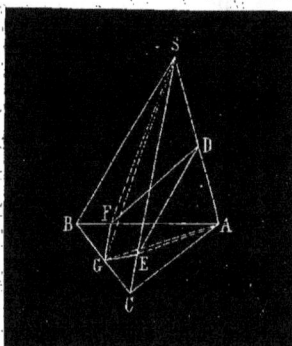

$$\frac{SBFG}{SABC} = \frac{BS \times BG \times BF}{BS \times BA \times BC}, \quad \frac{AGEC}{SABC} = \frac{AC \times GC \times CE}{AC \times CS \times BC}.$$

Divisant ces deux proportions l'une par l'autre et simplifiant il vient :

$$\frac{SBFG}{AGEC} = \frac{BF \times CS}{BA \times CE}.$$

le quadrilatère SABC est un quadrilatère gauche ; d'après le lemme précédant le plan DFGE coupant les deux côtés opposés SA, BC en parties proportionnelles, coupe également en parties proportionnelles les deux autres côtés SC, BA, on a donc la proportion :

$$\frac{AF}{FB} = \frac{SE}{EC} \quad \text{ou} \quad \frac{AF + FB}{FB} = \frac{SE + EC}{EC} \quad \text{ou} \quad \frac{AB}{FB} = \frac{SC}{EC}$$

cette proportion donne $BA \times CE = BF \times CS$, donc alors

$$\frac{SBFG}{AGEC} = \frac{BF \times CS}{BA \times CE} = 1$$

et les deux pyramides triangulaires sont équivalentes.

PROPRIÉTÉS DU TÉTRAÈDRE ORTHOGONAL

544. **Définition.** — On nomme tétraèdre orthogonal un tétraèdre tel que chaque arête est dans un plan perpendiculaire à l'arête opposée.

On peut toujours construire un tétraèdre orthogonal.

En effet, soient deux droites PQ et RS telles que chacune soit dans un plan perpendiculaire à l'autre, et qui ne se coupent pas ; menons une troisième droite AC qui les coupe et ne leur soit pas perpendiculaire, puis par un point F quelconque de AC menons un plan qui lui soit perpendiculaire ; il coupe suivant FB le plan ACS, et suivant FP le plan PAC ; joignons PC, AB, PB, je dis que le tétraèdre PABC ainsi obtenu est orthogonal. En effet, les arêtes PA, BC, sont orthogonales par hypothèse, les arêtes PB, AC, le sont par construction, puisque le plan PFB est perpendiculaire à AC. Je dis que les arêtes PC, AB, le sont aussi. En effet, si par PA nous menons un plan perpendiculaire à BC, il coupe ABC suivant AE, qui est une des hauteurs de ce triangle, donc CG, qui passe par le point H d'intersection des deux hauteurs FB, AE, est la troisième hauteur, laquelle est perpendiculaire à AB; d'un autre côté les deux plans PAE, PFB, se coupent suivant une ligne PH qui est perpendiculaire à ABC; si donc on joint PG, cette ligne, par le théorème des trois perpendiculaires, est perpendiculaire à AB, donc le plan des deux lignes PG, CG, lequel contient PC, est perpendiculaire à AB, ces deux arêtes sont donc orthogonales, et le tétraèdre orthogonal est construit.

De cette construction il résulte que la hauteur PH tombe au point de rencontre des hauteurs de la base; comme le tétraèdre est orthogonal dans tous les sens, il en est de même des trois autres hauteurs, donc :

1° *Dans tout tétraèdre orthogonal, chaque sommet se projette au point de rencontre des hauteurs de la face opposée.*

Si l'on mène la hauteur AK du sommet A, elle est contenue dans le plan PAE qui contient déjà la hauteur PH; donc ces deux hauteurs se coupent, dès lors une troisième hauteur, celle du sommet C, par exemple, doit aussi couper les deux premières, mais comme elle est contenue dans le plan PCG, elle ne le peut qu'en passant par leur point I de rencontre, donc :

2° *Dans tout tétraèdre orthogonal les quatre hauteurs se coupent en un même point.*

Les divers triangles rectangles que la figure présente permettent d'écrire

$$AB^2 = BF^2 + AF^2 \quad \text{et} \quad PC^2 = PF^2 + CF^2$$

d'où

$$AB^2 + PC^2 = BF^2 + AF^2 + PF^2 + CF^2$$

puis aussi :

$$BC^2 = BF^2 + FC^2 \quad \text{et} \quad PA^2 = PF^2 + AF^2$$

d'où

$$BC^2 + PA^2 = BF^2 + FC^2 + PF^2 + AF^2$$

d'ou enfin,

$$AB^2 + PC^2 = BC^2 + PA^2$$

donc :

3° *Dans tout tétraèdre orthogonal la somme des carrés des arêtes opposées est constante.*

Soit le tétraèdre orthogonal ABCD, et EF la plus courte distance des arêtes opposées AB, DC, si l'on complète le prisme AHGBCD, triple du tétraèdre, on sait qu'il a pour mesure la section droite EDC multipliée par l'arête AB, ou $\dfrac{DC \times EF}{2} \times AB$, donc le produit $DC \times EF \times AB$ est équivalent à six fois le volume du tétraèdre, et il en serait de même pour le produit $KI \times BD \times CA$, en considérant la section droite du point I et l'arête CA; or KI est la plus courte distance des arêtes AC et BD, on a donc,

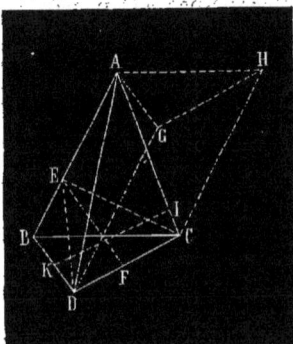

$$DC \times EF \times AB = BD \times KI \times AC$$

d'où,

$$\frac{DC \times AB}{BD \times AC} = \frac{KI}{EF}$$

donc :

4° *Dans tout tétraèdre orthogonal, les produits des arêtes opposées sont en raison inverse des plus courtes distances de ces arêtes.*

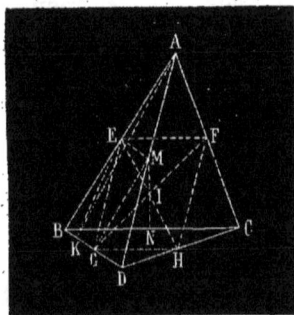

Soit maintenant le tétraèdre orthogonal ABCD; prenant les milieux des arêtes opposées, joignons-les deux à deux, puis joignons EF, GH, EG, FH, nous obtenons un rectangle dont les diagonales, égales entre elles, se coupent en leur milieu I. Si l'on joignait aussi MN, NH, on aurait un nouveau rectangle dont EH serait encore diagonale, et que MN devrait aussi couper en son milieu I, donc on reconnaît que les milieux des six arêtes sont équidistants du point I; une même sphère ayant son centre en I passerait par ces six points; je dis que cette sphère passera aussi par le point K, pied de la hauteur AK de la face ABD. En effet, elle coupera cette face suivant un cercle passant par E, M et G, or si l'on joint KE, cette ligne joignant le milieu de l'hypoténuse AB au sommet K de l'angle droit, est égale à la moitié de AB, et par suite égale à MG, donc le trapèze EKGM est isocèle, par suite inscriptible, la circonférence qui passe par E, M, G passe aussi par K, donc enfin :

5° *Dans tout tétraèdre orthogonal, les milieux des six arêtes et les pieds des hauteurs des faces, ou les pieds des plus courtes distances, sont équidistants d'un point intérieur situé au milieu de la ligne qui joint les milieux de deux arêtes opposées.*

DES POLYÈDRES RÉGULIERS

545. Un polyèdre est régulier quand toutes ses faces sont des polygones réguliers égaux, formant entre eux des dièdres égaux.

On ne compte que cinq polyèdres réguliers, car leurs faces devant être des polygones réguliers égaux, il faut que les angles de ces polygones remplissent la condition de donner une somme moindre que quatre droits, si on les réunit au nombre de trois au moins pour former un des angles solides du polyèdre.

Or on peut former un trièdre avec trois angles de 60°, car leur somme ne fait que 180°; on peut aussi avec des angles de 60° former un angle solide de 4 faces, car $60 \times 4 = 240$; également un de 5 faces, car $60 \times 5 = 300$, mais on ne pourrait former un angle solide de 6 faces avec des angles de 60°, car $60 \times 6 = 360$. Avec le triangle équilatéral on pourra donc former un premier polyèdre régulier de 4 faces, le tétraèdre régulier, puis un second polyèdre avec 4 triangles équilatéraux à chaque sommet, c'est l'octaèdre régulier, puis un troisième polyèdre régulier avec 5 triangles équilatéraux autour de chaque sommet, c'est l'icosaèdre régulier.

On ne peut avec l'angle droit former qu'un trièdre, donc le carré ne donnera naissance qu'à un seul polyèdre régulier, qui est l'hexaèdre, ou le cube. On peut aussi accoupler les pentagones de manière à former un trièdre, car l'angle du pentagone étant égal à 108°, les trois faces de ce trièdre ne vaudront que 324°, et l'on formera ainsi le dodécaèdre régulier. Mais on ne saurait former de polyèdre régulier, ni avec l'hexagone ni avec les polygones d'un plus grand nombre de côtés.

Il n'y a donc et il ne peut y avoir que ces cinq polyèdres réguliers, mais, comme nous allons le faire voir, ils existent réellement, et l'on peut toujours les construire connaissant leur arête, et la nature de l'une des faces.

546. Construction du tétraèdre. —Sur un triangle équilatéral ayant pour côté l'arête donnée, et au point de rencontre des hauteurs, on élève une perpendiculaire; on détermine sa longueur SO par une construction plane, de façon que l'hypothénuse SA du triangle rectangle SAO soit égale à AC, puis on joint SC, SB, le tétraèdre SABC est le tétraèdre demandé. En effet les arêtes SA, SB, SC sont égales entre elles, comme obliques s'écartant également de la perpendiculaire, et elles sont égales à l'arête donnée, donc toutes les faces sont des triangles équilatéraux égaux.

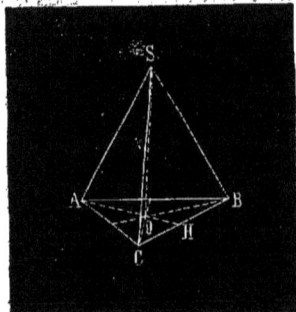

Remarque. — Si l'on représente par a l'arête donnée, il est aisé de calculer la hauteur SO en fonction de a, et aussi le volume du tétraèdre régulier.

Le triangle rectangle SOA donne $SO^2 = SA^2 - AO^2$; mais

$SA^2 = a^2$, $AO = \dfrac{2AH}{3}$. Or $AH = \dfrac{a\sqrt{3}}{2}$, donc $AO = \dfrac{a\sqrt{3}}{3}$ et l'on a alors :

$$SO^2 = a^2 - \frac{3a^2}{9} = \frac{6a^2}{9} = \frac{2a^2}{3}$$

et enfin

$$SO = \frac{a\sqrt{2}}{\sqrt{3}}$$

Quant au volume du tétraèdre, le représentant par V, on a :

$$V = \frac{1}{3}\, ABC \times SO$$

ou, comme

$$ABC = \frac{a^2\sqrt{3}}{4} \quad \text{et que} \quad SO = \frac{a\sqrt{2}}{\sqrt{3}}$$

on a :

$$V = \frac{a^3\sqrt{6}}{12\sqrt{3}} = \frac{a^3\sqrt{2}}{12}$$

547. Construction du cube ou hexaèdre. — Prenant pour base un carré construit sur l'arête donnée, on construit un prisme droit dont la hauteur soit égale à l'arête; toutes les faces sont des carrés égaux et tous les trièdres des trièdres trirectangles.

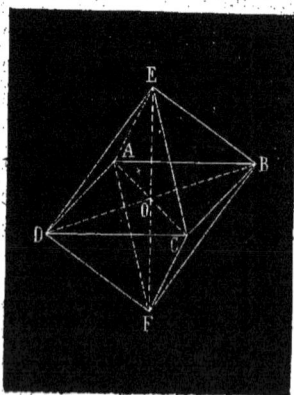

548. Construction de l'octaèdre. — Construisant un carré avec l'arête donnée, au point de rencontre de ses diagonales on élève une perpendiculaire égale de part et d'autre du plan du carré à la moitié d'une des diagonales, il ne reste plus qu'à joindre ses extrémités E et F aux quatre sommets du carré pour avoir construit un octaèdre qui est régulier. En effet les huit faces sont des triangles équilatéraux égaux, car le quadrilatère EBFD ayant ses diagonales EF, DB égales, rectangulaires, et se coupant par leur milieu, est un carré, donc $EB = BF = FD = DE$. Les arêtes latérales sont donc toutes égales; de plus, dans le triangle rectangle EOB, on a $EB^2 = EO^2 + OB^2$, mais $EO = OB = \dfrac{BC\sqrt{2}}{2}$, donc $EB^2 = \dfrac{2BC}{4} + \dfrac{2BC}{4} = BC$. Donc les arêtes sont toutes égales à l'arête donnée, toutes les faces sont des triangles équilatéraux égaux, et les trièdres sont aussi égaux comme ayant les faces égales. Quant au volume, en le représentant par V, on a :

$$V = \frac{2}{3} ABCD \times EO = \frac{2}{3} a^2 \times \frac{a\sqrt{2}}{2} = \frac{a^3 \sqrt{2}}{3}$$

549. Construction du dodécaèdre. — Ayant construit avec l'arête donnée un pentagone ABCDE, construisons à l'un de ses sommets B un trièdre dont les trois faces soient de 108°, angle du pentagone. Ce trièdre ayant les trois faces égales, a ses trois dièdres égaux. Mesurons l'angle plan de l'un de ces dièdres, et par les autres côtés du pentagone faisons passer des plans qui fassent avec le plan de celui-ci des dièdres égaux à celui précédemment mesuré; ces plans se coupant deux à deux à chaque sommet y déterminent des trièdres égaux à celui primitivement construit au point B, car ils ont tous une face égale, un des angles du pentagone, adjacente à deux dièdres égaux; dans chacun de ces plans achevons un pentagone, nous obtiendrons ainsi une surface formée de six pentagones réguliers, formant des trièdres et des dièdres égaux; concevons maintenant une autre surface pareille et pareillement construite, les deux contours supérieurs s'ajusteront exactement si l'on

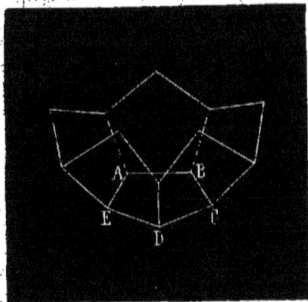

25

renverse l'une sur l'autre; l'ensemble complètera un dodécaèdre; et il sera régulier, car toutes les faces seront des
pentagones égaux, et les angles trièdres nouveaux formés à
la soudure des deux surfaces seront égaux à tous les autres,
car ils sont chacun formés de trois faces toutes égales
à 108°.

550. **Construction de l'icosaèdre.** — Sur le
plan d'un pentagone construit avec l'arête donnée, élevons à

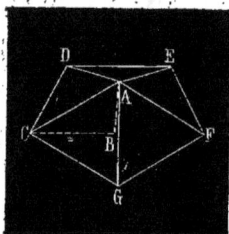

son centre une perpendiculaire AB,
dont par une construction plane nous
déterminerons la longueur de façon
que l'hypoténuse AC du triangle
rectangle ABC soit égale à l'arête
donnée, joignant le point A à tous
les sommets du pentagone, ces cinq
obliques, toutes égales entre elles,
déterminent un angle solide A, dont toutes les faces sont des
triangles équilatéraux, également inclinés les uns sur les
autres, car les trièdres formés aux sommets C, D, E, etc.,
sont égaux entre eux, comme ayant des faces égales chacune à chacune. Cela posé, si à chacun des sommets d'un

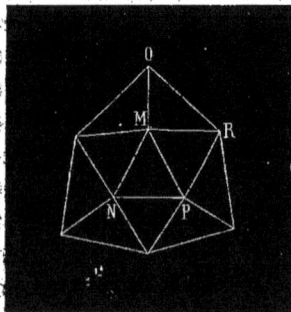

triangle équilatéral MNP, on
fait des angles solides égaux à
l'angle solide A, précédemment
construit, on obtiendra une surface convexe formée de 10 triangles équilatéraux, ayant trois
angles solides égaux à A, et tous
ses dièdres égaux. Construisons
une seconde surface pareille,
et adaptons-la sur celle-ci par
son contour extérieur, l'adap-
tation sera complète, si l'on superpose chaque sommet
formé par deux triangles sur un sommet formé de trois
triangles, c'est-à-dire un sommet tel que O sur un sommet
tel que R, et l'ensemble formera un polyèdre ayant pour
faces 20 triangles équilatéraux, et 12 angles solides à

cinq faces, tous égaux entre eux ; ce sera l'icosaèdre régulier.

Nota. — Après l'étude de la sphère nous reviendrons aux polyèdres réguliers, pour donner la mesure de leur volume.

EXERCICES NUMÉRIQUES

1. Trouver la longueur de la diagonale d'un parallélipipède rectangle dont les trois dimensions sont $a = 4,20$, $b = 1,84$, $c = 2,60$.

2. Combien y a-t-il de stères de bois dans un tas de bûches en forme de parallélipipède ayant $6^m,80$ de longueur, $4^m,30$ de largeur, et $3^m,90$ de hauteur ?

3. Trouver le volume et le poids d'air contenu dans une chambre qui a 5 mètres de long, 7 de large et 4 de hauteur, sachant que 1 litre d'air pèse $1^{gr},293$.

4. Des bûches ont $1^m,10$ de long, à quelle hauteur faut-il les empiler sur une largeur de 10 mètres, pour avoir un décastère ?

5. Deux parallélipipèdes ont des bases équivalentes, le volume de l'un est $28^{mèt.\ c.},937$, celui de l'autre $137^{mèt.\ c.},285$, et la hauteur du premier est $7^m,50$, quelle est la hauteur du second et la surface de la base commune ?

6. Un parallélipipède a ses dimensions proportionnelles aux nombres 3, 7, 11, son volume est de 321 mètres cubes ; quelles sont ses dimensions ?

7. Pour creuser un bassin on a enlevé 728 mètres cubes de terre, la surface du fond est un trapèze isocèle dont les deux bases ont 17 et 11 mètres, et dont la hauteur est égale à la profondeur du bassin, on demande de calculer celle-ci.

8. Quel est le volume d'un cube dans lequel la diagonale a 4 mètres ?

9. Un triangle équilatéral dont le côté est de 3 mètres sert de base à un prisme dont le volume est 20 mètres cubes ; quelle est sa hauteur ?

10. Calculer le côté du triangle équilatéral qui serait la base d'un prisme équivalent à un parallélipipède dont la base est un carré inscrit dans un cercle de 2 mètres de rayon, et de hauteur triple du prisme.

11. Calculer la surface latérale, la surface totale, et le volume d'un prisme droit qui a une hauteur de 5 mètres, et pour base un hexagone régulier dont le côté a 3 mètres.

12. Un prisme droit a pour base un hexagone régulier, trouver le côté de l'hexagone et la hauteur du prisme sachant que son volume est 45 mètres cubes et sa surface latérale 110 mètres carrés.

13. Deux pyramides de même hauteur sont placées sur un même plan horizontal, la base de la première a 120 mètres carrés, celle de la seconde a 180 mètres carrés. Dans la première pyramide, à une distance de 70 mètres de la base, on mène un plan horizontal qui coupe la hauteur à son tiers supérieur, on demande la surface des deux sections déterminées par ce plan.

14. Une pyramide a une hauteur de 15 mètres, une base de 169 mètres carrés, à quelle distance du sommet a été menée une section dont la surface a 100 mètres ?

15. Une pyramide a une arête de 5 mètres, à quelle distance du sommet doivent être menées des sections parallèles à la base pour que la surface latérale de la pyramide soit divisée en quatre parties équivalentes.

16. Trouver sur les faces d'une pyramide la trace d'un plan parallèle à la base qui divise la surface latérale en deux parties dans le rapport de 3 à 4.

17. Trouver sur les faces d'un tronc de pyramide à bases parallèles, et dont l'arête latérale a 4 mètres, les traces de trois plans parallèles aux bases, qui partagent la surface latérale en parties dans le rapport des nombres 3, 4, 5, 6.

18. Une pyramide tronquée a pour bases deux octogones réguliers ; l'un de $3^m,04$ de côté, l'autre de $2^m,03$, la hauteur du tronc est 4 mètres, trouver le volume du tronc, puis celui de la pyramide totale.

19. Une pyramide qui a pour base un hexagone régulier, a 8 mètres de hauteur ; à 3 mètres du sommet de cette pyramide on mène parallèlement à la base une section de 4 mètres carrés de surface, trouver le volume de la pyramide.

20. La base d'une pyramide régulière est un hexagone régulier dont le côté est 3 mètres. Calculer : 1° la hauteur qu'elle doit avoir pour que sa surface latérale soit égale à dix fois la surface de la base ; 2° le volume de cette pyramide.

21. Les bases d'un tronc de pyramide sont deux hexagones réguliers ayant respectivement 1 mètre et 2 mètres de côté ; calculer sa hauteur sachant que son volume est de 12 mètres cubes.

22. Un tronc de pyramide de $0^m,9$ de hauteur a pour bases deux octogones réguliers de $0^m,8$ et $0^m,5$ de côté ; calculer le volume de ce tronc.

23. L'arête d'un cube est 9^m, on mène une section passant par le milieu des trois arêtes d'un même sommet, on demande le rapport des volumes du cube et du tétraèdre séparé par la section.

24. L'arête d'une pyramide a 4 mètres; par un point de cette arête on mène une section parallèle à la base qui détache une petite pyramide dont le volume est le tiers de la pyramide totale, à quelle distance du sommet cette section a-t-elle été menée?

25. On mène à $0^m,90$ du sommet d'une pyramide un plan parallèle à sa base, le tronc de pyramide ainsi obtenu a une hauteur de $2^m,50$; calculer son volume, sachant que la pyramide enlevée a un volume de $1^{m.c.},250$.

26. Un tronc de pyramide, dont la hauteur est 5 mètres, a pour bases deux hexagones réguliers dont les côtés ont 3 mètres et 2 mètres; en menant un plan parallèle aux bases on obtient un hexagone dont le côté a $2^m,60$; à quelle distance des bases est-il mené et quel est le rapport des volumes des deux troncs.

27. Un vase a la forme d'un tronc de pyramide à bases carrées, ayant pour côté 5 mètres et 8 mètres, il est rempli d'une couche d'eau haute de 15 mètres, il contient en outre un cube de pierre de 4 mètres de côté; on retire le cube et l'on demande de combien baissera le niveau de l'eau.

28. Un tombereau a les dimensions suivantes : profondeur $0^m,75$; largeur du fond $0^m,52$; largeur au bord supérieur $0^m.82$; longueur du fond $0^m,86$; longueur du bord supérieur $0^m,88$, calculer le volume du sable qu'il peut contenir.

29. Calculer le volume d'un prisme oblique, sachant que les arêtes font avec les plans des bases un angle de 60°; que la base est un triangle équilatéral dont le côté est de 2 mètres, et que les arêtes ont une longueur de $3^m,45$.

30. Calculer le volume d'un tronc de pyramide dont les bases sont des hexagones réguliers, sachant que la hauteur du tronc est $6^m,45$, que le rayon de la grande base est $1^m,25$, et que les côtés des deux bases sont dans le rapport de 3 à 5.

31. Un prisme triangulaire a une hauteur de $3^m,84$; sur ses arêtes latérales, à partir de la base, on prend des longueurs égales à x, $x+0^m,5$ et $x+1^m,70$, déterminer x de manière que le prisme soit partagé en deux parties équivalentes.

32. Calculer les dimensions d'un parallélipipède rectangle sachant que sa surface totale est 20 mètres carrés, que sa diagonale a 5 mètres et le périmètre de sa base 4 mètres.

33. La base d'une pyramide régulière est un triangle équilatéral dont le côté est 10 mètres, la hauteur étant 20 mètres. A quelle distance de la base faut-il mener une section parallèle, pour que la surface de cette section soit équivalente à la surface latérale du tronc de pyramide qu'elle détermine?

EXERCICES THÉORIQUES

34. Mener dans un cube une section qui détermine un carré.

35. Mener dans un cube une section qui détermine un triangle équilatéral; un triangle isocèle.

36. Mener dans un cube une section qui détermine un hexagone régulier.

37. Démontrer que dans un parallélipipède rectangle le carré d'une diagonale est égal à la somme des carrés des trois arêtes d'un même sommet.

38. Démontrer que le point de concours des diagonales d'un parallélipipède est le centre de la figure.

39. Démontrer que la distance du centre d'un parallélipipède à un plan quelconque est le huitième de la somme des distances de chaque sommet à ce plan.

40. Démontrer que dans tout parallélipipède la somme des carrés des quatre diagonales est égale à la somme des carrés des douze arêtes.

41. Démontrer que si différents points sont à la même distance du centre d'un parallélipipède, la somme des carrés des distances de chacun d'eux aux divers sommets est constante.

42. Démontrer que le volume d'un prisme triangulaire est égal à la moitié du produit d'une de ses faces latérales par la distance de cette face à l'arête opposée.

43. Transformer un prisme hexagonal en un parallélipipède droit équivalent.

44. Démontrer que les surfaces de deux pyramides semblables sont entre elles comme les carrés des arêtes homologues.

45. Couper une pyramide par un plan parallèle à la base, de manière que la surface de la pyramide déterminée soit à la surface de la pyramide donnée dans le rapport de deux lignes données m et n.

46. Trouver le rapport du cube au tétraèdre régulier construit avec la diagonale de l'une des faces du cube.

47. Une pyramide régulière a pour base un carré dont la diagonale est a, l'arête latérale de cette pyramide étant aussi égale à a, on demande de calculer en fonction de a sa surface totale et son volume.

48. Deux pyramides ont une même hauteur h; l'une a pour base un hexagone dont le côté est égal à h, l'autre un triangle équilatéral dont le côté est aussi h, trouver le rapport des volumes des deux pyramides.

49. Partager une pyramide en trois parties équivalentes par des

plans parallèles à la base; ou en trois parties proportionnelles à des lignes m, n, p, données.

50. Tout plan mené parallèlement à deux arêtes opposées d'un tétraèdre le coupe suivant un parallélogramme. Comment faut-il mener ce plan pour que ce parallélogramme soit maximum?

51. Si deux tétraèdres ont leurs sommets placés deux à deux sur des droites concourantes, les faces opposées à ces sommets se coupent deux à deux suivant quatre droites situées dans un même plan.

52. Trouver le lieu des points tels que la somme des carrés de leurs distances à deux des sommets d'un tétraèdre soit égale à la somme des carrés de leurs distances aux deux autres.

53. D'un point de l'espace on abaisse des perpendiculaires sur les quatre faces d'un tétraèdre, trouver la relation qui existe entre ces perpendiculaires et les quatre hauteurs.

54. En joignant deux à deux les points de concours des diagonales des faces d'un parallélipipède, dont les dimensions sont a, b, c, on obtient un octaèdre, calculer son volume.

55. Par chaque sommet d'un tétraèdre, on mène des plans parallèles à la face opposée, trouver le rapport des volumes de ces deux tétraèdres.

56. Couper un prisme triangulaire par un plan, de façon que la section soit semblable à un triangle donné.

57. Trouver dans l'intérieur d'un tétraèdre un point tel que le joignant aux quatre sommets on le décompose en quatre tétraèdres équivalents.

58. Calculer le volume d'un tétraèdre connaissant les trois côtés de la base et la valeur commune des trois arêtes supposées égales.

59. Par une droite donnée sur une des faces d'un angle trièdre, mener un plan qui détermine un tétraèdre de volume donné.

60. Mener par un des côtés de la base d'un tétraèdre un plan qui le partage en deux volumes équivalents.

61. Mener par un point donné, ou parallèlement à une droite donnée, un plan qui coupe un tétraèdre en deux parties équivalentes.

62. Étant donné un tronc de pyramide triangulaire, mener par une des arêtes de la base supérieure un plan qui divise le tronc en deux parties équivalentes.

63. Lorsque des prismes tronqués équivalents ont une base commune et leurs arêtes latérales parallèles, les plans des autres bases passent toutes par un même point.

64. Démontrer qu'un tronc de parallélipipède est équivalent à la somme de quatre pyramides ayant pour base commune l'une des bases du tronc, et pour sommets ceux de l'autre base.

65. Mener par une des arêtes latérales d'un tronc de prisme oblique un plan qui divise le tronc en deux volumes équivalents.

66. Étant donnés quatre polyèdres semblables, dont les arêtes sont dans les rapports $1, \dfrac{1}{n}, \dfrac{1}{n^2}, \dfrac{1}{n^3}$, trouver l'arête d'un polyèdre semblable aux précédents et équivalent à leur somme.

67. Si deux tétraèdres semblables sont disposés de façon que leurs faces homologues soient parallèles, les lignes qui joignent les sommets homologues concourent en un même point.

68. Calculer la différence entre un tronc de pyramide à bases parallèles et un prisme de même hauteur dont la base est la section du tronc équidistante des deux bases. Puis cette différence étant représentée par un prisme de même hauteur que le tronc et dont la base est semblable aux siennes, calculer les côtés de la base de ce prisme en fonction des côtés homologues des bases du tronc.

69. Étant donné un prisme triangulaire, on y fait une section parallèle aux bases; on joint les sommets de cette section à un point pris sur la base supérieure, et l'on prolonge ces lignes jusqu'à leur rencontre avec le plan de la base inférieure, on obtient ainsi un tétraèdre, et l'on demande de déterminer la distance de la section à la base inférieure, de façon que le volume du tétraèdre soit équivalent au volume du prisme.

70. Démontrer que si l'on trace dans l'espace un parallélogramme ayant ses côtés égaux et parallèles à deux arêtes opposées d'un tétraèdre, le volume de ce tétraèdre est équivalent au sixième du produit de l'aire de ce parallélogramme par la plus courte distance des deux arêtes considérées.

LIVRE VII

LES CORPS RONDS

CYLINDRE

551. **Définitions**. — On nomme *cylindre droit à base circulaire*, ou encore *cylindre de révolution*, le volume engendré par la révolution d'un rectangle ABCD tournant autour d'un de ses côtés AC pris pour axe.

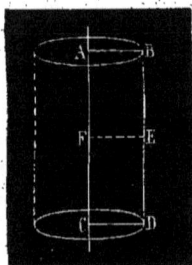

Dans ce mouvement de révolution, les deux côtés AB et CD restant invariables comme longueur et perpendiculaires à l'axe AC, décrivent deux cercles égaux dont les plans sont parallèles, on les nomme les *bases* du cylindre; l'axe AC en est la hauteur.

Un point quelconque E du côté BD, en tournant autour de l'axe AC, décrit aussi un cercle égal aux bases, car si de E on abaisse EF perpendiculaire à AC, on a EF = AB = CD, et dans la rotation du point E, la ligne EF restant perpendiculaire à l'axe décrit un cercle dont le plan est perpendiculaire à AC, on peut donc dès à présent conclure que : *tout plan mené dans un cylindre perpendiculairement à son axe le coupe suivant un cercle égal à ses bases.*

Dans sa rotation la ligne BD engendre une surface courbe que l'on nomme *surface cylindrique*; on dit que BD est sa *génératrice*. Mais la surface cylindrique rentre dans une classe plus générale de surfaces, dites *surfaces cylindriques*, que l'on peut définir ainsi :

Toute ligne ou *génératrice* qui se déplace dans l'espace en restant constamment parallèle à elle-même et en rencontrant sans cesse une courbe fixe dite *directrice* décrit une surface cylindrique.

Ainsi supposons une droite indéfinie AB, se déplaçant parallèlement à elle-même, et allant de la position AB à la position A'B', puis de A'B' à AB, en passant par tous les points de la courbe MN, la surface engendrée par cette ligne est une surface cylindrique. La ligne directrice peut du reste être quelconque, fermée ou non fermée; elle peut être une droite, alors la surface cylindrique devient un plan; elle peut être un cercle, et si dans ce cas la génératrice est perpendiculaire au plan de la directrice, la surface engendrée est celle du cylindre droit défini au début. Si la directrice étant un cercle la génératrice n'est pas perpendiculaire à son plan, la surface cylindrique est oblique.

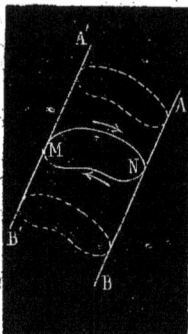

Une surface cylindrique n'a pas nécessairement qu'une directrice; car si l'on coupe la surface engendrée par AB par deux plans parallèles entre eux, mais non parallèles au plan de la directrice MN, les deux sections, différentes comme forme de MN, seront deux courbes égales. En effet, les portions de génératrice comprises entre elles seront égales, comme lignes parallèles comprises entre plans parallèles, si donc l'on fait glisser d'une même quantité tous les points de la courbe supérieure pour la rapprocher de la courbe inférieure, à un certain moment les deux courbes devront coïncider, donc chacune d'elles peut être considérée comme directrice de la surface cylindrique.

THÉORÈME CCXXXIV.

552. — *La surface latérale d'un cylindre circulaire droit est égale au produit de la circonférence de sa base par la génératrice ou la hauteur.*

Soit, en effet, un cylindre droit, dont la génératrice est AB, et la base la circonférence de rayon OC. Inscrivons

dans la base un polygone régulier DBC... d'un nombre quelconque de côtés, et sur ce polygone comme base construisons un prisme droit; les sommets D, C, B étant sur la
circonférence, les arêtes du prisme seront des génératrices
du cylindre, et en donnant à chacune la longueur AB, la
base supérieure du prisme sera sur le plan de la base supérieure du cylindre, on aura ainsi un prisme qui est dit inscrit au cylindre. La surface latérale de ce prisme, s'il a n
faces latérales, est la somme de n rectangles ayant chacun
pour base un côté du polygone DBC... et pour hauteur AB,

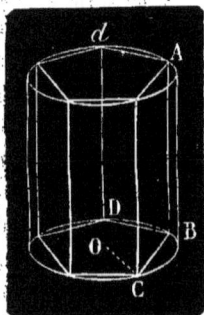

cette surface sera donc exprimée par
$n \times$ DB $\times$ AB, ou, comme $n \times$ DB est
le périmètre du polygone base, on peut
établir que la surface latérale du prisme
inscrit est, quel que soit le nombre de
ses faces, égale au *produit du périmètre
de sa base par son arête latérale*. La
formule resterait donc la même si l'on
doublait indéfiniment le nombre des
côtés du polygone DBC et le nombre des
faces latérales du prisme inscrit. Mais on
a démontré (n° 353) que dans ce cas le périmètre variable
de DBC... a pour limite la circonférence du cercle OC, donc,
l'autre facteur AB de la surface latérale du prisme ne changeant pas, l'expression de cette surface a une limite qui est :
*le produit de la circonférence base du cylindre par la géné-
ratrice (ou la hauteur qui lui est égale)*, c'est cette limite
que l'on nomme surface latérale du cylindre.

Si donc on représente par R le rayon de la base du
cylindre, et par H sa hauteur ou sa génératrice, on aura

$$\text{Surf. lat. du cylindre} = 2\pi RH$$

553. **Remarque I.** — On mesure aussi quelquefois
la surface totale du cylindre, celle-ci se compose de la surface latérale plus les surfaces des deux cercles bases, on
aura donc :

$$\text{Surf. totale du cylindre} = 2\pi RH + 2\pi R^2 = 2\pi R(R + H)$$

554. Remarque II. — La surface latérale du cylindre droit est aussi ce que l'on nomme une surface *développable*, c'est-à-dire pouvant être étalée sur un plan sans déchirures ni duplicatures. En effet, supposons que l'on ait tracé sur un plan un rectangle ABCD, ayant pour hauteur AB génératrice d'un cylindre, et pour base une ligne BD, égale à la circonférence de la base; on reconnaît qu'en enroulant le rectangle ABCD sur le cylindre, BD et CA s'adaptant exactement sur les circonférences des bases, CD viendra rejoindre AB; et le rectangle recouvrira le cylindre sans gauffrage, car une ligne droite quelconque MN, perpendiculaire à BD, rencontrera toujours une génératrice M'N' avec laquelle elle coïncidera, les points M et N étant en M' et N', donc le rectangle ABCD est bien le développement plan de la surface latérale du cylindre. L'on voit que la surface de ce rectangle, égale à BD $\times$ AB, confirme aussi la mesure ci-dessus trouvée pour la surface latérale du cylindre.

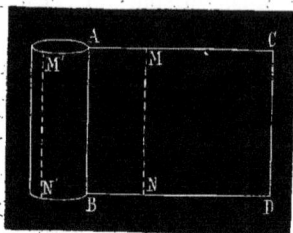

THÉORÈME CCXXXV

555. — *Le volume du cylindre circulaire droit a pour mesure le produit de la surface du cercle base par la hauteur.*

En effet, supposons que l'on inscrive et l'on circonscrive à la base du cylindre deux polygones réguliers d'un même nombre de côtés, puis que, comme dans le théorème précédent, on construise deux prismes droits, l'un inscrit dans le cylindre, l'autre circonscrit. Le volume du cylindre sera toujours plus grand que le volume du prisme inscrit, et toujours plus petit que celui du prisme circonscrit, quel que soit le nombre des côtés des polygones bases.

Si donc on représente par B et B', les surfaces de ces polygones et par H la hauteur commune des prismes, le volume du cylindre restera toujours compris entre $B \times H$ et $B' \times H$, mais il a été démontré (n° 353) que si l'on double indéfiniment le nombre des côtés de B et de B', ces deux surfaces ont pour limite commune la surface du cercle compris entre elles deux, donc la limite des volumes des deux prismes, ou le volume du cylindre, est le produit du cercle base multiplié par la hauteur, ou, en représentant par R le rayon de la base, $\pi R^2 H$.

556. **Corollaire I.** — *Le volume d'un cylindre quelconque a aussi pour mesure le produit de la surface de sa base par sa hauteur.*

Car on peut aussi le considérer comme la limite des volumes successifs d'un prisme inscrit dont on double indéfiniment le nombre des faces.

557. **Corollaire II.** — *Deux surfaces cylindriques et deux volumes cylindriques qui ont une dimension commune, base ou hauteur, sont entre eux comme l'autre dimension.*

Car si l'on a $S = 2\pi RH$, et $S' = 2\pi RH'$, on a aussi,

$$\frac{S}{S'} = \frac{2\pi RH}{2\pi RH'} = \frac{H}{H'}$$

ou, si c'est H qui est commun,

$$\frac{S}{S'} = \frac{R}{R'}$$

Et si l'on a $V = \pi R^2 H$, et $V' = \pi R^2 H'$ on a aussi,

$$\frac{V}{V'} = \frac{H}{H'}$$

ou, si c'est H qui est commun,

$$\frac{V}{V'} = \frac{R^2}{R'^2}$$

558. **Corollaire III.** — *Si deux cylindres ont les rayons de base et les hauteurs proportionnels, leurs surfaces sont comme les carrés des rayons ou des hauteurs, et leurs volumes comme les cubes des mêmes lignes.*

Car si l'on a $S = 2\pi RH$, et $S' = 2\pi R'H'$, et $\dfrac{R}{R'} = \dfrac{H}{H'}$ on a aussi,

$$\frac{S}{S'} = \frac{RH}{R'H'} = \frac{R^2}{R'^2} = \frac{H^2}{H'^2}$$

Et si l'on a $V = \pi R^2 H$, et $V' = \pi R'^2 H'$, en même temps que $\dfrac{R}{R'} = \dfrac{H}{H'}$, on a aussi

$$\frac{V}{V'} = \frac{R^2 H}{R'^2 H'} = \frac{R^3}{R'^3} = \frac{H^3}{H'^3}$$

CONE ET TRONC DE CONE

559 Définitions. — On nomme *cône droit à base circulaire*, ou simplement *cône de révolution*, le solide engendré par la révolution d'un triangle rectangle autour d'un des côtés de l'angle droit.

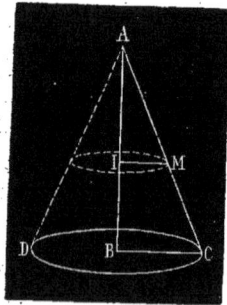

Ainsi, si l'on suppose que le triangle rectangle ABC tourne autour du côté AB, la ligne BC restant égale à elle-même et perpendiculaire à AB, décrit un cercle; la ligne AC décrit une surface courbe, et la portion d'espace enfermée dans ces deux surfaces est un *cône de révolution*, le cercle de rayon BC est la *base* du cône, la ligne AB en est la *hauteur*, et la ligne AC en est *l'apothème* ou la *génératrice*.

Si dans le mouvement de rotation du triangle ABC nous considérons un point quelconque M de l'hypoténuse, en abaissant sur AB la perpendiculaire MI, on voit que dans ce mouvement MI, restant égale à elle-même et perpendiculaire à AB, décrit un cercle dont le plan est parallèle à celui de la base, et perpendiculaire à la hauteur AB, et que si l'on coupait le cône par un plan perpendiculaire à l'axe et passant par I, la section coïnciderait avec le cercle décrit par MI, donc : *tout plan perpendiculaire à l'axe coupe le cône suivant un cercle dont le centre est sur l'axe.*

Une section de ce genre détermine entre elle et la base du cône un solide que l'on nomme *tronc de cône à bases parallèles.* La base BC et la section IM en forment les deux bases, IB en est la *hauteur,* et MC en est le *côté* ou la *génératrice.* On peut en effet concevoir aussi ce volume comme engendré par la révolution d'un trapèze BIMC, dont un côté IB est perpendiculaire aux bases, et qui tourne autour de ce côté.

On nomme *surface conique* la surface engendrée par une ligne droite indéfinie passant par un point fixe et qui se meut en touchant sans cesse une courbe fixe; le point fixe est *le sommet* de la surface conique, la ligne qui se meut est la *génératrice,* la courbe fixe est la *directrice.*

La génératrice n'étant pas limitée au sommet, mais étant supposée prolongée indéfiniment dans les deux sens, la surface conique est formée de deux parties distinctes, nommées *nappes,* qui se rejoignent au sommet, et nous aurons par la suite lieu de distinguer les surfaces coniques à une ou à deux nappes.

Quant à la directrice, elle peut être une courbe quelconque; elle peut même être une droite, auquel cas la surface engendrée par la génératrice est un plan.

Si la directrice est une circonférence, et si le sommet est situé sur la perpendiculaire au plan de la directrice et à son centre, la surface conique est dite de *révolution,* telle est la surface du cône droit; la génératrice fait alors avec l'axe des angles constants dans toutes ses positions. Si le sommet n'est pas sur cette perpendiculaire, la surface conique est oblique, et le cône compris entre cette surface et une section rencontrant toutes les génératrices d'un même côté du sommet est un *cône oblique,* la section en serait la base, et la distance du sommet à la section en serait la hauteur. Une seconde section parallèle à la première déterminerait un *tronc de cône oblique.*

THÉORÈME CCXXXVI

560. — *La surface latérale d'un cône droit de révolution a pour mesure le produit de la circonférence de sa base par la moitié de l'apothème ou de la génératrice.*

Soit une surface cônique SEB, je dis qu'elle a pour mesure le produit de la circonférence OA par la moitié de SB.

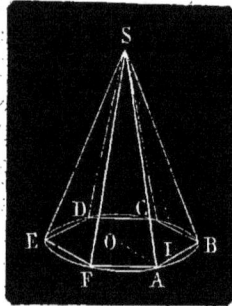

En effet, inscrivons dans la circonférence dont OA est le rayon un polygone régulier quelconque ABCD., puis faisons passer des plans par les côtés successifs et le sommet S ; nous aurons ainsi une pyramide régulière dont toutes les arêtes seront autant de génératrices de la surface cônique ; c'est la pyramide dite *inscrite* dans le cône. La surface est la somme de n triangles tous égaux à SAB, si le polygone base a n côtés.

Or, la surface de SAB est égale à $AB \times \frac{SI}{2}$, SI étant la hauteur du triangle, et la surface latérale de la pyramide sera donc représentée par,

$$n \times AB \times \frac{SI}{2}$$

Si l'on double indéfiniment le nombre des côtés du polygone inscrit dans le cercle base, nous savons (n° 353) que son périmètre $n \times AB$ a pour limite la circonférence OA, l'apothème OI a pour limite le rayon OA, donc la hauteur SI a pour limite SA, donc le produit ci-dessus a une limite, qui est le produit de la circonférence OA par $\frac{SA}{2}$.

C'est cette limite que l'on nomme surface cônique, et si l'on représente par R le rayon de la base d'un cône et par A son apothème ou génératrice, on a :

$$\text{Surf. cônique} = 2\pi R \times \frac{A}{2} = \pi R A$$

Quant à la surface totale, elle serait égale à la surface latérale πRA plus la surface du cercle base πR², donc,

$$\text{Surf. côn. totale} = \pi RA + \pi R^2 = \pi R (A + R)$$

561. Corollaire. — *La surface latérale du cône droit a aussi pour mesure le produit de la projection de l'apothème sur l'axe par la circonférence qui a pour rayon la perpendiculaire élevée sur le milieu de l'apothème et prolongée jusqu'à l'axe.*

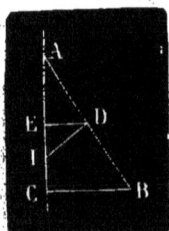

En effet, soit AB l'apothème, AC l'axe et DI la perpendiculaire élevée sur le milieu de AB; menons DE perpendiculaire sur AC, la formule précédente donne pour mesure de la surface conique :

$$\text{Surf. conique} = \pi \times BC \times AB$$

Les triangles ABC, DEI, sont semblables comme ayant les côtés perpendiculaires chacun à chacun, et donnent la proportion :

$$\frac{AB}{DI} = \frac{AC}{DE}$$

d'où

$$AB \times DE = DI \times AC$$

et comme $DE = \dfrac{BC}{2}$, il vient :

$$AB \times BC = 2DI \times AC$$

donc la formule précédente peut aussi s'écrire :

$$\text{surface conique} = 2\pi DI \times AC$$

Or $2\pi DI$ est la circonférence ayant DI pour rayon, et AC est ici la hauteur, ou, en général, la projection de l'apothème sur l'axe.

THÉORÈME CCXXXVII

562. — *Le surface latérale d'un tronc de cône droit de révolution a pour mesure le produit de son apothème par la demi-somme des circonférences des deux bases.*

Supposons que dans une surface conique droite on ait inscrit, comme dans le théorème précédent, une pyramide régulière à base polygonale ABCD..., de n côtés; le même plan qui coupant le cône détermine la surface tronconique coupera la pyramide suivant une surface polygonale de n côtés, $abcd$...inscrite dans la base supérieure du tronc de cône, et nous obtiendrons ainsi un tronc de pyramide polygonale inscrit dans le tronc de cône.

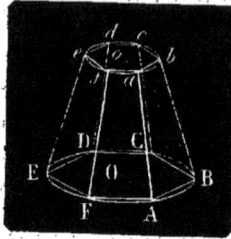

La surface latérale du tronc de pyramide est la somme de n trapèzes égaux à abAB, et la surface de celui-ci étant exprimée par $H\left(\dfrac{ab + AB}{2}\right)$, en représentant par H la hauteur du trapèze, celle du tronc de pyramide aura pour formule :

$$n \times H\left(\frac{ab + AB}{2}\right) \quad \text{ou} \quad H\left(\frac{n \times ab + n \times AB}{2}\right)$$

Or les périmètres $n \times ab$ et $n \times AB$ ont pour limite, si l'on double indéfiniment le nombre des côtés, les circonférences dont les rayons sont oa et OA. H a pour limite aA, donc le produit ci-dessus a une limite qui est la surface tronconique, laquelle aura donc pour mesure le produit de l'apothème aA par la demi-somme des circonférences des bases.

En représentant par R et r les rayons de ces circonférences et par A l'apothème, on aura :

$$\text{Surf. tronconique} = A\left(\frac{2\pi R + 2\pi r}{2}\right) = \pi A (R + r)$$

563. Remarque. — On peut encore démontrer la mesure de la surface tronçonique en la considérant comme la différence des surfaces du cône total et du cône enlevé par la section.

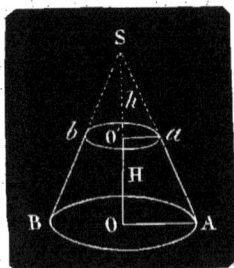

En effet, soit un cône S dans lequel une section parallèle à la base détermine un tronc de cône. Soient R et r les rayons des bases, A l'apothème SA du cône total, et a celui Sa du cône retranché, on a :

$$\text{Surf. cône } SA = \pi RA$$
$$\text{Surf. cône } Sa = \pi ra$$

la surface tronçonique est leur différence, donc:

(1)   Surf. troncôn. $= \pi (RA - ra)$

mais les deux triangles SOA et SO'a étant semblables donnent :

$$\frac{SA}{sa} = \frac{OA}{O'a} \quad \text{ou} \quad \frac{A}{a} = \frac{R}{r}$$

d'où l'on tire :

$$rA = Ra \quad \text{ou} \quad rA - Ra = 0$$

Si donc au second membre de l'égalité (1) on ajoute $rA - Ra$ on n'altère pas la valeur de ce membre, et il vient :

$$\text{Surf. tronçonique} = \pi (RA - ra + rA - Ra)$$
$$= A(R + r) - a(R + r)$$
$$= \pi (A - a)(R + r)$$

Or $A - a$ n'est autre chose que l'apothème aA de la surface tronçonique ; cette formule est donc identique à la précédente.

564. Corollaire. — *La surface tronçonique a aussi pour mesure le produit de la projection de l'apothème sur l'axe par la circonférence qui aurait pour rayon la perpendiculaire élevée sur le milieu de l'apothème et prolongée jusqu'à l'axe.*

En effet, soit AB l'apothème d'une surface tronçônique, CD sa projection sur l'axe, IE la perpendiculaire élevée sur le milieu de AB; menons EF perpendiculaire et AH parallèle à CD; d'après la formule connue, on a :

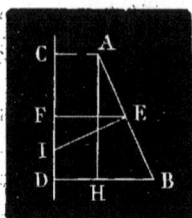

$$\text{Surf. tronçônique} = 2\pi AB \left(\frac{DB + CA}{2}\right)$$

ou, comme dans le trapèze CABD, $\dfrac{DB + CA}{2} = EF$

$$\text{Surf. tronçônique} = 2\pi AB \times EF$$

Autre formule bonne à remarquer et souvent utile.

Les deux triangles BAH, FEI sont semblables comme ayant les côtés perpendiculaires chacun à chacun; ils donnent, en remarquant que AH = CD,

$$\frac{AB}{EI} = \frac{AH}{EF} = \frac{CD}{EF}$$

d'où

$$AB \times EF = EI \times CD$$

donc la formule de la surface tronçônique peut encore s'écrire :

$$\text{Surf. tronçônique} = 2\pi EI \times CD$$

$2\pi EI$ est la circonférence ayant EI pour rayon, CD est ici la hauteur, ou en général la projection de l'apothème sur l'axe.

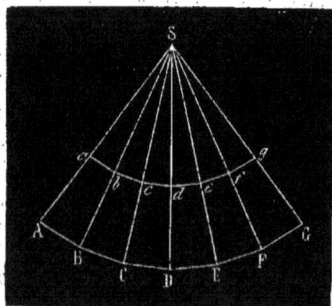

565. Remarque. — Les surfaces cônique et tronçônique sont aussi des surfaces développables, c'est-à-dire pouvant s'étaler sur un plan sans déchirure ni duplicature. En effet, la surface latérale de la pyramide inscrite dans le cône peut se reproduire

sur un plan en juxtaposant suivant une arête, et à la suite
l'un de l'autre, les *n* triangles isocèles égaux qui la constituent, donnant ainsi un secteur polygonal SABC... de surface
équivalente; si l'on double indéfiniment le nombre des côtés
de ce secteur, la ligne brisée ABC... a pour limite l'arc de
cercle décrit du point S comme centre avec SA pour rayon,
et la surface du secteur circulaire SAG est la limite de la
surface du secteur polygonal; cette surface est donc équivalente à la surface conique. On obtiendrait de même le
développement du tronc de pyramide polygonale en juxtaposant les *n* trapèzes isocèles et égaux qui la forment, et la
limite de cette surface serait la limite de la surface troncô-
nique, laquelle serait la surface comprise entre les deux
arcs de cercle décrits du point S comme centre avec les
rayons SA et S*a*.

THÉORÈME CCXXXVIII

566. — *Le volume du cône droit de révolution a pour
mesure le tiers du produit de la surface de sa base par sa
hauteur.*

En effet, si l'on inscrit et circonscrit à la base du cône
deux polygones réguliers d'un nombre quelconque de côtés,
on sait (n° 353) que si l'on double indéfiniment le nombre
des côtés de ces deux polygones, leurs surfaces ont pour
limite commune la surface du cercle. Or, en joignant au
sommet du cône tous les sommets de ces deux polygones,
on obtient deux pyramides polygonales, l'une inscrite l'autre
circonscrite, entre les volumes desquelles celui du cône
reste toujours compris; le volume du cône est donc la limite
des volumes de ces deux pyramides; et comme l'expression
du volume est, pour chacune d'elles, le tiers du produit de
la base par la hauteur, comme la hauteur est constante, la
limite, ou volume du cône, a pour expression *le tiers du
produit du cercle base par la hauteur.*

Si R est le rayon de ce cercle et H la hauteur, on a :

$$\text{Vol. cône} = \frac{1}{3}\pi R^2 H$$

567. **Corollaire.** — *Le volume du cône droit a aussi pour mesure le produit de la surface cônique par le tiers de la perpendiculaire abaissée du pied de l'axe sur l'apothème.*

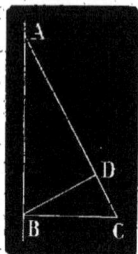

En effet, soit AC l'apothème, AB la hauteur, BD la perpendiculaire abaissée du pied de l'axe sur l'apothème, on a :

$$\text{Vol. cône} = \frac{1}{3}\pi \, BC^2 \times AB$$

Mais les deux triangles ABC, ADB sont semblables, car ils sont rectangles et ont l'angle A commun, on a donc,

$$\frac{AB}{AC} = \frac{BD}{BC}$$

d'où

$$AB \times BC = AC \times BD$$

et le volume du cône peut encore s'écrire ainsi :

$$\text{Vol. cône} = \frac{1}{3}\pi \, BC \times AC \times BD$$

mais $\pi \, BC \times AC$ n'est autre chose que la surface cônique, donc

$$\text{Vol. cône} = \text{surf. cônique} \times \frac{1}{3}BD$$

THÉORÈME CCXXXIX

568. — *Le volume du tronc de cône droit à bases parallèles a pour mesure le tiers du produit de sa hauteur par la somme des surfaces de ses deux bases et d'une moyenne proportionnelle entre ces deux surfaces.*

En effet, en répétant mot pour mot le raisonnement fait au théorème précédent, on établit que le volume du tronc de cône est la limite des volumes des troncs de pyramides régulières polygonales inscrites et circonscrites au tronc de cône. Or le volume de l'un quelconque de ces troncs de pyramides, en représentant par B et b les surfaces de ses bases et par H sa hauteur, est exprimé par la formule :

$$\frac{1}{3}H\left(B + b + \sqrt{Bb}\right)$$

donc si R et r sont les rayons des bases du tronc de cône, comme, H restant constant, B a pour limite πR^2, et b, πr^2, on a :

$$\text{Vol. tronc. côn.} = \frac{1}{3}H\left(\pi R^2 + \pi r^2 + \sqrt{\pi R^2 \times \pi r^2}\right)$$

ou, en simplifiant, supprimant le radical, et mettant π hors de parenthèses,

$$\text{Vol. tronc. côn.} = \frac{1}{3}\pi H\left(R^2 + r^2 + Rr\right)$$

569. Remarque. — On peut encore trouver cette formule en considérant le volume du tronc de cône comme la différence des volumes du cône total et du cône retranché par la section.

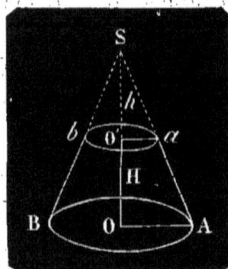

En effet, soit S un cône dans lequel une section parallèle à la base détermine un tronc de cône; soient R et r les rayons des bases, H la hauteur du cône total, h celle du petit cône. La hauteur du tronc sera $H - h$, et son volume, différence des volumes des deux cônes, peut s'écrire ainsi :

(1) $$\text{Vol. tronc. côn.} = \frac{1}{3}\pi H R^2 - \frac{1}{3}\pi h r^2 = \frac{1}{3}\pi\left(HR^2 - hr^2\right)$$

Or les deux triangles SAO, SaO′ étant semblables, on a :

$$\frac{AO}{aO'} = \frac{SO}{SO'} \quad \text{ou} \quad \frac{R}{r} = \frac{H}{h}.$$

Multipliant les deux termes du premier rapport par R puis

par r, et exprimant chaque fois l'égalité des produits des extrêmes et des moyens, il vient :

$$hRr = Hr^2 \quad \text{et} \quad hR^2 = HRr$$

additionnant membre à membre et transposant, on a :

$$hRr + hR^2 - Hr^2 - HRr = 0$$

retranchons cette quantité du second membre de l'égalité (1), ce qui n'altère pas sa valeur, il vient :

$$\text{Vol. tronc. côn.} = \frac{1}{3}\pi (HR^2 - hr^2 - hRr - hR^2 + Hr^2 + HRr)$$

d'où

$$\text{Vol. tronc. côn.} = \frac{1}{3}\pi (H - h) (R^2 + r^2 + Rr)$$

et $H - h$ étant la hauteur du tronc de cône, on voit que cette formule n'est autre que celle précédemment trouvée.

570. **Remarque II.** — On peut encore exprimer le volume du tronc de cône en fonction du rapport des rayons des deux bases.

En effet soit $\frac{R}{r} = m$; il vient $R = mr$ et $R^2 = m^2 r^2$; alors la formule du volume du tronc de cône devient :

$$\text{Vol. tronc. côn.} = \frac{1}{3}\pi H (m^2 r^2 + r^2 + mr^2)$$

ou

$$\text{Vol. tronc. côn.} = \frac{1}{3}\pi r H (m^2 + m + 1)$$

Enfin, comme l'on a l'identité algébrique,

$$R^2 + r^2 + Rr = \frac{R^3 - r^3}{R - r}$$

ou encore

$$R^2 + r^2 + Rr = 3 \left(\frac{R + r}{2}\right)^2 + \left(\frac{R - r}{2}\right)^2$$

on peut donner à la formule du volume du tronc de cône les deux formes suivantes, souvent utiles :

$$\text{Vol. tronc. cône} = \frac{\pi H (R^3 - r^3)}{3 (R - r)}$$

$$\text{Vol. tronc. cône} = \pi H \left(\frac{R + r}{2}\right)^2 + \frac{1}{3}\pi H \left(\frac{R - r}{2}\right)^2$$

Cette dernière fait du tronc de cône la somme d'un cylindre et d'un cône ayant même hauteur que le tronc, et pour rayon de base, l'un la demi-somme, l'autre la demi-différence des rayons des deux bases du tronc de cône.

PROPRIÉTÉS DE LA SPHÈRE

571. **Définitions.** — Une sphère est le volume limité par une surface dont tous les points sont également distants d'un point intérieur nommé *centre*.

On peut aussi la considérer comme le volume engendré par un demi-cercle tournant autour de son diamètre.

La surface engendrée par la demi-circonférence se nomme *surface sphérique*.

Toute droite allant du centre à un point de la surface sphérique est un *rayon*; tous les rayons sont égaux entre eux.

Toute droite joignant deux points d'une surface sphérique est une *corde*. Si elle passe par le centre elle est un *diamètre*. Tous les diamètres sont égaux entre eux et doubles du rayon.

Un point est hors de la sphère si sa distance au centre est plus grande qu'un rayon; il est à l'intérieur de la sphère si cette distance est moindre qu'un rayon.

Deux sphères d'égal rayon sont égales entre elles, car en superposant les deux centres, l'égalité des rayons entraîne la coïncidence des deux surfaces.

Un plan est *tangent* à la sphère lorsqu'il n'a avec elle qu'un point commun.

Un plan est *sécant* lorsqu'il a plusieurs points communs avec la sphère.

THÉORÈME CCXL

572. — *Tout plan sécant coupe la sphère suivant un cercle, et la surface sphérique suivant une circonférence.*

Soit le plan MN qui coupe une sphère, je dis que la ligne courbe qu'il détermine sur la surface sphérique est une circonférence.

En effet, du centre O abaissons une perpendiculaire OO′ sur le plan MN, puis menons les rayons OA, OC, et les

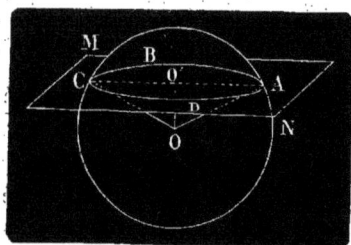

lignes O′A, O′C; les obliques OA et OC étant égales comme rayons, s'écartent également du pied de la perpendiculaire OO′, donc les lignes O′A, O′C sont égales, et il en serait de même pour toute autre ligne menée du point O′ à un point de la section, donc la courbe de section est une circonférence, et comme tous ses points sont dans le même plan MN, la section de la sphère est un cercle.

573. **Corollaire I.** — *La perpendiculaire menée du centre d'une sphère sur un plan sécant passe par le centre de la section.*

574. **Corollaire II.** — *Le rayon de la section est d'autant plus grand que la section est plus rapprochée du centre, et les sections passant par le centre sont toutes égales entre elles.*

En effet, dans le triangle rectangle OO′A, l'hypoténuse OA reste constante, quelle que soit la valeur de la distance au centre OO′, et l'on doit toujours avoir

$$OA^2 = OO'^2 + O'A^2$$

donc si OO′ = 0, c'est-à-dire si la section passe par le centre, on doit avoir OA = O′A; le rayon de la section est aussi celui de la sphère, et toutes les sections passant par le centre sont égales et sont maximum, on les nomme à cause de cela *grands cercles*.

A mesure que OO' augmente, O'A diminue, et devient égal à 0 pour OO' = OA. On peut donc mener dans une sphère une infinité de sections dont le rayon varie depuis le rayon de la sphère jusqu'à 0.

Toutes ces sections, de plus en plus petites, dont le rayon est moindre que celui de la sphère, se nomment *petits cercles*.

Il résulte de ce qui précède que deux petits cercles équidistants du centre dans la même sphère sont égaux, et que de deux petits cercles celui-là est le plus grand qui est le plus rapproché du centre.

575. Corollaire III. — *Une droite ne peut rencontrer une surface sphérique en plus de deux points.*

En effet par la droite et le centre de la sphère on peut faire passer un plan qui coupe la surface sphérique suivant une circonférence de grand cercle, courbe suivant laquelle la droite donnée doit percer la surface sphérique, or il a été démontré qu'elle ne peut couper cette circonférence en plus de deux points.

576. Corollaire IV. — *Deux grands cercles de la sphère se coupent mutuellement en deux parties égales.*

En effet, le centre de la sphère étant un point commun aux deux plans des deux grands cercles, l'intersection de ces deux plans est un diamètre de la sphère, et en même temps un diamètre commun aux deux cercles.

577. Corollaire V. — *Tout grand cercle partage la sphère et la surface sphérique en deux parties égales.*

En effet, la section d'une sphère par un grand cercle détermine deux solides ayant chacun pour base un grand cercle; ces bases sont égales et superposables, et si l'on suppose que l'on fasse cette superposition en faisant pénétrer l'une des portions de sphère dans l'autre, lorsque les deux cercles bases coïncideront, les deux portions de surface sphérique devront coïncider, puisque tous leurs points sont équidistants du centre. Les deux volumes déterminés par cette section se nomment *hémisphères*.

578. Corollaire VI. — *Par deux points quelconques pris sur la surface d'une sphère on peut toujours faire passer un grand cercle.*

En effet, par ces deux points et le centre on peut toujours faire passer un plan, lequel coupera la surface sphérique suivant une circonférence passant par les deux points.

579. Corollaire VII. — *Par trois points quelconques pris sur la surface d'une sphère on peut toujours faire passer un petit cercle.*

En effet, par ces trois points on peut toujours faire passer un plan qui coupera la surface sphérique suivant une circonférence passant par les trois points, et on n'en pourra faire passer qu'un seul.

THÉORÈME CCXLI

580. — *Tout plan perpendiculaire à l'extrémité d'un rayon est tangent à la surface sphérique, et réciproquement.*

Soit le plan MN perpendiculaire à l'extrémité du rayon OA, je dis qu'il est tangent à la surface sphérique, c'est-à-dire n'a avec elle qu'un seul point commun, le point A.

En effet, considérons un autre point quelconque B du plan MN, joignons OB, cette ligne est oblique au plan puisque OA est perpendiculaire; donc on a OB > OA, et le point B est extérieur à la surface sphérique.

Réciproquement, le plan MN étant tangent à la sphère, le rayon OA, mené au point de contact, est perpendiculaire à ce plan, car OA est la plus courte ligne que l'on puisse mener du centre O au plan MN.

581. Corollaire I. — *Par un point pris sur la surface d'une sphère on peut toujours lui mener un plan tangent.*

Car menant le rayon de ce point, on peut toujours construire un plan perpendiculaire à ce rayon en ce point.

582. Corollaire II. — *Toutes les tangentes menées en un même point d'une surface sphérique sont dans un même plan, qui est le plan tangent à la sphère en ce point.*

En effet, chacune de ces tangentes serait tangente au grand cercle déterminé par le plan passant par cette ligne et le centre de la sphère, donc elle serait perpendiculaire au rayon du point de tangence, donc étant toutes perpendiculaires au même rayon de la sphère, elles sont dans le plan perpendiculaire à ce rayon, c'est-à-dire dans le plan tangent.

Réciproquement, toute droite tracée dans le plan tangent et passant par le point de tangence est tangente elle-même à la sphère, car elle ne peut avoir avec la surface sphérique qu'un point commun.

THÉORÈME CCXLII

583. — *Les tangentes à la sphère issues d'un même point extérieur sont égales.*

En effet, si par le point extérieur P et le centre de la sphère on fait passer un plan, il coupera la sphère suivant un grand

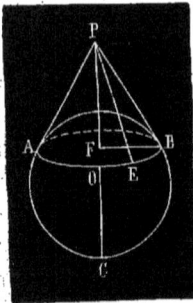

cercle, auquel du point P on peut mener deux tangentes PA, PB égales entre elles et certainement tangentes à la sphère. Si maintenant menant la ligne PC passant par le centre O, nous faisons tourner la figure autour de cette ligne comme axe, le demi-cercle DBC engendrera la sphère, et la tangente PB passera par une infinité de positions successives dans lesquelles elle sera toujours tangente à la sphère, en restant égale à elle-même. Donc dans une position quelconque PE, elle représente une tangente issue du point P, donc toutes les tangentes menées du point P sont égales entre elles et égales à PB.

584. Corollaire. — *Les tangentes à la sphère issues d'un même point appartiennent à une surface conique droite, ayant ce point pour sommet, et pour base un cercle de la sphère perpendiculaire au diamètre qui passe par le point donné.*

En effet, dans sa révolution autour de l'axe PC, la ligne PB décrit une surface conique dont le sommet est P; la ligne FB, perpendiculaire à l'axe PC ne change ni de longueur ni de direction, donc elle décrit un cercle dont le plan est perpendiculaire à PC.

Ce cône est dit *circonscrit* à la sphère; le cercle suivant lequel sa surface touche la surface sphérique est dit le cercle de *contact*. Plus le point P s'éloigne de la sphère plus le cercle de contact s'accroît; de sorte que si le point P est à l'infini, le cercle de contact est un grand cercle, le cône devient alors un cylindre, les deux tangentes étant parallèles.

585. Définition. — Deux sphères, comme deux cercles, peuvent être *tangentes* lorsqu'elles n'ont qu'un point commun, et elles peuvent être tangentes intérieurement ou extérieurement. Elles peuvent ainsi être *sécantes* lorsqu'elles ont plusieurs points communs.

THÉORÈME CCXLIII

586. — *L'intersection de deux surfaces sphériques est une circonférence.*

En effet, par la ligne des centres des deux sphères faisons passer un plan, il les coupera suivant deux grands cercles

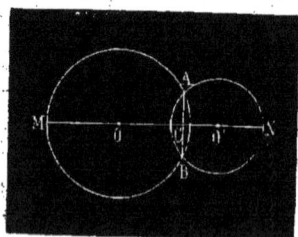

O et O', dont la corde commune AB est perpendiculaire sur OO', et dont le point C est le milieu, faisons tourner la figure autour de MN comme axe, les deux demi-cercles supérieurs engendreront les deux sphères, et le point A la

ligne des points communs aux deux surfaces sphériques; or comme dans sa révolution la ligne AC ne change ni de grandeur ni de direction, le point A décrit une circonférence dont le plan est perpendiculaire à la ligne des centres, et dont le centre est sur cette ligne.

587. **Corollaire. I** — *Si deux sphères sont tangentes intérieurement ou extérieurement, leur point de contact est sur la ligne des centres.*

Dans ce cas, en effet, le cercle de section se réduit à un point, qui est son propre centre.

588. **Corollaire II.** — *Il y a pour deux sphères occupant toutes les positions possibles l'une par rapport à l'autre les relations déjà démontrées (n° 96) entre les rayons et les distances des centres de deux circonférences.*

On les démontrerait de même, de sorte que, en représentant par R et r les deux rayons, par D la distance des centres, on a, suivant que les deux sphères sont :

extérieures,	$D > R + r$
tangentes extérieurement,	$D = R + r$
sécantes,	$D < R + r$
tangentes intérieurement,	$D = R - r$
intérieures,	$D < R - r$

THÉORÈME CCXLIV

589. — *Par quatre points non sur un même plan on peut toujours faire passer une surface sphérique.*

Soient les quatre points A, B, C, D, tels qu'aucun d'entre eux n'est dans le plan des trois autres; je dis qu'il existe toujours un point et un seul qui, équidistant des quatre points donnés, peut être le centre d'une sphère passant par ces quatre points.

En effet, au centre du cercle circonscrit au triangle ABC, obtenu en joignant deux à deux les points A, B, C, élevons une perpendiculaire OI; tout point pris sur cette ligne, et seulement sur elle, sera équidistant des points A, B et C car les lignes IA, IB, IC sont des obliques égales, comme s'écartant également du pied de la perpendiculaire. De même, joignant les trois points B, D, C, au centre du cercle circonscrit au triangle BDC élevons une perpendiculaire O′I; je dis d'abord qu'elle doit rencontrer la première. En effet le point

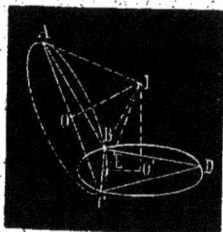

O′ est sur la perpendiculaire élevée au milieu de BC dans le plan BCD, O′I est donc contenue dans un plan perpendiculaire à BC au point E; pour la même raison, OI est contenue dans un plan perpendiculaire à BC au point E, donc les deux lignes OI et O′I sont dans un même plan et se rencontrent.

Le point I où elles se coupent est équidistant de A, B et C, il l'est aussi de B, C et D, donc il est équidistant des quatre points donnés, et est le centre de la sphère passant par A, B, C et D. De plus ce centre est unique, car ne pouvant se trouver que sur OI et sur O′I, il ne peut être qu'à leur point d'intersection.

Remarquons que les deux cercles circonscrits aux triangles ABC et BCD seront des cercles de la sphère passant par ces quatre points.

590. **Corollaire.** — *A tout tétraèdre on peut circonscrire une sphère dont le centre sera au point de concours, par suite unique, des perpendiculaires élevées aux centres des cercles circonscrits à chaque face.*

THÉORÈME CCXLV

591. — *Toute perpendiculaire au plan d'un grand cercle inscrite dans la sphère est coupée en son milieu par le plan du grand cercle; et réciproquement tout plan perpendiculaire sur le milieu d'une ligne inscrite dans une sphère est le plan d'un grand cercle.*

Soit un grand cercle MN, et une ligne AB, inscrite dans la sphère et perpendiculaire au plan du grand cercle, je dis que le pied P de la perpendiculaire est aussi son milieu.

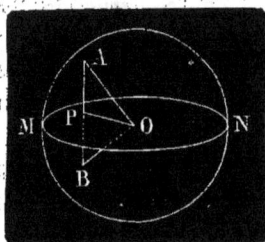

En effet, joignons OA, OB et OP; OP est perpendiculaire sur AB, et OA et OB sont des obliques égales comme rayons de la sphère, donc elles s'écartent également du pied de la perpendiculaire, donc PA = PB, et le point P est le milieu de AB.

Réciproquement, je dis que si le plan du cercle MN est perpendiculaire sur AB en son milieu, ce plan est celui d'un grand cercle, c'est-à-dire passe par le centre de la sphère.

En effet, joignant les mêmes lignes OA, OB, OP au centre O de la sphère, OA et OB étant égales comme rayons, la ligne OP, qui joint le point O au milieu P de AB est perpendiculaire à AB, donc elle est dans le plan MN perpendiculaire lui-même à AB au point P, donc ce plan passe par le centre O et est le plan d'un grand cercle.

592. **Corollaire.** — *Tout point pris sur la surface d'un grand cercle est équidistant des extrémités d'une ligne perpendiculaire à ce cercle et inscrite dans la sphère.*

Car tout point pris sur le grand cercle MN sera situé sur une ligne perpendiculaire sur AB en son milieu.

593. **Remarque.** — A l'aide de ce théorème on peut aisément déterminer sur la surface d'une sphère autant de points que l'on veut d'un même grand cercle. Prenons deux points quelconques A et B sur la surface; on peut les considérer comme les extrémités d'une ligne AB inscrite dans la sphère, si alors des points A et B comme centres, avec une même ouverture de compas, on trace sur la surface de la sphère deux arcs de cercle qui se coupent en C, ce point, équidistant de A et de B, appartient au grand cercle perpendiculaire à AB, une nouvelle ouverture de compas donnera un autre point D de ce même grand cercle, et ainsi

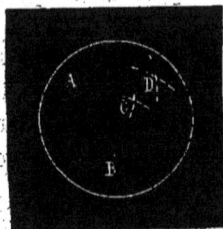

27

ÉLÉMENTS DE GÉOMÉTRIE

de suite. Nous emploierons ce procédé de construction dans
certains des problèmes suivants.

594. Définition. — On nomme *pôles* d'un cercle les
deux extrémités du diamètre de la sphère perpendiculaire au
plan de ce cercle.

Tout cercle a donc deux pôles, mais il est convenu que
quand on parle du pôle d'un cercle, on entend parler de
celui des deux qui est le plus voisin du cercle considéré.

On nomme *distance polaire* la distance *rectiligne* d'un
point de la circonférence d'un cercle à son pôle.

THÉORÈME CCXLVI

595. — *Chaque pôle d'un cercle est équidistant de tous
les points de la circonférence de ce cercle.*

Soit un cercle MN, PP' le diamètre perpendiculaire à son

plan, P et P' ses pôles; je dis que
les distances polaires PA, PB, PM
sont égales entre elles, et que les
distances à l'autre pôle P'A, P'B,
P'M sont aussi égales entre elles.

En effet, les trois lignes PA, PB,
PM s'écartent également du pied
de la perpendiculaire PC, puisque
C est le centre du cercle MN (n° 573)
donc ces trois lignes sont égales,
et il en est de même de P'A, P'B, P'M.

596. Corollaire I. — *La distance polaire d'un point
d'un cercle est la corde d'un arc de grand cercle.*

En effet, le plan passant par PMP' coupe la sphère suivant
un grand cercle dont les arcs PM, P'M, ont pour corde les
deux distances polaires du point M.

597. Corollaire II. — *Les distances polaires d'un
grand cercle sont toutes égales entre elles, quel que soit le
pôle.*

Chacune d'elles est en effet égale au côté du carré inscrit

dans le grand cercle perpendiculaire au premier, et sous-tend un arc égal au quart de la circonférence d'un grand cercle. Cet arc se nomme *quadrant*.

598. **Corollaire III.** — *Quand les plans de deux grands cercles sont perpendiculaires l'un à l'autre, les pôles de l'un sont sur la circonférence de l'autre.*

Car le diamètre de la sphère perpendiculaire au plan de l'un des cercles est contenu dans le plan de l'autre.

599. **Remarque.** — La connaissance de la propriété des pôles permet de tracer des cercles sur la surface d'une sphère d'une manière continue, avec autant de netteté et d'exactitude que l'on trace une circonférence sur le papier. On fait usage dans ce but d'un compas, dit compas sphérique, construit comme un compas ordinaire, sauf que ses branches courbées donnent aux pointes une direction presque normale à la surface de la sphère. Plaçant une des pointes au pôle du cercle, l'autre sur un point de celui-ci, on aura une ouverture égale à la distance polaire; si elle est connue il suffit de faire opérer au compas une révolution complète pour tracer le cercle demandé.

THÉORÈME CCXLVII

600. — *L'angle de deux arcs de grand cercle a pour mesure l'arc de grand cercle compris entre ses côtés et décrit de son sommet comme pôle.*

On est convenu de nommer angle de deux cercles, ou en général de deux lignes courbes, l'angle rectiligne formé par les deux tangentes menées à ces deux courbes à leur point d'intersection et du même côté. Ce n'est en somme que l'angle plan du dièdre formé par les plans de ces deux courbes.

Cela posé, soient deux arcs de grand cercle qui se coupent suivant AB ; leur angle est celui formé par les deux tangentes AM et AN. Si par le centre O l'on mène un plan perpendiculaire au diamètre AB, intersection des plans des deux grands cercles donnés, ce troisième plan coupe la sphère suivant un troisième grand cercle, qui a pour pôles les points

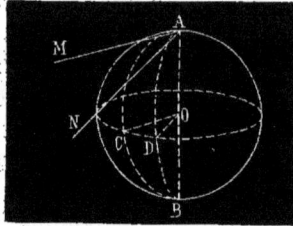

A et B, et qui coupe les plans des deux premiers suivant deux droites OC, OD, parallèles aux tangentes AM et AN, comme perpendiculaires à la même droite AB. Mais l'angle COD, égal à MAN, n'est autre que l'angle plan qui mesure le dièdre des plans des deux cercles ACB et ADB; lui-même a pour mesure le nombre de degrés contenus dans l'arc CD, enfin cet arc est celui d'un grand cercle décrit du point A comme pôle; donc pour mesurer l'angle des deux arcs de grand cercle, il suffirait de tracer l'arc CD du point A comme centre, avec le compas sphérique et une ouverture égale à la corde du quadrant, et d'estimer le nombre de degrés contenus dans cet arc.

601. Remarque. — Quand deux grands cercles sont perpendiculaires, l'arc de grand cercle qui mesure leur angle vaut 90°, c'est donc un quadrant, ce qui confirme de nouveau le corollaire précédent : quand deux grands cercles sont perpendiculaires, les pôles de l'un sont sur la circonférence de l'autre, et réciproquement.

PROBLÈMES SUR LES CERCLES DE LA SPHÈRE

PROBLÈME I

602. — *Étant donnée une sphère solide, trouver son rayon.*

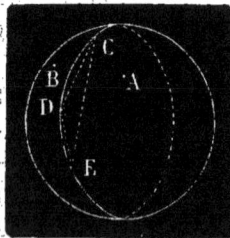

Prenant à volonté deux points A et B sur la surface de cette sphère, avec une même ouverture de compas, des points A et B comme centres, on trace un couple d'arcs de cercle qui se coupent en C; puis avec une autre ouverture deux autres arcs qui se coupent en D, deux autres encore

qui se coupent en E. Les trois points C, D, E, appartiennent
(n° 593) à un même grand cercle;
et si on les pouvait joindre deux
à deux ils donneraient le triangle
DCE, inscrit dans un grand cercle.
Mais on peut de l'extérieur mesurer les distances rectilignes CE,
DE, CD, et avec elles construire
sur un plan le triangle CDE, si on
lui circonscrit une circonférence,
celle-ci ne sera autre que le grand
cercle de la sphère dont on a déterminé les trois points C, D,
E, et le rayon de cette circonférence sera le rayon demandé
de la sphère.

Cette construction est applicable, même lorsque l'on ne
possède qu'un fragment de la sphère dont on veut déterminer
le rayon, car on peut toujours prendre à volonté les deux
points A et B, et avec leur aide
trouver les trois points D, C, E de
l'arc de grand cercle. Cependant,
si le fragment est très petit, on
peut employer le procédé suivant.

D'un point P comme pôle avec
une ouverture de compas propor-
tionnée à la grandeur du fragment
de sphère, on décrit un petit cercle, sur lequel on marque trois
points A, B, C, à volonté. Mesurant avec le compas la distance
rectiligne de ces points, on peut
construire sur un plan le triangle
ABC, et tracer le cercle circonscrit à ce triangle; ce cercle sera
le petit cercle tracé sur la sphère,
donc son rayon sera la ligne BO;
mais on connaît aussi la ligne
BP, distance polaire avec laquelle
on a décrit le petit cercle, on

peut donc sur un plan tracer le triangle rectangle BPO, puis au point B mener la ligne BD perpendiculaire à BP, qui, rencontrant en D le prolongement de PO, détermine la longueur PD, laquelle est le diamètre de la sphère, et donne par suite le rayon cherché.

PROBLÈME II

603. — *Étant donné un grand cercle trouver ses pôles.*

On cherche par le problème précédent le rayon de la sphère, chose aisée ici, le grand cercle étant tout tracé; puis ayant tracé sur un plan la circonférence égale à celle du grand cercle, on en prend le quart, dont la corde est la distance polaire d'un grand cercle; alors à l'aide du compas sphérique, auquel on donne une ouverture égale à cette distance, et prenant pour centres deux points du grand cercle, on trace en dessus et en dessous deux arcs de cercle, lesquels se coupent aux deux pôles cherchés.

PROBLÈME III

604. — *Par deux points donnés sur une surface sphérique, faire passer un grand cercle.*

On peut décrire ce cercle par points ou d'un trait con-

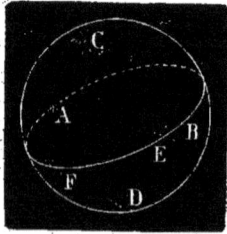

tinu. Pour le décrire par points, A et B étant les deux points donnés, de ces points comme centres, avec des ouvertures de compas égales, on décrit quatre arcs de cercle qui se coupent deux à deux en C et D, puis de ces points comme centres, avec des rayons égaux, on trace des couples d'arcs de cercle qui se coupent en E, en F, etc., et sont autant de points du grand cercle demandé.

Si l'on veut tracer ce grand cercle d'un trait continu, on

cherche son pôle par le problème précédent, puis, celui-ci
trouvé, on trace le cercle tout entier avec le compas sphérique.

PROBLÈME IV

605. — *Étant donné un petit cercle, en déterminer les pôles.*

Soit MN le petit cercle donné. Prenant deux points quelconques A et B sur sa circonférence, de ces points comme
centre je décris, avec des rayons quelconques et égaux deux
à deux, des arcs de cercle qui se
coupent en D et C, et par le problème précédent je trace le grand
cercle passant par ces points. La
même construction répétée à l'aide
de deux autres points G et H du
petit cercle donné, donne un second
grand cercle, qui coupe le premier
aux points P et P', lesquels sont
les pôles cherchés, car le diamètre
PP', intersection des deux grands cercles, est perpendiculaire
au plan du petit cercle. En effet, le grand cercle PGDP' est
perpendiculaire à la corde AB (n° 591); le grand cercle
PEFP' est perpendiculaire à la corde GH, et le diamètre PP'
se trouvant dans deux plans perpendiculaires aux lignes AB
et GH, est perpendiculaire à leur plan.

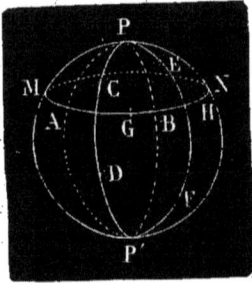

606. **Remarque.** — La même construction donne le
moyen de faire passer par un point donné un grand cercle
perpendiculaire à un cercle donné.

PROBLÈME V

607. — *Par trois points donnés sur la surface sphérique,
faire passer un petit cercle.*

Ces trois points suffisent pour, par le problème précédent,
déterminer un pôle de ce petit cercle. Celui-ci trouvé, avec
le compas sphérique on décrit d'un seul coup le petit cercle
demandé.

MESURE DES SURFACES DE LA SPHÈRE ET DE LA ZONE

608. **Définitions.** — On appelle *zone* la portion de surface sphérique comprise entre deux cercles parallèles. Ces deux cercles sont les *bases de la zone*, leur distance en est la hauteur.

On nomme *calotte sphérique* ou *zone à une base* la portion de surface sphérique limitée dans un sens par un cercle, qui est la base de la calotte. Sa hauteur est alors la portion du diamètre perpendiculaire au cercle base comprise entre le plan de ce cercle et la surface sphérique.

Qu'elle soit à une ou à deux bases, on peut comprendre la zone comme engendrée par la révolution autour du diamètre d'un arc de la demi-circonférence génératrice de la surface sphérique. Si cet arc a une de ses extrémités coïncidant avec une extrémité du diamètre, la zone n'a qu'une base, c'est une calotte sphérique; dans tout autre cas c'est une zone à deux bases. La surface sphérique elle-même n'est qu'une zone donc l'arc générateur est une demi-circonférence.

THÉORÈME CCXLVIII

609. — *La surface engendrée par une portion de polygone régulier tournant autour d'un diamètre du cercle circonscrit, ne coupant pas la ligne brisée, a pour mesure le produit de sa projection sur l'axe par la circonférence inscrite dans le polygone.*

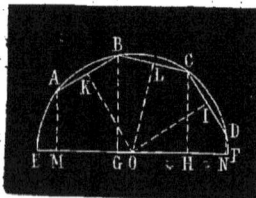

Soit une ligne brisée ABCD, formée par trois côtés consécutifs d'un polygone régulier, supposons qu'elle fasse une révolution entière autour de l'axe EF, diamètre qui ne coupe pas la ligne brisée, je dis que la surface qu'elle engendre a pour mesure le produit de sa projection MN sur l'axe, multipliée par la circonférence inscrite, dont le rayon est OI.

En effet, les côtés de la ligne brisée qui ne sont pas parallèles à l'axe décrivent dans leur révolution des surfaces tronconiques, et l'on aurait (n° 564) :

$$\text{Surf. AB} = \text{MG} \times 2\pi\text{OK}$$
$$\text{Surf. BC} = \text{GH} \times 2\pi\text{OL}$$
$$\text{Surf. CD} = \text{HN} \times 2\pi\text{OI}$$

mais OK = OL = OI, puisque le polygone est régulier, et que toutes les perpendiculaires élevées sur les milieux des côtés concourent au centre du polygone, donc,

surf. AB + surf. BC + surf. CD = 2πOI (MG + GH + HN)

ou,

$$\text{Surf. ABCD} = 2\pi\text{OI} \times \text{MN}$$

Si l'un des côtés était parallèle à l'axe, il décrirait un cylindre dont la surface donnerait encore la même formule, la génératrice étant égale à sa projection sur l'axe, et le rayon de la base étant aussi celui de la circonférence inscrite dans le polygone.

610. **Remarque.** — Si la ligne brisée était un demi-polygone régulier d'un nombre pair de côtés tournant autour d'un axe passant par son centre et deux sommets,

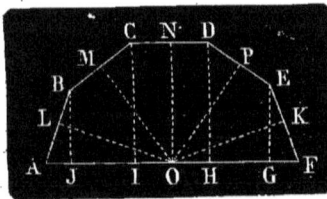

tel que le demi-polygone ABCDEF, la formule de la surface engendrée serait la même, car il n'y aurait à considérer en plus que les deux surfaces coniques engendrées par EF et par AB, lesquelles auraient encore pour mesure (n° 561) les produits de GF par 2πOK et de AJ par 2πOL ; mais alors la projection sur l'axe serait AF, c'est-à-dire le diamètre du cercle circonscrit, et si l'on représente par R le rayon de ce cercle et par r celui du cercle inscrit, la surface engendrée aurait pour formule.

$$2\text{R} \times 2\pi r = 4\pi\text{R}r$$

THÉORÈME CCXLIX

611. — *La surface d'une zone a pour mesure le produit de sa hauteur par la circonférence d'un grand cercle.*

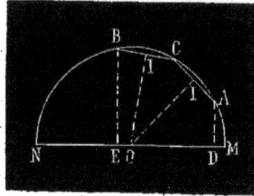

Soit ACB l'arc générateur d'une zone, AC et CB deux côtés d'une ligne polygonale régulière inscrite dans cet arc; DE sa projection sur l'axe MN, OI le rayon du cercle inscrit; d'après le théorème précédent, la surface engendrée par la ligne brisée a pour mesure

$$DE \times 2\pi OI$$

Or si l'on doublait indéfiniment le nombre des côtés de la ligne polygonale inscrite dans l'arc AB, la formule de la surface ci-dessus aurait toujours le facteur constant DE ; OI seul varierait, et l'on sait qu'il a pour limite le rayon OA, la surface ci-dessus a donc une limite, que l'on nomme la surface de la zone engendrée par l'arc AB ; donc cette surface a pour mesure le produit de DE, hauteur de la zone, par la circonférence ayant pour rayon OA, c'est-à-dire le rayon de la sphère décrite par le demi-cercle MACN, c'est-à-dire la circonférence d'un grand cercle.

Si l'on représente par H la hauteur de la zone, et par R le rayon de la sphère à laquelle elle appartient, on aura :

$$\text{Surf. zone} = 2\pi RH$$

612. Corollaire I. — *Les surfaces de deux zones appartenant à la même sphère sont entre elles comme leurs hauteurs.*

En effet leurs surfaces sont $2\pi RH$ et $2\pi RH'$, et leur rapport est $\dfrac{H}{H'}$.

613. Corollaire II. — *Les surfaces de deux zones appartenant à des sphères différentes, mais de même hauteur, sont entre elles comme les rayons des deux sphères.*

En effet, leurs surfaces sont $2\pi RH$ et $2\pi R'H$, et leur rapport est $\dfrac{R}{R'}$.

THÉORÈME CCXLX

614. — *La surface de la sphère a pour mesure le produit de la circonférence d'un grand cercle par le diamètre.*

En effet, on a vu (n° 608) que la surface sphérique peut être considérée comme une zone dont l'arc générateur est égal à une demi-circonférence, et dont la hauteur est alors le diamètre. Appliquant la formule précédente, on a par suite :

$$\text{Surf. sphère} = 2\pi R \times 2R = 4\pi R^2$$

On peut encore considérer la surface sphérique comme la limite des surfaces engendrées par un demi-polygone régulier tournant autour de son diamètre, et dont on double indéfiniment le nombre des côtés, et l'on a vu que cette surface, R et r représentant les rayons des cercles circonscrit et inscrit, est égale à $4\pi Rr$, mais comme r a pour limite R, on retrouve encore, à la limite,

$$\text{Surf. sphère} = 4\pi R \times R = 4\pi R^2$$

On exprime aussi souvent la mesure de la surface sphérique en disant qu'elle est égale à quatre grands cercles.

En effet πR^2 est la surface d'un grand cercle, $4\pi R^2$ celle de la sphère.

615. Remarque. — On a quelquefois besoin d'exprimer la surface de la sphère en fonction du diamètre. Il suffit pour cela, comme $R = \dfrac{D}{2}$, de remplacer dans la formule ci-dessus R^2 par $\dfrac{D^2}{4}$ et l'on a :

$$\text{Surf. sphère} = 4\pi \frac{D^2}{4} = \pi D^2$$

On peut encore exprimer cette surface en fonction de la circonférence d'un grand cercle. En effet, soit C cette circonférence; on a $C = 2\pi R$, d'où $R = \dfrac{C}{2\pi}$, et remplaçant dans la formule primitive R^2 par $\dfrac{C^2}{4\pi^2}$, il vient

$$\text{Surf. sphère} = 4\pi \times \frac{C^2}{4\pi^2} = \frac{C^2}{\pi}$$

616. Corollaire. — *Deux surfaces sphériques sont entre elles comme les carrés des rayons.*

En effet, leurs surfaces étant représentées par $4\pi R^2$ et $4\pi R'^2$, le rapport de ces surfaces est $\dfrac{R^2}{R'^2}$.

MESURE DES VOLUMES SPHÉRIQUES

617. Définitions. — On nomme *secteur sphérique* le volume engendré par la révolution d'un secteur circulaire autour d'un diamètre. Ce volume est limité aux deux sens opposés par deux surfaces coniques, et latéralement par une zone, celle qu'engendre l'arc du secteur; on la nomme base du secteur.

On nomme *segment sphérique* la portion de sphère comprise entre deux plans parallèles, ou encore le volume compris entre la zone et ses deux bases. Les bases et la hauteur de celle-ci sont les bases et la hauteur du segment.

On peut encore considérer la sphère comme le segment sphérique compris entre deux plans parallèles tangents aux extrémités d'un diamètre; les bases sont alors nulles et la hauteur est le diamètre.

Outre ces deux volumes et celui de la sphère, nous étudierons aussi le volume engendré par un segment circulaire tournant autour d'un diamètre; ce volume n'a pas de nom particulier.

THÉORÈME CCXLXI

618. — *Le volume engendré par un triangle tournant autour d'un axe dans son plan passant par un de ses sommets et ne coupant pas le triangle, a pour mesure le produit de la surface engendrée par le côté opposé à l'axe multipliée par le tiers de la hauteur correspondante à ce côté.*

Nous considérerons trois cas :

1ᵉʳ cas. — Le triangle ABC tourne autour d'un axe coïncidant avec le côté AC.

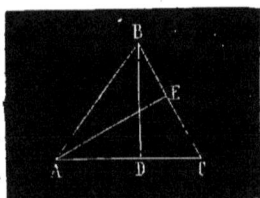

Si l'on abaisse du sommet B la perpendiculaire BD sur l'axe, le volume engendré par le triangle ABC est la somme des volumes coniques engendrés par les triangles BDC et BDA, lesquels ont pour base commune le cercle décrit par BD ; on peut donc écrire :

$$\text{Vol. ABC} = \frac{1}{3}\pi\text{BD}^2 \times \text{AD} + \frac{1}{3}\pi\text{BD}^2 \times \text{DC} = \frac{1}{3}\pi\text{BD}^2 \times \text{AC}$$

Mais on sait que $\text{BD} \times \text{AC} = \text{BC} \times \text{AE}$, car ces deux produits représentent chacun le double de la surface du triangle, on peut donc écrire :

$$\text{Vol. ABC} = \frac{1}{3}\pi\text{BD} \times \text{BC} \times \text{AE} = \pi\text{BD} \times \text{BC} \times \frac{1}{3}\text{AE}$$

Et comme $\pi\text{BD} \times \text{BC}$ n'est autre chose que la surface conique engendrée par BC, le théorème est démontré dans le premier cas.

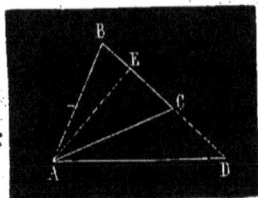

619. **2ᵉ Cas.** — Le triangle ABC tourne autour d'un axe extérieur AD, passant par le sommet A, et le côté BC, opposé à l'axe et suffisamment prolongé, rencontre l'axe en D.

Les triangles tournants ABD,

ACD engendrent des volumes dont le premier cas nous donne la formule, et le volume engendré par ABC est la différence des volumes engendrés par ABD et ACD; on peut donc écrire :

$$\text{Vol. ABC} = \text{surf. BD} \times \tfrac{1}{3}\text{AE} - \text{surf. CD} \times \tfrac{1}{3}\text{AE}$$

$$= (\text{surf. BD} - \text{surf. CD}) \times \tfrac{1}{3}\text{AE}$$

mais (surf. BD — surf. CD) n'est autre chose que surface BC, donc enfin :

$$\text{Vol. ABC} = \text{surf. BC} \times \tfrac{1}{3}\text{AE}$$

Le deuxième cas est donc démontré.

620. 3ᵉ Cas. — Le triangle ABC tourne autour de l'axe MN dans les mêmes conditions qu'au deuxième cas, sauf que le côté BC est parallèle à l'axe.

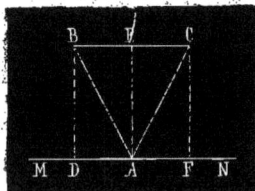

Abaissons les trois perpendiculaires BD, AE, CF; remarquons avant tout que BD = CF = AE, que BC = DF, et que, par suite, au lieu de BD et de CF, nous pourrons toujours écrire EA, et BC au lieu de DF.

Cela posé, le volume engendré par ABC est égal au volume engendré par le rectangle DBCF, lequel est un cylindre, diminué de la somme des deux cônes engendrés par les triangles BAD et CAF; de sorte que l'on peut écrire :

$$\text{Vol. BAC} = \pi\text{AE}^2 \times \text{DF} - \left(\tfrac{1}{3}\pi\text{AE}^2 \times \text{AD} + \tfrac{1}{3}\pi\text{AE}^2 \times \text{AF}\right)$$

$$= \pi\text{AE}^2 \times \text{DF} - \tfrac{1}{3}\pi\text{AE}^2 \times \text{DF}$$

$$= \pi\text{AE}^2\left(\text{DF} - \tfrac{1}{3}\text{DF}\right) = \pi\text{AE}^2 \times \tfrac{2}{3}\text{BC}$$

Cette dernière formule, en transposant les facteurs, donne :

$$\text{Vol. BAC} = 2\pi\text{AE} \times \text{BC} \times \tfrac{1}{3}\text{AE}$$

Or $2\pi AE \times BC$ n'est autre chose que la surface cylindrique engendrée par le côté BC, donc le troisième cas est aussi démontré.

621. Remarque. — Si l'angle B était obtus, la perpendiculaire BD couperait la surface du triangle BAC, et l'on aurait alors

Vol. ABC = cylindre BCDF $+$ cône BAD $-$ cône ACF

mais la suite de la démonstration resterait la même.

THÉORÈME CCXLXII

622. — *Le volume engendré par un secteur polygonal régulier, tournant autour d'un axe passant par son centre et ne coupant pas la surface du secteur, a pour mesure le produit de la surface engendrée par la ligne brisée polygonale multipliée par le tiers du rayon du cercle inscrit.*

Soit un secteur polygonal OABCD, tournant autour de l'axe MN, passant par le centre O; je dis que le volume engendré a pour volume la surface décrite par la ligne ABCD, multipliée par le tiers du rayon OI du cercle inscrit.

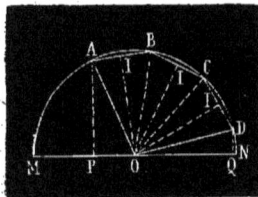

En effet, le volume considéré est la somme des volumes engendrés par les triangles tournants AOB, BOC, COD, obtenus en joignant tous les sommets au centre; or, d'après le théorème précédent, on a :

$$\text{Vol. AOB} = \text{surf. AB} \times \tfrac{1}{3}\text{OI}$$

$$\text{Vol. BOC} = \text{surf. BC} \times \tfrac{1}{3}\text{OI}$$

$$\text{Vol. COD} = \text{surf. CD} \times \tfrac{1}{3}\text{OI}$$

donc, en faisant la somme de ces trois égalités, on a :

Vol. secteur OABCD $= \frac{1}{3}$OI (surf. AB $+$ surf. BC $+$ surf. CD)

et

Vol. secteur OABCD $=$ surf. OABCD $\times \frac{1}{3}$OI

623. Remarque. — La surface engendrée par la ligne brisée ABCD a elle-même pour mesure le produit de sa projection PQ sur l'axe multipliée par la circonférence inscrite, ou

$$\text{Surf. ABCD} = 2\pi\text{OI} \times \text{PQ}$$

donc le volume du secteur, en fonction des lignes de la figure serait :

$$\text{Vol. secteur OABCD} = 2\pi\text{OI} \times \text{PQ} \times \frac{1}{3}\text{OI} = \frac{2}{3}\pi\text{OI}^2 \times \text{PQ}$$

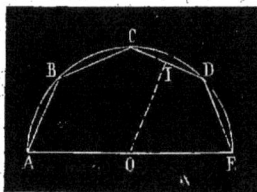

Si le secteur considéré est un demi-polygone régulier ABCDE, d'un nombre pair de côtés, tournant autour de son diamètre AE, la projection sur l'axe de la ligne brisée est égale au diamètre lui-même, la formule ci-dessus devient :

$$\text{Vol. polyg. ABCDE} = \frac{2}{3}\pi\text{OI}^2 \times \text{AE}$$

et si l'on représente par R le rayon OE du cercle circonscrit, et par r le rayon OI du cercle inscrit, il vient :

$$\text{Vol. polyg. ABCDE} = \frac{2}{3}\pi r^2 \times 2\text{R} = \frac{4}{3}\pi\text{R}r^2$$

THÉORÈME CCXLXIII

624. — *Le volume du secteur sphérique a pour mesure le produit de la zone qui lui sert de base par le tiers du rayon de la sphère.*

Soit un secteur sphérique engendré par la révolution du

secteur circulaire OAB autour du diamètre; concevons que l'on inscrive dans l'arc AB une portion de polygone régulier; le volume engendré par la rotation du secteur polygonal aura pour mesure, en représentant par S la surface engendrée par la ligne brisée, et par r le rayon du cercle inscrit,

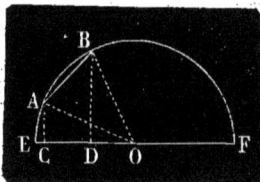

$$S \times \frac{1}{3} r$$

Si l'on augmente indéfiniment et dans une progression quelconque le nombre des côtés de la ligne polygonale inscrite dans l'arc AB, ce volume a une limite, car r a pour limite OA, et S a pour limite la surface de la zone engendrée par l'arc AB, cette limite est ce que l'on nomme le volume du secteur sphérique, donc :

$$\text{Vol. sect. OAB} = \text{surf. zone AB} \times \frac{1}{3} \text{OA}$$

Si l'on représente par R le rayon de la sphère, par H la hauteur CD de la zone, il vient (n° 611).

$$\text{Vol. sect. OAB} = 2\pi R \times H \times \frac{1}{3} R$$

et

$$\text{Vol. sect. OAB} = \frac{2}{3} \pi R^2 H$$

THÉORÈME CCLIV

625. — *Le volume de la sphère a pour mesure le produit de sa surface par le tiers du rayon.*

En effet, soit que l'on considère le volume de la sphère comme le volume engendré par un secteur circulaire dont l'arc est égal à la demi-circonférence (n° 617), ou comme la limite du volume engendré par un demi-polygone tournant autour de son diamètre (n° 623), on aura dans le premier cas

$$\text{Vol. sphère} = \frac{2}{3} \pi R^2 \times 2R$$

28

car alors H, hauteur de la zone, est égale au diamètre, ce que l'on peut écrire :

$$\text{Vol. sphère} = 4\pi R^2 \times \frac{1}{3} R = \frac{4}{3}\pi R^3$$

La première forme $4\pi R^2 \times \frac{1}{3} R$ démontre l'énoncé, la seconde, $\frac{4}{3}\pi R^3$ est la formule pratique employée dans le calcul.

Dans le second cas, on aura :

Limite vol. polyg. = limite surf. polyg. $\times \frac{1}{3}$ limite apothème

ou

$$\text{Vol. sphère} = \text{surf. sphère} \times \frac{1}{3} \text{rayon}$$

ou

$$\text{Vol. sphère} = 4\pi R^2 \times \frac{1}{3} R$$

626. Remarque. — On a quelquefois besoin d'exprimer le volume de la sphère en fonction du diamètre; il suffit pour avoir cette nouvelle formule de remplacer dans la formule précédente R par $\frac{D}{2}$, D représentant le diamètre; elle devient :

$$\text{Vol. sphère} = 4\pi \frac{D^2}{4} \times \frac{1}{6} D = \frac{1}{6}\pi D^3$$

627. Corollaire. — *Les volumes de deux sphères sont entre eux comme les cubes des rayons.*

En effet les volumes de deux sphères de rayon R et R' sont représentés par :

$$\frac{4}{3}\pi R^3 \quad \text{et} \quad \frac{4}{3}\pi R'^3$$

expressions dont le rapport est égal à $\frac{R^3}{R'^3}$.

THÉORÈME CCLV

628. — *Le volume engendré par un segment circulaire tournant autour d'un diamètre qui ne le coupe pas, a pour mesure le sixième du volume du cylindre ayant pour rayon de base la corde du segment et pour hauteur la projection de cette corde sur l'axe.*

Soit le segment circulaire AMB tournant autour du diamètre DD', je dis que son volume est égal à

$$\frac{1}{6}\pi AB^2 \times CH$$

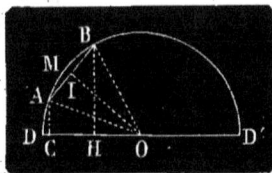

En effet, le volume cherché est évidemment égal au volume engendré par le secteur circulaire OAMB, diminué du volume engendré par le triangle tournant AOB; on peut donc écrire :

$$\text{Vol. segm. AMB} = 2\pi OA \times CH \times \frac{1}{3}OA - 2\pi OI \times CH \times \frac{1}{3}OI$$

$$= \frac{2}{3}\pi CH (OA^2 - OI^2)$$

Mais le triangle rectangle OAI donne :

$$OA^2 - OI^2 = AI^2 = \frac{AB^2}{4}$$

donc on a :

$$\text{Vol. segm. AMB} = \frac{2}{3}\pi CH \times \frac{1}{4}AB^2 = \frac{1}{6}\pi AB^2 \times CH$$

Or $\pi AB^2 \times CH$ est le volume du cylindre dont la base aurait AB pour rayon, et dont la hauteur serait CH, projection de AB sur l'axe DD'.

THÉORÈME CCLVI

629. — *Le volume d'un segment sphérique a pour mesure la somme des volumes d'une sphère ayant pour diamètre la hauteur du segment, et d'un cylindre ayant cette ligne pour hauteur et pour base la demi-somme des bases du segment.*

Soit le segment sphérique engendré par la surface CAMBD tournant autour du diamètre EF; je dis que son volume est égal au volume $\frac{1}{6}\pi\text{CD}^3$ d'une sphère ayant pour diamètre CD, hauteur du segment, augmenté du volume

$$\pi\left(\frac{\text{AC}^2 + \text{BD}^2}{2}\right)\text{CD}$$

du cylindre ayant pour hauteur CD et pour base la demi-somme des cercles πAC^2 et πBD^2 bases du segment.

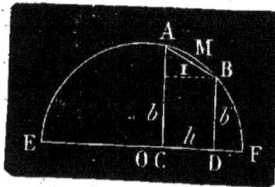

Le volume engendré par la surface CAMBD, est, on le reconnaît à l'inspection de la figure, égal au volume engendré par le segment AMB, plus le volume du tronc de cône engendré par le trapèze ABDC; on peut donc écrire:

$$\text{Vol. CAMBD} = \frac{1}{6}\pi\text{AB}^2 \times \text{CD} + \frac{1}{3}\pi\text{CD}(\text{AC}^2 + \text{BD}^2 + \text{AC} \times \text{BD})$$

ou,

(1) $\text{Vol. CAMBD} = \frac{1}{6}\pi\text{CD}(2\text{AC}^2 + 2\text{BD}^2 + \text{AB}^2 + 2\text{AC} \times \text{BD})$

Mais le triangle rectangle AIB, dans lequel

$$\text{IA} = \text{AC} - \text{BD}$$

donne :

$$\text{AB}^2 = \text{IB}^2 + \text{IA}^2 = \text{CD}^2 + (\text{AC} - \text{BD})^2$$

ou

$$\text{AB}^2 = \text{CD}^2 + \text{AC}^2 + \text{BD}^2 - 2\text{AC} \times \text{BD}$$

Si dans la formule (1) on remplace AB² par cette valeur, en réduisant on a :

$$\text{Vol. CAMBD} = \frac{1}{6}\pi CD\,(3AC^2 + 3BD^2 + CD^2)$$

ce qui peut s'écrire ainsi

$$\text{Vol. CAMBD} = \frac{1}{6}\pi CD^3 + \pi CD\left(\frac{AC^2 + BD^2}{2}\right)$$

formule conforme à l'énoncé.

630. **Corollaire.** — *Si le segment sphérique n'a qu'une base, son volume est la somme des volumes de la sphère ayant la hauteur du segment pour diamètre, et d'un demi-cylindre ayant cette hauteur et pour base la base unique du segment.*

En effet, dans la formule précédente le rayon BD devient nul, et la formule se réduit, en représentant par H la hauteur du segment et par r le rayon de la base,

$$\text{Vol. segment} = \frac{1}{6}\pi H^3 + \frac{1}{2}\pi r^2 H = \frac{1}{6}\pi H\,(H^2 + 3r^2)$$

mais dans ce cas CF étant la hauteur H, et AC le rayon r de la base unique du segment, en représentant par R celui de la sphère, on a :

$$r^2 = H\,(2R - H)$$

et si l'on substitue cette valeur de r^2 dans la formule précédente, elle devient :

$$\frac{1}{3}\pi H^2\,(3R - H)$$

Si l'on y fait H = 2R, c'est-à-dire si le segment devient la sphère entière, on retrouve la formule connue du volume de la sphère :

$$\frac{1}{3}\pi \times 4R^2(3R - 2R) = \frac{4}{3}\pi R^3$$

THÉORIE DES TRIANGLES SPHÉRIQUES

631. Définitions. — On nomme *polygone sphérique* toute portion de la surface de la sphère, moindre qu'une demi-sphère, limitée de toutes parts par des arcs de grands cercles moindres eux-mêmes qu'une demi-circonférence.

Un polygone sphérique est dit convexe lorsque sa surface est tout entière d'un même côté d'un quelconque des grands cercles qui le forment.

Le plus simple de tous les polygones sphériques serait la portion de surface comprise entre deux arcs de grands cercles, égaux alors chacun à une demi-circonférence, telle serait la surface AMBN; mais on a l'habitude de l'étudier à part; de sorte que, en réalité, le plus simple des polygones sphériques est le *triangle sphérique*, tel que DCE, formé par l'intersection de trois arcs de grand cercle qui en forment les *côtés*. Les angles du triangle sphérique sont les angles formés par les tangentes menées à chaque sommet aux deux cercles qui y concourent.

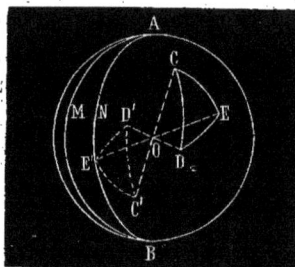

On dit qu'un triangle sphérique est scalène, isocèle, équilatéral, dans les mêmes cas que les triangles rectilignes. De même, le triangle sphérique est équiangle si ses trois angles sont égaux, mais il peut être rectangle, bi-rectangle et tri-rectangle, car il peut avoir un, deux ou trois angles droits. En effet, si par le centre d'une sphère on fait passer trois plans, tels que chacun d'eux soit perpendiculaire aux deux autres, on forme un trièdre tri-rectangle; ces plans viennent couper la surface sphérique suivant trois grands cercles, qui par leurs intersections donnent un triangle sphérique tri-rectangle, car, cela a été démontré (n° 600), l'angle des deux tangentes menées aux deux arcs de cercle de chaque sommet est égal à l'angle plan du dièdre formé par les plans de ces arcs, donc l'angle de ces tangentes est droit.

Si un seul des trois plans menés par le centre de la sphère est perpendiculaire aux deux autres, le triangle sphérique déterminé par ces trois plans sera bi-rectangle pour les mêmes raisons.

Étant donné un triangle sphérique CDE, si l'on joint au centre O par des plans ses trois côtés, on forme un trièdre ODEC dont le sommet est en O, et dont les faces ont pour mesure chacune l'arc de grand cercle formant le côté correspondant ; ces arcs appartenant à des grands cercles égaux, leurs graduations sont comparables, de sorte que les propriétés démontrées sur les grandeurs relatives des faces d'un trièdre sont applicables aux côtés des triangles sphériques et réciproquement. Il en est de même des dièdres du trièdre ODEC, puisqu'ils sont égaux aux angles du triangle sphérique.

Si enfin l'on prolonge au delà du centre O les plans formant le trièdre ODEC et ses arêtes, ces prolongements déterminent un nouveau triangle sphérique E'D'C', ayant ses côtés et ses angles égaux à ceux du triangle DEC, mais qui ne lui est pas nécessairement égal, il lui est symétrique, comme du reste le trièdre OD'C'E' est symétrique du trièdre ODCE.

Nous réunirons ci-dessous en un théorème unique plusieurs théorèmes dont la démonstration est une conséquence immédiate des propriétés des trièdres déjà démontrées.

THÉORÈME CCLVII

632. — *Dans tout triangle sphérique, un côté quelconque est plus petit que la somme des deux autres.*

En effet, dans tout trièdre une face quelconque est plus petite que la somme des deux autres ; il en est donc de même pour les arcs qui les mesurent.

Dans tout triangle ou polygone sphérique, la somme des

côtés est toujours moindre qu'une circonférence de grand cercle.

En effet, dans tout angle trièdre ou polyèdre la somme des faces est moindre que quatre angles droits ou que 360°; il doit donc en être de même pour les arcs qui les mesurent.

Dans tout triangle sphérique qui a deux angles égaux, les côtés opposés à ces angles sont égaux et réciproquement.

En effet, si un angle trièdre a deux dièdres égaux, les faces opposées à ces dièdres sont égales et réciproquement; il en est donc de même pour les arcs qui mesurent ces faces.

Dans tout triangle sphérique à un plus grand angle est opposé un plus grand côté et réciproquement.

En effet, dans tout trièdre qui a des dièdres inégaux au plus grand dièdre est opposée la plus grande face, donc il en est de même pour les arcs qui mesurent les faces.

Si deux triangles sphériques symétriques sont isocèles, ils sont égaux et superposables.

En effet, lorsque deux trièdres symétriques sont isocèles, ils sont superposables, leur superposition entraîne celle des deux triangles sphériques symétriques qu'ils déterminent sur une même sphère.

La somme des angles d'un triangle sphérique est toujours comprise entre deux droits et six droits.

En effet, les angles d'un triangle sphérique sont égaux aux dièdres de l'angle trièdre formé en joignant les sommets au centre de la sphère. Or la somme des dièdres de ce trièdre est comprise entre deux et six droits, il en est donc de même des angles du triangle sphérique.

Sur une même sphère, ou sur deux sphères égales deux triangles sphériques sont égaux lorsqu'ils ont : 1° un angle égal compris entre deux côtés égaux; 2° un côté égal adjacent à deux angles égaux chacun à chacun; 3° les trois côtés égaux chacun à chacun; 4° les trois angles égaux chacun à chacun, si la disposition des côtés est la même; ils sont symétriques si la disposition des côtés est inverse.

En effet, les cas d'égalité des trièdres sont ceux de l'énoncé ci-dessus.

THÉORÈME CCLVIII

633. — *Deux triangles sphériques symétriques sont équivalents.*

Il n'y a lieu (n° 632) de démontrer ce théorème que dans le cas où les deux triangles ne sont pas isocèles, car alors ils sont égaux.

Soient deux triangles sphériques symétriques ABC, A'B'C', je dis qu'ils sont équivalents.

Soit P le pôle du petit cercle passant par ABC, et P' le pôle du petit cercle passant par A'B'C', P est symétrique de P' par rapport au centre de la sphère, tout comme les deux triangles sphériques. Si par les sommets de ABC et P on fait passer des plans de grands cercles, on décompose le triangle ABC en trois triangles PAC, PAB, PCB isocèles, la même construction faite sur le triangle A'B'C' le décompose ainsi en trois triangles symétriques aux premiers et isocèles comme eux ; donc les trois parties de ABC sont chacune à chacune égales aux trois parties de A'B'C', donc les deux sommes et par suite les deux triangles sont équivalents.

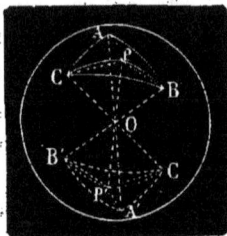

634. Corollaire. — *Les polygones sphériques symétriques sont équivalents.*

Car on peut par des arcs de grands cercles passant par un même sommet symétrique et par chacun des autres les partager en un même nombre de triangles symétriques et équivalents chacun à chacun.

635. Définitions. — Etant donné sur une sphère un triangle ABC, si de chacun de ses sommets comme pôle avec une ouverture de compas égale à un quadrant, on décrit des grands cercles, ceux-ci par leurs intersections forment sur la surface de la sphère huit triangles, dont chaque côté est distant d'un quadrant d'un des sommets de ABC. De ces huit triangles nous ne considérerons que A'B'C', celui qui contient ABC, ou serait contenu par lui. Ces deux triangles sont tels que les sommets de chacun d'eux sont les pôles des côtés de l'autre. Ceci est vrai, en effet, par construction pour les sommets de ABC, mais cela est vrai aussi pour les sommets de A'B'C', car C', par exemple, étant distant d'un quadrant du point B, pôle de A'C', et du point A, pôle de B'C', est bien le pôle de AB.

Ces deux triangles sont dits *polaires* l'un de l'autre, ou *polaires réciproques.*

Si maintenant considérant deux triangles polaires ABC, A'B'C', nous joignons leurs sommets au centre O de la sphère, il est facile de reconnaître que les deux trièdres ainsi formés sont supplémentaires. En effet, l'arête B'O est dans le même hémisphère que BO et est perpendiculaire au plan de la face ACO puisque les angles B'OA, B'OC ont pour mesure un arc d'un quadrant, et il en sera de même pour les deux autres arêtes A'O, perpendiculaire à BOC, et C'O, perpendiculaire de AOB; donc, comme nous l'avons dit, les deux trièdres sont supplémentaires, et les propriétés déjà démontrées pour les angles et les faces des trièdres supplémentaires sont applicables aux triangles polaires.

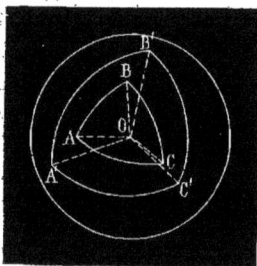

THÉORÈME CCLIX

636. — *Dans deux triangles polaires réciproques chaque côté de l'un est égal à l'excès d'une demi-circonférence de grand cercle sur l'angle opposé de l'autre triangle, et chaque angle de l'un est égal à l'excès d'une demi-circonférence de grand cercle sur le côté opposé de l'autre triangle. Ou, en d'autres termes, chaque côté d'un des triangles est supplémentaire de l'angle qui lui est opposé dans l'autre triangle et réciproquement.*

En effet, dans deux trièdres supplémentaires, chaque face

de l'un est supplémentaire du dièdre qui lui est opposé dans l'autre trièdre (n° 465); donc l'arc de grand cercle qui mesure une face de l'un des trièdres, et forme un des côtés du triangle sphérique, doit avoir une graduation égale à l'excès de 180° sur l'angle opposé de l'autre triangle sphérique, lequel n'est autre que l'angle dièdre opposé à la face considérée.

On peut aussi le démontrer directement. Soient les deux triangles sphériques polaires réciproques ABC, A'B'C', je dis que

$$\text{angle } B = \text{demi-circonf.} - A'C'$$

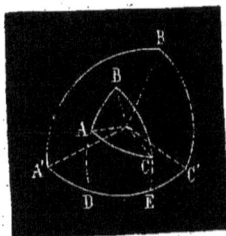

En effet, prolongeons les arcs BA, BC jusqu'à ce qu'ils rencontrent en D et E l'arc A'C', on sait (n° 600) que DE est l'arc qui mesure l'angle B, or C' étant le pôle de l'arc DB, C'D vaut un quadrant, A'E vaut un quadrant pour la même raison, et l'on a :

$$A'E + C'D = \text{demi-circonf.}$$

ou

$$A'E + DE + EC' = \text{demi-circonf.}$$

ou

$$A'C' + DE = \text{demi-circonf.}$$

donc

$$DE, \text{ ou angle } B = \text{demi-circonf.} - A'C'$$

et

$$A'C' = \text{demi-circonf.} - DE \text{ ou angle } B$$

637. Corollaire I. — *Dans un triangle sphérique chacun des angles augmenté de deux droits surpasse la somme des deux autres.*

En effet, soient A, B, C, les angles d'un triangle sphérique; a, b, c, les côtés opposés du triangle polaire, on a :

$$A = 180 - a$$

ou, comme $a < b + c$,

$$A > 180 - (b + c)$$

mais on a aussi :

$$b = 180 - B \text{ et } c = 180 - C$$

Substituant à b et c ces valeurs, on a :

ou

$$A > 180 - 180 + B - 180 + C$$

$$A > B + C - 180$$

et enfin

$$A + 180 > B + C$$

638. **Corollaire II.** — On peut encore déduire de nouveau du théorème précédent que *la somme des angles d'un triangle sphérique est comprise entre deux droits et six droits.*

En effet, en vertu du théorème, on a :

$$A = 180 - a, \ B = 180 - b, \ C = 180 - c$$

additionnant membre à membre, il vient :

$$A + B + C = 6 \text{ droits} - (a + b + c)$$

Or la valeur maximum de $a + b + c$ étant quatre droits, on a dans ce cas :

$$A + B + C = 2 \text{ droits}$$

La valeur minimum de $a + b + c$ étant 0, on a dans cet autre cas :

$$A + B + C = 6 \text{ droits}$$

MESURE DES POLYGONES SPHÉRIQUES

639. **Définitions.** — On nomme *fuseau* la portion de surface sphérique comprise entre deux arcs de grand cercle et leurs points d'intersection.

L'angle de ces deux arcs est l'angle du fuseau.

Il est évident que dans la même sphère, ou dans deux sphères égales, deux fuseaux de même angle sont égaux, car ils sont superposables.

On nomme *onglet sphérique* la partie du volume de la
sphère comprise entre le fuseau et les plans des deux demi-
grands cercles qui le forment.

L'angle dièdre de ces deux plans est l'angle de l'onglet, il
est le même que l'angle du fuseau (n° 600). Dans la même
sphère ou dans deux sphères égales, deux onglets de même
angle sont égaux.

THÉORÈME CCLX

640. — *Le fuseau est à la surface sphérique et l'onglet
est au volume de la sphère comme leur angle est à quatre
droits.*

Soient un fuseau A formé par les deux arcs de grand cercle
AMB et ANB, et un onglet auquel ce fuseau sert de base et
dont l'arête est le diamètre AB.

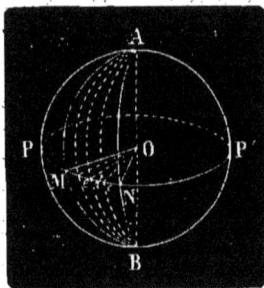

Par le point A comme pôle,
avec une ouverture de compas
égale au quadrant, je décris un
grand cercle PMNP′, dont l'arc MN
est à la fois la mesure de l'angle
du fuseau et de l'angle de l'onglet.
Soit maintenant un arc de grand
cercle, commune mesure entre MN
et PMNP′, et supposons que l'on
ait

$$\frac{MN}{PMNP'} = \frac{4}{65}$$

En faisant passer par tous les points de division de MN et
de PMNP′ des plans de grands cercles, on forme dans la
surface sphérique et la sphère 65 fuseaux et 65 onglets
égaux entre eux, et sur le fuseau A on forme 4 fuseaux et
4 onglets égaux entre eux et aux précédents. On aura ainsi :

$$\frac{\text{Fus. A}}{\text{Surf. sphérique}} = \frac{\text{onglet A}}{\text{sphère}} = \frac{4}{65}$$

donc comme on a

$$\frac{MON}{4 \text{ droits}} = \frac{MN}{PMNP'}$$

on aura aussi

$$\frac{\text{Fus. A}}{\text{Surf. sphère}} = \frac{\text{onglet A}}{\text{sphère}} = \frac{MON}{4 \text{ droits}}$$

Soit maintenant n le nombre de degrés de l'angle MON, ces relations deviennent, R étant le rayon de la sphère,

$$\frac{\text{Fus. A}}{4\pi R^2} = \frac{n}{360} \quad \text{et} \quad \frac{\text{onglet A}}{\frac{4}{3}\pi R^3} = \frac{n}{360}$$

d'où

$$\text{Fus. A} = \frac{4\pi R^2 \times n}{360}$$

et

$$\text{Onglet A} = \frac{\frac{4}{3}\pi R^3 \times n}{360} = \frac{4\pi R^2 \times n}{360} \times \frac{1}{3}R$$

l'onglet a donc pour mesure le produit du fuseau par le tiers du rayon.

641. **Corollaire.** — *Si l'on prend pour unité de surface le fuseau dont l'angle est droit, et pour unité d'angle l'angle droit, le fuseau a pour mesure le nombre des degrés de son angle.*

En effet, le fuseau pris pour unité de surface est le quart de la surface de la sphère, ou πR^2, l'angle droit étant l'unité d'angle, 360° devient 4, et la formule précédente se réduit à

$$\text{fus. A} = n$$

Dans les mêmes conditions, le volume de l'onglet serait

$$n \times \frac{1}{3}R$$

642. **Remarque.** — Le triangle sphérique trirectangle étant équilatéral, puisque ses angles sont égaux, et son côté étant égal au quart d'un grand cercle, est la moitié du

fuseau dont l'angle est droit; il est donc le huitième de la surface de la sphère, et c'est lui que l'on adopte pour unité des surfaces considérées sur une même sphère ou sur des sphères égales, la surface du fuseau deviendrait alors $2n$ et le volume de l'onglet serait $2n \times \frac{1}{3}R$.

THÉORÈME CCLXI

643. — *La surface d'un triangle sphérique est à la surface sphérique comme la somme de ses angles diminuée de deux droits est à huit angles droits.*

Soit le triangle sphérique ABC, je dis que l'on aura la relation :

$$\frac{ABC}{\text{Surf. sphère}} = \frac{A + B + C - 2 \text{ droits}}{8 \text{ droits}}$$

En effet, traçons tout entier le grand cercle dont BC est un arc, puis prolongeons les deux autres côtés jusqu'à la rencontre de ce grand cercle en D et E; le triangle ADE ainsi formé est symétrique et par suite équivalent au triangle BCA'; leurs sommets étant deux à deux symétriques par rapport au centre, donc la somme des deux triangles ABC, ADE est équivalente au fuseau A formé des deux triangles BCA' et ABC, on peut donc écrire :

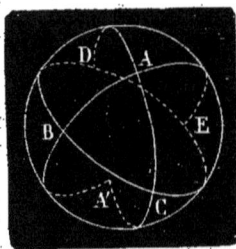

$$ABC + ADE = \text{fus. A}$$
$$ABC + ACE = \text{fus. B}$$
$$ABC + ADB = \text{fus. C}$$

additionnant et remarquant que

$$ABC + ADE + ACE + ADB = \frac{1}{2}\text{ surf. sphér.}$$

on a

$$2ABC + \frac{1}{2}\text{ surf. sphér.} = \text{fus. A} + \text{fus. B} + \text{fus. C}$$

divisant par 2 et remplaçant fus. A, fus. B, fus. C, par leur mesure $\pi R^2 A$, $\pi R^2 B$, $\pi R^2 C$, (en prenant pour unité de surface le fuseau rectangulaire, et pour unité d'angle l'angle droit), et surf. sphérique par $4\pi R^2$, il vient :

$$ABC + \pi R^2 = \frac{1}{2}\pi R^2 (A + B + C)$$

d'où

$$ABC = \frac{\pi R^2 (A + B + C - 2)}{2}$$

Divisant les deux membres par $4\pi R^2$, mesure de la surface sphérique, on a

$$\frac{ABC}{\text{Surf. sphérique}} = \frac{A + B + C - 2}{8}$$

644. **Remarque.** — Si l'on prend pour unité de surface le triangle trirectangle, qui est le huitième de la surface sphérique, on aurait

$$ABC = A + B + C - 2$$

et le triangle trirectangle étant l'unité adoptée, on peut dire : *le triangle sphérique a pour mesure l'excès de la somme de ses angles sur deux angles droits.*

Cette différence se nomme *excès sphérique*; et l'on dit souvent aussi que la mesure du triangle sphérique est son excès sphérique.

THÉORÈME CCLXII

645. — *Un polygone sphérique quelconque a pour mesure, le triangle trirectangle étant l'unité adoptée, la somme de ses angles diminuée d'autant de fois deux droits qu'il a de côtés moins deux.*

Soit le polygone sphérique ABCDE, en faisant passer par le sommet A et chacun des sommets opposés des arcs de

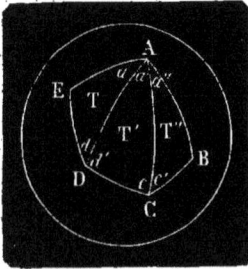

grands cercles, on le partage en triangles sphériques au nombre de $n - 2$, si n est le nombre des côtés du polygone. Or d'après ce qui précède, on a :

$$T = E + a + d - 2$$
$$T' = a' + d' + c - 2$$
$$T'' = a'' + c' + B - 2$$

additionnant il vient :

$$ABCDE = E + A + B + C + D + \ldots 2\,(n - 2)$$

APPENDICE AU LIVRE VII

MESURE DES POLYGONES TOURNANTS

Nous avons donné (n° 618) la mesure du volume engendré par un triangle tournant autour d'un axe passant par un sommet; les théorèmes suivants, qui appartiennent à un théorème général nommé théorème de Guldin, complètent cette mesure en l'étendant aux polygones quelconques, quelle que soit la position de l'axe, pourvu qu'il soit dans le plan du polygone.

THÉORÈME CCLXIII

646. — *Le volume engendré par un triangle tournant autour d'un axe situé dans son plan a pour mesure le produit de la surface du triangle par la circonférence qui a pour rayon la perpendiculaire abaissée sur l'axe du point de concours des médianes du triangle.*

Soit le triangle ABC, et l'axe XY, menons AI parallèle à XY; prolongeons BC jusqu'à la rencontre de AI, puis abaissons sur XY les perpendiculaires AD, BE, CG, IF. Le

29

volume à calculer est équivalent à la somme des troncs de cônes engendrés par les trapèzes ABDE et BIEF, diminuée de la somme des troncs de cône engendrés par les trapèzes ACGD et CGIF. En représentant ce volume par V, on peut donc écrire :

$$V = \frac{1}{3}\pi\left[DE(AD^2+BE^2+AD\times BE)+EF(BE^2+IF^2+BE\times IF \right.$$
$$\left. -DG(AD^2+GC^2+AD\times GC)-GF(CG^2+IF^2+CG\times IF)\right]$$

Si l'on effectue tous ces produits, en remplaçant partout IF par son égal AD, puis mettant hors de parenthèses les termes AD^2, BE^2, GC^2, et les produits $AD\times BE$, $AD\times GC$, on arrive après réduction à la formule simple :

$$V = \frac{1}{3}\pi DF(BE^2 - GC^2 + AD\times BE - AD\times GC)$$

remplaçant alors $BE^2 - GC^2$ par $(BE+GC)(BE-GC)$, et mettant hors de parenthèses le facteur $BE-GC$, il vient :

$$V = \frac{1}{3}\pi DF(BE-GC)(BE+GC+AD)$$

que l'on peut écrire ainsi :

$$V = 2\pi DF \times \frac{BE-GC}{2}\times\frac{BE+GC+AD}{3}$$

ou encore,

$$V = \left(\frac{DF\times BE}{2} - \frac{DF\times GC}{2}\right)\times 2\pi\left(\frac{BE+GC+AD}{3}\right)$$

or $\frac{DF\times BE}{2}$ est la surface du triangle ABI, plus la moitié de celle du rectangle ADFI, de même $\frac{DF\times GC}{2}$, est la surface du triangle ACI, plus la moitié du même rectangle, donc la différence

$$\frac{DF \times BE}{2} - \frac{DF \times GG}{2}$$

représente la surface du triangle donné ABC. Quant au second facteur

$$\frac{BE + GC + AD}{3}$$

on sait qu'il est égal à la perpendiculaire abaissée sur XY du point de concours des médianes, c'est-à-dire à ON, AM étant une médiane et O marquant son tiers inférieur, donc on a enfin :

$$V = \text{surf. } ABC \times 2\pi ON.$$

647. Corollaire. — *Le volume engendré par un polygone régulier tournant autour d'un axe situé dans son plan a pour mesure le produit de sa surface par la circonférence qui a pour rayon la perpendiculaire abaissée sur l'axe du centre du polygone.*

On le démontrerait sans peine en décomposant le polygone en triangles ayant tous leur sommet au centre, et faisant la somme des volumes engendrés par chacun d'eux.

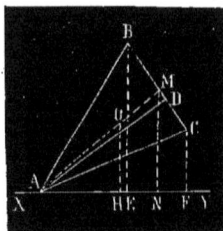

648. Remarque. — La formule du volume du triangle tournant donnée (n° 618) n'est du reste qu'une transformation de celle ci-dessus.

En effet, on a démontré que le triangle ABC, tournant autour de l'axe XY passant par un sommet, a pour volume :

$$V = \text{surf. } BC \times \frac{1}{3} AD$$

mais la surface engendrée par BC est une surface tronconique, dont l'expression est (n° 564),

$$BC \times 2\pi MN$$

MN étant la parallèle équidistante de BE et de CF, donc on a :

$$V = BC \times 2\pi MN \times \frac{1}{3} AD$$

ou

$$V = \frac{BC \times AD}{2} \times \frac{4\pi MN}{3}$$

Or si construisant la médiane AM, on abaisse du point O situé à son tiers inférieur, la perpendiculaire OH, les triangles semblables AMN et AOH, font reconnaître que AO étant égal à $\frac{2AM}{3}$, OH est aussi égal à $\frac{2MN}{3}$, donc enfin

$$V = \frac{BC \times AD}{2} \times 2\pi OH$$

formule identique à celle donnée par le théorème général.

THÉORÈME CCLXIV

649. — *Quand un prisme quadrangulaire est circonscrit à une sphère, la somme de deux faces opposées quelconques est égale à la somme des bases.*

Soit un prisme quadrangulaire circonscrit à une sphère; soit O le centre de celle-ci. Par ce point menons un plan parallèle aux bases du prisme. Il coupera la sphère suivant un grand cercle, et le prisme suivant un quadrilatère PQMN égal aux bases.

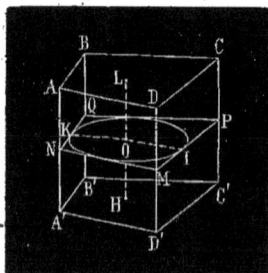

Comme ce quadrilatère est circonscrit à un cercle, sa surface sera égale à son périmètre multiplié par la moitié du rayon, ou comme PQ + MN = PM + QN sa surface sera indifféremment (PQ + MN) OI ou, (PM + QN) OI Ce sera aussi la surface de chacune des bases du prisme. Cela posé, la somme des faces laté-

rales BB'CC' et AA'DD' est $(B'C' + A'D') \times LH$, LH étant
la distance des deux bases ; or,

$$(B'C' + A'D') \, LH = (PQ + MN) \, 2OI$$

car $OI = OH = OL$, le prisme étant circonscrit à la sphère,
et puisque $B'C' = PQ$ et $A'D' = MN$. De même la somme des
deux autres faces latérales AA'BB' et CC'DD', sera :

$$(C'D' + A'B') \, LH$$

somme aussi égale à $(PM + QN) \, 2OI$; donc la somme de
deux faces opposées quelconques est constante et égale à la
somme des deux bases.

650. Corollaire. — *Dans tout prisme circonscrit à
une sphère, la surface latérale est équivalente à quatre fois
la surface d'une des bases.*

En effet, si l'on joint le centre de la sphère à chaque
sommet du prisme, on décompose celui-ci en pyramides
ayant chacune pour hauteur le rayon de la sphère et
ayant pour base une des faces du prisme, de sorte que
le volume du prisme, somme des volumes de ces pyramides, est égal à sa surface totale multipliée par le tiers du
rayon de la sphère. Soit B la surface d'une base, représentons
par surf. lat. l'ensemble des faces latérales, et par R le
rayon de la sphère, on aura donc pour expression du volume
V du prisme :

$$V = (2B + \text{surf. lat.}) \frac{1}{3} R$$

mais la hauteur du prisme étant le double du rayon, on a
aussi :

$$V = B \times 2R$$

d'où

$$2B \times \frac{1}{3}R + \text{surf. lat.} \times \frac{1}{3}R = B \times 2R$$

d'où l'on déduit sans peine :

$$\text{surf. lat.} = 4\,B$$

651. Remarque. — Si l'on augmente indéfiniment

le nombre des faces latérales d'un prisme circonscrit à une sphère, sa limite est le cylindre circonscrit, donc dans un cylindre circonscrit à une sphère la surface latérale est quadruple de la surface de la base. Si le prisme est droit, la base est égale à un grand cercle de la sphère, donc la surface latérale du cylindre droit circonscrit à la sphère est égale à quatre grands cercles, c'est-à-dire égale à la surface de la sphère elle-même.

THÉORÈME CCLXV

652. — *Le volume du segment sphérique a aussi pour mesure la différence entre le volume d'un cylindre ayant la hauteur du segment et pour base la section menée à égale distance des deux bases, et la moitié du volume d'une sphère ayant pour diamètre la hauteur du segment.*

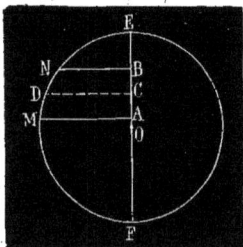

Soit le segment sphérique engendré par la révolution de la figure ABMN, autour du diamètre EF; représentons par R le rayon de la sphère, par h la hauteur AE de la calotte sphérique AEM, par h' la hauteur de la calotte BEN; si l'on considère le segment en question comme la différence des volumes des segments à une base limités par ces calottes, on aura, en représentant son volume par V :

$$V = \pi h^2\left(R - \frac{h}{3}\right) - \pi h'^2\left(R - \frac{h'}{3}\right)$$

ou

$$V = \pi R (h^2 - h'^2) - \pi\left(\frac{h^3 - h'^3}{3}\right)$$

ou encore, en dédoublant les facteurs entre parenthèses en facteurs connus,

$$V = \pi R (h - h')(h + h') - \frac{1}{3}\pi (h^2 + h'^2 + hh')(h - h')$$

mais $h - h'$ est la hauteur H ou AB du segment considéré ; de plus, on a incontestablement

$$h^2 + h'^2 + hh' = 3\left(\frac{h+h'}{2}\right)^2 + \left(\frac{h-h'}{2}\right)^2$$

et si l'on représente par d la distance CE du point E au milieu C de BA, on a $d = \frac{h-h'}{2} + h' = \frac{h+h'}{2}$; en substituant, la formule devient :

$$V = 2\pi RHd - \frac{1}{3}\pi\left(3d^2 + \frac{H^2}{4}\right)H$$

ou

$$V = 2\pi RHd - \pi\left(d^2H + \frac{H^3}{12}\right)$$

et enfin

$$V = \pi Hd(2R - d) - \frac{\pi H^3}{12}$$

mais si l'on élève au point C la perpendiculaire CD au diamètre, laquelle représente le rayon de la section menée parallèle aux bases du segment et à égale distance de chacune, en la représentant par c on a :

$$c^2 = d(2R - d)$$

donc enfin

$$V = \pi Hc^2 - \frac{\pi H^3}{12}$$

formule conforme à l'énoncé, et indépendante du rayon de la sphère.

THÉORÈME CCLXVI

653. — *Le volume d'une pyramide a pour mesure le quart du produit de sa base par sa hauteur, si l'on prend pour unité de volume la sphère dont le rayon est l'unité de longueur, et pour unité de surface le cercle de même rayon.*

En effet, soit V le volume de la pyramide, B sa base, H sa hauteur, on a :

$$V = \frac{1}{3}B \times H \quad \text{ou} \quad \frac{V}{\text{mèt. cub.}} = \frac{1}{3}\frac{B}{\text{mèt. car.}} \times \frac{H}{\text{mèt.}} \quad (1)$$

Soit C la surface du cercle unité de rayon un mètre et v le volume de la sphère unité de rayon un mètre; on a :

$$\frac{C}{\text{mèt. car.}} = \pi \quad \text{et} \quad \frac{v}{\text{mèt. cub.}} = \frac{4}{3}\pi$$

d'où l'on déduit sans peine :

$$\text{Mèt. car.} = \frac{C}{\pi}, \quad \text{et} \quad \text{mèt. cub.} = \frac{3v}{4\pi}$$

Reportant dans (1) ces valeurs du mètre carré et du mètre cube, on a :

$$\frac{V \times 4\pi}{3v} = \frac{1}{3} \times \frac{B \times \pi}{C} \times H$$

ou

$$\frac{V}{v} = \frac{1}{4} \times \frac{B}{C} \times H$$

or $\frac{V}{v}$ est le rapport des volumes de la pyramide et de la sphère unité, c'est la mesure cherchée; $\frac{B}{C}$ est la nouvelle mesure de la surface de la base, comparée à l'unité de surface nouvelle; le théorème est donc démontré.

EXERCICES NUMÉRIQUES

1. Un cylindre a 4 mètres de hauteur et pour base un cercle de 2 mètres de rayon, calculer les dimensions d'un cylindre, dont la base et la hauteur soient dans le même rapport, mais dont la surface latérale soit $\frac{1}{6}$ de celle du premier.

2. Trouver le poids du mercure contenu dans un vase cylindrique dont la base a un diamètre de $0^m,35$, et dans lequel le mercure s'élève de $0^m,80$; le mercure pesant 13,6 fois plus que l'eau.

3. Trouver les dimensions d'un cylindre dont le volume est 40 décimètres cubes, le diamètre de la base étant égal à la hauteur.

4. Calculer le volume d'un cylindre sachant que sa surface latérale est de $0^{m.q.},48$ et le rayon de la base égal à $0^m,3$.

5. Le litre est un vase d'étain dont la hauteur est double du diamètre de la base, l'épaisseur du métal est 0m.,005, l'étain pèse 6,8 fois plus que l'eau, trouver le poids de ce vase.

6. A quelle hauteur s'élève du mercure dans un cylindre dont la capacité est 20 litres, sachant que le diamètre de la base est égal à la hauteur; que l'on y verse 64 kilogr. de mercure, et que celui-ci pèse 13,6 fois plus que l'eau.

7. Trouver le diamètre d'un tube de verre cylindrique, lequel pèse 80 grammes étant vide, et 140 grammes lorsqu'il contient une colonne de mercure dont la longueur est 0m.,08; 13,6 étant la densité du mercure.

8. Sachant que la surface totale d'un cylindre est égale à celle d'un cercle de 10 mètres de rayon, que sa hauteur est 12 mètres, calculer son volume.

9. Quel est le diamètre d'un fil de platine qui pèse 28 grammes par mètre de longueur, la densité du platine étant 21,15?

10. Dans un cylindre dont le rayon est 0m.,25 on verse 30 kilogr. de mercure, densité 13,6 et 6 kilogr. d'alcool, densité 0,79; à quelle hauteur s'élève le niveau de l'alcool?

11. Un cône a 2 mètres de hauteur; la surface de sa base a 1 mètre carré; à 0m.,80 du sommet on mène un plan parallèle à la base; on demande la surface de la section.

12. Un cône a 4 mètres de hauteur; à quelle distance du sommet faut-il mener un plan parallèle à la base pour que la section obtenue soit $\frac{1}{3}$ de la base?

13. La génératrice d'un cône est de 1m.,20, le rayon de sa base de 0m.,92, trouver la surface d'une section parallèle à la base faite à 0m.,50 au-dessus de celle-ci.

14. Trouver le rapport entre les surfaces latérales d'un cylindre et d'un cône ayant même base et même hauteur.

15. Calculer l'angle au centre du secteur obtenu en développant sur un plan la surface latérale d'un cône, dont la hauteur est 3 mètres et le rayon de base 1 mètre.

16. Mener par un point pris sur la génératrice d'un cône égale à 2 mètres, une section parallèle à la base qui divise la surface latérale en deux parties équivalentes.

17. La génératrice d'un cône étant égale à 4 mètres, déterminer sur elle trois points tels que menant par chacun d'eux une section parallèle à la base, la surface latérale soit partagée en quatre parties, soit égales entre elles, soit proportionnelles aux nombres 1, 2, 3, 4.

18. Un cône ayant une hauteur égale au diamètre de la base, déterminer le rapport entre la surface latérale et celle de la base.

19. Trouver la hauteur d'un tronc de cône, sachant que la surface

latérale est 34ᵐ·ᑫ·,54, que les rayons des bases sont 1ᵐ.,42 et 0ᵐ.,64.

20. La génératrice d'un tronc de cône est 3ᵐ·,50, les rayons des bases sont 0ᵐ·,80 et 1ᵐ·,40; calculer la longueur à prendre sur la génératrice pour qu'une section parallèle aux bases divise sa surface latérale en deux parties équivalentes.

21. La génératrice d'un tronc de cône est 4 mètres, les rayons des bases sont 2 mètres et 3 mètres, calculer les longueurs à prendre sur la génératrice pour que des sections parallèles aux bases divisent la surface latérale en quatre parties, soit égales entre elles, soit proportionnelles aux nombres 3, 4, 5, 6.

22. Un cône en argent pèse 2ᵏⁱˡ·,5, trouver ses dimensions, sachant que la densité de l'argent est 10,47, et que la hauteur est égale à deux fois le diamètre de la base.

23. Un cône de 6 mètres de hauteur a un volume de 10 mètres cubes; à 2 mètres du sommet on mène un plan parallèle à la base, calculer la surface latérale du cône détaché par le plan de la section.

24. Un cône a 10 mètres de hauteur, sa surface est égale à celle d'un cercle d'un rayon de 6 mètres, calculer son volume.

25. Dans un cône ayant 4 mètres de hauteur, on mène parallèlement à la base et à 1 mètre du sommet une section dont la surface est 1 mètre carré. Calculer le volume du cône.

26. La génératrice d'un cône a 4 mètres, à quelle distance du sommet faut-il mener une section parallèle à la base pour diviser le volume en deux parties équivalentes?

27. La génératrice d'un cône a 4 mètres, à quelle distance du sommet faut-il mener des plans parallèles à la base, pour partager le volume total en quatre parties équivalentes, ou en parties proportionnelles aux nombres 2, 3, 5, 7?

28. Un cône ayant une hauteur de 5 mètres, à quelle distance du sommet faut-il mener un plan parallèle à la base pour que le cône soit coupé en moyenne et extrême raison?

29. Un cylindre et un tronc de cône ont une base commune et même hauteur, le volume du tronc est la moitié du volume du cylindre, calculer le rapport des rayons des deux bases du tronc de cône.

30. Dans un tronc de cône la hauteur est 4 mètres, les rayons des bases sont 3 mètres et 2 mètres, calculer la hauteur du cône équivalent dont la base serait une moyenne proportionnelle entre les deux bases du tronc de cône.

31. La génératrice d'un tronc de cône est 4 mètres, à quelle distance de son extrémité supérieure faut-il mener une section parallèle aux bases, pour partager le volume en deux parties équivalentes?

32. La génératrice d'un tronc de cône est 4 mètres, les rayons

des bases sont 2 mètres et 3 mètres, déterminer sur la génératrice
des points tels que menant par ces points des sections parallèles
aux bases, le volume total soit partagé en quatre parties équivalentes, ou proportionnelles aux nombres 2, 3, 4, 5.

33. Les rayons des bases d'un tronc de cône sont 3m,50 et 7m.,30 et
la hauteur 2 mètres, calculer la surface et le volume du cône entier.

34. Dans une sphère de 2 mètres de rayon on mène une section à
0m.,40 du centre. Calculer la surface de cette section.

35. Les pôles d'un cercle sont à 3 mètres et 4 mètres de la circonférence de ce cercle, leur distance mutuelle est de 5 mètres, calculer
la surface du cercle.

36. Calculer la surface engendrée par un triangle équilatéral
tournant autour d'un axe passant par un sommet et parallèle au
côté opposé; le côté du triangle ayant 6 mètres de longueur.

37. Calculer la surface engendrée par un demi-hexagone tournant autour de son diamètre, le côté étant égal à 2 mètres.

38. Trouver dans une sphère de 2 mètres de rayon la surface de
la base d'une calotte sphérique dont la surface est 0m.q.,80.

39. Calculer le rayon d'une sphère dont la surface est moyenne
proportionnelle entre les surfaces latérales d'un cylindre et d'un
cône ayant chacun 2 mètres de hauteur et pour base un cercle de
1 mètre de rayon.

40. Calculer le volume engendré par un triangle isocèle tournant
autour d'un axe parallèle à la base et passant par un sommet, les
côtés du triangle étant 3 mètres et 5 mètres.

41. Calculer le volume engendré par un triangle dont les côtés
ont respectivement 2 mètres, 3 mètres et 4 mètres, et qui tourne
autour du côté de 4 mètres.

42. Un secteur a un volume de 0m c.,620, la surface de la zone
qui lui sert de base a 1 mètre carré, calculer le volume de la sphère
à laquelle ce secteur appartient.

43. Calculer le volume d'une sphère, sachant qu'une section
menée à 0m.,20 du centre a 0m.q.,80 de surface.

44. Un arc de grand cercle de 44° a 0m.,20, quel est le volume de
la sphère?

45. Sur le diamètre d'un cercle dont le rayon est égal à 0m.,035,
on prend à partir du centre une longueur de 0m.,125, du point
extrême on mène une tangente au cercle, on fait tourner le tout
autour du diamètre, calculer le volume et la surface du cône
engendré par la tangente.

46. Un cylindre et un cône ont une hauteur de 2 mètres, et une
base de 1m.,20 de rayon, trouver le rayon de la sphère dont le
volume serait moyen proportionnel entre les volumes du cylindre
et du cône.

47. Un cône est circonscrit à deux sphères tangentes dont les rayons sont 15 mètres et 10 mètres, calculer le volume compris entre les trois surfaces.

48. Un réservoir a la forme d'un tronc de cône, il contient de l'eau, dont les rayons des bases inférieure et supérieure sont 0m.,5 et 0m.8, la hauteur étant 1m.,5; on laisse tomber dans ce réservoir un bloc cubique en marbre ayant 0m.,4 de côté, à quelle hauteur s'élèvera le niveau de l'eau?

49. Sur une sphère dont le rayon est 13 mètres, on considère une zone à deux bases dont l'une est à 1 mètre du centre de la sphère, la surface de cette zone est de 100 mètres carrés, calculer la surface du cercle formant la seconde base.

50. Un creuset ayant la forme d'un tronc de cône a pour diamètre de ses deux bases 0m.,4 et 0m.,7, sa hauteur est 0m.,10, il contient du métal en fusion, dont la surface supérieure a un diamètre de 0m.,06, on veut couler ce métal dans un moule sphérique, chercher quel doit être le rayon de celui-ci pour que le métal le remplisse entièrement.

51. Inscrire dans une sphère de 10 mètres de rayon un cylindre tel que sa surface latérale soit le double de la surface d'une des bases.

EXERCICES THÉORIQUES

52. La génératrice d'un tronc de cône étant égale à la somme des rayons des bases, démontrer que la hauteur est le double de la moyenne géométrique entre les deux rayons, et que le volume s'obtient en multipliant la surface totale par le sixième de la hauteur.

53. On donne une sphère dont on prend le rayon pour unité. A quelle distance du centre faut-il mener un plan pour couper la sphère en deux parties dans un rapport $\frac{m}{n}$?

54. Démontrer que lorsque la hauteur d'un tronc de cône est égale à quatre fois la différence des rayons de ses bases, son volume est la différence des volumes de deux sphères construites avec ces rayons.

55. Sur chaque moitié du diamètre d'un demi-cercle on décrit un demi-cercle, on demande le volume engendré par la surface comprise entre les trois demi-cercles, lorsque l'ensemble de la figure tourne autour du diamètre.

56. Établir que la surface de la sphère est aux surfaces totales du cylindre et du cône circonscrits comme les nombres 4, 6, 9, et que les volumes des trois corps sont dans le même rapport.

57. Établir que les volumes du cylindre circonscrit à une sphère

et le volume du cône équilatéral ayant mêmes dimensions que le cylindre sont entre eux comme les nombres 3, 2, 1, et les surfaces, comme les nombres 4, 6, $1 + \sqrt{5}$.

58. Établir que les volumes engendrés par les polygones réguliers suivants tournant autour d'un de leurs côtés, représenté par c, ont pour expression :

1° Le triangle équilatéral.   . . . . $\frac{1}{4}\pi c^3$

2° Le carré. . . . . πc^3

3° Le pentagone. . . . . $\frac{1}{4}\pi c^3 (5 + 2\sqrt{5})$

4° L'hexagone. . . . . $\frac{9}{2}\pi c^3$

5° Le décagone. . . . . $\frac{5}{2}\pi c^3 (5 + 2\sqrt{5})$

59. Trouver le volume engendré par un triangle équilatéral tournant autour d'un axe passant par un sommet et perpendiculaire à un côté.

60. Trouver le volume engendré par un triangle équilatéral tournant autour d'un axe passant par un sommet, et faisant avec le côté un angle de 30°. Trouver l'angle que doit faire avec l'axe de rotation le côté d'un triangle équilatéral tournant autour d'un axe passant par un sommet pour que le volume engendré soit *minimum*.

61. Trouver le volume engendré par un demi-décagone régulier tournant autour de son diamètre.

62. Construire un triangle, sachant que les volumes V, V', V' engendrés par ce triangle tournant successivement autour de ses trois côtés sont équivalents à trois sphères de rayon R, R' et R''.

63. Construire un triangle connaissant deux de ses côtés, et sachant que le volume engendré par la révolution de ce triangle autour du troisième côté est égal à la somme des volumes qu'il engendrerait en tournant successivement autour des deux côtés connus.

64. Démontrer que si l'on fait tourner un parallélogramme successivement autour de deux côtés adjacents, les volumes engendrés sont en raison inverse de ces côtés.

65. Dans un triangle on mène une parallèle à la base par le milieu d'un des côtés, on fait tourner la figure autour de la base; démontrer que le trapèze et le petit triangle supérieur engendrent des volumes égaux.

66. D'un point A pris sur le prolongement du diamètre on mène une tangente à un demi-cercle; la figure tournant autour du diamètre, la tangente engendre une surface conique S, l'arc compris

entre le diamètre et la tangente du côté de A engendre une calotte sphérique Z, déterminer A de façon que l'on ait la relation $\frac{S}{X} = \frac{p}{q}$.

67. Inscrire dans une sphère un cône dont la surface latérale soit équivalente à celle de la calotte sphérique de même base.

68. D'un point pris sur la surface d'une sphère comme pôle avec le tiers de la corde d'un quadrant comme rayon, on décrit un petit cercle; calculer le rayon de ce petit cercle, en fonction du rayon de la sphère.

69. D'un point on mène à une sphère trois sécantes rectangulaires, démontrer que :

Si le point est situé sur la surface de la sphère, la somme des carrés des trois cordes rectangulaires est égale au carré du diamètre de la sphère.

Si le point est dans l'intérieur de la sphère, la somme des carrés des six segments est égale au carré du diamètre de la sphère augmenté de deux fois celui du rayon du plus petit cercle que l'on peut mener dans la sphère par le point donné.

Si le point est à l'extérieur de la sphère, la somme des carrés des trois cordes est égale au carré du diamètre diminué de huit fois le carré de la tangente menée par le point donné, et que la somme des carrés des six segments est égale au carré du diamètre de la sphère diminué de deux fois le carré de la tangente menée à la sphère du point donné.

70. Dans un trapèze rectangle, le côté perpendiculaire aux bases est a, la somme des trois autres côtés est $3a$, calculer ces trois autres côtés sachant que le trapèze, en tournant autour du côté a, engendre un volume équivalent à celui d'une sphère de rayon m.

71. Couper une sphère par un plan de façon que les surfaces latérales des deux cônes, ayant cette section pour base et ses pôles pour sommet, soient dans un rapport $\frac{m}{n}$ donné.

72. Connaissant le rayon d'une sphère et le rapport des surfaces de cette sphère et de la surface totale d'un tronc de cône circonscrit, calculer les rayons des bases de ce tronc de cône.

73. Étant donné un cercle, on lui circonscrit un parallélogramme que l'on fait tourner autour d'une de ses diagonales. Démontrer que la surface et le volume ainsi engendrés sont proportionnels. Calculer cette surface et ce volume connaissant le rayon du cercle et la surface du parallélogramme.

74. Quel est le lieu géométrique des centres des sections faites dans une sphère par des plans passant : 1° par une droite donnée, 2° par un point donné?

75. La somme des surfaces des cercles suivant lesquels les faces

d'un trièdre trirectangle coupent une sphère est constante pour une même position du sommet de cet angle. De plus, la somme des carrés des distances du sommet de l'angle trièdre aux six points où les arêtes de ce trièdre rencontrent la surface de la sphère est aussi constante.

76. Quel est le lieu géométrique des centres des sphères qui coupent deux sphères données suivant des grands cercles?

77. Quel est le lieu géométrique des centres des sphères qui coupent trois sphères données suivant des grands cercles?

78. Mener par une droite un plan qui coupe deux sphères, de manière que les rayons des sections soient proportionnels à ces deux sphères.

79. Mener par un point un plan qui coupe trois sphères de manière que les rayons des sections soient proportionnels à ceux des sphères.

80. Couper une sphère par un plan tel que la section soit équivalente à la différence des deux calottes en lesquelles ce plan partage la surface de la sphère, ou que l'aire d'un grand cercle soit moyenne proportionnelle entre ces deux calottes.

81. Couper par un plan une sphère de façon qu'il divise en deux parties équivalentes le secteur sphérique ayant pour base la plus petite des deux calottes que ce plan détermine sur la surface de la sphère.

82. Inscrire dans un demi-cercle un triangle rectangle tel que le volume qu'il engendre en tournant autour de son hypoténuse ait un rapport donné avec celui de la sphère décrite par le demi-cercle. (Maximun de ce rapport.)

83. Un hexagone de côté a tourne successivement autour d'un de ses côtés, et autour d'un axe extérieur mené par un des sommets et également incliné sur les deux côtés adjacents; calculer les surfaces et les volumes engendrés.

84. On joint en croix les extrémités de deux parallèles de longueur a et b et de distance h; calculer la somme et la différence des volumes engendrés par les deux triangles lorsque la figure tourne autour d'une des deux parallèles.

85. Un pentagone de côté connu est formé par un carré surmonté d'un triangle équilatéral, on fait tourner la figure autour d'un de ses côtés, calculer le volume engendré.

86. Sur un même plan horizontal sont disposés une sphère de rayon r et un cône droit dont la hauteur est le diamètre de la sphère, et dont le rayon de base est b. Couper ces deux corps par un plan horizontal de telle façon que les surfaces des deux sections soient entre elles dans un rapport donné.

87. L'axe d'un cône fait un angle de 30° avec la génératrice; on

place dans ce cône une sphère de 1ᵐ de rayon touchant la surface conique, trouver le rayon du cercle de contact.

88. Étant donnés deux plans P et P' et un point A en dehors de ces plans, on considère toutes les sphères qui passent par le point A et qui sont tangentes aux plans donnés. On demande : 1° de trouver le lieu de la droite qui joint le point A au centre de la sphère variable ; 2° de trouver le lieu du point où cette sphère touche l'un des plans.

89. Un hexagone dont le côté est a, est placé de telle façon que tous ses côtés sont tangents à une sphère, on donne le rapport des zones déterminées sur la sphère par le plan de l'hexagone ; quel est le rayon de la sphère ?

90. Dans un tétraèdre régulier, les milieux des six arêtes sont sur une même sphère. Calculer en fonction de l'arête du tétraèdre la portion de la surface sphérique située en dehors du tétraèdre.

91. Étant donnée une sphère, on construit sur un grand cercle comme base un cône équivalent à la moitié du volume de la sphère. Trouver : 1° le rayon du petit cercle d'intersection ; 2° Évaluer le volume de la portion du cône comprise entre la base et le plan de ce petit cercle.

92. On donne deux sphères tangentes extérieurement et dont l'une a un rayon double de l'autre. A ces deux sphères on circonscrit un cône dont on demande le volume et la surface totale, connaissant le rayon de l'une des sphères.

LIVRE VIII

COURBES USUELLES

DE L'ELLIPSE

654. Définitions. — L'ellipse est une courbe plane telle que la somme des distances de l'un quelconque de ses points à deux points fixes est constante.

Ainsi la courbe AMNBE étant une ellipse, et les deux points fixes étant F et F', les sommes des distances $MF + MF'$ et $NF + NF'$ sont égales.

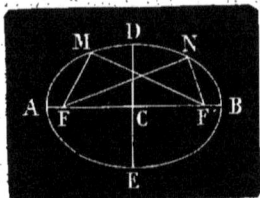

Les deux points fixes F et F' sont les deux *foyers* de l'ellipse, les distances MF et MF' d'un point de la courbe à chaque foyer se nomment les *rayons vecteurs* de ce point. On peut donc dire que pour chaque point de l'ellipse la somme des rayons vecteurs est constante.

La distance des deux foyers se nomme *la distance focale.*

THÉORÈME CCLXVII

655. — *Pour tout point hors de l'ellipse la somme des distances aux foyers est plus grande que la somme des rayons vecteurs, et pour tout point intérieur à l'ellipse la somme de ces mêmes distances est moindre que la somme des rayons vecteurs.*

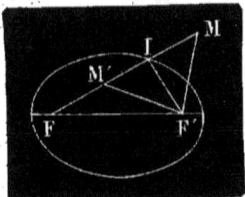

Soit une ellipse; F et F' ses foyers, et un point M hors de la courbe; joignons MF, MF', puis IF', je dis que

$$MF + MF' > IF + IF'$$

En effet, dans le triangle MIF', on

30

a IF' $<$ F'M $+$ MI ; ajoutant de part et d'autre IF, il vient :

$$\text{IF} + \text{IF}' < \text{F}'\text{M} + \text{MI} + \text{IF}$$

ou

$$\text{IF} + \text{IF}' < \text{F}'\text{M} + \text{MF}$$

Pour un point M' placé à l'intérieur de l'ellipse, on démontrerait de même que, ayant la relation M'F' $<$ M'I $+$ IF, on a, en ajoutant de part et d'autre la ligne FM',

$$\text{FM}' + \text{M}'\text{F}' < \text{FI} + \text{IF}'$$

THÉORÈME CCLXVIII

656. — *L'ellipse a deux axes de symétrie, savoir la ligne passant par les deux foyers, et la perpendiculaire au milieu de cette ligne; elle a un centre de symétrie, qui est le milieu de la distance focale.*

Soit une ellipse; AB la droite passant par les deux foyers ; je dis que tous les points de la courbe ADB ont leurs symétriques par rapport à AB sur la courbe AEB.

En effet, soit un point M, si de ce point on abaisse une perpendiculaire sur AB, et si on la prolonge d'une quantité égale à elle-même, le point M' sera le symétrique de M par rapport à AB; il suffira donc de faire voir que le point M' est sur la courbe, c'est-à-dire que la somme des distances FM' $+$ F'M' est égale à la somme des rayons vecteurs. Or les lignes F'M, F'M' sont égales, comme obliques s'écartant également du pied de la perpendiculaire; FM $=$ FM' pour la même raison, donc

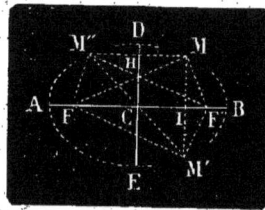

$$\text{FM}' + \text{F}'\text{M}' = \text{FM} + \text{F}'\text{M}$$

donc le point M' est un point de la courbe.

Je dis 2°, que si sur le milieu C de FF' on élève la perpendiculaire DE, tous les points de la courbe DBE ont leurs symétriques sur la courbe DAE.

En effet, si du point M on abaisse une perpendiculaire sur

DE et si on la prolonge d'une quantité égale à elle-même, le point M″ est le symétrique de M par rapport à DE; il suffit donc de faire voir que M″ est un point de la courbe. Or il est facile de reconnaître que le trapèze FM″MF′ est isocèle, la perpendiculaire CD passant par les milieux des deux bases; donc M″F = MF′, et les deux triangles M″FF′ et MFF′ sont égaux, les diagonales M″F′ et MF sont aussi égales, donc

$$M''F + M''F' = MF + MF'$$

et le point M″ est un point de la courbe.

Je dis encore, 3°, que tous les points de l'ellipse sont deux à deux symétriques par rapport au point C.

En effet, le triangle M″FF′ étant égal à MFF′ est aussi égal à M′FF′ égal au précédent; la figure M′FM′F′ est donc un parallélogramme, et le point C, milieu de la diagonale FF′, est aussi le milieu de l'autre diagonale M′M″, et comme le premier point M a été pris quelconque, il en serait de même pour toute autre position de ce point. Le point C est donc le milieu de toutes les lignes inscrites dans l'ellipse et passant par C, il est donc le centre de symétrie de la courbe.

657. **Définitions.** — L'axe de symétrie AB se nomme *le grand axe*, le centre C en est le milieu; le second axe de symétrie DE se nomme le *petit axe*. Les extrémités A, B, E, D des deux axes sont les *sommets* de l'ellipse.

THÉORÈME CCLXIX

658. — *Dans l'ellipse le grand axe est égal à la somme des rayons vecteurs, et la distance de chaque foyer à un des sommets du petit axe est égale au demi-grand axe.*

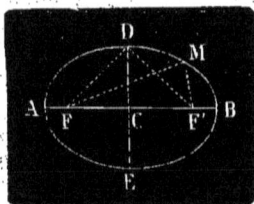

Soit une ellipse; F, F′, ses foyers, FM + F′M, la somme de deux rayons vecteurs quelconques, je dis, 1° que

$$AB = FM + F'M$$

En effet, A étant un point de la courbe, on a :

$$AF + AF' = FM + F'M$$

ou

$$AF + AF + FF' = FM + F'M$$

mais comme $AF = F'B$, puisque le point C, milieu de FF', est aussi le milieu de AB, on a encore,

$$AF + F'B + FF' = FM + F'M$$

et enfin

$$AB = FM + F'M$$

Je dis, 2° que :

$$FD = \frac{AB}{2}$$

En effet, D étant un point de la courbe, on a

$$DF + DF' = FM + F'M = AB$$

mais $DF = DF'$, comme obliques égales, donc,

$$2DF = AB \quad \text{et} \quad DF = \frac{AB}{2}$$

659. Remarque. — De ce que $DF = \frac{AB}{2}$ il résulte que DC, demi-petit axe, perpendiculaire sur AB, étant toujours moindre que DF oblique, on a toujours $DE < AB$. De là les noms de grand axe et de petit axe.

Dans les questions algébriques relatives à l'ellipse, on est convenu de représenter le grand axe par $2a$, le petit axe par $2b$, et la distance focale par $2c$, alors le triangle rectangle DCF, dans lequel $DF = a$, $DC = b$ et $CF = c$, donne entre ces trois éléments de l'ellipse la relation très importante,

$$a^2 = b^2 + c^2$$

Remarquons aussi que si la distance focale FF' diminue, la grandeur de DF se rapproche de celle de DC; de sorte que, à la limite, si les deux foyers se confondent au point C, $DF = DC = a$, et l'ellipse devient une circonférence. Plus au contraire les deux foyers s'éloignent, plus DC diminue, et à la limite, FF' devenant infini, DC devient 0, l'ellipse devient une ligne droite.

On nomme *excentricité* de l'ellipse le rapport entre la

distance focale FF' et le grand axe AB, ce rapport est toujours une fraction.

PROBLÈME I

660. — *Décrire une ellipse, connaissant ses foyers et la*
somme des rayons vecteurs, ou le grand axe, 1° par points,
2° d'un tracé continu.

Tracé de l'ellipse par points. — Soient FF',
les deux foyers donnés, soit AB la somme donnée des rayons
vecteurs, supérieure à la distance FF', sans quoi l'ellipse
n'existerait pas ; deux arcs de cercle
tracés du milieu de FF' comme centre
avec un rayon égal à $\frac{AB}{2}$ coupent la
ligne qui joint les foyers en deux
points A et B qui sont les deux
sommets du grand axe. Cela fait,
pour avoir autant de points de la
courbe que l'on veut, il suffit de
partager AB en deux parties quelconques AC et BC, puis du point F'
avec BC pour rayon et du point F
avec AC, on décrit en dessus et en
dessous de AB deux arcs de cercle
qui, se coupant en D et D', donnent deux points de la courbe,
car F'D + FD = AB, et F'D' + FD' = AB. Répétant la même
construction avec les mêmes rayons, mais avec les centres
F et F' pris en sens inverse, on détermine les deux autres
points D″ et D‴.

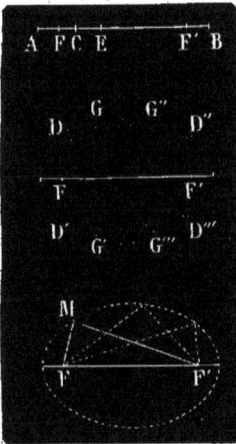

Partageant ensuite AB en deux autres parties AE et EB,
et opérant de même, on déterminera encore quatre autres
points G, G', G″, G‴, et ainsi de suite, jusqu'à ce que l'on
ait assez de points pour pouvoir sans trop d'erreur les joindre
d'un trait continu qui sera le tracé de l'ellipse demandée.

661. **Tracé continu.** — Aux points F et F' on fixe
d'une manière invariable les deux extrémités d'un fil dont la
longueur a été prise égale à la somme AB des rayons vec-

teurs; puis tendant ce fil avec la pointe d'un crayon, on le fait glisser le long du fil, d'abord au-dessus, puis au-dessous de la ligne des foyers; sa pointe décrira une ellipse, puisque la somme de ses distances aux deux foyers sera toujours égale à la longueur du fil, c'est-à-dire à la somme des rayons vecteurs donnée.

Ce tracé donne un trait beaucoup plus pur que le tracé par points, mais il ne peut être utilement employé que pour les ellipses de grande dimension, vu la difficulté de fixer invariablement aux foyers les extrémités d'un fil très délié.

662. **Définition.** — On nomme *tangente* à l'ellipse, et en général à une courbe quelconque, la position que prend une sécante lorsque, tournant dans le plan de la courbe autour d'un des points de contact, le second point de contact vient se confondre avec celui-ci.

Ainsi, supposons une ellipse, et une sécante XY qui la coupe aux points N et M, si dans le plan de la courbe on fait tourner cette sécante autour du point M, en éloignant l'extrémité X du grand axe, on voit que dans ce mouvement le point N va se rapprochant de M et finit par se confondre avec lui; la sécante ayant alors la position X'Y', pour reparaître ensuite en arrière, en N', la sécante ayant alors la position X"Y", dans la position X'Y' elle est dite tangente, et n'a qu'un point de commun avec la courbe. On ne peut pour les courbes autres que la circonférence conserver la définition de la tangente qui a suffi pour celle-ci, car, comme on le verra, il y a des courbes telles qu'une droite peut n'avoir avec elles qu'un point commun sans cependant leur être tangente.

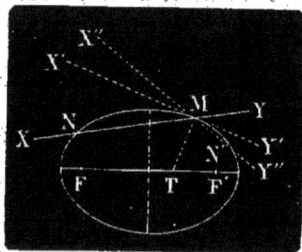

La *normale* à l'ellipse, et, en général, à une courbe quelconque, est la perpendiculaire élevée sur la tangente au point de contact.

Dans la figure ci-dessus MT est la normale.

THÉORÈME CCLXX

663. — *La tangente à l'ellipse fait des angles égaux avec les rayons vecteurs du point de contact; et, réciproquement, toute ligne qui fait des angles égaux avec les rayons vecteurs d'un point de l'ellipse est tangente à l'ellipse.*

Soit une ellipse; F, F' ses foyers, et une sécante SS' qui coupe la courbe aux points N et M, je dis que si l'on fait tourner cette sécante autour du point M jusqu'à ce que le point N se confonde avec lui, dans cette position la sécante, devenue tangente, fera des angles égaux avec les rayons vecteurs FM et F'M.

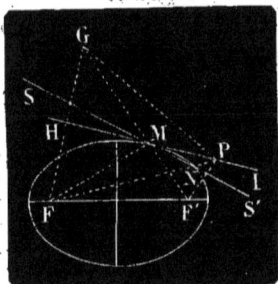

Prolongeons le rayon F'M d'une longueur MG égale à FM, joignons FG, et menons HI par le point M et le milieu H de FG; cette droite est perpendiculaire sur FG, puisque MG = MF et elle fait avec les rayons vecteurs FM et F'M les angles égaux HMF et IMF', puisque HMF = HMG et que

$$HMG = IMF'.$$

De plus, tous les points de cette ligne sont extérieurs à la courbe, avec laquelle elle n'a que le point M de commun, car pour un point quelconque P, par exemple, si l'on joint PG, PF et PF', on a, dans le triangle GPF' :

$$GP + PF' > GF'$$

ou, comme GP = PF et GM = MF :

$$FP + PF' > FM + MF'$$

donc le point P, et tout autre point de HI, hors le point M, est extérieur à la courbe. Si maintenant on vient à faire tourner la sécante SS' autour du point M jusqu'à ce qu'elle coïncide avec HI, ce qui arrivera lorsque le point N se confondra avec M, la sécante sera donc devenue tangente, elle fait donc des angles égaux avec les rayons vecteurs du point M.

Réciproquement, on voit que toute ligne telle que HI, construite avec la condition de faire des angles égaux avec les rayons vecteurs au point M, est tangente à la courbe, car si au point M on menait une tangente, cette condition même la forcerait à coïncider avec HI.

THÉORÈME CCLXXI

664. — *La normale en un point de l'ellipse est bissectrice de l'angle des rayons vecteurs de ce point.*

Soient une ellipse; F, F′, ses foyers, TT′ la tangente à un point M; et MN la normale en ce point; si je mène les rayons vecteurs FM et F′M, je dis que la normale MN est bissectrice de l'angle FMF′.

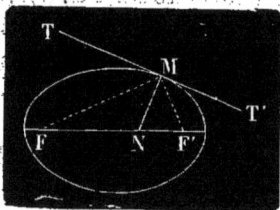

En effet, la ligne TT′ étant tangente, les angles TMF et T′MF′ sont égaux, si on les retranche chacun des angles droits TMN, T′MN, les restes sont égaux, donc FMN=F′MN; la normale est donc bissectrice de l'angle des rayons vecteurs.

THÉORÈME CCLXXII

665. — *L'ellipse est le lieu géométrique des points équidistants d'un des foyers et de la circonférence décrite de l'autre foyer comme centre avec un rayon égal au grand axe.*

Soient F et F′ les deux foyers d'une ellipse, FA la longueur du grand axe; de F comme centre décrivons une circonférence de rayon FA, je dis que tout point équidistant de F′ et de la circonférence est un point de l'ellipse.

En effet, menons le rayon FB, joignons F′B, et sur le milieu de cette ligne élevons la perpendiculaire LI, qui

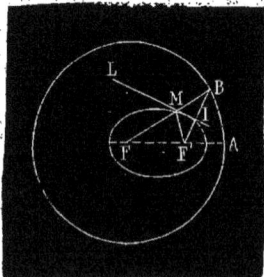

coupe en M le rayon FB; joignons MF', on a évidemment MB = MF', le point M est équidistant de la circonférence et du foyer F', je dis que M est un point de l'ellipse; ce qui est vrai, car si l'on a FM + MB = FA, puisque MB = MF', on a aussi FM + MF' = FA, or FA est le grand axe ou la somme des rayons vecteurs.

666. **Remarque.** — La ligne Ml fait les angles égaux BMl et IMF', mais BMl = LMF comme opposés par le sommet; donc IMF' = LMF, et la ligne LI faisant des angles égaux avec les rayons vecteurs du point M est une tangente de l'ellipse.

La construction qui a donné naissance au point M peut aussi être utilisée pour tracer une ellipse par points, si l'on connaît ses foyers et son grand axe; elle donnera de plus et en même temps des tangentes à la courbe.

667. **Définition**. — Le cercle décrit avec un foyer de l'ellipse pour centre et son grand axe pour rayon se nomme le *cercle directeur* de l'ellipse.

Toute ellipse a nécessairement deux cercles directeurs.

668. **Corollaire.** — *Le cercle directeur d'une ellipse est le lieu géométrique des points symétriques au foyer de l'ellipse par rapport à ses tangentes.*

En effet, le point B est symétrique de F' par rapport à LI.

THÉORÈME CCLXXIII

669. — *Le lieu des projections des foyers d'une ellipse sur ses tangentes est la circonférence décrite sur le grand axe comme diamètre.*

Soit une ellipse; F, F', ses foyers; TT' une tangente au point M. Si de F' on abaisse une perpendiculaire sur TT', je dis que le point I, projection de F' sur la tangente, appartient à une circonférence décrite de C comme centre avec le demi-grand axe pour rayon.

En effet, menons FM et prolongeons FM et F'I jusqu'à leur rencontre en G; on sait par ce qui précède que MG = MF' et que F'I = IG. Si maintenant l'on joint CI, cette ligne joignant dans le triangle FF'G les milieux des côtés FF' et F'G, est parallèle à FG et égale à sa moitié, or FG = FM + MF' = AB, donc le point I, distant du centre d'une quantité CI égale à $\frac{AB}{2}$, appartient à une circonférence ayant son centre en C et $\frac{AB}{2}$ pour rayon. On démontrerait de même que I', projection de F sur TT', appartient à la même circonférence, on la nomme *circonférence principale* ou *circonscrite* à l'ellipse.

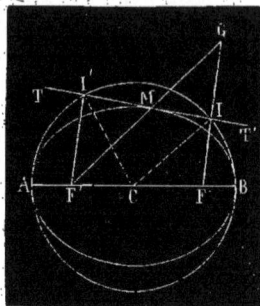

THÉORÈME CCLXXIV

670. — *Le produit des distances des deux foyers d'une ellipse à une tangente est constant, et égal au carré du demi-petit axe.*

Soit une ellipse; une tangente TT', et les distances FP, F'P' des deux foyers à cette tangente; je dis que le produit FP $\times$ F'P' est constant et égal au carré b^2 du demi-petit axe.

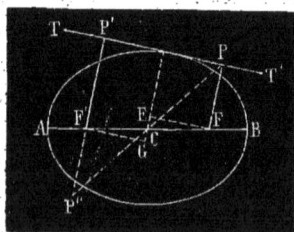

En effet, P et P', d'après le théorème précédent, appartiennent à une circonférence ayant AB pour diamètre; si, joignant PC, on prolonge cette ligne ainsi que P'F' jusqu'à leur rencontre en P'', ce point P'' est un autre point de ce cercle, car il est symétrique de P par rapport au centre C; en effet, les deux triangles PCF, P″F′C, sont égaux, car ils ont un côté égal F′C = CF, et les angles en F′ et F égaux comme alternes internes, ainsi que les angles en C, donc CP″ = CP, et P″F′ = PF. Alors P′P″ étant une corde, ainsi que AB, on a la relation :

$$P'F' \times P''F' = AF' \times F'B$$

mais AF′ = CA — CF′ et peut se représenter par $a - c$, et F′B = F′C + CB et peut se représenter par $a + c$, donc on peut écrire

$$P'F' \times P''F' = (a - c)(a + c) = a^2 - c^2 = b^2$$

donc enfin

$$P'F' \times PF = b^2$$

671. Corollaire I. — *La différence des carrés des distances du centre d'une ellipse à une tangente et à sa parallèle menée par un foyer est constante.*

En effet, menons par le centre C une perpendiculaire CD à la tangente et projetons F et F′ en E et en G sur cette perpendiculaire, il est aisé de reconnaître sans autre détail que CE = GC, et que F′P′ = CD + GC et FP = CD — GC; donc

$$F'P' \times FP = (CD + GC)(CD - GC) = CD^2 - GC^2$$

mais on a

$$F'P' \times FP = b^2$$

donc on a aussi

$$CD^2 - GC^2 = b^2$$

672. Corollaire II. — *Le lieu des sommets des angles droits circonscrits à l'ellipse est une circonférence ayant pour centre le centre de l'ellipse.*

En effet, soit une ellipse et un angle droit dont les deux côtés sont deux tangentes à la courbe; menons du point C les distances CD et CG, puis du point F les parallèles FE et FH aux tangentes; en appliquant le corollaire précédent on aura :

$$CD^2 - CE^2 = b^2$$
$$CG^2 - CH^2 = b^2$$

ajoutant, et remarquant que $CD^2 + CG^2 = CS^2$, et que

$$CH^2 + CE^2 = c^2$$

on a

$$CS^2 - c^2 = 2b^2 \text{ ou } CS^2 = c^2 + 2b^2$$

or, comme

$$c^2 + b^2 = a^2$$

on a

$$CS^2 = a^2 + b^2 \text{ et } CS = \sqrt{a^2 + b^2}$$

La distance CS est donc constante, égale à $\sqrt{a^2 + b^2}$, donc le sommet S de l'angle droit est sur une circonférence dont le centre est c.

PROBLÈME II

673. — *Construire une tangente à l'ellipse par un point donné, soit sur la courbe, soit hors de la courbe.*

1er cas. — Soit M le point donné sur la courbe, on construit les rayons vecteurs FM et F'M; on trace la bissectrice MI de l'angle FMF', cette ligne sera la normale (n° 664); dès lors la tangente sera la perpendiculaire TT' menée à la normale MI au point M.

674. **2e cas.** — Le point donné N est hors de la courbe.

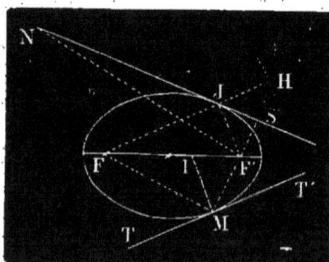

Joignant ce point à un foyer, F' par exemple, du point N avec NF' pour rayon on décrit un arc de cercle, et du point F, avec un rayon égal à la somme des rayons vecteurs ou au grand axe on décrit un autre arc de cercle, qui coupe le précédent en H; joignant alors FH, le point J où cette ligne coupe la courbe est le point de tangence; il ne reste donc plus qu'à joindre NJ. En

effet, si l'on joint F'J, on a F'J = JH, puisque FH est égale
à la somme des rayons vecteurs; on a déjà NF' = NH, donc
la ligne NS, équidistante en deux points de F' et de H, est
perpendiculaire sur le milieu de F'H, donc alors l'angle
F'JS = SJH = FJN et la ligne NS est tangente au point J.

Du point N on peut mener deux tangentes à l'ellipse, la
seconde tangente aurait été déterminée par la seconde intersection des arcs de cercle tracés des points F et N comme
centres.

Pour que le problème soit possible, il faut et il suffit que
ces deux arcs se coupent, et pour cela il suffit que la distance FN des centres soit moindre que la somme des rayons,
et que chacun d'eux soit moindre que l'autre rayon augmenté
de la distance des centres.

675. **Corollaire.** — *Les deux tangentes menées à une
ellipse d'un point extérieur font des angles égaux avec les
droites qui joignent ce point aux deux foyers; et la droite
qui joint ce point à un des foyers est bissectrice de l'angle
formé par les rayons vecteurs menés de l'autre foyer aux
deux points de tangence.*

Soient les deux tangentes PM' et PM, issues du point P.
Menons les rayons vecteurs des deux points de contact M et
M', puis prolongeant F'M d'une quantité MD égale à MF, et
FM' d'une quantité M'E égale à M'F', joignons FD, F'E, puis
aussi PE, PF', PD, PF; je dis que les angles M'PF' et MPF
sont égaux.

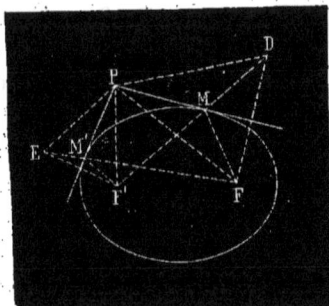

En effet, on sait par ce
qui précède que PD = PF
et PE = PF'; que PM est
bissectrice de l'angle DPF,
et PM' bissectrice de l'angle
EPF'; cela posé, les deux
triangles PFE, PF'D sont
égaux comme ayant les trois
côtés égaux chacun à cha-
cun, savoir : PF = PD,
PE = PF' et F'D = FE = 2a,

donc les angles FPE, F'PD sont égaux; si l'on en retranche l'angle commun F'PF, les restes EPF', FPD sont égaux, et leurs moitiés M'PF', MPF sont aussi égales, ce qu'il fallait démontrer.

Je dis secondement que la ligne PF est bissectrice de l'angle M'F'M.

En effet, l'égalité des deux triangles EPF et PDF' établit aussi l'égalité des angles PFM' et PDF'; mais PDF' est égal à PFM, car les deux triangles PMD et PMF sont égaux, donc enfin PFM' = PF'M.

PROBLÈME III

676. — *Mener à l'ellipse une tangente parallèle à une ligne donnée.*

Soient une ellipse et une ligne donnée AB; supposons construite la tangente TT' demandée; si du foyer F', avec la distance 2a pour rayon, on décrit le cercle directeur,

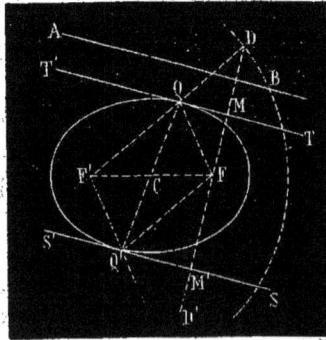

puis que du foyer F on mène une perpendiculaire sur la tangente, on sait que celle-ci rencontre le cercle directeur en un point D, tel que TT' est perpendiculaire sur le milieu de DF. D'après ces considérations, voici la construction à effectuer. Du foyer F', avec 2a pour rayon, on trace le cercle directeur; du foyer F on abaisse une perpendiculaire sur la ligne AB donnée, elle coupe le cercle directeur au point D, et par le milieu M de DF, on élève la perpendiculaire TT', qui sera la tangente demandée.

Il y a évidemment deux tangentes qui répondent à la question; la seconde SS' s'obtiendra de même par la perpendiculaire menée au milieu M' de la ligne FD'.

Le problème ne présente aucun cas d'impossibilité.

677. Corollaire. — *Les points de contact de deux tangentes parallèles sont symétriques par rapport au centre de la courbe.*

En effet, joignons F′D, F′D′, QQ′, FF′, FQ′ et FQ. Le triangle DF′D′ est isocèle, car F′D = F′D′, donc les angles F′D′D et F′DD′ sont égaux, mais les angles QFD et QDF sont aussi égaux, donc QFD = F′D′D, et comme ces angles ont la position de correspondants, les lignes QF et F′D′ sont parallèles. Pour les même raisons, QFD′ = F′DD′ ; donc les lignes F′D et Q′F sont aussi parallèles, le quadrilatère F′QFQ′ est donc un parallélogramme, donc ses diagonales se coupent en leurs milieux, et le point C, milieu de FF′, et centre de l'ellipse, est aussi le milieu de la ligne QQ′, donc les points de contact Q et Q′ des deux tangentes parallèles sont symétriques par rapport au centre C.

PROBLÈME IV.

678. — *Connaissant les foyers et le grand axe d'une ellipse déterminer, sans construire la courbe, ses points d'intersection avec une droite donnée.*

Soient F et F′ les foyers donnés, AB le grand axe, XY la droite donnée. Supposons que M soit un des deux points

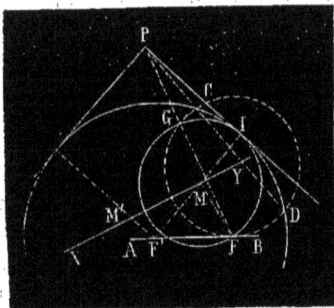

d'intersection cherchés ; du foyer F′, avec le rayon AB = 2a, traçons le cercle directeur ; si nous menons par le foyer F′ le rayon F′I passant par le point M, on doit avoir MF = MI ; M est donc le centre d'un cercle passant par F, tangent en I au cercle directeur, et passant aussi par le point G, symétrique de F par rapport à XY. Or la connaissance du point I suffirait pour construire F′I et avoir le point M. Il suffira donc de déterminer I, et, pour cela de construire un cercle passant par F et par G, points connus, et tangent au cercle directeur, le point de tangence sera le point I.

Pour résoudre ce second problème, remarquons que si au point I on mène une tangente au cercle directeur, et si on la prolonge jusqu'à la rencontre en P de FG prolongé, on a $PI^2 = PF \times PG$; si par P on mène ensuite une sécante quelconque PD, on a aussi $PI^2 = PD \times PC$, d'où :

$$PF \times PG = PD \times PC$$

donc les quatre points G, F, C, D sont sur une même circonférence, donc pour avoir P, il suffit de faire passer une circonférence quelconque par G et F, puis joignant les points d'intersection de cette circonférence avec le cercle directeur, de prolonger les deux lignes FG et DC jusqu'à leur rencontre en P, menant alors de ce point une tangente PI au cercle directeur, elle détermine le point I, et il ne reste plus qu'à joindre F'I pour avoir le point M d'intersection demandé.

La seconde tangente menée du point P au cercle directeur permettrait de trouver l'autre point M' d'intersection.

THÉORÈME CCLXXV

679. — *La projection d'une circonférence sur un plan est une ellipse.*

Les projections d'une figure sur des plans parallèles étant égales entre elles, pour simplifier la démonstration, nous projetterons la circonférence sur un plan oblique au plan du cercle et passant par son centre.

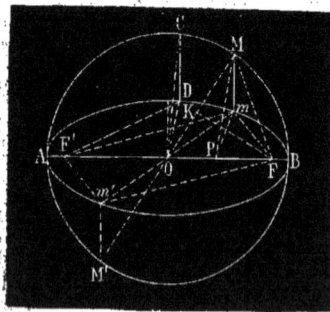

Soit donc une circonférence ACBM', et sa projection ADBm' sur un plan. Je dis que cette projection est une ellipse dont le grand axe est AB, diamètre de la circonférence et intersection du cercle avec le plan de projection, dont le demi-petit axe est DO perpendiculaire au milieu de AB, et dont les foyers sont F et F', déterminés en prenant une distance DF' égale à OA, demi-grand axe.

Pour démontrer que la courbe est une ellipse, il suffira de démontrer que la somme des rayons $F'm + Fm$ d'un point quelconque m est égale à $2a$, ou à AB, ou à 2R en représentant par R le rayon de la circonférence.

Soit M le point de la circonférence dont m est la projection; de M abaissons sur AB la perpendiculaire MP, joignons Pm; menons le diamètre MM'; M' projeté sur le plan, donne le point m' de la courbe, symétrique de m par rapport au centre O; menons $F'm'$ et Fm', et remarquons que le quadrilatère $F'mFm'$ est un parallélogramme, car ses diagonales FF', mm' se coupent par leurs milieux. Cela posé, D, extrémité du petit axe, étant la projection du point C de la circonférence, si nous construisons le triangle CDO, nous reconnaissons qu'il est semblable à MmP, car rectangles tous deux en D et en m, ils ont les angles aigus O et P égaux comme angles plans d'un même dièdre, donc on a la proportion :

$$\frac{MP}{R} = \frac{Mm}{CD}$$

Si nous menons maintenant FK perpendiculaire sur OM, nous avons deux triangles FOK et MOP qui sont semblables, car, rectangles en P et en K, ils ont l'angle aigu MOF commun, ils donnent la proportion :

$$\frac{MP}{R} = \frac{KF}{OF}$$

Ces deux proportions ayant un rapport commun donnent :

$$\frac{Mm}{CD} = \frac{KF}{OF}$$

Mais OF = CD, car le triangle rectangle COD a les mêmes côtés que le triangle F'DO, donc on a KF = Mm; dès lors les

31

deux triangles rectangles M*m*F et MKF, ayant même hypoténuse MF, et un côté égal M*m* = FK, sont égaux, et l'on en conclut F*m* = MK.

La même construction et le même raisonnement répétés pour les points M' et *m'*, donneraient aussi F*m'* = M'K, donc on a :

$$Fm + Fm' = MK + M'K = 2R$$

mais, comme on l'a déjà remarqué, F*m'* = F'*m*, donc

$$Fm + F'm = 2R$$

et la courbe considérée est une ellipse, puisque la somme des rayons vecteurs d'un point quelconque est constante et égale à 2R ou au grand axe.

680. **Remarque.** — Si l'on fait tourner le plan du cercle autour de AB, jusqu'à ce qu'il se confonde avec le plan de projection, il devient le cercle *principal ou circonscrit* (n° 669) à l'ellipse, et les lignes CO, DO, d'une part, MP, *m*P, de l'autre, se confondent. Mais les deux triangles semblables CDO, MP*m*, ayant donné la relation

$$\frac{MP}{mP} = \frac{CO}{DO} = \frac{a}{b}$$

il s'ensuit que dans le rabattement les points D et *m* diviseront les deux lignes CO et MP dans un même rapport, d'où le corollaire suivant :

681. **Corollaire.** — *Si de divers points d'un cercle on abaisse des perpendiculaires sur un même diamètre, et si on les partage toutes dans un même rapport et dans le même sens, la courbe passant par tous les points de division sera une ellipse ayant pour grand axe le diamètre du cercle.*

DE L'HYPERBOLE

682. — L'hyperbole est une courbe plane, telle que la différence des distances d'un quelconque de ses points à deux points fixes est constante.

Les deux points fixes sont les *foyers* de la courbe.

Ainsi si F et F' sont les deux foyers, et si les deux courbes tracées sont les deux branches d'une hyperbole, en considérant deux points quelconques M et N, on doit avoir :

$$F'M - FM = F'N - FN = 2a$$

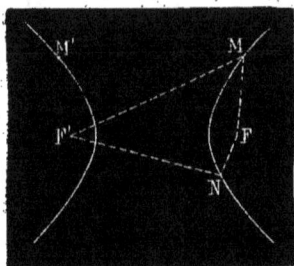

2a étant une constante, variable pour chaque hyperbole différente. Nous avons dit ci-dessus que l'hyperbole a deux branches, c'est que, en effet, si le point M est déterminé par la section de deux arcs de cercle décrits de F et F' comme centres avec des rayons égaux à FM et à F'M, en décrivant deux arcs de cercle avec les mêmes rayons, mais en alternant les centres, on déterminerait un autre point M' ayant la propriété du point M, et appartenant à la même hyperbole.

Comme dans l'ellipse, la distance FF' se nomme distance focale, elle se représente algébriquement par $2c$, et l'on a toujours $2c > 2a$; car dans le triangle F'MF, on a

$$FF' > F'M - FM \text{ ou } FF' > 2a.$$

Les deux droites F'M, FM se nomment aussi les *rayons vecteurs*.

On peut donc définir l'hyperbole une courbe plane telle que la différence des rayons vecteurs est constante.

THÉORÈME CCLXXVI

683. — *Pour tout point situé à l'intérieur d'une des branches de l'hyperbole, la différence des distances aux foyers est plus grande que la différence des rayons vecteurs; elle est plus petite pour tout point situé entre les deux branches.*

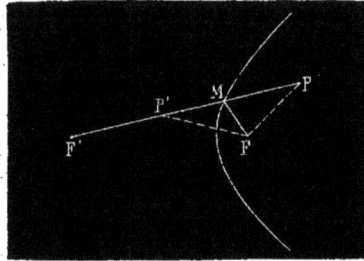

Soit une branche d'hyperbole; F, F', ses foyers, et un point P situé à l'intérieur d'une des branches, menons les distances PF et PF', puis joignons le point M, où PF' coupe la courbe, au foyer F, je dis que l'on a :

$$F'P - PF > F'M - MF.$$

En effet, on a :

$$F'P - PF = F'M - (PF - MP)$$

or le triangle MPF donne $MF > PF - MP$, donc

$$F'M - MF < F'M - (PF - MP) \text{ ou } < F'P - PF$$

Soit maintenant le point P' situé entre les deux branches de la courbe, je dis que l'on a :

$$F'P' - P'F < F'M - MF.$$

En effet, on peut écrire :

$$F'P' - P'F = F'M - (P'M + P'F)$$

mais le triangle P'MF donne $MF < F'M + P'F$ donc on a :

$$F'M - MF > F'M - (P'M + P'F) \text{ ou } > F'P' - P'F.$$

THÉORÈME CCLXXVII

684. — *L'hyperbole a deux axes de symétrie, savoir la droite passant par les deux foyers, et la droite perpendiculaire à celle-ci, à égale distance des deux foyers; leur point d'intersection est le centre de la courbe.*

La démonstration est la même que pour l'ellipse, en remplaçant partout la somme des rayons vecteurs par leur différence.

L'axe passant par les foyers se nomme axe *transverse*, le second se nomme axe *non transverse*. Les deux points où l'axe transverse rencontre la courbe sont les *sommets* de celle-ci. La longueur de l'axe transverse se compte d'un sommet à l'autre, et se représente par $2a$. L'excentricité de la courbe est le rapport $\frac{c}{a}$ de la distance focale à l'axe transverse, ce rapport est toujours plus grand que l'unité. Ce rapport $\frac{c}{a}$ tend vers l'unité, a étant constant, si les foyers se rapprochent des sommets; à la limite les branches se ferment et se confondent avec la ligne de l'axe transverse; si $\frac{c}{a}$ augmente, a restant constant, les foyers s'éloignent des sommets, et les branches s'écartent de l'axe transverse, se rapprochant de plus en plus de deux droites perpendiculaires à cet axe.

L'axe non transverse est toujours extérieur à la courbe, car chacun de ses points étant équidistant des deux foyers, la différence de ces deux distances est toujours 0.

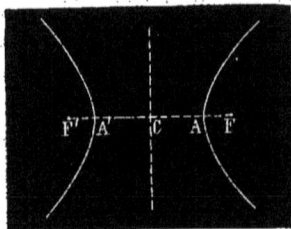

On représente l'axe transverse par $2a$, parce qu'en effet la distance des sommets de l'hyperbole est égale à la différence constante des rayons vecteurs, car les sommets A et

A' étant des points de la courbe, et le point C étant le centre, on a $AF = A'F'$, et alors,

$$AF' - AF = AF' - A'F' = AA' = 2a$$

PROBLÈME I

685. — *Décrire une hyperbole par points, puis par un tracé continu, connaissant ses foyers et son axe transverse $2a$.*

Tracé par points. — Connaissant les foyers F et F', si à partir du milieu O de la distance FF' on prend deux longueurs OA et OA' égales chacune à a, on détermine les deux sommets A et A', car l'on a :

$$FA' - F'A' = F'A - FA = AA' = 2a$$

Pour déterminer d'autres points de la courbe, on prend sur la ligne FF', au delà de F, un point quelconque D, puis du point F comme centre, avec AD pour rayon, et du point F' comme centre avec DA' pour rayon, on décrit deux arcs de cercle qui se coupent en M; M est un point de la courbe, car on a :

$$F'M - FM = DA' - DA = AA' = 2a$$

Les mêmes arcs de cercle se couperaient aussi en dessous de FF' en un point M' symétrique du premier, lequel serait un second point, puis en intervertissant les centres sans changer les rayons, on déterminerait de même deux points M'' et M'''; de l'autre branche de la courbe. En changeant la distance AD, on obtiendrait de même quatre nouveaux points de la courbe, et ainsi de suite. Joignant ensuite tous ces points par un trait continu, on tracerait sans peine les deux branches.

La seule condition à laquelle le point D doive satisfaire, c'est d'être en dehors de la distance FF', en effet pour que les deux arcs de cercle déterminent un point de la courbe il faut qu'ils se coupent, et pour cela il faut que la distance des centres soit plus grande que la différence des rayons, condition satisfaite puisque l'on a toujours $F'F > AA'$; mais il faut aussi que la distance des centres soit moindre que la somme des rayons, or si l'on prenait le point D en D', entre les points F et F', on aurait pour la somme des rayons,

$$D'A + D'A' = D'A + AA' + D'A = 2D'A + AA'$$

et pour la distance des centres,

$$FF' = F'A' + AA' + FA = 2FA + AA'$$

ou, comme on a fait $D'A < FA$,

$$D'A + D'A' < FF'$$

donc les arcs de cercle ne se coupant point ne donneraient aucun point de la courbe.

686. **Tracé continu.** — Pour tracer l'hyperbole d'un mouvement continu, on prend une règle percée à une extrémité d'un petit trou par lequel passe une pointe effilée, que l'on fixe à l'un des foyers; à l'autre extrémité on attache le

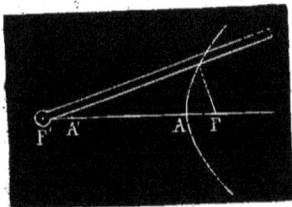

bout d'un fil plus court que la règle d'une quantité égale à $2a$, et dont l'autre bout est fixé au second foyer. On tend alors ce fil contre le bord de la règle avec un crayon; pendant que la règle pivote autour de la pointe fixe, le crayon dans ce mouvement trace une demi-branche d'hyperbole. La même manœuvre répétée en dessous de FF', puis en transportant à l'autre foyer l'axe de la règle, donnera les deux branches de la courbe, ou, du moins une portion de ces deux branches d'autant plus considérable que la règle sera plus longue.

THÉORÈME CCLXXVIII

687. — *La tangente en un point de l'hyperbole est bissec-trice de l'angle que forment les rayons vecteurs de ce point.*

Soit une hyperbole ; F et F' ses foyers, M un point de la courbe, F'M et FM ses rayons vecteurs ; prenant MH = MF, et joignant FH, si on mène du point M une perpendiculaire sur FH, elle sera bissectrice de l'angle F'MF des rayons vecteurs, elle aura de plus tous ses points, hors le point M, hors de la courbe. En effet, soit un autre de ses points, P par exemple ; joignons PF', PF et PH. Dans le triangle F'PH, on a :

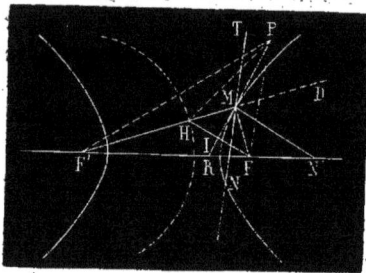

$$F'H > F'P - PH$$

ou, comme PH = PF,

$$F'H > F'P - PF$$

d'un autre côté, puisque l'on a fait MH = MF, on a aussi

$$F'H = F'M - MF$$

donc

$$F'P - PF < F'M - MF$$

donc le point P, et tout autre point pour lequel on recommencerait la même démonstration, est en dehors de la courbe.

Si maintenant par le point M on mène une sécante quelconque TN, puis qu'on la fasse tourner autour de M jusqu'à ce qu'elle se confonde avec PR, à ce moment le point N aura dû se confondre avec M, la sécante sera devenue tangente, et, comme PR, elle est bissectrice de l'angle des rayons vecteurs du point de contact.

688. **Corollaire I.** — *La normale est bissectrice de*

l'angle formé par un rayon vecteur et le prolongement de l'autre rayon vecteur au delà du point de contact.

En effet, la normale MN′, perpendiculaire à la bissectrice PR de l'angle F′MF, est bissectrice de son supplémentaire DMF.

689. Corollaire II. — *Les tangentes aux sommets de l'hyperbole sont perpendiculaires à l'axe transverse.*

690. Corollaire III. — *Un point quelconque de l'hyperbole est équidistant du foyer intérieur à la branche de courbe sur laquelle est ce point et d'une circonférence décrite de l'autre foyer comme centre, avec l'axe transverse pour rayon.*

En effet la distance MH = MF et F′H = 2a, donc le lieu du point H est une circonférence décrite du point F′ comme centre avec 2a pour rayon, cette circonférence prend le nom de *cercle directeur*. Toute hyperbole a deux cercles directeurs.

Cette propriété donne un nouveau moyen de décrire l'hyperbole par points, connaissant les foyers et l'axe transverse.

Du foyer F′ on décrit avec 2a pour rayon le cercle directeur, puis joignant F avec un point H quelconque de ce cercle, sur le milieu I de FH on élève une perpendiculaire IP, et joignant F′H, on prolonge ce rayon jusqu'à sa rencontre en M avec IP, le point M est un point de la courbe, car on a F′M − FM = F′M − MH = 2a.

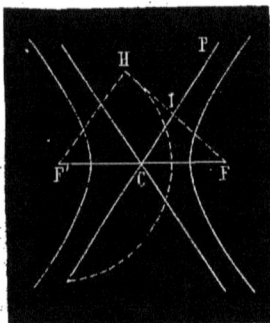

En construisant la courbe de cette manière, il arrivera certainement un moment où la ligne FH sera tangente au cercle directeur, à cet instant le rayon F′H et la perpendiculaire IP devenant parallèles ne se rencontreront qu'à l'infini; de plus à ce moment la tangente, perpendiculaire au milieu I de FH, et parallèle à la base F′H du triangle FHF′, passera aussi par le milieu C de l'axe transverse, cette droite, limite des tangentes lorsque le point de contact s'éloigne à l'infini, porte le nom d'*asymptote*. Toute hyperbole a deux asymptotes, qui se coupent au centre et sont symétriques par rapport aux axes.

De l'existence de ces lignes et de cette considération qu'elles sont tangentes à la courbe à l'infini, il résulte que les deux branches de l'hyperbole sont elles-mêmes infinies, et se rapprochent indéfiniment de leurs asymptotes.

691. Corollaire IV. — *Le lieu des points symétriques d'un foyer d'une hyperbole par rapport aux tangentes est le cercle directeur décrit de l'autre foyer comme centre.*

En effet, le point H, symétrique de F par rapport à la tangente IP, est sur le cercle directeur qui a F' pour centre.

692. Corollaire V. — *Le lieu des projections des foyers sur les tangentes est pour chaque branche de la courbe l'arc de cercle compris entre les asymptotes décrit sur l'axe transverse comme diamètre.*

En effet, la projection I du foyer F sur la tangente IP, est distant de C, centre de la courbe, d'une quantité

$$CI = \frac{1}{2}F'H = a.$$

Ce cercle prend, comme pour l'ellipse, le nom de cercle *principal*.

THÉORÈME CCLXXIX

693. — *Le produit des distances des deux foyers à une même tangente est constant et égal à* $c^2 - a^2$.

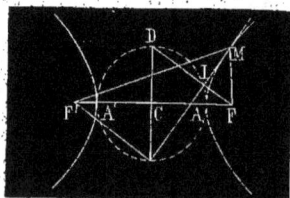

Soit une hyperbole, une tangente ML, FI, F'L les distances des deux foyers à cette tangente. Les pieds des perpendiculaires FI, F'L sont situés sur le cercle principal; menons la ligne LD passant par le centre, puis joignons DI, les deux lignes FF', DL se coupant par leurs milieux au point C, DF et F'L sont parallèles et égales, donc DI est le prolongement de FI. Cela posé, on a :

$$FI \times FD = FA' \times FA$$

ou $$FL \times FI = (c + a)(c - a) = c^2 - a^2$$

PROBLÈME II

694. — *Connaissant les foyers et l'axe transverse d'une hyperbole, trouver, sans construire la courbe, les points où elle rencontre une ligne donnée.*

Comme dans le même problème relatif à l'ellipse, on reconnaîtra, en suppposant le problème résolu, qu'en décrivant un cercle d'un des points d'intersection de la courbe et de la droite comme centre, avec un rayon égal à la distance de ce point au foyer le plus rapproché, ce cercle passe par ce foyer et le point qui est son symétrique par rapport à la droite donnée, puis est tangent au cercle directeur qui a l'autre foyer pour centre; il suffira donc, pour construire ce cercle, dont le centre est un des points cherchés, de trouver le point de tangence, c'est-à-dire de résoudre de nouveau le problème : construire une circonférence passant par deux points donnés et tangente à un cercle donné. Comme l'on trouvera deux points de tangence, on construira deux cercles, dont les centres seront les deux points d'intersection demandés.

PROBLÈME III

695. — *Construire une tangente à l'hyperbole par un point sur la courbe ou par un point hors de la courbe.*

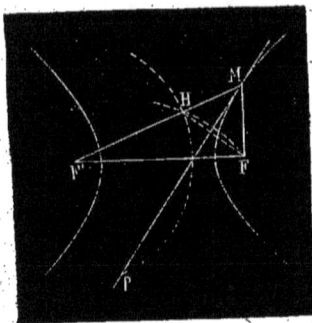

Si le point donné est le point M situé sur la courbe, il suffira pour construire la tangente de mener les rayons vecteurs F'M et FM du point de contact, puis de construire la bissectrice MP de leur angle, elle sera la tangente demandée.

Si le point donné est le point P hors de la courbe,

supposons construite la tangente PM demandée. Si du foyer
F' on mène le cercle directeur, on sait que le point H où ce
cercle coupe le rayon vecteur F'M est tel que HM = MF, et
que MP est perpendiculaire sur le milieu de HF, de sorte que P
est équidistant de H et de F. De là la construction. Ayant
décrit le cercle directeur, du point P comme centre avec PF
pour rayon on décrit une circonférence qui coupe le cercle
directeur en deux points H et H', joignant F'H, ligne qui,
prolongée, rencontre la courbe en M, on joint PM, et l'on a
une des deux tangentes; le point F' joint au second point H'
donnera la seconde tangente PM'.

Pour que le problème soit possible, il suffit que les deux
cercles décrits, l'un du point P comme centre, l'autre du
point F' se coupent, que par conséquent la distance PF'
des centres soit moindre que la somme des rayons, et que
chacun des rayons soit, en particulier, moindre que la distance des centres augmentée du second rayon, ou que l'on
ait les trois inégalités :

$$(1) \quad PF' < PF + 2a$$
$$(2) \quad PF < PF' + 2a$$
$$(3) \quad 2a < PF' + PF.$$

La troisième inégalité sera toujours satisfaite, quelle que
soit la position du point P, car, fut-il situé sur la ligne FF'
on aurait encore $PF + PF' = 2c$ et par suite $PF + PF' > 2a$.

Quant aux inégalités (1) et (2) elles seront vérifiées si le
point P est extérieur aux deux branches de la courbe, car
on peut les écrire ainsi :

$$PF' - PF < 2a$$
$$PF - PF' < 2a$$

Dans ce cas les deux circonférences se coupent en deux
points, il y a donc deux tangentes.

Si l'on a :

$$PF' - PF = 2a$$

c'est que le point P est sur la courbe, les deux circonférences sont tangentes extérieurement, il n'y a qu'un point de déter-miné, et par suite qu'une tangente.

Enfin, si

$$PF' - PF > 2a$$

c'est que le point P est à l'intérieur de la courbe, alors les deux circonférences sont extérieures, il n'y a pas de solution du problème.

PROBLÈME IV

696. — *Mener à l'hyperbole une tangente parallèle à une droite donnée.*

Supposons le problème résolu. Soit une hyperbole; F et F' ses foyers, LL' une ligne donnée, et MI la tangente paral-lèle à cette ligne. Traçons le cercle directeur, si du foyer F nous menons une perpendiculaire à la tangente, elle est aussi perpendiculaire à LL', et vient couper le cercle direc-

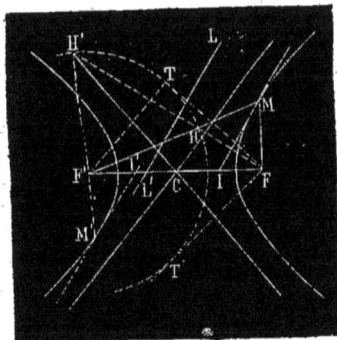

teur en H et H', et comme H et H' sont symétriques de F par rapport aux tan-gentes, la tangente MI et la seconde tangente M'I' sont perpendiculaires, l'une sur le milieu de FH, l'autre sur le milieu de FH'. De là la construction très simple suivante. On trace du foyer F' comme centre le cercle directeur, de l'autre foyer F

on mène FH' perpendiculaire à la ligne donnée LL', puis élevant des perpendiculaires sur les milieux de FH et de FH' on a les deux tangentes demandées. Quant aux points de tangence M et M', ils sont situés aux points où la courbe est rencontrée par les lignes F'H, F'H' prolongées.

Pour que le problème soit possible, il faut que la perpendi-culaire FH' rencontre le cercle directeur, il faut donc qu'elle soit comprise entre les deux tangentes FT, FT' menées du

point F à ce cercle, et, comme les deux asymptotes de la
courbe sont précisément perpendiculaires à ces deux tangentes, il faut que la droite donnée soit comprise dans
l'angle des deux asymptotes qui ne comprend pas la courbe,
ou parallèle à une droite menée dans cet angle et passant
par le centre C.

697. **Remarque.** — Tous les problèmes précédents
peuvent être résolus sans que la courbe soit construite.

DE LA PARABOLE

698. — La parabole est une courbe plane dont chaque
point est également distant d'une droite fixe et d'un point
fixe.

Ainsi, étant donnée une droite AB et un point fixe F, le
lieu des points, tels que M et M', pour
lesquels MA = MF, et M'B = M'F, est
une courbe MM' qui est une parabole.

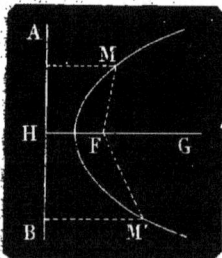

Le point fixe F est le *foyer* de la
courbe. La droite fixe AB en est la
directrice. La ligne GH menée par le
foyer perpendiculaire à la directrice,
est l'*axe* de la courbe, et la distance
FH du foyer à la directrice se nomme le *paramètre*.

Le *sommet* de la courbe est le point où elle est coupée par
l'axe; d'après la définition même de la courbe ce point est
au milieu du paramètre.

Toute ligne telle que FM menée du foyer à un point de
la courbe se nomme *rayon vecteur*.

De la définition même de la parabole il résulte qu'elle ne
saurait être une courbe fermée, car il n'y a aucun point de
l'axe HG au delà du point F pour lequel on puisse avoir
même distance au point F et à la ligne AB. Il en résulte
aussi que la parabole n'a qu'une branche, car il n'est aucun
point du plan, à gauche de AB, qui puisse être à la fois
équidistant de F et de AB.

THÉORÈME CCLXXX

699. — *Pour tout point hors de la parabole la distance au foyer est plus grande que la distance à la directrice, et pour tout point à l'intérieur de la parabole, la distance au foyer est moindre que la distance à la directrice.*

Soit une parabole; XY sa directrice, et F son foyer. Soit un point M hors de la courbe, je dis que l'on a MF > MH.

En effet, menons DE distance du point D à la directrice, on a DF = DE; et si l'on joint ME, on a successivement :

$$MH < ME < MD + DE$$

Or MD + DE = MF, donc on a

$$MH < MF$$

Soit un point M' dans l'intérieur de la courbe, je dis que l'on a M'F < M'G.

En effet, joignons DG, le triangle GDM' donne

$$DG — DM' < M'G$$

mais on a DG > DE ou que DF, donc, à plus forte raison,

$$DF — DM' < M'G,$$

ou M'F < M'G.

THÉORÈME CCLXXXI

700. — *Tous les points de la parabole sont deux à deux symétriques par rapport à l'axe.*

Soit une parabole; XY sa directrice, AB son axe; je dis qu'un point quelconque M, d'un côté de l'axe, trouve son symétrique par rapport à AB sur la branche de la courbe de l'autre côté de l'axe.

En effet de M menons MI perpendiculaire sur AB, et prolongeons-la d'une quantité IM' égale à MI, le

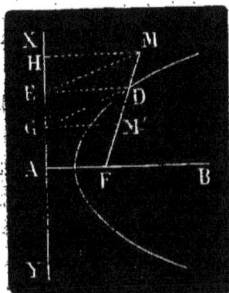

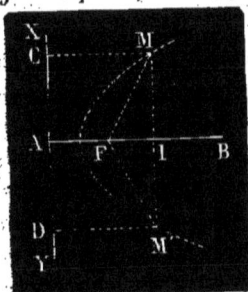

point M', symétrique de M par rapport à AB est un point de la courbe, car M'F = MF, et M'D = MC, en vertu de la construction effectuée, donc M'F = M'D, donc M' est aussi un point de la courbe.

PROBLÈME I

701. — *Décrire une parabole par points, puis d'un tracé continu, connaissant le foyer et la directrice.*

Pour tracer la courbe par points on peut procéder de deux manières.

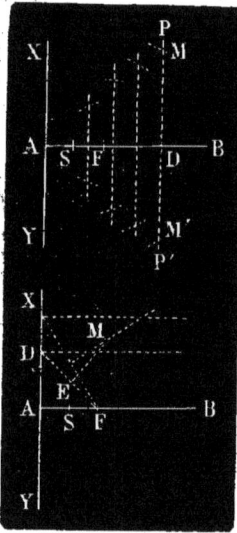

Tracé par points. — Soient XY la directrice et F le foyer. Ayant construit l'axe AB, le milieu S du paramètre AF sera le sommet de la courbe; prenant ensuite une longueur quelconque AD, et élevant au point D une perpendiculaire à l'axe, du point F comme centre, avec AD pour rayon, on décrit deux arcs de cercle qui, coupant cette perpendiculaire PP' en M et M', déterminent deux points de la courbe, car ils sont équidistants de XY et de F. Il suffit de répéter la même construction sur d'autres points et d'autres perpendiculaires pour déterminer autant de points de la courbe que l'on veut.

702. — **Remarque.** — Pour que dans cette construction les arcs de cercle déterminent des points de la courbe, il faut qu'ils coupent la perpendiculaire correspondante et que par suite le rayon de ces arcs soit plus grand que la distance du centre au pied de la perpendiculaire, or cette condition est remplie pour tous les points pris sur FB, et aussi sur FS, mais cela n'aurait plus lieu pour un point pris entre S et A, puisque FS = SA, donc la courbe n'a aucun point à gauche de la perpendiculaire élevée sur l'axe au point S. D'un autre côté, rien ne limite la position du point D à droite de F, et plus D est loin, plus les points M et M′ s'éloignent de l'axe : donc les deux branches de la parabole s'étendent à l'infini en dessus et en dessous de l'axe en s'éloignant sans cesse de celui-ci.

Soient encore XY la directrice et F le foyer ; ayant mené l'axe AB, par un point quelconque D de XY on trace une parallèle à l'axe, puis joignant DF, sur le milieu de cette ligne on élève une perpendiculaire qui, par son intersection avec la parallèle à l'axe, détermine un point M qui appartient à la courbe, car il est équidistant de F et de XY. La même construction faite sur d'autres parallèles à l'axe, construites en dessus et en dessous de celle-ci, donneraient autant de points de la courbe qu'on en peut désirer.

703. **Tracé continu.** — Pour tracer la courbe d'un trait continu, procédé qui, du reste, ne donne jamais qu'une faible portion de la courbe voisine du sommet, on applique une règle le long de la directrice XY, puis fixant un fil par

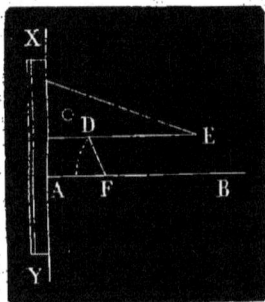

un bout au foyer F, et par l'autre au sommet de l'angle aigu E d'une équerre, en lui donnant une longueur totale égale au côté DE de celle-ci, on applique le petit côté de l'équerre contre la règle, et maintenant avec la pointe d'un crayon le fil appliqué contre le côté ED, on fait glisser l'équerre contre la règle, d'abord en dessus de l'axe AB, puis en dessous en la retournant, chaque fois le crayon trace une demi-parabole, car la somme DE + DF restant constante et égale au côté de l'équerre, il est certain que la distance du point D à la règle est constamment égale à la distance DF de ce point au foyer.

On fait usage de cette construction pour tracer la partie de la courbe voisine du sommet, puis du procédé par points pour les parties éloignées ; on peut ainsi obtenir un tracé suffisamment exact d'une parabole.

32

THÉORÈME CCLXXXII

704. — *La tangente à la parabole fait des angles égaux avec le rayon vecteur et la parallèle à l'axe menés par le point de tangence, et réciproquement.*

Soit une parabole; F son foyer, XY sa directrice, AB son axe, et une sécante SS′, qui coupe la courbe en M et en N, je dis que lorsqu'on fera tourner cette sécante autour du point M, jusqu'à ce que le point N se confonde avec lui, alors, c'est-à-dire lorsque la sécante deviendra tangente, elle fera des angles égaux avec le rayon vecteur FM et la parallèle à l'axe ME.

En effet, ayant construit le rayon vecteur MF, et la parallèle DE à l'axe, joignons DF, puis par son milieu élevons-lui une perpendiculaire; elle passera par le point M, car elle est le lieu des points équidistants de D et de F, et pour le point M on a MD = MF. De plus cette droite GT n'a que le point M de commun avec la courbe, et tous ses points sont exté-

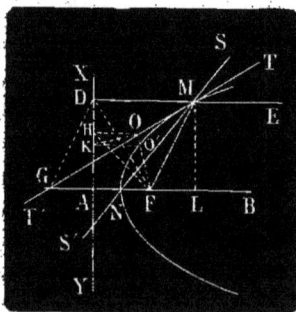

rieurs à la courbe. Pour un point quelconque O, par exemple, on aurait OH < OF, car si l'on mène OH perpendiculaire à la directrice, on a OH < OD, et OD = OF, donc OH < OF. Il en serait encore de même pour tout point de TT′ pris de l'autre côté du point M; donc TT′ n'a qu'un point de commun avec la courbe et a tous ses autres points d'un même côté de la courbe et à l'extérieur de celle-ci. Cela posé, TT′ fait avec MF et ME les angles égaux, T′MF et TME, car T′MF = DMT′ par construction, et DMT′ = TME comme opposés par le sommet, donc T′MF = TME; si donc on fait tourner la sécante SS′ autour du point M jusqu'à ce qu'elle se confonde avec TT′, n'ayant plus à ce moment que le point M de commun avec la courbe, c'est qu'elle est dans la position où les deux points M et N se confondent, et où elle est tangente, donc elle fait alors des angles égaux avec MF et avec ME.

Réciproquement, toute ligne qui, comme TT′ fera des angles égaux avec le rayon vecteur et la parallèle à l'axe sera une tangente à la parabole.

705. **Corollaire I.** — *La normale à la parabole est bissectrice de l'angle formé par le rayon vecteur et la parallèle à l'axe menés à l'intérieur de la courbe par le point de contact.*

L'angle fait par la normale avec chacune de ces lignes est en effet égal à un droit diminué d'un des angles égaux TMF et TME.

706. **Corollaire II.** — *La tangente au sommet de la parabole est perpendiculaire à l'axe.*

707. **Corollaire III.** — *Le point de contact de la tangente et le point où elle coupe l'axe sont équidistants du foyer.*

En effet, si l'on joint DG, on voit que MG étant perpendiculaire sur le milieu de DF, on a à la fois MD = MF et DG = GF; de plus, DM étant parallèle à GF, la figure DMFG est un losange, donc GF = FM.

708. **Définition.** — On nomme *sous-tangente* la projection sur l'axe de la portion de tangente comprise entre l'axe et le point de contact: GL, projection de MG sur l'axe, est ici la sous-tangente.

709. **Corollaire IV.** — *Le sommet de la parabole est le milieu de la sous-tangente.*

En effet, les lignes DG, MF étant égales, les triangles rectangles DAG, MFL sont égaux, donc AG = LF, et comme NF = NA, on a :

$$FL + NF = GA + AN, \quad \text{ou} \quad NL = NG$$

710. **Corollaire V.** — *La directrice de la parabole est le lieu des points symétriques du foyer par rapport aux tangentes.*

En effet, le point D, symétrique de F par rapport à TT', est un point de la directrice.

711. Corollaire VI. — *La tangente au sommet de la parabole est le lieu des projections du foyer sur les tangentes.*

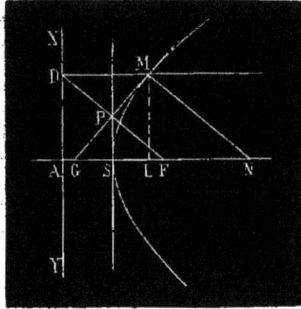

En effet, le point P, projection de F sur la tangente MG, étant le milieu de DF, si l'on joint PS, cette ligne est parallèle à DA, elle est donc perpendiculaire à l'axe et est la tangente au sommet de la parabole.

712. Corollaire VII. — *Dans la parabole la sous-normale est constante et égale au paramètre.*

On donne le nom de *sous-normale* à la projection NL de la normale sur l'axe. Or, la figure DMNF est un parallélogramme, car DF est parallèle à MN, comme perpendiculaires toutes deux à la tangente, et DM est parallèle à FN, donc

$$FN = DM = AL$$

donc aussi

$$FN + LF = AL + LF \quad \text{ou} \quad NL = AF$$

THÉORÈME CCLXXXIII

713. — *Les carrés des cordes perpendiculaires à l'axe sont proportionnels aux distances de ces cordes au sommet de la parabole.*

Soient dans une parabole les cordes MM' et NN', perpendiculaires à l'axe AB, je dis que l'on a :

$$\frac{MM'^2}{NN'^2} = \frac{CD}{CG}$$

Comme $MM'^2 = 4MD^2$ et $NN'^2 = 4NG^2$, il suffira de démontrer que

$$\frac{MD^2}{NG^2} = \frac{CD}{CG}$$

Or, si au point M on mène la tangente TT', et la normale ME, le triangle rectangle T'ME, donne :

$$MD^2 = T'D \times DE$$

mais DE étant sous-normale, on a $DE = AF$, et DT' étant la sous-tangente, on a $DT' = 2CD$, donc on a :

$$MD^2 = 2CD \times AF$$

En répétant le même raisonnement pour l'autre corde, on a aussi

$$NG^2 = 2CG \times AF$$

donc, divisant membre à membre ces deux égalités, il vient :

$$\frac{MD^2}{NG^2} = \frac{CD}{CG}$$

714. Corollaire I. — *Le rapport entre le carré d'une demi-corde et sa distance au sommet est constant, et égal au double du paramètre.*

En effet, de $MD^2 = 2CD \times AF$, on tire

$$\frac{MD^2}{CD} = 2AF$$

715. Remarque. — On peut déduire de ce théorème une formule algébrique permettant de construire la courbe par points. Pour déterminer le point M de la courbe, il suffirait de connaître les longueurs y de MD et x de CD, si nous représentons par p le paramètre, la relation précédente donne :

$$y^2 = 2px$$

laquelle en donnant à x des valeurs croissantes successives donnera les valeurs correspondantes de y. On donne à cause de cela à cette relation le nom d'*équation de la courbe*.

Si l'on y fait $x = \frac{p}{2}$, ce qui reporte le point D au point F, on trouve :

$$y^2 = p^2 \quad \text{et} \quad y = p$$

donc la perpendiculaire élevée sur le grand axe au foyer est égale au paramètre, et la tangente à la courbe menée par l'extrémité de cette perpendiculaire fait avec l'axe un angle de 45° et le coupe au point A.

PROBLÈME II

716. — *Connaissant le foyer et la directrice d'une parabole, trouver, sans construire la courbe, les points où la parabole rencontre une ligne donnée.*

Soient le foyer F et la directrice XY d'une parabole, et soit AB une ligne donnée, supposée d'abord non parallèle à l'axe. Soit M un des points d'intersection cherchés, menons MD perpendiculaire à la directrice, puis construisons le point

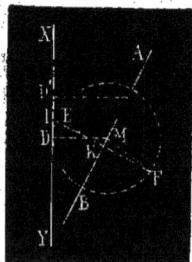

E symétrique de F par rapport à AB, et joignons MF; les trois lignes MF, MD, ME sont égales, donc le point M est le centre d'une circonférence passant par les deux points F et E, connus, et tangente à la ligne XY également connue, de là la construction suivante. Du foyer F on mène une perpendiculaire FI sur AB; on prend KE = KF, puis cherchant une moyenne proportionnelle entre IE et IF, on porte sa longueur ID de part et d'autre du point I, ce qui donne deux points D et D', qui, par les perpendiculaires DM et D'M', détermineront les deux points d'intersection cherchés.

Si la droite donnée était parallèle à l'axe, il suffirait d'en faire usage, comme on l'a fait (n° 702), pour déterminer le point de la courbe situé sur elle.

Le problème est possible toutes les fois que les deux points F et E sont du même côté de la directrice, il y a toujours alors deux points d'intersection. Si le point E est sur la

directrice, alors il se confond avec le point I et le détermine, il n'y a qu'une solution, les points M et M' se confondent, comme les points D et D'.

PROBLÈME III

717. — *Construire une tangente à la parabole par un*
point donné sur la courbe ou hors de la courbe.

1ᵉʳ Cas. — Le point donné est sur la courbe.

Soit N le point donné. Par ce
point on mène le rayon vecteur NF
et la parallèle à l'axe EC, la bissectrice TT' de l'angle ENF sera la
tangente cherchée.

718. **2ᵉ Cas.** — Le point donné
est hors de la courbe.

Soit M le point donné, du point M
comme centre avec la distance MF
pour rayon, on décrit un arc de
cercle qui coupe la directrice en un point P, ou en deux;
joignant ensuite PF, ou menant une parallèle PG à l'axe, la
perpendiculaire sur le milieu de PF, dans le premier cas,
sera la tangente demandée, et dans le second, il suffira de
joindre M avec le point O où PG rencontre la courbe.

Pour que le problème soit possible, il suffit que l'arc de
cercle décrit du point M comme centre avec MF pour rayon
coupe la directrice, et pour cela il suffit que la distance du
point M à la directrice soit moindre que MF, c'est-à-dire que
le point soit extérieur à la courbe. Alors l'arc de cercle coupe
toujours la directrice en deux points, qui déterminent deux
points de tangence, et il y a toujours deux tangentes possibles,
l'une est MT' celle tracée sur la figure, l'autre, tangente à la
partie de la courbe hors de la figure, serait déterminée par
la seconde intersection de l'arc FP avec la directrice.

Si l'arc n'a qu'un point de commun avec la directrice,
c'est qu'il lui est tangent, c'est qu'alors le point donné M
est sur la courbe.

PROBLÈME IV

719. — *Mener à la parabole une tangente parallèle à une ligne donnée.*

Soit une parabole; F son foyer, XY sa directrice, et AB la ligne donnée. On sait que si du foyer F on mène une perpendiculaire à la tangente, elle va couper la directrice en un point qui, par une parallèle à l'axe, détermine le point de tangence. Comme la perpendiculaire à la tangente est aussi, dans le cas actuel, perpendiculaire à AB, du point F on mène sur AB la perpendiculaire DE, et par le point D où elle coupe la directrice on mène DM parallèle à l'axe; elle détermine le point M de tangence; une parallèle TT' à AB menée par le point M sera la tangente demandée.

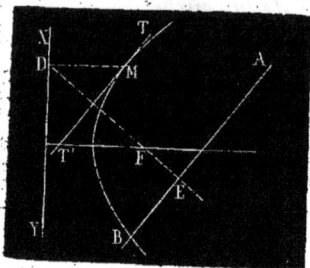

Le problème n'a qu'une solution et est toujours possible, sauf le cas où la ligne donnée serait parallèle à l'axe.

720. Remarque générale. — Si dans une ellipse un des foyers restant fixe l'autre foyer s'éloigne indéfiniment, à mesure que la distance focale augmente, le rayon vecteur qui va au foyer mobile se rapproche de plus en plus d'une parallèle à l'axe, et le cercle directeur de l'ellipse qui a pour centre le foyer mobile devient de plus en plus grand, de sorte qu'à la limite, c'est-à-dire le foyer mobile étant à une distance infinie, la courbe n'est plus fermée, le cercle directeur est une droite perpendiculaire à l'axe, il n'y a plus qu'un rayon vecteur, l'autre étant parallèle à l'axe, et l'ellipse est devenue une parabole. De là la similitude frappante des propriétés de ces deux courbes, et la possibilité de les déduire l'une de l'autre.

SECTIONS CONIQUES ET CYLINDRIQUES

THÉORÈME CCLXXXIV

721. — *Toute section faite dans un cylindre droit par un plan oblique à l'axe est une ellipse, dont le petit axe est égal au diamètre de la base du cylindre.*

Soit un cylindre droit, et SMS′ une section faite dans ce cylindre par un plan oblique à son axe AA′; je dis que cette courbe est une ellipse.

Par l'axe AA′ faisons passer un plan perpendiculaire au plan sécant; il coupe la section suivant la ligne SS′, et la surface cylindrique suivant deux génératrices BC et B′C′. Menons la bissectrice SI de l'angle BSS′, elle vient couper l'axe au point I, lequel est équidistant des droites SS′, BC et B′C′, de sorte que la circonférence décrite du point I avec IB pour rayon est tangente à ces trois droites aux points B′, B et F.

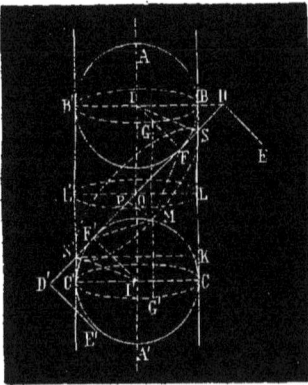

La même construction faite sur l'angle C′S′S, donne le point I′ et la circonférence tangente en C′, F′ et C aux droites B′C′, S′S et BC. Cela fait, faisons tourner la moitié droite de la figure autour de AA′; BC décrira la surface cylindrique, et les deux circonférences décriront deux sphères tangentes au plan sécant en F et F′ et tangentes à la surface cylindrique suivant deux circonférences parallèles BGB′, CG′C′.

Les points de tangence F et F′ de ces sphères et du plan sécant seront les foyers de la section, de sorte que pour démontrer que celle-ci est une ellipse, il suffira de démon-

trer que pour un point quelconque M de la courbe section
la somme MF + MF' de deux rayons vecteurs est constante.

Menons par le point M la génératrice GG' du cylindre,
qui, comprise entre les deux circonférences parallèles BGB',
CG'C', est constante par quelque point qu'on la mène; les
deux lignes MG, MF sont égales, car ce sont deux tangentes
menées par un même point M à une sphère; en effet, MG
est une génératrice du cylindre tangent à la sphère A, et MF
est dans un plan tangent à cette sphère et passe par le
point de contact. De même et pour les mêmes raisons,
MF' = MG', donc on a :

$$FM + MF' = MG + MG' = GG'$$

GG' étant constante, la somme des rayons vecteurs
MF + MF' l'est aussi, et la courbe est une ellipse.

Si par le milieu O de SS', point situé sur l'axe AA', on
mène dans le plan sécant une perpendiculaire à AA', elle
sera aussi perpendiculaire à SS', elle sera donc le petit axe
de l'ellipse, et égale à un diamètre de la base du cylindre.

La distance focale FF' peut se mesurer d'une façon plus
pratique que par la distance des points de tangence. En
effet, si du point S' on mène S'K perpendiculaire sur BC, je
dis que l'on a S'K = FF'.

En effet, S'K = BC — BS — KC, or BC = SS', BS = FS,
KC = S'C' = S'F', donc

$$S'K = SS' — FS — F'S' = FF'$$

722. Corollaire I. — *Une ellipse étant donnée, on
peut toujours la placer sur un cylindre de révolution,
pourvu que le diamètre de celui-ci soit égal au petit axe
de l'ellipse.*

En effet, entre deux génératrices opposées on peut toujours inscrire une ligne égale au grand axe de l'ellipse
donnée, et si par cette ligne on fait passer un plan perpendiculaire au plan de ces deux génératrices, la section déterminée par ce plan sera une ellipse ayant les mêmes axes

que l'ellipse donnée, et par conséquent égale à cette ellipse.

723. Corollaire II. — *Dans l'ellipse les distances d'un point quelconque de la courbe à un foyer et à une ligne fixe nommée directrice sont dans un rapport constant égal à l'excentricité de la courbe.*

Si l'on prolonge le plan sécant et les plans des circonférences BGB' et CG'C', ces trois plans se coupent suivant les lignes DE et D'E', ce sont ces lignes que l'on nomme directrices de l'ellipse. Leur position par rapport à la courbe est du reste facile à définir, elles sont perpendiculaires au grand axe prolongé; et quant à la position du point D, on peut la déterminer, car si l'on remarque que la ligne S'I, si on la traçait, serait bissectrice de l'angle extérieur du triangle FID, IS étant bissectrice de l'angle intérieur, on aurait : *

$$\frac{SF}{SD} = \frac{S'F}{S'D}$$

ou, par une transposition de termes,

$$\frac{SD}{S'D} = \frac{SF}{S'F}$$

Connaissant le rapport des distances SD et S'D, une construction connue donnera le point D.

Ceci posé, je dis que les distances du point M au foyer F et à la directrice DE sont dans un rapport égal à $\frac{c}{a}$.

Par le point M menons d'abord une section droite LML', puis traçons MP perpendiculaire sur SS'; PD est alors égal à la distance de M à la ligne DE, MF est égale à MG ou à BL, il suffira donc de chercher le rapport des deux lignes PD et BL.

Or les deux triangles semblables BSD et SPL donnent la proportion :

$$\frac{BS}{SD} = \frac{LS}{SP} = \frac{BS+LS}{SD+SP} = \frac{BL}{DP}$$

Le rapport $\frac{BS}{SD}$ étant constant, le rapport $\frac{BL}{DP}$ l'est aussi,

d'un autre côté les deux triangles semblables BSD, SS'K,
donnent la proportion

$$\frac{BS}{SD} = \frac{SK}{SS'} = \frac{c}{a}$$

donc aussi

$$\frac{BL}{DP} = \frac{c}{a}$$

THÉORÈME CCLXXXV

724. — *Si l'on coupe un cône droit de révolution par un
plan qui rencontre toutes les génératrices d'un même côté
du sommet, la section est une ellipse.*

Soient un cône droit à base circulaire et une section SMS',
si par l'axe AA' on fait passer un plan perpendiculaire à
celui de la section, puis si l'on inscrit le cercle BB' dans le
triangle PSS' (P étant le sommet du cône) et si l'on trace le
cercle ex-inscrit CC' tangent aux prolongements des côtés de
ce même triangle, ces deux cercles sont tangents à la ligne
SS' aux points F et F'; je dis que la section SMS' est une
ellipse et que F et F' sont ses foyers.

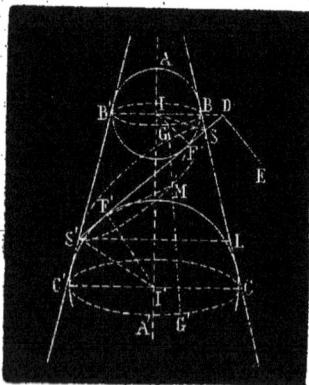

En effet, si l'on fait tourner
autour de l'axe AA' du cône
le côté droit de la figure, PC
engendrera la surface conique, et les deux cercles engendreront deux sphères tangentes à cette surface suivant
deux cercles parallèles BGB',
CG'C'. Soit maintenant M un
point quelconque de la section, pour démontrer le théorème il suffira de faire voir
que la somme des rayons
vecteurs MF' + MF est constante. Or si l'on mène la génératrice GG' du point M, laquelle est d'une longueur constante

pour chaque point de la section, on reconnaît que $MF = MG$ et que $MF' = MG'$ comme tangentes menées d'un même point M à chaque sphère, donc on a :

$$MF + MF' = MG + MG' = GG'$$

la somme des rayons vecteurs étant constante, la section est une ellipse. De plus, comme $MF + MF' = 2a$, on a aussi $GG' = 2a$, donc $SS' = GG'$.

La droite DE, intersection du plan sécant et du plan du cercle BGB' est ici, comme dans le théorème précédent, une des deux directrices de l'ellipse.

Enfin on démontrerait encore, comme précédemment, que la distance focale de l'ellipse est égale à S'L.

THÉORÈME CCLXXXVI

725. — *Si l'on coupe un cône droit de révolution à deux nappes par un plan qui rencontre les deux nappes, la section est une hyperbole.*

Soit un cône à deux nappes, et un plan déterminant une section SN dans la nappe supérieure, et une section S'M dans la nappe inférieure. Par l'axe du cône menons un plan

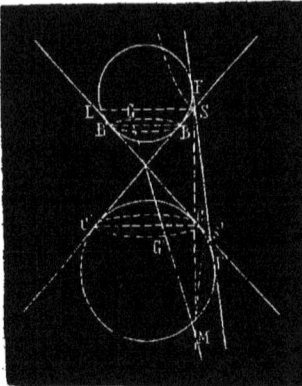

perpendiculaire au plan sécant, il coupe celui-ci suivant une ligne SS'. Traçons deux cercles tangents, l'un aux trois droites PB, PB' et SS', l'autre aux trois droites PC, PC', SS'. Si comme précédemment nous faisons tourner autour de l'axe la partie droite de la figure, la génératrice B'C décrit les deux nappes du cône, et les deux cercles décrivent deux sphères, tangentes aux deux nappes suivant les cercles parallèles B'GB et CG'C', et tangentes au plan sécant aux points F et F', qui, dis-je, seront les foyers de l'hyperbole déterminée par la section.

Pour le démontrer, prenant un point quelconque M de la courbe, il suffira de faire voir que la différence MF — MF′ des rayons vecteurs de ce point est constante. Menons la génératrice GG′ du point M, elle coupe en G′ le cercle CG′C′ et en G le cercle BGB′, elle est tangente aux deux sphères aux points G et G′, et elle est constante en longueur pour la partie comprise entre ces deux cercles pour un point quelconque de la courbe section. Or on a MG′ = MF′, et MG = MF, comme tangentes menées d'un même point à chacune des deux sphères, donc

$$MF — MF′ = MG — MG′ = GG′$$

La différence des rayons vecteurs étant constante, la section est une hyperbole.

L'axe transverse de l'hyperbole ou la droite SS′, est égal à CB′, en effet, on a S′F = S′B, comme tangentes issues du même point S′, et aussi S′F′ = S′C = SF, donc

$$S′F — SF = SS′ = S′B — S′C = CB′$$

Si par le point S on mène SL parallèle à BB′, je dis aussi que la distance focale FF′ est égale à S′L. En effet

$$S′L = B′C + CS′ + BL$$

mais B′C = SS′, CS′ = S′F′ et BL = SB = SF, donc

$$S′L = SS′ + S′F′ + SF = FF′$$

Comme pour l'ellipse, on démontrerait aussi que les intersections du plan sécant avec les plans des cercles BGB′ et CG′C′, sont les directrices de l'hyperbole, et que le rapport des distances d'un point quelconque de la courbe à l'un des foyers et à la directrice correspondante est égal à $\frac{c}{a}$, mais ici ce rapport est plus grand que l'unité, dans l'ellipse il est moindre.

THÉORÈME CCLXXXVII

726. — *Quand on coupe un cône droit de révolution par un plan parallèle à une génératrice, la section est une parabole.*

Soit un cône et une section NSM faite par un plan parallèle à la génératrice PB'. Si par cette génératrice nous menons un plan perpendiculaire au plan sécant, il coupe celui-ci suivant une droite SX. Menons une circonférence tangente à la fois aux trois droites PB', PS et SX, elle touche le plan sécant au point F ; concevons comme précédemment la sphère qu'engendrerait la révolution de cette circonférence autour de l'axe du cône, elle lui est tangente suivant le cercle BGB', et le plan de ce cercle prolongé coupe le plan sécant suivant la ligne DE ; je dis que la section est une parabole, F son foyer, DE sa directrice.

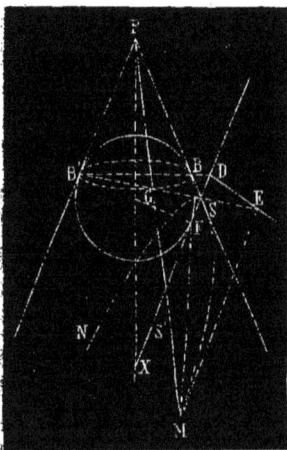

En effet, soit M un point quelconque de la courbe, construisons la génératrice PM correspondante, puis menons les distances MF et ME du point M au point F et à la droite DE ; on a MG = MF, comme tangentes à la sphère issues du point M. Puis si l'on joint B'E, cette droite passe par G, car les trois points B', G, E appartiennent à la fois au plan BDE et au plan des deux parallèles PB' et ME, donc les deux triangles PB'G, GEM sont semblables, et comme PB'G est isocèle, GME l'est aussi, donc MG = ME, donc MF = ME, la courbe est donc une parabole, F est son foyer et DE sa directrice.

THÉORÈME CCLXXXVIII

727. — Sur un cône droit de révolution donné, on peut toujours placer soit une ellipse, ou une parabole donnée, soit encore une hyperbole, si pourtant l'angle de ses asymptotes ne surpasse pas l'angle au sommet du cône.

Soit en effet une ellipse donnée par un grand axe et sa distance focale, et soit PS'L le cône dont elle est une section.

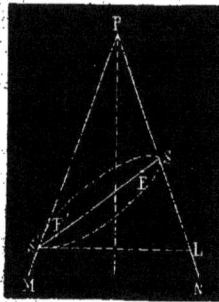

Si l'on mène S'L perpendiculaire à l'axe, on sait que S'L = F'F, de plus l'angle SLS' est connu, il est égal à la moitié du supplémentaire de l'angle du cône, donc on peut toujours avec les données SS' et FF', et l'angle du cône donné construire le triangle SS'L, puisque l'on en connaît deux côtés et l'angle opposé au plus grand des deux, ce qui ne donne naissance qu'à une solution, donc on pourra toujours construire ce triangle dans l'angle formé par deux génératrices opposées du cône donné, et par conséquent placer dans ce cône une ellipse donnée.

Soit maintenant une parabole donnée par sa directrice DE

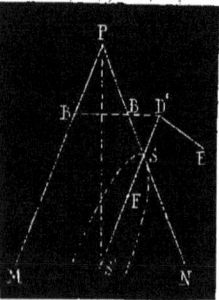

et son paramètre DF, soit aussi PMN le cône dont elle est une section; menant DB' perpendiculaire à l'axe, le triangle DBS est connu, car l'angle DSB est égal à l'angle du cône, DS = BS, comme PB' = PB, et DS est égal au demi-paramètre; il sera donc toujours possible de construire ce triangle et, prolongeant DS, d'avoir le grand axe de la parabole et F son foyer en faisant SF = SD.

Or quel que soit l'angle du cône donné, cette construction est toujours possible, et alors une section menée par SS',

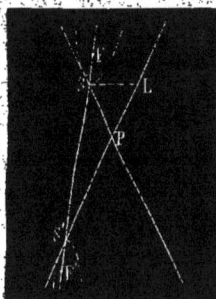

perpendiculaire au plan du triangle DSB, donnera une parabole égale à la parabole donnée.

Soit enfin une hyperbole donnée par son axe transverse SS' et sa distance focale FF'. Soit aussi le cône à deux nappes dont elle est une section; on sait que si l'on mène SL perpendiculaire à l'axe, S'L = FF', donc deux côtés du triangle SLS'

sont connus ainsi que l'angle SLS', égal à la moitié du supplémentaire de l'angle du cône, on peut donc construire ce triangle avec l'angle du cône donné, et le placer dans la figure formée par deux génératrices opposées, alors une section menée par SS' donnera une hyperbole égale à l'hyperbole donnée. Mais ici l'angle L est opposé au plus petit côté du triangle SLS', il y a donc un cas d'impossibilité, celui où l'angle des asymptotes surpasse l'angle du cône. Mais nous n'avons pas assez développé la théorie des asymptotes pour entrer ici dans plus de détail.

728. **Remarque.** — Il nous suffit d'avoir établi par ce qui précède que les trois courbes que nous venons d'étudier peuvent être fournies toutes trois par des sections pratiquées dans un cône quelconque, de là le nom de sections côniques par lequel on les désigne, de là aussi la similitude frappante de leurs propriétés principales. On peut même, en faisant appel aux propriétés des directrices, propriétés que l'étude des sections du cône nous a fait connaître, les définir toutes trois ainsi :

Les sections côniques sont les lieux géométriques des points tels que les distances de l'un quelconque d'entre eux à un point fixe, le foyer, et à une droite fixe, la directrice, sont dans un rapport constant.

Si ce rapport est inférieur à l'unité, le lieu est une ellipse; c'est une hyperbole si ce rapport est plus grand que l'unité, enfin c'est une parabole s'il est égal à 1.

HÉLICE

729. Génération de l'hélice. — Nous avons déjà eu l'occasion, en étudiant les surfaces cylindriques et coniques, de parler des surfaces développables, c'est-à-dire des surfaces qui peuvent s'appliquer exactement sur un plan, sans déchirures ni duplicatures.

La surface latérale d'un prisme droit est évidemment de ce nombre, car elle est formée d'un certain nombre de rectangles, tous de même hauteur, pouvant par conséquent s'ajuster sur un plan l'un à côté de l'autre, leurs bases inférieures étant sur une même droite, ainsi que leurs bases supérieures, et cette droite ayant une longueur égale au périmètre de la base du prisme.

Il en sera encore de même quel que soit le nombre des faces, et comme en augmentant sans cesse le nombre des faces on augmente aussi le nombre des côtés du polygone base, on sait que celui-ci a pour limite une circonférence, la surface latérale du prisme a donc pour limite une surface conique, laquelle est développable, et donne, étant développée sur un plan, un rectangle ayant pour hauteur la hauteur du cylindre et pour base une droite égale en longueur à la longueur de la circonférence base du cylindre.

Réciproquement, ce rectangle peut être enroulé sur le cylindre, et en recouvrir exactement, sans duplicatures ni déchirures, la surface latérale.

Cela posé, soit un prisme droit polygonal et son développement.

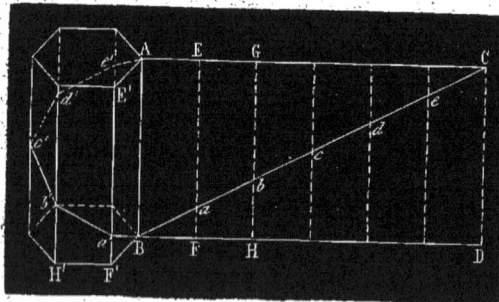

Supposons qu'ayant tracé sur celui-ci une diagonale BC, on enroule le rectangle ABCD sur le prisme, les fractions de la diagonale BC formeront sur la surface du prisme une ligne brisée gauche $a'b'c'd'e'$. Chaque partie rectiligne est égale à la fraction correspondante de la diagonale BC, et fait avec l'arête correspondante un angle égal à celui que font les lignes Ba, ab, bc, etc., avec les rabattements des arêtes. On peut aussi supposer infini le plan de rabattement, la ligne BC indéfiniment prolongée sur ce plan, et le prisme prolongé également au delà de sa base supérieure, alors dans l'enroulement la portion de BC au delà de C engendrerait sur le prolongement du prisme une nouvelle ligne brisée gauche pareille à la première et lui faisant immédiatement suite, de façon qu'elle débuterait au point A, terminaison de la première, sur l'arête AB, où est le point initial B de celle-ci, et qu'une longueur égale à BC donnerait une ligne brisée égale en longueur à la précédente et terminée encore sur la même arête AB. Il en serait de même pour chaque partie du prolongement de BC égal à BC.

Si maintenant nous supposons que le nombre des faces latérales du prisme devienne infiniment grand, tout se passera de même dans l'enroulement de la surface préalablement développée sur un plan, sauf que les parties de la diagonale BC devenant infiniment petites, les parties rectilignes de la ligne brisée gauche tracée sur la surface du prisme seront aussi infiniment petites, donc à la limite, c'est-à-dire le prisme devenant un cylindre, la ligne brisée gauche deviendra une ligne courbe, c'est cette courbe que l'on nomme *hélice*.

L'hélice est une courbe illimitée dans les deux sens, et ne s'arrêtant que là où cesse elle-même la surface cylindrique sur laquelle l'hélice est tracée, mais on peut fractionner cette courbe en parties égales nommées *spires*, lesquelles ont une liaison intime avec le cylindre lui-même.

Soit un cylindre et le développement ABGH de sa surface. Partageons ce rectangle en trois parties égales par les lignes CD et EF parallèles à GH, puis menons les diagonales GF, ED, CB, et enroulons le rectangle sur le cylindre, la ligne GF donnera la portion d'hélice GME, la ligne ED, la

portion égale ENC, et la ligne CB donnera la troisième
partie CPA, égales aux précédentes. Ces portions de courbe
égales entre elles, com-
mençant et finissant toutes
sur la même génératrice,
sont des spires de l'hélice,
les distances égales GE,
EC, CA, entre l'origine et
la fin de chaque spire,
comptées sur la génératrice
se nomment *pas* de l'hélice,
et l'on voit que chaque
spire de l'hélice est égale
en longueur à l'hypoténuse d'un triangle rectangle GFH,
ayant pour côté de l'angle droit GH ligne égale à la circonférence base du cylindre, et FH, *pas* de l'hélice.

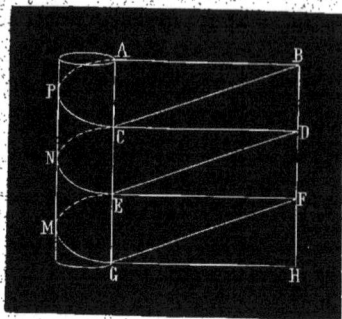

Une hélice est donc déterminée lorsque l'on connaît son
pas et le rayon de la base du cylindre, car alors on peut
toujours construire le triangle rectangle GFH, dont l'hypoténuse, dans l'enroulement du triangle sur le cylindre, tra-
cera une spire de l'hélice.

THÉORÈME CCLXXXVIII

730. — *La tangente à l'hélice fait un angle constant
avec la génératrice du point de contact.*

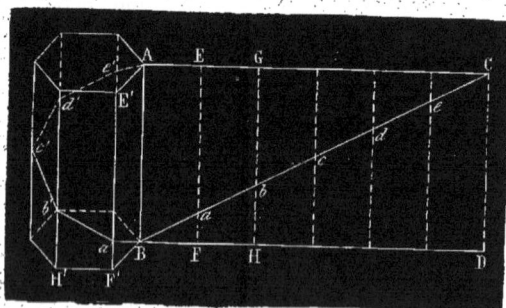

Soit un
prisme ré-
gulier droit
et le déve-
loppement
sur un plan
de sa sur-
face laté-
rale ABCD.
Si l'on trace

la diagonale CB, puis si on enroule le rectangle ABGD sur le prisme, le rectangle partiel AEBF, prenant sans déformation la position ABEF et la ligne Ba la position Ba', l'angle que fait Ba avec EF, est aussi celui de Ba' avec E'F', et de même l'angle de ab avec GH sera l'angle de $a'b'$ avec G'H', or les angles BaF, abh étant égaux entre eux, les angles Ba'F', $a'b'$H, etc., le sont aussi, et il en sera de même quelque grand que soit le nombre des faces latérales du cylindre, il en sera donc encore ainsi à la limite; mais alors, le prisme étant un cylindre, les points B et a', a' et b' se confondent; ba', $a'b'$ sont des tangentes à l'hélice, et elles font des angles égaux avec les génératrices du point de contact.

THÉORÈME CCLXXXIX

731. — *La sous-tangente en un point quelconque de l'hélice est égale à l'arc correspondant du cercle base, et la tangente est égale à l'arc de courbe correspondant.*

Soit un cylindre, le développement de sa surface. CB la

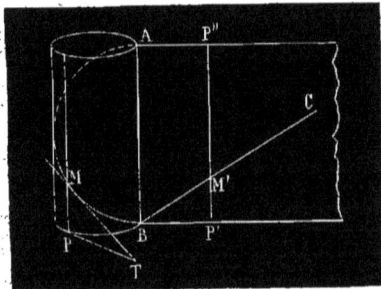

diagonale qui dans l'enroulement donne naissance à une spire d'hélice. Soit aussi une tangente MT au point M, prolongée jusqu'à sa rencontre en T avec le plan de la base du cylindre. Si l'on fait sur ce plan la projection TP de MT, cette projection se nomme la *sous-tangente*, et je dis que PT $=$ arc PB et que MT $=$ courbe MB.

En effet menons la génératrice MP du point de contact de la tangente, soit P'P'' la position de cette génératrice sur le développement, de sorte que c'est la portion de diagonale BM' qui a donné la portion de courbe MB, et que la droite BP' est égale en longueur à l'arc PB. Les deux triangles MPT, BMP' sont égaux, car étant rectangles, ils ont $MP = MP'$ et l'angle $BMP' = TMP$, on a donc aussi $M'B = MT$ et $BP' = PT$, donc $PT = $ arc PB et

$$MT = \text{courbe MB.}$$

THÉORÈME CCLXL

732. — *Dans toute hélice, la hauteur d'un point de la courbe au-dessus du plan de la base du cylindre est proportionnelle à l'arc correspondant du cercle base.*

(Dans ce qui suit on suppose toujours que la base du cylindre est la section droite passant par l'origine d'une spire, et que cette origine est aussi le point de départ choisi pour la mesure des arcs de cercle de la base.)

Dans la figure précédente, on voit que le triangle BMP' est semblable au triangle rectangle formé par la diagonale BC et la base du rectangle développement. Ces deux triangles donnent

$$\frac{MP'}{BP'} = \frac{BD}{CD}$$

mais $M'P' = MP$ et $BP' = $ arc BP, enfin la base du rectangle est égale à la circonférence base, et la hauteur du rectangle est égale au pas de l'hélice, donc on a :

$$\frac{MP}{\text{arc BP}} = \frac{\text{pas de l'hélice}}{\text{circ. base}}$$

Le second rapport étant constant, le premier l'est aussi, ce qui démontre l'énoncé.

733. **Remarque.** — Cette propriété pourrait fournir une définition précise de l'hélice, car on pourrait dire :

L'hélice est la courbe tracée sur une surface cylindrique par un point qui se meut de façon qu'il y ait un rapport constant entre sa hauteur au-dessus du plan de la base du cylindre et l'arc décrit sur ce plan par la projection de ce point.

PROBLÈME

734. — *Construire la projection de l'hélice sur un plan parallèle à l'axe du cylindre.*

Prenons pour plan horizontal le plan passant par l'origine de l'hélice et perpendiculaire à l'axe du cylindre, et pour plan vertical un plan parallèle à cet axe, tangent ou non au cylindre. Toute la surface cylindrique et la courbe elle-même se projetteront sur le plan horizontal suivant la circonférence O. Sur le plan vertical la surface cylindrique se projettera suivant un rectangle A'B'FE, sur lequel il s'agit de tracer la projection verticale d'une hélice, dont le pas est donné égal à B'E. Si l'on construit à gauche le développe-

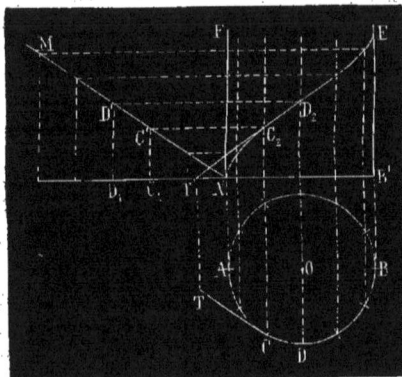

ment de la surface cylindrique, et si l'on trace la diagonale A'M, qui engendre l'hélice, à l'aide du théorème précédent on pourra trouver la projection d'un point quelconque de l'hélice engendré par un point C' par exemple de A'M. En effet, le point C' est à une hauteur C_1C' au-dessus du plan horizontal, donc sa projection doit être sur une ligne $C'C_2$ parallèle à A'B'; de plus, $A'C_1$ est la longueur de l'arc de cercle compris entre le point A, projection de l'origine de l'hélice, et la génératrice du point C'. Si donc l'on prend l'arc AC égal à $A'C_1$ en menant par C une perpendiculaire CC_2 à A'B', on a la projection de la génératrice du point C'; ou la projection de ce point doit être sur $C'C_2$, elle doit aussi être sur CC_2 donc elle est à leur point C_2 de rencontre. En répétant pour d'autres points la même raisonnement et la même construction on trouverait les projections d'autant de points de la courbe qu'on le désire; en les joignant d'un trait continu on aurait la projection de l'hélice.

Cette question est plutôt de domaine de la géométrie descriptive bien plus que de la géométrie théorique, aussi ne lui donnons-nous pas ici plus de développement, et même nous n'en aurions pas parlé, si, par suite d'une confusion peu explicable, elle ne se trouvait dans les programmes universitaires logée à la fin du programme de géométrie.

EXERCICES

1. Construire une ellipse connaissant ses axes, un foyer et un point de la courbe.

2. Construire une ellipse connaissant un foyer et trois tangentes.

3. Construire une ellipse connaissant un foyer et trois points.

4. Construire une ellipse connaissant une tangente et les deux foyers.

5. Construire une ellipse connaissant un foyer, une tangente et deux points.

6. Construire une ellipse connaissant un foyer, deux tangentes, et un des points de contact.

7. Construire une ellipse connaissant le centre, deux tangentes et le grand axe.

8. Construire une ellipse connaissant un sommet, un foyer et une tangente.

9. On donne dans une ellipse $2a = 126^m$, $2c = 84$; calculer les rayons vecteurs du point de la courbe qui se projette à un foyer.

10. Le méridien terrestre est une ellipse dont les demi-axes ont pour longueur 6377 kilom. et 6356 kilom. Calculer à un kilomètre près la distance focale.

11. Démontrer que la différence des carrés des distances du centre d'une ellipse à une tangente et à sa parallèle menée par un foyer est constante.

12. Démontrer que si l'on circonscrit un angle droit à une ellipse, le lieu de son sommet est une circonférence concentrique.

13. Deux circonférences sont intérieures l'une à l'autre, trouver le lieu des points équidistants de ces deux circonférences.

14. Démontrer que si M est un point d'une ellipse, O son centre, F et F' ses foyers, la somme $MO^2 + MF \times MF'$, est constante.

15. Démontrer que, si deux tangentes fixes d'une ellipse sont coupées par une troisième tangente variable, le segment de celle-ci compris entre les deux autres est vu du foyer sous un angle constant.

16. Démontrer que la projection d'une normale à l'ellipse sur un des rayons vecteurs de son point d'origine est constante.

17. Démontrer que si une droite de longueur fixe se meut de façon que ses deux extrémités soient toujours situées sur deux droites rectangulaires, un point quelconque de la droite mobile décrit une ellipse.

18. Démontrer que les milieux des cordes parallèles tracées dans une ellipse est une droite passant par son centre, et que la tangente menée à l'extrémité de cette droite est parallèle aux cordes.

19. Démontrer de plus que le carré de la droite ci-dessus est égal au carré du petit axe augmenté du carré de la différence des rayons vecteurs qui aboutissent aux extrémités de la droite.

20. Trouver le lieu des points d'où l'on peut mener à une ellipse deux tangentes perpendiculaires.

21. La distance focale d'une ellipse étant $2c$ et les rayons vecteurs d'un certain point r et r', calculer à quelle distance du centre la normale en ce point rencontre le grand axe.

22. Trouver le lieu des foyers des ellipses ayant pour grand axe un diamètre d'une circonférence donnée et passant par un point fixe.

23. Si l'on représente par y la perpendiculaire menée sur le grand axe d'un point de l'ellipse, par x la distance de son pied au centre, a et b étant les demi-axes, on a entre ces quantités la relation :

$$\frac{x^2}{a^2} + \frac{y^2}{b^2} = 1$$

Démontrer de plus que si r et r' sont les rayons vecteurs d'un point de l'ellipse, on a :

$$r = a - \frac{cx}{a}, \quad r' = a + \frac{cx}{a}$$

24. Trouver le lieu des centres des cercles tangents à deux cercles donnés.

25. Au même point d'une droite on trace des cercles qui lui sont tangents, on mène à chaque cercle des tangentes par deux points fixes, trouver le lieu des intersections de ces tangentes.

26. Construire une hyperbole connaissant les deux foyers et un point de la courbe.

27. Construire une hyperbole connaissant les deux foyers et une tangente à la courbe.

28. Construire une hyperbole connaissant un foyer, l'axe transverse, une tangente et le point de contact.

29. Construire une hyperbole connaissant un foyer et trois tangentes.

30. Construire une hyperbole connaissant un foyer, un sommet et une tangente.

31. Construire une hyperbole connaissant le centre, deux tangentes et la longueur de l'axe transverse.

32. Construire une hyperbole connaissant les deux foyers et une asymptote.

33. Trouver le lieu des points équidistants d'une droite et d'une circonférence données.

34. On mène à une hyperbole une tangente quelconque, qui rencontre en deux points les tangentes menées aux sommets de la courbe, démontrer que le cercle ayant pour diamètre la ligne qui joint ces deux points passe par les foyers.

35. Démontrer que le cercle ayant pour diamètre la distance focale d'une hyperbole passe par le point de rencontre des asymptotes avec les tangentes aux sommets de la courbe.

36. Construire une parabole dont on connaît la directrice et deux points.

37. Construire une parabole dont on connaît un foyer et deux points.

38. Construire une parabole dont on connaît la directrice et deux tangentes.

39. Construire une parabole dont on connaît le foyer et deux tangentes.

40. Construire une parabole dont on connaît la tangente au sommet et deux autres tangentes.

41. Construire une parabole dont on connaît quatre tangentes.

42. Construire une parabole dont on connaît une tangente, un foyer et un point.

43. Construire une parabole dont on connaît une tangente, la directrice et un point.

44. Construire une parabole connaissant une tangente, le point de contact et le foyer.

45. Trouver le lieu des foyers des paraboles qui ont même sommet et une tangente commune.

46. Démontrer que deux tangentes menées d'un même point à une parabole font des angles égaux, l'une avec le rayon vecteur passant par ce point, l'autre avec la parallèle à l'axe passant par ce même point.

47. Démontrer que si du foyer d'une parabole on mène une perpendiculaire au rayon vecteur d'un point de la courbe, et par ce même point une tangente à la courbe, le point de concours de ces deux lignes est sur la directrice.

48. Démontrer que quand un triangle a ses trois côtés tangents à une même parabole, la circonférence circonscrite à ce triangle passe par le foyer de la courbe.

49. Calculer le rayon d'un cercle ayant son centre sur l'axe d'une parabole, passant par un point donné sur cet axe et tangent à la parabole.

50. Étant donnés le foyer et la directrice d'une parabole, trouver sur l'axe un point d'où l'on puisse mener à la courbe deux normales faisant entre elles un angle donné.

51. Démontrer que la parallèle à l'axe d'une parabole menée par le point de concours de deux tangentes divise en deux parties égales la corde qui joint les points de contact.

52. Démontrer que si l'on projette sur la base d'un cône une section plane de ce cône, la projection elle-même est une section conique qui a pour foyer le centre de la base du cône.

53. Si d'un point quelconque de la directrice d'une section conique on mène deux tangentes à la courbe, démontrer que la corde qui joint les points de contact passe par le foyer.

54. Démontrer que les carrés des perpendiculaires menées du foyer sur deux tangentes à la parabole sont proportionnels aux rayons vecteurs des deux points de contact.

55. Inscrire un cercle dans un segment de parabole déterminé par une corde perpendiculaire à l'axe.

56. Démontrer que la distance du foyer d'une parabole au sommet d'un angle circonscrit à cette courbe est moyenne proportionnelle entre les rayons vecteurs des points de contact des côtés de cet angle.

57. Si un angle est tangent à une parabole, démontrer qu'une tangente mobile coupe les deux côtés de cet angle en deux points tels que le produit de leurs distances au foyer est directement proportionnel à la distance du foyer au point de contact de la tangente mobile.

58. Si deux points d'une parabole sont en ligne droite avec le foyer de cette courbe, le produit de leurs distances à la directrice est dans un rapport constant avec la longueur de la droite qui joint ces deux points.

59. Démontrer que le plus court chemin de deux points de la surface d'un cylindre droit, en suivant cette surface, est l'arc d'hélice qui joint ces deux points.

60. Démontrer que si par un point de l'espace on mène des

parallèles aux tangentes de tous les points d'une spire d'hélice, ces droites formeront une surface conique de révolution.

61. Si par un point d'une surface cylindrique on trace deux hélices qui se coupent à angles droits, la circonférence de la base du cylindre est moyenne proportionnelle entre les pas de ces hélices.

62. Mener à une hélice une tangente parallèle à un plan donné.

FIN

TABLE DES MATIÈRES

GÉOMÉTRIE PLANE

ERRATUM. — Page 16, ligne 5, après les mots *autre triangle,* ajouter : *sauf un cas.*

PARIS. — E. DE SOYE ET FILS, IMPR., 18, R. DES FOSSÉS-S.-JACQUES.

www.ingramcontent.com/pod-product-compliance
Lightning Source LLC
Chambersburg PA
CBHW060912220326
41599CB00020B/2933